Handbuch Moderne Unternehmensfinanzierung

Hans-Werner G. Grunow
Stefanus Figgener

Handbuch Moderne Unternehmens-finanzierung

Strategien zur Kapitalbeschaffung
und Bilanzoptimierung

Unter Mitarbeit
von Hubert O. Eisenack

Mit 3 Abbildungen
und 80 Tabellen

 Springer

Dr. Hans-Werner G. Grunow
CAPMARCON Eurocapital Market Consulting
Postfach 12 10
61476 Kronberg im Taunus
E-mail: hw.grunow@capmarcon.com

Dr. Stefanus Figgener
KPMG Deutsche Treuhand-Gesellschaft AG
Wirtschaftsprüfungsgesellschaft
Marie-Curie-Straße 30
60439 Frankfurt am Main
E-mail: sfiggener@kpmg.com

Bibliografische Information Der Deutschen Bibliothek
Die Deutsche Bibliothek verzeichnet diese Publikation in der Deutschen Nationalbibliografie;
detaillierte bibliografische Daten sind im Internet über *http://dnb.ddb.de* abrufbar.

ISBN-10 3-540-25651-2 Springer Berlin Heidelberg New York
ISBN-13 978-3-540-25651-9 Springer Berlin Heidelberg New York

Springer ist ein Unternehmen von Springer Science+Business Media
springer.de

© Springer-Verlag Berlin Heidelberg 2006
Printed in Germany

Einbandgestaltung: design & production GmbH
Herstellung: Helmut Petri
Druck: Strauss Offsetdruck

SPIN 11418696   Gedruckt auf säurefreiem Papier – 43/3153 – 5 4 3 2 1 0

Vorwort

Wieder einmal ist sie „da", die Situation: Man ist zum abendlichen Empfang eingeladen und möchte dort natürlich auch die beste Figur abgeben. Es ist *das* gesellschaftliche Ereignis der Saison – hier muß alles stimmen. Gewiß, die Anreise ist verläßlich organisiert, der Friseurtermin fest vereinbart und das Präsent liegt bereits auf dem Tisch. Doch nun stellt sich die Frage nach der perfekten Garderobe: Hier darf es keinen Ausrutscher geben. Der Fundus ist reich bestückt – aber die große Auswahl macht es eher schwieriger denn leichter. Jetzt ist das richtige Gespür gefragt.

So oder ähnlich kann es auch einem (mittelständischen) Unternehmen bei einer wichtigen Finanzierungsentscheidung ergehen. Ebenso hier besteht die Qual der Wahl. Denn in jedem Falle gilt es, die Balance zu halten zwischen der Versuchung, das maximal Machbare auszureizen, und der vernünftigen Überlegung, daß Zurückhaltung auch eine Tugend sein kann.

Zurück zur Soirée: Wie wäre es mit dem kleinen Schwarzen? Das Modell war sündhaft teuer ob seiner Einzigartigkeit und die Extravaganz sieht man ihm bereits von weitem an. Auch die ausgedehnte Rückenfreiheit hat ihren nicht zu unterschätzenden Wert. Erste Alternative, erste Wahl? Zweifel erwachen: Wirkt das nicht zu sinnlich, zu verlangend, zu aufdringlich? In der wohl eher konservativen Atmosphäre wird das kleine Schwarze wahrscheinlich nicht gerade positive Reaktionen hervorrufen. Also bleibt es im Schrank.

Dann aber das schwere Rote! Es wirkt mondän, läßt den Reichtum der Figur erahnen und betont exzellent die attraktiven Rundungen. Das muß es sein! Der Betrachter wird schlichtweg hingerissen sein. Das wird der Blickfang des Abends. Aber dann kommen wieder Zweifel: ist diese Gewandung nicht zu lasziv, zu provozierend? Die Vernunft kehrt zurück, das Wissen um die Eitel- und Befindlichkeiten der anderen Gäste beginnt zu dominieren, auch das rote Kleid bleibt im Schrank.

Das graue Kostüm, das ist es: hoch geschlossen, züchtig, artig, unauffällig, ganz Seriosität und Bescheidenheit. Schließlich sollen sich die anderen Gäste mit ihrer Kleiderwahl nicht zurückgesetzt fühlen und um den Auftritt des Abends gebracht. Perfekt! Wirklich? Zurückhaltung in allen Ehren, aber Langeweile zu verströmen, kann nicht das Ziel sein. Die „graue Maus" der Veranstaltung soll keinesfalls markiert werden. Das graue Kostüm bleibt also ebenfalls zu Hause.

Auf einmal erwacht sie: die Feinfühligkeit in der Umsetzung des perfekten Geschmackes. Zielsicher fällt nun die Wahl auf die dunkelblaue Robe. Elegant und von exquisitem Chic läßt sie exotischen Reiz erahnen, ohne ihn auch nur ansatzweise offen zu zeigen. Die vermeintliche Unauffälligkeit ist hier der größte Trumpf, läßt sie doch den Betrachter inständig hoffen, daß dies, was er zu sehen glaubt, auch wirklich vorhanden ist. So werden die Philister nicht provoziert, aber den Connaisseuren wird Appetit gemacht. Die Entscheidung ist gefallen: eine vortreffliche Wahl!

Auch bei der Unternehmensfinanzierung darf die Wahl der „Bekleidung" die Kreditanalysten nicht irritieren oder gar reizen, sondern soll vielmehr Wohlgefallen und Sympathie gewinnen. Bei den Investoren wiederum darf die Garderobe ruhig Verlangen auslösen. Doch sollte man das „Erwachen" in der Auswahl der richtigen Finanzierungsalternative nicht dem Zufall überlassen, sondern sich das notwendige Gespür rechtzeitig aneignen. Das vorliegende Buch soll hierzu möglichst umfassend beitragen.

Frankfurt am Main im November 2005

Hans-Werner G. Grunow,
Stefanus Figgener

Inhaltsverzeichnis

1. Finanzmanagement im kapitalmarktorientierten Umfeld

In einem funktionierenden Finanzmarkt muß die knappe Ressource Kapital unter den Marktteilnehmern optimal verteilt sein. Auch die traditionelle Unternehmensfinanzierung muß sich dieser Herausforderung stellen. Kapitalgeber müssen dafür sorgen, Gelder an den Ort ihrer effizientesten Verwendung zu lenken. Dabei zu übernehmende Risiken sollten vor Eingehen des Engagements überschaubar und zudem ein Ausstieg während der Laufzeit der Mittelvergabe möglich sein. Dies erfordert von den Kapitalnehmern ein deutlich höheres Maß an Transparenz als zuvor. Außerdem gestalten sich der rechtliche Rahmen und das regulatorische Umfeld erheblich komplexer als noch vor wenigen Jahren.

1.1. Volkswirtschaftlicher Rahmen und Verhalten der Investoren

Die Sicherstellung der Liquidität, eine möglichst kostengünstige Finanzierung und die finanzielle Begleitung der Unternehmensstrategie gehören zu den wichtigsten Aufgaben der Unternehmensfinanzierung. Ein wichtiger Baustein ist dabei das „Aufbrechen" und Aufteilen der Risiken, die ein Investor mit einem Engagement in dem bestimmten Unternehmen übernimmt. Dieses Aufbrechen und die damit verbundene Transparenz sowie die Möglichkeit zur anschließenden Handelbarkeit der Risiken am Kapitalmarkt sind die (künftig) erfolgbestimmenden Faktoren im Finanzierungsgeschäft. Auch Flexibilität während der Laufzeit eines Engagements und ein eventueller „Ausstieg" sind häufig wichtige Gesichtspunkte.

Der internationale Finanz- und Kapitalmarkt durchläuft seit Ende des zwanzigsten Jahrhunderts einen gewaltigen Umbruchprozeß. Waren diese Umwälzungen noch Mitte bis Ende der neunziger Jahre meist auf mehr oder weniger spezialisierte Marktsegmente beschränkt, so erfaßt die Veränderung der Rahmenbedingungen nun zunehmend – und nicht nur in Deutschland – die traditionelle Unternehmensfinanzierung. Große Konzerne mit ihrer Nähe zum Eurokapitalmarkt haben schon frühzeitig auf diese Entwicklungen reagiert. Unternehmen des Mittelstandes sehen sich vielfach erst jetzt mit bisher nicht gekannten Finanzierungsherausforderungen konfrontiert, für deren erfolgreiche Bewältigung sie oftmals die geeigneten Konzepte erst noch finden müssen.

Der Wandel in der Kreditvergabepraxis der (Geschäfts-) Banken und anderer „traditioneller" Geldgeber ist einer dieser neuen Aufgabenbereiche für Unternehmen. Gemeinhin wird nur der vermeintliche Rückzug der Banken aus der Geldleihe festgestellt; aber das ist nur die halbe Wahrheit. In der Tat sind die Institute restriktiver in der Vergabe ihrer Mittel geworden. Gleichwohl sind die Banken im Kreditgeschäft weiterhin aktiv engagiert. Nur haben sich auf Grund veränderter aufsichtsrechtlicher Rahmenbedingungen die Kriterien und Konditionen gewandelt. Die Kapitalgeber sind „anspruchsvoller" geworden, das heißt sie legen Wert auf ein Höchstmaß an Transparenz seitens der Kapitalnehmer, um die mit einem finanziellen Engagement verbundenen Risiken auch tatsächlich angemessen einschätzen und so steuern zu können.

Hauptgrund für diese vielfach als zunehmend restriktiv empfundene veränderte Kreditvergabepraxis sind geänderte Kreditrichtlinien für Banken, die in der öffentlichen Diskussion unter dem Stichwort „Basel II" geführt werden. Der Begriff „Basel II" bezieht sich auf bestimmte Kreditvergaberichtlinien, welche der Baseler Ausschuß für Bankenaufsicht im Juni 2004 veröffentlicht hat. Dieses Regelwerk soll bis Ende 2006 in europäisches und nationales deutsches Recht umgesetzt werden. Bisher mußten Banken und Sparkassen jeden Firmenkredit einheitlich mit acht Prozent Eigenkapital unterlegen. Unter „Basel II" wird dieser Prozentsatz künftig in Abhängigkeit von der Kreditwürdigkeit des Bankkunden stark variieren. Bei schlechter Bonität des Kunden muß eine kreditgewährende Bank mehr Eigenkapital reservieren, bei guter Bonität können auch weniger als acht Prozent Eigenkapital ausreichen. Basis für die Einschätzung der Kreditwürdigkeit ist ein sogenanntes Rating, bei dem ein Unternehmen umfassend auf seine Kreditwürdigkeit geprüft wird, so zum Beispiel mittels Umsatz, Gewinn und Höhe des Eigenkapitals. Diese Informationen müssen vom Kunden für die Bank aufbereitet werden. Das sich daraus ergebende Rating-Urteil hat deshalb entscheidende Bedeutung für die Kreditkonditionen.

Womit müssen Unternehmen rechnen?

* Geschäftsbanken werden noch stärker regional und nach Branchen diversifizieren, um Konzentrationseffekte zu vermeiden.
* Banken werden erhöhte Anforderungen an die zeitnahe Offenlegung von betriebsinternen Informationen stellen.
* Unternehmen werden eine starke Zurückhaltung bei der Kreditbewilligung spüren, sollten wichtige Informationen fehlen.
* Banken werden individualisierte Produkte mit höheren Kosten belegen.
* Sukzessive kommt es zu einer durchgängigen Umstellung auf risikobezogene Kreditkonditionen seitens der Kapitalgeber.
* Die Konditionen bei der Kapitalvergabe werden auch nach der jeweiligen Informationslage abgestuft sein.
* „Basel II" wird den deutschen Mittelstand, der im Durchschnitt mit 7,5 Prozent eine im europäischen Vergleich sehr dünne Eigenkapitaldecke aufweist, zum Umdenken zwingen.
* Unter anderem wird sich der deutsche Mittelstand auch für Beteiligungskapital aus dem Ausland öffnen müssen.
* Nach einer von der EU-Kommission in Auftrag gegebenen Studie werden sich Befürchtungen, wonach der Mittelstand mit eingeschränkten Finanzierungsmöglichkeiten rechnen muß, nicht bestätigen. Dies setzt allerdings umfassende Information und Umsetzung der neuen Rating-Vorschriften voraus.

Aufteilung und Steuerung der Risiken im Fokus

Anfang der neunziger Jahre fand mit dem Aufschwung der sogenannten derivativen Instrumente bereits eine erste „Portionierung" der Risiken des internationalen Finanzmarktes mit anschließender Aufteilung auf verschiedene Gruppen von

Marktteilnehmern statt. Bei sogenannten „derivativen" Instrumenten handelt es sich um Produkte, die einzelne Risiken aus anderen Finanzinstrumenten abtrennen und gleichsam „gebündelt" erfassen. Derivate beschränken sich dabei nicht auf die aus den Medien bekannten Warentermingeschäfte wie zum Beispiel Orangensaftkonzentrat oder Schweinebauch. Vielmehr können durch Derivate Änderungsrisiken bei Zinsen, Wechselkursen, Aktien, Optionen, Rohstoffen und anderen am Finanzmarkt gehandelten Aktiva gesondert als Wertpapier verbrieft werden und so zur Portfoliooptimierung des Investors beitragen. Wer zum Beispiel Anfang der neunziger Jahre in Anleihen der Emerging Markets investierte, übernahm zwar bewußt das Ausfallrisiko, konnte sich aber mit dem Einsatz von Zinsderivaten gegen einen Anstieg des allgemeinen Zinsniveaus absichern. Und auch die Gegenpartei des Zinsderivates zog einen Nutzen aus diesem Geschäft, so daß alle Beteiligten das Rendite-Risiko-Verhältnis ihres Portfolios verbesserten.

Dieser Prozeß der Portfoliooptimierung vollzieht sich jetzt auf der Kreditseite. Die Bewertung der jeweiligen Engagements folgt dabei anderen Regularien als zuvor. So gibt es die Hausbank im herkömmlichen Sinne mit einer kaum regelgebundenen Entscheidungspraxis nur noch in wenigen Ausnahmefällen. Denn der Druck aus gesetzlichen Vorgaben, die Kontrollfunktion der Aufsichtsbehörden sowie die internen Überwachungs- und Kommunikationsmechanismen sind mittlerweile zu bestimmend geworden, um einer Bank noch großen Entscheidungsspielraum in der Kreditvergabe zu lassen. Banken und vergleichbare Geldgeber vergeben deshalb Kredite nur noch innerhalb eines Systems „mit Netz und doppeltem Boden". Oder anders formuliert: Unvorhergesehene Risiken darf es bei einem Kreditengagement nicht mehr geben.

Obwohl Banken durchaus inhaltlich mehr oder weniger „risikogeneigt" sein können, haben sich die jeweiligen formalen Prüfprozesse inzwischen stark angeglichen. Es spielt dabei kaum mehr eine Rolle, ob es um einen neuen geschäftlichen Kontakt oder eine bereits seit Jahren bestehende Bankverbindung geht. Und wenn „Hausbanken" in Krisensituationen jetzt noch zu neuen, eventuell recht riskanten Engagements bereit sind, so dann meist nur, weil sie bereits (zu) heftig involviert sind und fürchten, bei Verweigerung zusätzlicher Mittel ihre früher ausgelegten Kredite abschreiben zu müssen. Dies gilt um so mehr deshalb, weil für Altforderungen häufig keine besondere Besicherung vereinbart worden war.

▌ Flexibilität und Transparenz als unverzichtbare Erfolgsfaktoren

Sich rasch wandelnde Gütermärkte verlangen von einem Unternehmen immer schnellere Anpassungen, um im globalen Konkurrenzkampf bestehen zu können. Dies erfordert oftmals nicht unerhebliche Finanzmittel, sei es auf Grund von geplanten Akquisitionen oder anderen nötigen Investitionen. In diesem Zusammenhang muß eine „intelligente" Unternehmensfinanzierung besonders zur jeweiligen Unternehmensstrategie passen. Die Wahl des Finanzierungsweges sollte dabei die unternehmerische Zielsetzung nicht nur nicht konterkarieren (Kongruenz der Einnahme- und Ausgabeströme), sondern in idealer Weise vollumfänglich unterstützen (Flexibilität, Laufzeit, Unabhängigkeit).

Dabei stößt die früher übliche Unternehmensfinanzierung jedoch häufig an ihre Grenzen, zeigt sie doch gegenüber den Finanzmarktteilnehmern nicht das erwartete Maß an Transparenz und Flexibilität. Kapitalbeschaffung unter dem Schleier der Erhabenheit und dem Siegel der Verschwiegenheit ist heute kaum noch sinnvoll möglich. Offenheit wird mittlerweile von allen Akteuren als „conditio sine qua non" eingefordert. Und dabei haben sich mittlerweile Standards etabliert, die einen mehr oder weniger festen Rahmen in der Informationspolitik bereits vorgeben. Eine bloße Erfüllung dieser Standards reicht jedoch nicht aus. Dokumentation und Darstellung nehmen mittlerweile eine zentrale Funktion im Finanzierungsprozeß ein. Mittelbedarf, Mittelaufnahme und Mittelverwendung sind wichtige Größen, die zukünftigen Kapitalgebern attraktiv zu erläutern sind, was ein nicht unerhebliches Bemühen erfordert. Der Finanzmarkt will positiv überrascht werden. Das Unerwartete zu erwarten ist schon fast zum Standard geworden. Und so ist die Kür zur Pflicht geworden und zunehmend die Regel statt die Ausnahme.

▌ Kür mehr Regel als Ausnahme

Modernes Finanzmanagement muß neben bloßem Liquiditäts- und Zahlungsmittel-Management auch Rat zur Bewältigung von Krisensituationen anbieten können. Handelt es sich dabei um externe Unterstützung, spricht man von Debt Advisory Services – wie sie mittlerweile neben Banken auch von einer wachsenden Zahl von Steuerberatungs- und Wirtschaftsprüfungsgesellschaften angeboten werden. Modernes Finanzmanagement sucht nach der monetären Grundlage für unternehmerische Strategie. Es bedient sich dabei neben den jeweiligen Finanzierungstiteln vor allem einer ganzen Reihe von analytischen Instrumenten sowie eines umfassenden Kataloges an Marketing- und Kommunikationsmaßnahmen. Unternehmensfinanzierung ist deshalb heute mehr denn je nicht nur bloße Mittelbeschaffung, sondern vielmehr Spiegelbild der (operativen) Unternehmensstrategie und verläßliche Unterstützung für die Ziele der Unternehmensführung. Hier stellt der Markt hohe Anforderungen nicht nur an Auswahl und Strukturierung der Instrumente, sondern vor allem auch an die Vorbereitung und Umsetzung eines Finanzierungsplanes.

Die zunehmende Bedeutung der markt- und preisgesteuerten Allokationsprozesse im Wertpapiergeschäft hat zu einer spürbaren Änderung der Analyse-, Darstellungs- und Kommunikationsstrategien geführt. Der Finanzmarkt ist keine „geschlossene Veranstaltung", sondern vielmehr eine offene, effiziente und gut einsehbare Plattform und sprichwörtlicher „Marktplatz" für Kapitalangebot und Kapitalnachfrage. Wie auf einem Wochenmarkt gehören Preis- und Qualitätsvergleich sowie Feilschen durchaus zum guten Ton.

Die zunehmende Konkurrenz um Investorengelder läßt gar keine andere Wahl, als sich mit neuen Instrumenten, Darstellungsformen und Konzepten zur Befriedigung der Kapitalnachfrage zu beschäftigen, will man im Wettstreit um knappe Mittel und günstige Zinskonditionen nicht zurückfallen. Dabei besteht das Finanzierungsinstrument, also das anzubietende „Produkt", nicht allein aus der reinen Struktur, sondern bildet eine Einheit mit seiner Einbettung in das jeweilige Marktumfeld und ist vor allem erfolgentscheidend verknüpft mit der Darstellung und umfangreichen Präsentation des Chance-Risiko-Profils.

Bedeutungsgewinn der kapitalmarktorientierten Finanzierungen

So haben zum Jahrtausendwechsel die Weltwirtschaft mit ihren Globalisierungstendenzen, der Stimmungsumschwung an den Aktienmärkten und der Wandel der Finanzierungslandschaft von den Marktteilnehmern erhebliche Anpassungsanstrengungen bezüglich Finanzierungsusancen, Informationspolitik und eigener Darstellung verlangt; dies gilt in besonderem Maße für die deutschen Kreditnehmer. Diese neue Praxis in der Risikobeurteilung erfuhr mit der konjunkturellen Abkühlung und der damit verbundenen wachsenden Zahl an Kreditausfällen ihre Beschleunigung und zunehmende Konsequenz. In erster Reihe steht nunmehr die exakte Messung und Bewertung der Risiken sowie deren Aufteilung in unterschiedliche Risikoarten oder Risikoklassen mit der Möglichkeit der späteren getrennten Handelbarkeit der identifizierten Risiken. Dabei gleichen sich die Finanzierungsregeln und -abläufe des bilateralen und multilateralen Kredit- und Beteiligungsgeschäftes mehr und mehr den Usancen des Kapitalmarktes an.

Diese Entwicklung ist keinesfalls grundsätzlich negativ zu beurteilen, sondern hat sich in ihren Ergebnissen insofern bewährt, als daß die Regeln des marktorientierten Wertpapiergeschäftes nunmehr seit vielen Jahren auf ihre Praktikabilität, Verläßlichkeit, Stringenz und Konstanz getestet worden sind und sich so ein trag- und belastungsfähiges Regelwerk herausgebildet hat, das in der Regel sowohl den Interessen der Kapitalgeber als auch denjenigen der Kapitalnehmer in angemessener Weise Rechnung trägt.

Die Forderungen der Investoren

Die Kapitalgeber verlangen zuvorderst im wesentlichen eine bessere Bewertungsmöglichkeit ihrer (potentiellen) Engagements und der damit verbundenen Risiken. Die Bereitstellung der Mittel soll erheblich „rechenbarer" gemacht werden als das bislang der Fall ist. Dies erfordert von den Kapitalnehmern weniger Auskunft zur Retrospektive als vielmehr zur Zukunftsperspektive. So können die Investoren ihre Engagements in ein individuell optimiertes Ertrag-Risiko-Modell „einbauen" und ihr Investmentprofil fortlaufend verbessern. Bereiche und Themenfelder, in denen Kapitalnehmer beispielsweise für ausreichend Einblick und Aufklärung sorgen sollten, sind:

- ◆ Unternehmerische Strategie in einem der Gesellschaft typischen Umfeld.
- ◆ Positionierung im relevanten Segment des realen Marktes.
- ◆ (Nachhaltiges) Wachstums- und Ertragspotential.
- ◆ Erfahrenes und kompetentes Management.

- Unternehmensgröße und Unternehmensform, Kapitalmarktauftritt.
- Bilanzen und steuerlich relevante Faktoren.
- (Angemessene und leistungsfähige) Controlling- und Steuerungssysteme.
- Informationspolitik gegenüber Kapital- und Kreditgebern.
- Umgang mit eventuell gewährten Mitwirkungs- und Mitspracherechten.
- Bereitschaft zur „Due Diligence".

All dies bedeutet, daß potentielle Kapitalnehmer über eine eindeutige und nachvollziehbare unternehmerische Strategie verfügen müssen. Diese muß eingebettet sein in eine möglichst vorteilhafte, Aktionsspielraum verleihende Marktpositionierung. Hinzu kommt das Vorhandensein – oder zumindest die Perspektive auf – eines nachhaltigen Wachstums- und Ertragspotentials. Diese Perspektive sollte durch eine angemessene Unternehmensform und Unternehmensgröße abgesichert sein. Unerläßlich sind ausreichende Kontroll-, Planungs- und Steuerungsinstanzen. Schließlich muß das Management unter Beweis stellen oder in idealer Weise schon gestellt haben, daß es zur Bewältigung der anstehenden Herausforderungen in der Lage ist und auch Krisensituation meistern kann.

Die strategische Geschäftsplanung wird in einem nächsten Schritt in sinnvoller Weise ergänzt um eine leistungsfähige Unternehmensfinanzierung. Diese unterstützt mit ihrer Konzeption und Ausrichtung die Ziele des Managements. Typische Disziplinen, derer sich dabei die Unternehmensfinanzierung bedient, sind die sogenannten:

- Credit Relations – die Kommunikation mit Fremdkapital- und Beteiligungsgebern.
- Investor Relations – die Kommunikation mit den Aktionären.
- Rating Advisory – die Bonitätsbeurteilung seitens dritter Parteien.

Das tägliche Finanzierungs- und Liquiditätsmanagement findet im traditionellen Treasury statt und hat dabei trotz noch bestehender Optimierungsmöglichkeiten – zum Beispiel aus rechtlicher Sicht – bereits einen recht hohen Reifegrad erreicht. Für die mittel- bis langfristige Finanzierung empfiehlt sich, unabhängig von der Unternehmensgröße, ein an den Usancen und Regeln des Kapitalmarktes orientierter Ansatz. In besonderen Situationen, so zum Beispiel Problem- und Krisenfälle, erfordert dies spezielle Expertise über die Anforderungen und Spielregeln des Marktes. Diese Expertise ist entweder bereits „an Bord" oder wird in sinnvoller Weise als externe Beratungsdienstleistung zugekauft. Welche Alternative gewinnbringender ist, entscheidet der Einzelfall. Sofern der finanzielle Engpaß oder die aktuelle Finanzierungsherausforderung kein Dauerzustand ist beziehungsweise sein soll, so ist die Inanspruchnahme eines externen sogenannten Debt Advisor für einen begrenzten Zeitraum in einer Reihe von Fällen möglicherweise kostengünstiger. Hier sollte zumindest geprüft werden, ob der Nutzen die Kosten überwiegt.

Aufgabenfelder der modernen Unternehmensfinanzierung

Die Unternehmensfinanzierung wird heute im wesentlichen von zwei Pfeilern getragen: Zum einen von der Sicherstellung der Liquiditätsversorgung durch jederzeitigen, ungehinderten Zugang zum Kapitalmarkt und zum anderen von der Reduzierung der Zinsbelastung durch fortlaufendes Bemühen um eine Verbesserung der Bonität. Beide Pfeiler gliedern sich nochmals in eine inhaltliche und eine strategische Komponente, sowohl die grundsätzliche Unternehmens- und Marktanalyse als auch die rechtliche Gestaltung und die kommunikative Umsetzung.

Kredite und ihre Konditionen werden künftig nach den wirtschaftlichen Verhältnissen, das heißt der Bonität und/oder den im Individualfall verwertbaren Sicherheiten vergeben. Waren „früher" diese Sicherheiten gerade bei Kreditvolumina bis zu mittlerer Höhe noch die übliche Beleihungsgrundlage, so spielen sie heute vor allem nur noch in denjenigen Fällen eine Rolle, in denen die Prüfung auf gewinnbringenden Einsatz der aufgenommenen Gelder zu aufwendig und zu teuer wäre.

Tabelle 1. Bereiche der Unternehmensfinanzierung

Liquiditätsversorgung, langfristige Kapitalbeschaffung und Bilanzoptimierung			
	Inhalte und Strategie	Unternehmensanalyse und Marktchancen	Gestaltung, Vermarktung und (kommunikative) Umsetzung
Kurzfristige Liquidität	Optimierung der Zahlungsströme	Durchleuchten der eingesetzten Cash-Management-Systeme	Neuordnung der Kompetenzen und Zuständigkeiten im Konzernverbund
Mittel- bis langfristige Kapitalversorgung	Debt Advisory, Bilanzoptimierung, Rating Advisory	Eruierung des Marktumfeldes, Ermittlung des Market Sentiment	Credit Relations Legal Advisory
Bonität, das heißt Zustand und Solidität der wirtschaftlichen Verhältnisse		Sicherheiten, wobei der Grad der Verwertbarkeit eine tragende Rolle spielt	

Die Konzentration aller die Unternehmensfinanzierung betreffenden Aktivitäten innerhalb des Unternehmens hat zweifellos seine Vorteile, insbesondere weil die Abstimmungsprozesse zügig durchzuführen sind und sich so – insbesondere im Vorfeld – die nötige Diskretion am ehesten wahren lässt. Gleichwohl ist der Einsatz externen Know-hows besonders beim Liquiditätsmanagement bereits seit längerer Zeit akzeptiert und üblich, zumal gar nicht die gesamte technische und regulatorische Expertise (gerade in kleineren Unternehmen) in ausreichendem Maße vorhanden sein wird. Leider zeigt die Erfahrung aber auch, daß gerade mittelständische Unternehmen sich sogar bei langfristigen Finanzierungsvorhaben zunehmend beratungsresistent zeigen und nicht in der Lage sind, zügig und effektiv Entscheidungen zu treffen.

Die Inanspruchnahme zusätzlicher Beratungsdienstleistungen kann aber – gerade in Krisensituationen – die Position des Unternehmens am Finanzmarkt entscheidend verbessern und so zum Beispiel helfen, eventuell das Überleben zu sichern, die Unternehmensstrategie fortzuführen oder schlicht die Refinanzierungskosten nennenswert zu senken. Um die Vorteile in diesen Fällen auch wirklich auszuschöpfen, sollte solches (externes) Debt Advisory folgende Pluspunkte bieten:

- Unabhängigkeit von bestimmten Produkten und Geschäftsadressen.
- Besondere Expertise auf Grund des breiten Spektrums.
- Erfahrung zum möglichen Abgleich mit ähnlichen Fällen.
- Kontakt zu den jeweils am besten geeigneten Adressen im Markt.
- Kenntnis der optimalen Kommunikationswege und Ansprechpartner.
- Netzwerk, um zum Beispiel anonyme Voranfragen zu speziellen Finanzierungsthemen zu ermöglichen.
- Kapitalmarkt-Know-how aus aktiver Tätigkeit.

Der Handel mit Risiken und deren optimale Verteilung sowie „Bepreisung" haben sich zur Grundlage und zum Hintergrund gleichermaßen für die moderne Unternehmensfinanzierung entwickelt. Die externe Debt Advisory verdankt ihre Existenz und Nachfrage diesem Wandel am Finanzmarkt. (Kredit-) Risiken werden nach einzelnen Komponenten aufgeteilt und schließlich denjenigen Marktteilnehmern angeboten, in deren Portfolios sie eine möglichst gewinnfördernde Wirkung haben. Die Unternehmensfinanzierung ist also nicht nur die Beratung des Kapitalsuchenden, sondern auch die Kenntnis darüber, wie portionierte Risiken in Vermögenspositionen zu beiderseitigem Vorteil eingefügt werden können.

Warum wird derart weiterentwickelte Unternehmensfinanzierung gerade jetzt ein Thema? Wieso rücken „Verbindlichkeiten" in der aktuellen Wirtschafts- und Kapitalmarktsituation mehr und mehr in den Mittelpunkt des Interesses? Meist sind bestimmte Ereignisse und Trends Auslöser und zugleich Katalysator solcher Veränderungen. Eines dieser Ereignisse sind die neuen offiziellen Kreditvergaberichtlinien („Basel II"). Ein Trend ist die weltweit schwache Konjunktur: Die Bankenlandschaft verzeichnete den einen oder anderen Kreditausfall und blickt auf eine nicht allzu rosige Ertragssituation. All das sensibilisiert Banken in bezug auf Risikoübernahmen. Und darauf müssen sich eben besonders mittelständische Unternehmen künftig auch verstärkt einstellen. Wem das gelingt – und dazu soll dieses Buch beitragen – der wird künftig erfolgreicher wirtschaften können.

1.2. Wandel in der Kapitalvergabepraxis: Neue „Spielregeln"

Neues Spiel – neues Glück. Risiken werden nun mit Marktpreisen versehen und sie werden handelbar gemacht. Um diese beiden Pole werden sich künftig das Wie und das Weshalb der Unternehmensfinanzierung drehen. Diejenigen Kapitalnehmer, die sich am schnellsten und flexibelsten auf die gewandelten Bedürfnisse der Banken und Investoren einstellen, werden nicht nur die größte Auswahl unter den möglichen Instrumenten haben, sondern auch die günstigsten Konditionen erhalten. Die wirkungsvollsten Maßnahmen sind in diesem Zusammenhang die detaillierte Dokumentation, das Offenlegen von Prozessen und Strategien im Unternehmen sowie die Akzeptanz der Kapitalgeber als „Partner" statt als vermeintliche Widersacher.

Neue (Bilanzierungs-) Richtlinien machen aus einem guten Unternehmen kein schlechtes und umgekehrt. Allerdings können neue Regularien zu teils nicht unerheblichen Anpassungen in Finanzierungsfragen und sogar in betrieblichen Abläufen führen. Während im „HGB", dem deutschen Handelsgesetzbuch, hinsichtlich der Dokumentation und Rechnungslegung der Gläubigerschutzgedanke dominiert, so steht bei den nun mehr und mehr angewandten „IFRS", den International Financial Reporting Standards, die Informationsfunktion im Vordergrund. Die Forderung nach Transparenz in den Unternehmensfinanzen läßt sich also nicht mehr länger ignorieren. Bei den sogenannten IFRS handelt es sich um internationale Rechnungslegungsstandards, die schrittweise in der Europäischen Union eingeführt werden sollen, um eine internationale Vergleichbarkeit der Jahresabschlüsse unterschiedlicher Unternehmen zu ermöglichen.

Derzeit verpflichtend sind die IFRS für Unternehmen, deren Anteile oder Schuldtitel zu einem amtlichen Börsenhandel zugelassen sind. Solche „kapitalmarktorientierten Unternehmen" müssen bereits jetzt ihren Konzernabschluß nach IFRS aufstellen, allerdings im Einzelabschluß weiterhin nach HGB bilanzieren. Im Gegensatz dazu können nicht kapitalmarktorientierte Unternehmen wählen, ob sie ihren Konzernabschluß nach IFRS oder nach HGB aufstellen. Auch für diese

Unternehmen ist aber der Einzelabschluß nach HGB (noch) zwingend. Selbstverständlich steht es aber einem nicht kapitalmarktorientierten Unternehmen frei, daneben auch einen IFRS-Einzelabschluß aufzustellen.

Eine Bilanzierung nach IFRS führt in der Regel zu einer verbesserten Eigenkapitalquote. Zudem bieten die IFRS die Möglichkeit, Lasten der Produkt- oder Verfahrensentwicklung zu aktivieren und so die Zukunftschancen eines Unternehmens besser sichtbar zu machen. Ein Jahresabschluß nach IFRS führt deshalb im Regelfall zu einem verbesserten Rating – infolge zu zinsgünstigeren Krediten – und kann deshalb besonders für ein mittelständisches Unternehmen durchaus von Vorteil sein. Vielfach erleichtern IFRS-Abschlüsse darüber hinaus nicht nur die Geschäftsentwicklung mit ausländischen Lieferanten oder Abnehmern, sondern ermöglichen auch den Zugang zu bislang nicht erreichten Banken und Investorengruppen im Ausland.

Es liegt auf der Hand, daß diesen Vorteilen auch Nachteile gegenüberstehen können: So ist eine Umstellung auf IFRS zunächst mit Kosten verbunden. Hinzu kommt, daß die Einzelabschlüsse (noch) nach HGB zu erstellen sind, somit wird eine kostenaufwendige doppelte Rechnungslegung erforderlich. Es erscheint daher nicht übertrieben, wenn gelegentlich kolportiert wird, für eine IFRS-Umstellung bei einem mittelständigen Unternehmen müßten zwischen 200 000 und 300 000 Euro kalkuliert werden. Insbesondere mittelständische Unternehmen werden daher im Einzelfall Vor- und Nachteile genau abwägen müssen. Zumindest mittelfristig, so erscheint es derzeit, wird sich aber kaum ein mittelständiges Unternehmen zumindest einer parallelen Bilanzierung nach IFRS verschließen können.

Der Trend nach Transparenz der Unternehmensfinanzen entwickelt unvermeidlich auch eine ganze Reihe an Stilblüten, so zum Beispiel in der Anlegerschutzgesetzgebung oder der Steuergesetzgebung. Die Kunst der Unternehmensfinanzierung besteht deshalb darin, die wesentlichen von den unwesentlichen Aspekten zu trennen, diejenigen Bereiche herauszufiltern, die für einen bestimmten Kapitalgeber entscheidungserheblich sind, und genau diejenigen Informationen aufzubereiten, die ein potentieller Kapitalgeber unbedingt erhalten will. Gleichwohl dürften einige der hier und im folgenden skizzierten Veränderungen am internationalen Finanzmarkt über die Jahre wieder an Bedeutung verlieren, neue Entwicklungen werden hinzukommen. Was mit an Sicherheit grenzender Wahrscheinlichkeit aber bleiben wird, ist die Bewertung des individuellen Kreditrisikos, heruntergebrochen auf möglichst kleine Wirtschaftseinheiten, als entscheidender Faktor bei der Kapitalvergabe. Das verlangt Schuldnern künftig neue Anstrengungen ab.

Schließlich wird dadurch die Beziehung zwischen privat plazierten Finanzierungen zum Kapitalmarkt enger, komplexer, herausfordernder. Jedwede Finanzierungsart erfordert künftig ein hohes Maß an Offenheit und Professionalität. Beides muß sich gleichlaufend zu den Finanzierungserfordernissen und der Kapitalmarktreife entwickeln. Denn der Wind, der den kapitalsuchenden Unternehmen entgegenweht, ist mittlerweile recht kräftig und deutlich kälter geworden. Eine gute Vorbereitung auf Finanzierungsvorhaben wird damit wichtiger denn je.

Alter Wein in neuen Schläuchen

Vielfach wird bei Finanzierungen alter Wein in neuen Schläuchen verkauft. Warum? Weil zeitgemäße Regularien am besten mit „innovativen" Produkten beantwortet werden können, aber eine völlig neue Generation an Finanzinstrumenten nicht quasi „über Nacht" erfunden werden kann. Weil sich damit höhere Risikoprämien am Markt erzielen lassen. Weil damit – zum Beispiel – neue Gebührenstrukturen besser kaschiert werden können. Und weil schließlich mit all diesem Aktionismus doch Innovationsfreude auf Seiten der Finanzintermediäre dokumentiert werden soll – obwohl böse Zungen behaupten, die Finanzbranche sei eine der ideenlosesten Wirtschaftszweige überhaupt. Trotzdem: Ein kreditsuchendes Unternehmen sollte sich vor Augen führen, daß zwar der Wein teilweise bereits bekannt sein dürfte, aber die Schläuche dafür in bester Qualität geliefert werden müssen.

So findet sich häufig Altbekanntes in modernem Kleide. Neu verpackt wird aus dem klassischen Kredit beispielsweise vermeintlich „neues" Private Equity. Gleichwohl gibt es sie, die neuen Ansätze in der Konzeption von Finanzinstrumenten. Ihr Charakter ist besonders dann innovativ, wenn es gelingt, auch kleineren Kapitalvolumina den Zugang zu Finanzierungsformen zu verschaffen, der bislang nur größeren Adressen offenstand. Auf Grund der hohen Transaktionskosten kommen „klassische" Kapitalmarktinstrumente wie zum Beispiel eine Anleihe für viele mittelständische Familienbetriebe kaum in Frage. Der Zugang zu den Kapitalmärkten ist solchen mittelständischen Unternehmen aber deshalb nicht verschlossen. Gefragt ist ein wenig Erfindungsreichtum und Unternehmergeist. Zu solch „neueren" – und nicht immer in gleicher Weise zu empfehlenden – Möglichkeiten zählen zum Beispiel:

◆ Mezzanines Fremdkapital – In diesem „neuen Schlauch" befinden sich zum Beispiel die „alten Weinsorten" stille Beteiligung, Nachrangdarlehen und Genußrecht. Mezzanines Kapitel gilt wirtschaftlich als Eigenkapital, ohne jedoch dem Kapitalgeber weitgehende Mitspracherechte einzuräumen. Waren mezzanine Instrumente bisher nur für Großbetriebe interessant, so gibt es inzwischen an den Kapitalmärkten auch Ansätze für kleinere Volumina.

◆ Asset Backed Securities (ABS) – Von Finanzinstituten über bestimmte Zweckgesellschaften (sogenannte Special Purpose Vehicles oder kurz „SPVs") emittierte Wertpapiere, die durch unternehmerische Forderungen besichert sind. ABS bieten unter Umständen eine gute Alternative zum „klassischen" Bankkredit, lohnen sich aber auf Grund der hohen Anlaufkosten meist nur für sehr große Mittelständler, als Faustregel gilt ein Jahresumsatz von über 500 Millionen Euro. Neuerdings gibt es aber Entwicklungen, ABS-Finanzierungen auch für „kleinere" mittelständische Unternehmen anzubieten.

◆ Factoring – Hier tritt der Unternehmer seine Forderung an eine Finanzierungsgesellschaft, den Factor, ab (Achtung: Letztlich steckt hinter diesem Kapitalmarktinstrument nur eine Abtretung – Stichwort: Alter Wein in neuen Schläuchen!). Innerhalb einer kurzen Frist, meist wenige Tage, bezahlt der Factor dem Unternehmen einen großen Teil des abgetretenen Betrages. Sobald der Schuldner an den Factor bezahlt hat, erhält der Unternehmer den Restbetrag abzüglich einer Marge für den Factor. Factoring wird von manchen Factoring-Gesellschaften schon ab 250 000 Euro Jahresumsatz angeboten und eignet sich deshalb auch schon für kleinere mittelständische Betriebe.

◆ Mittelstand an der Börse – Zunehmend entdecken auch die kleineren deutschen Börsenplätze den Mittelstand als Wachstumspotential (Börsengang „light"). Die Stuttgarter Börse versteht sich mit ihrem Produkt „Gate-M" als „Tor zum Mittelstand"; die sogenannte Listing-Gebühr von 6 000 bis 10 000 Euro liegt deutlich unter dem, was an Gebühren bei größeren Börsen fällig wird. Auch die Münchner Regionalbörse hat mit „M: access" ein neues Markt-segment für den Mittelstand geschaffen. Das an der Münchner Börse geschaf-fene Handelssystem „Max One" zielt als der kleinere Bruder des XETRA-DAX auf den Mittelstand. Über die Zukunft dieser Börsensegmente werden die Geschäftsphilosophie und die Risikofreude der mittelständischen Unter-nehmen (mit-) entscheiden.

Unabhängig, ob nun neu oder nur vermeintlich neu, die Anforderungen an die Kapitalnehmer haben sich in jedem Falle grundsätzlich verschärft. Also muß auch für älteren Wein ein höherer Preis bezahlt werden. Das muß ja per se nichts Schlechtes sein, aber allzu oft bleibt doch ein fader Beigeschmack. So lohnt es sich in jedem Falle, ein Instrument zuvor genau zu beleuchten und zu analysieren, schließlich bindet man sich mit seiner Finanzierung zum Teil auf viele Jahre.

Mit Blick auf das doch recht breite Angebot an Kapitalformen hat sich also nicht wirklich etwas verändert in der Welt der Finanzinstrumente, die üblichen Kredit- und Eigenkapitaltitel haben vielfach lediglich ihr Etikett geändert. Was sich hingegen teils gravierend verändert hat, sind die Konditionen, die Eingangs-hürden und das Anlageverhalten der Marktteilnehmer in den jeweiligen Bereichen. Womit auch gleich der zentrale Punkt der Finanzierungsvorhaben angesprochen ist: Die eigentliche Herausforderung der modernen Unternehmensfinanzierung liegt im Eingehen der Kapitalnehmer auf neue potentielle Kapitalgeber. Der Instrumentenkasten ist dem erfahrenen Finanzmanager aller Wahrscheinlichkeit nach bestens vertraut. Doch mit dem raffinierten Zusammenspiel der Produkte und dem richtigen Umgang mit den Investoren betritt er häufig unbekanntes Terrain.

Die überwiegende Mehrheit der Kapitalgeber hat – beispielsweise – von ihrer Risikoaversität nichts verloren, sie nutzt die vermeintlich neuen Produkte in erster Linie zur Portfoliooptimierung, also Risikoreduzierung, und zur teils signifikanten Ausweitung der Margen. Denn die Risiken haben nicht abgenommen, sie sind häufig sogar größer geworden – und vor allem teurer. Das dürfte die wohl essen-tiellste Änderung am Finanzmarkt sein. Über die Notwendigkeit, höhere Risiko-prämien akzeptieren zu müssen, spricht heute kaum noch ein Akteur, diese Ent-wicklung ist bereits akzeptiert.

Und am unauffälligsten geschieht dies offen über die Anonymität des Kapitalmarktes oder versteckt mittels Nutzung neuer (Bank-) Produkte. Warum sollten
die Kapitalgeber Geld bei unveränderten Risiken zu einer niedrigeren Verzinsung
als bislang bereitstellen? Nur weil ein neuer Name auf dem Produkt steht? Wohl
kaum. Und so ist es zwar korrekt, daß die Risikoprämien am Kapitalmarkt durchaus auch einmal deutlich unter ihren langjährigen Durchschnitt sinken können.
Allerdings sind dann meist – vor allem für die noch nicht am Markt eingeführten
Adressen – die sonstigen Konditionen entweder verschärft oder die Rahmenbedingungen der Kapitalüberlassung restriktiver gestaltet worden. Als Fazit für den
Kapitalnehmer bleibt in erster Linie, diejenigen Instrumente zu identifizieren, die
ihm nicht nur insgesamt die vorteilhaftesten Konditionen zubilligen, sondern die
vor allem auch sein Risiko angemessen bewerten.

Dies weist der modernen Unternehmensfinanzierung gleichzeitig einen
wesentlichen Kernbereich ihrer Tätigkeit zu, nämlich die profunde Einschätzung
der von den Marktteilnehmern empfundenen oder gemessenen Risikowahrneh-
mung. Hinzu kommt die Suche nach dem idealen „Risikonehmer": dies bedeutet
die Erschließung neuer Investorenkreise, die bereit sind, höhere Risiken einzugehen und gleichzeitig in der Lage sind, unternehmerische Situationen angemessener
einzuschätzen als die traditionellen Kreditgeber.

Letztlich sieht sich der Finanzmanager – und das gerade in mittleren und kleinen Unternehmen – zwei grundsätzlichen Strömungen ausgesetzt: Zum einen wird
die Akquisition von Eigen- oder Fremdkapital, je nach Risikobereitschaft der
Kapitalgeber, mehr oder weniger unerläßlich sein. Zum anderen entwickelt sich
die gegenüber heute erheblich professionellere Präsentation des Unternehmens
gegenüber Investoren zweifelsohne zu einem ‚der' Schlüsselfaktoren zur Erreichung einer angemessenen und finanziell tragbaren Kapitalausstattung. Von der
Bewältigung dieser Aufgaben wird der Erfolg der modernen Unternehmensfinanzierung künftig abhängen.

▌Rückzug der traditionellen Kapitalgeber

Der bereits angesprochene globale Wandel in der Güter- und Finanzwelt wird eine Reaktion auf die dargestellten Veränderungen unumgänglich machen. Dabei wird die Restrukturierung der Unternehmensfinanzen auf eine langfristig solide Basis häufig kaum auf tradiertem Wege geschehen können. Denn die neue Kreditvergabe- und Eigenkapitalrichtlinien der Banken und vergleichbarer Investoren lassen das Kapitalangebot (in seiner bisherigen Form!) seitens der Finanzinstitute massiv zurückgehen. Darüber hinaus arbeiten die Banken bei Volumina, die in einigen Markt- und Risikosegmenten sogar schrumpfen, an einer grundsätzlichen Neuausrichtung der Kreditvergabepraxis. Dies bedeutet häufig eine Standardisierung der Kreditvergabe mit dem Ziel, Kreditanträge leichter bearbeiten und daraus entstandene Kreditengagements leichter verkaufen oder am Kapitalmarkt plazieren zu können.

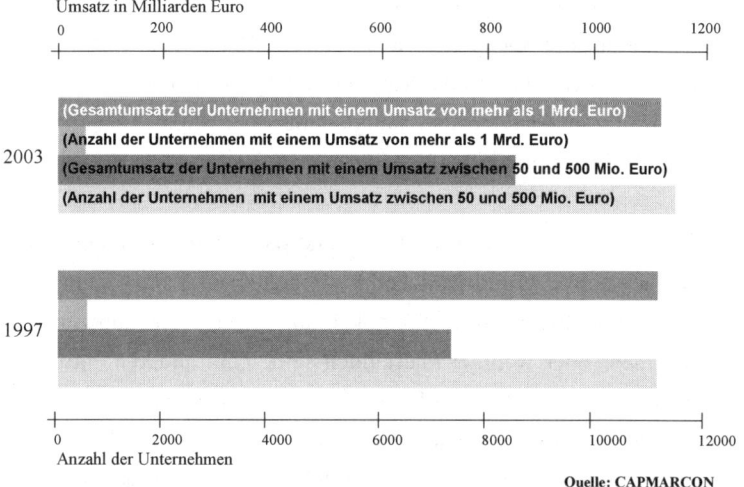

Abbildung 1. Mittelstand und Großunternehmen nach Umsatz und Anzahl

Dies bedeutet Anpassungen bei einer Vielzahl von Unternehmen: Denn je kleiner die Unternehmung und je geringer die Kreditvolumina, desto standardisierter und kostengünstiger muß das jeweilige bankenseitige Prüfverfahren sein. Davon betroffen ist dann in der Folge eine große Zahl an Unternehmen, denn die deutliche Mehrheit der Firmen in Deutschland – etwa 97 Prozent – verfügt über Umsatzvolumina von unter 500 Millionen Euro.

Grundsätzlich läßt sich eine Stärkung der Unternehmensfinanzen nicht nur durch mehr Eigenkapital erreichen, sondern vor allem auch durch intelligente Debt Management-Konzepte. Gemeint ist damit die optimierte Kombination von fremdem und eigenem Kapital unter Zuhilfenahme neuartiger Instrumentverbindungen. Vorausschauendes Schuldenmanagement wird daher langfristig immer wichtiger. Trotz weiter zunehmender Anlagevolumina im Rentenbereich und in anderen Asset-Klassen wird der Wettbewerb um „zinsgünstige" Gelder schärfer. Eine frühe und angemessene Positionierung im jeweiligen Marktsegment hilft, Kapitalkosten zu senken.

Der Trend geht also unaufhaltsam zur kapitalmarktorientierten Unternehmensfinanzierung. Das internationale Umfeld unterstützt derartige Bemühungen. Werden im angelsächsisch dominierten Finanzraum mittlerweile bis zu 80 Prozent der Unternehmensfinanzierung über den Kapitalmarkt abgewickelt, sind es in Kontinentaleuropa lediglich rund 20 Prozent. Die beiden Relationen werden sich zukünftig voraussichtlich nicht angleichen, so aber doch zumindest annähern. Und auch die „direkte Finanzierung", also ohne unmittelbare Einschaltung des Kapitalmarktes, muß mehr oder weniger den Kriterien am Kapitalmarkt genügen, jedenfalls aber ähnlichen Mechanismen folgen. Dies macht die Art der Darstellung und Präsentation in beiden Fällen zunehmend ähnlich und verlangt letztlich vergleichbare Transparenz.

Auswirkung globaler Trends auf die Unternehmensfinanzierung

In den vergangenen Jahrzehnten hatten besondere Finanzierungsbedürfnisse in der Regel keine bedeutende oder gar dominierende Stellung in der Unternehmensstrategie. Meist wurden Kreditlinien der Hausbank in Anspruch genommen oder der Aktienmarkt angezapft. Diese Praxis wird nun abgelöst im Wege der marktorientierten Finanzierung durch die Emission von Anleihen, Schuldscheinen und anderen Kreditinstrumenten sowie mezzaninem und Eigenkapital. Eine Alternative gibt es nur für Unternehmen, die keine (Fremd-) Mittel aufnehmen müssen. Alle anderen werden sich dem Finanzmarkt nicht entziehen können. Damit übernimmt in gewisser Weise nun auch Kontinentaleuropa die Entwicklungen der Finanzierungs- und Investorengewohnheiten aus den USA und Großbritannien.

Der zunehmende Performancedruck auf Investoren und Kreditgeber zwingt diese zu einer Straffung ihrer Portfolien und einer Konzentration auf attraktive Rendite-Risiko-Profile. Eben dies führt zu einem sich verstärkenden Verlangen nach transparenteren Märkten. Das Zusammenwachsen des europäischen Kapitalmarktes und die zunehmende Konkurrenz um internationale Investoren erfordert zudem von Unternehmen, sich professioneller als bislang zu präsentieren. Kredit- und Anlagerisiken stellen zwar in der Regel eine zusätzliche Quelle für höhere Renditen dar, dafür muß sich dann aber auch die Beurteilungsmöglichkeit von Risiken durch einen potentiellen Investor signifikant verbessern. Folge ist eine Neuorientierung der Investoren hin zu Engagements, die präzise, einfach und zuverlässig zu beurteilen sind. Dies kann langfristig bei einer ganzen Reihe von Unternehmen zu einer deutlichen Veränderung der eigenen Kapitalstrukturen führen. Und um diese optimal zu gestalten und die Zinskosten möglichst gering zu halten, sind moderne Methoden in der Unternehmensfinanzierung einzusetzen.

Dies schließt auch und vor allem – neben inhaltlichen Aspekten – die Beschäftigung mit Image- und Public Relations-Fragen sowie ausführlicher Kommunikation gegenüber den Kapitalgebern ein. Mit dieser Thematik betreten allerdings viele Unternehmen in Finanzierungsfragen häufig Neuland. Hier gilt es, zügig entsprechende Expertise aufzubauen. Und gerade diese Debütanten am „neuen", „modernen" Finanzmarkt sollten besonderen Wert darauf legen, daß der erste Eindruck die Investoren nicht enttäuscht. Auch hier gilt die Binsenweisheit: „Für den ersten Eindruck gibt es keine zweite Chance!"

1.3. Erfolgsfaktoren im Management der Unternehmensfinanzierung

Intelligentes Finanzmanagement ist oftmals weniger das Entwickeln neuartiger Finanzinstrumente, sondern vielmehr die effiziente Nutzung des gesamten zur Verfügung stehenden Instrumentariums und das optimierte Zusammenspiel von Titel, Marktlage und Investorennachfrage. Die Kenntnis der Produkte und des Marktumfeldes, Expertise im Umgang und Einsatz der jeweiligen Finanzinstrumente sowie die Vorbereitung der Plazierung und die Unterbringung bei Investoren und Kreditgebern sind die zentralen Punkte des erfolgreichen Finanzmanagements. „Offene Flanken" werden dabei vom Markt schnell aufgedeckt und führen zu einer Torpedierung der optimalen Finanzierung.

Die Anforderungen an die Kapitalbeschaffung steigen. Die zu nehmende Hürde ist heute höher. Dem steht allerdings auch ein breiteres Spektrum an Finanzierungsmöglichkeiten gegenüber. Einen Königsweg in der Finanzierung, der diesen Namen verdiente, gibt es nicht (mehr). Der zeitweise Höhenflug der Aktienmärkte ist (scheinbar) beendet. Jetzt zählt die geschickte Kombination aus den unterschiedlichen Welten des Kapitals. Mit Hinwendung zur kapitalmarktorientierten Finanzierung und Beachtung der damit verbundenen Bedingungen hat sich gleichlaufend auch die Bewertung der Unternehmen durch die renommierten Rating-Agenturen verbessert. Nun, zur Mitte des laufenden Jahrzehnts, folgt einer Serie von Bonitätsherabstufungen eine Phase der Heraufstufungen.

Noch schwanken die Geschäftszahlen im Zeitablauf teils ganz erheblich - und mit ihnen auch die Kapitalzuflüsse in Investmentfonds, die überwiegend in Unternehmensanleihen anlegen. Einzelne Unternehmen können sich diesen Hochs und Tiefs nur in Ausnahmefällen vollständig entziehen. Doch sie können zum Beispiel mit den geeigneten Credit Relations-Maßnahmen die Intensität und Schwankungsbreite dieser Einflüsse auf die eigene Unternehmensfinanzierung vergleichsweise gering halten.

Hinsichtlich der „Credit & Equity Story" besitzen kontinentaleuropäische Unternehmen durchaus Attraktivitätspotential. Raffinierte Debt Management-Strategien können daher zum Pfeiler der Unternehmensfinanzierung werden. Aber noch sind eine Reihe von Hausarbeiten zu erledigen. Die attraktiven Aspekte der Unternehmensgeschichte gilt es herauszuarbeiten und angemessen zu präsentieren. Gleichzeitig müssen Risiken für den potentiellen Kapitalgeber einschätzbar gemacht werden. Schließlich erlauben die bereits erzielten Bonitätsgewinne und Restrukturierungserfolge bei vielen Kreditnehmern durchaus die Darstellung einer attraktiven Kredithistorie und ermöglichen die Skizzierung und Prognose eines attraktiven Kreditausblickes. Dieses Potential gilt es nun, in intelligente Schuldenmanagementstrategien umzusetzen. Denn solche Strategien eröffnen in der Unternehmensfinanzierung eine ganze Reihe neuer Möglichkeiten. Dazu gehört dann beispielsweise die Nutzung maßgeschneiderter Kreditinstrumente anstatt der Verwendung weniger Standardprodukte oder der Zugang zum Kapitalmarkt anstatt der Abhängigkeit von Bankdarlehen.

Tabelle 2. Übergang von traditioneller Finanzierung zur Kapitalmarktfinanzierung

Bisherige Finanzierungs-praxis	teilweise Ablösung durch:	**Trend zur zukünftigen Unternehmens-finanzierung und zusätzliche Aufgaben**
Traditioneller Bankkredit ◆ Singulärer Geldgeber ◆ Individuelle Prüfung und Vergabe	▶	**Finanzierung über den Kapitalmarkt** ◆ Kapitalmarktfähigkeit ◆ Mehrere bis zahlreiche Geldgeber ◆ Wechselnde Geldgeber ◆ Kommunikationspflicht ◆ Hohe Anforderungen an das Finanzmanagement ◆ Standardisierte Prüfung, Vergabe strikt nach in- und externen Richtlinien
Syndizierte Finanzierung über Banken ◆ Mehrere Geldgeber ◆ Mindestanforderungen an Kreditnehmer	▶	

Tabelle 2. (Fortsetzung)

Bisherige Finanzierungspraxis	teilweise Ablösung durch:	Trend zur zukünftigen Unternehmensfinanzierung und zusätzliche Aufgaben
Aktienbörse ◆ Kapitalmarktfähigkeit	▶	**Aktienbörse** ◆ Erhöhte Anforderungen an Transparenz und Börsenreife ◆ Zunehmende Verbindung zur marktorientierten Finanzierung über kombinierte Instrumente (z.B. Wandelanleihen) ◆ Verstärkte Verpflichtung zur immer komplexeren Finanzkommunikation

Breites Spektrum an Aufgaben in der Unternehmensfinanzierung

Die moderne Unternehmensfinanzierung beschäftigt sich nicht mehr allein mit wirtschaftlichen, technischen und juristischen Fragen, sondern darüber hinaus mit neuen Themengebieten, die für potentielle Geldgeber mittlerweile zentrale Bedeutung gewonnen haben. Dazu gehört es nicht „nur", sondern „vor allem", den richtigen Zugang zum Finanzmarkt zu finden und in der dort üblichen „Sprachwahl" zu kommunizieren. Die erfolgreiche Unternehmensfinanzierung basiert also künftig im wesentlichen auf drei Säulen. Dies sind zum einen die Inhalte mit Zahlen, Fakten, Daten und Kennziffern. Hinzu kommen die analytische Aufbereitung und schließlich die „Verpackung" der Ergebnisse inklusive der daraus resultierenden Projektionen für den Kapitalmarkt. Die drei Säulen verhalten sich zueinander limitational, nicht substitutional. Das heißt Versäumnisse in einem Bereich lassen sich nur schwer und nurin sehr begrenztem Umfang durch besondere Bemühungen in dem anderen Bereich ausgleichen. Erfolg resultiert demnach aus der Qualität der Leistung in allen drei Bereichen.

Abbildung 2. Säulen der Unternehmensfinanzierung

Was sind nun die „Leitkriterien" für den Geldgeber? Der erste Grundsatz für das Finanzmanagement lautet: „Märkte bewerten Risiken." Dabei bestimmen sowohl die tatsächlichen wie auch die wahrgenommenen Risiken die Höhe der Risikoprämie und damit der Zinskosten. „Märkte bewerten Chancen" ist der zweite Grundsatz. Denn ohne ausreichende Gewinnmöglichkeit sind Kapitalgeber nicht für Investments zu begeistern. „Preise für Risiken sind transparent" ist die dritte Prämisse. Tricksen, täuschen, tarnen vermag zwar im ersten Augenblick verlockend sein und in Einzelfällen kurzfristig auch zum Erfolg führen, auf mittel- und langfristige Sicht ist diese Strategie aber eindeutig zu kostspielig. Zwar vergißt der Markt manchmal ebenso wie der Souverän vor Wahlen. Ratings, Risikoprämien und Gewinnforderungen haben aber ein erstaunlich langes Beharrungsvermögen.

Dabei hat Transparenz durchaus Vorteile. Bei einer klassischen Bankenfinanzierung kennen nur die beiden Parteien die Konditionen. Bei einer Marktfinanzierung hingegen sind die zugehörigen Daten meist bestens bekannt, sie lassen Vergleiche mit anderen Adressen zu. Der Kapitalnehmer befindet sich auf einmal im Wettbewerb um zinsgünstige Gelder. Dabei fördert die Handelbarkeit von Risiken ihre Attraktivität bei den Geldgebern und vergrößert die Bereitschaft zu Engagements. Und hier liegt der Vorteil. Denn Marktteilnehmer schätzen Situationen nicht immer gleich ein. In diesem Falle kann die moderne Unternehmensfinanzierung ansetzen und gezielt Informationen liefern, die den tatsächlichen Sachverhalt zweckdienlich und im Sinne des Kapitalnehmers beschreiben.

Gleichwohl gilt: Um die Risikoprämie und/oder die Dividendenerwartung in Grenzen zu halten, muß gegenüber potentiellen Geldgebern absolute Transparenz herrschen. Das Reporting muß internationalen Standards genügen, die Geschäfts- und Finanzplanung sowie die Kapitalfluß- und Investitionsrechnung schärfsten Ansprüchen standhalten, die Mittelverwendung und die Passivseite klar erkennbar sein. Nur mit einer möglichst sicheren Kalkulierbarkeit der vorhandenen Risiken lassen sich diejenigen Investoren finden, die bestimmte, individuelle Risiken unterhalb der jeweiligen Marktraten zu tragen bereit sind, etwa weil sie Chance und Risiko genau erkennen und Kurssteigerungspotential sehen oder die identifizierten Risiken optimal in ein bestehendes Portfolio „einbauen" können. Beides setzt eine möglichst präzise „rechnerische" Bestimmbarkeit der mit den einzelnen Investments verbundenen Risiken voraus.

Bloße Finanzlage nicht zwingend Ursache von Krisensituationen

Die Finanzen waren und sind gleichsam das Herz jeder Unternehmung. Doch wird hierüber meist Stillschweigen bewahrt. Dagegen ist prinzipiell nichts einzuwenden, sofern diese Politik nicht in eine „Abschottung" übergeht, das Finanzierungsprocedere verkrusten läßt und gegen den nötigen Wandel im neuen Umfeld immunisiert. Gerade die „Offenheit" – innerhalb gewisser Grenzen – dürfte künftig die Stärke der modernen Unternehmensfinanzierung sein. Dabei ist das Erreichen einer möglichst kostengünstigen und sachgerechten Strukturierung der Passivseite einer Bilanz die Pflicht, das gleichgewichtige Zusammenspiel mit anderen, bereits erwähnten Disziplinen die Kür. Auf die Verknüpfung kommt es an. Ungleichgewichte in der filigranen Struktur der Unternehmensfinanzierung können ein Unternehmen durchaus in Schieflage bringen.

So ist Kapitalmangel allein oft gar nicht die Ursache von Insolvenzen. Noch nicht einmal ein Fünftel aller Fälle war in der jüngeren Vergangenheit darauf zurückzuführen. In weit mehr als der Hälfte der Fälle liegt es am operativen Geschäft, wobei wiederum rund 50 Prozent davon auf die fehlende Begleitung der Geschäftsstrategie durch die Unternehmensfinanzierung zurückzuführen sind. Damit stellt sich die Frage nach Indikatoren, die eine mehr oder weniger bedrohliche Situation ankündigen.

Im Jahre 2004 hat es in Deutschland rund 40 000 Unternehmensinsolvenzen gegeben, etwa doppelt so viele wie noch zehn Jahre zuvor. In der Europäischen Union lag 2004 die Zahl insolventer Unternehmen bei etwa 160 000, dies entspricht einem Anstieg seit dem Jahr 2000 um rund zehn Prozent. Diese Firmenpleiten allein auf den Mangel an Kapital zurückzuführen, wäre allerdings zu kurz gegriffen. Nur rund ein Fünftel der insolventen Unternehmen verzeichnete einen Liquiditätsmangel als einzigen und direkt zurechenbaren Grund. Abgesehen von fahrlässigem und grob fahrlässigem Verhalten des Management mußten etwa zwei Drittel der Unternehmen aufgeben, weil sie beispielsweise erhebliche Defizite in den betrieblichen Abläufen oder gravierende Fehleinschätzungen der Marktlage oder -entwicklung zu verzeichnen hatten.

Bislang galten quantitative Finanzkennziffern nahezu als das Maß aller Dinge, um die wirtschaftlichen Verhältnisse eines Unternehmens zu beschreiben. Zwar beeinflussen qualitative Faktoren wie Stil des Management, Kundenstruktur und Produktpalette zunehmend die Beurteilung der Bonität. Gleichwohl spielen quantitative Kennziffern wie die Eigenkapitalquote noch immer eine wesentliche Rolle in der Unternehmensfinanzierung. Nun besitzen unbestritten Indikatoren zum Kapitalfluß und Schuldendienst eines Unternehmens Aussagekraft und Bedeutung bei der Prognose der finanziellen Leistungsfähigkeit. Mehr oder weniger gewinnen aber auch die sogenannten „weichen" Faktoren an Gewicht. Dabei geht es beispielsweise um eine Beurteilung, wie Firmen mit Krisensituationen umgehen

können, wie verläßlich die firmeneigenen Projektionen sind oder wie die Ertragslage stabilisiert werden kann.

So vergrößert sich die Anzahl der Erfolgsfaktoren für Unternehmen in Finanzierungsfragen. Neben ursprünglich einmal – vereinfacht ausgedrückt – der benötigten Kreditsumme und den verhandelten Konditionen, der Bilanz vom vorver-
gangenen Jahr und der Zusicherung, alles laufe bestens, ist nunmehr ein ganzes
Füllhorn an Inhalten und Zielen hinzugekommen. Unternehmen werden vor die
Aufgabe gestellt, im Umgang mit den Kapitalmarktteilnehmern, Geschäftsbanken
und Rating-Agenturen einen von Professionalität geprägten Stil zu entwickeln.
Immer häufiger werden auch sogenannte Intermediäre – wie Investmentfonds oder
sogenannte Asset Manager – zwischengeschaltet. Hierauf müssen sich die Geld-
sucher ebenfalls einstellen.

▌ Exkurs: *Was ist der „Mittelstand" und was sind seine typischen Probleme?*

*Der Begriff Mittelstand findet sich nicht nur in der Beschreibung für sogenann-
te kleine und mittlere Unternehmen („KMU" oder in der internationalen Terminologie „SME" für „small and medium sized enterprises"), sondern auch regelmäßig in Argumentationslinien, wenn über die Schwierigkeiten der Unternehmensfinanzierung im allgemeinen und insbesondere in Deutschland gesprochen
wird. Doch was ist unter Mittelstand im speziellen zu verstehen? Welche Unternehmen fallen unter diesen Begriff und anhand welcher Kriterien läßt sich diese
Einordnung vergleichsweise durchgängig aufrechterhalten? Um das Ergebnis
gleich vorwegzunehmen: Eine objektive Abgrenzung des spezifischen deutschen
Phänomens „Mittelstand" gibt es genauso wenig wie eine überzeugende Definition der im internationalen Kontext beschrieben SMEs. Gleichwohl läßt sich eine
Definition finden, die dem Ziel, eine bestimmte Unternehmensgruppe mit
typischen Spezifika einzugrenzen, recht nahe kommt.*

*Zunächst ist der deutsche „Mittelstand" keine homogene Firmengruppe, son-
dern zeichnet sich durch eher heterogene Unternehmenstypen aus mit Zugehörigkeit zur gesamten Bandbreite der wirtschaftlichen Branchen. Schlüsselfaktoren
zur Definition des Mittelstandes sind die Bilanz- und Umsatzgröße einerseits*

sowie der Führungs- und Managementstil andererseits. Zwar werden vielfach noch Kriterien wie Geschäftsfelder, Marktstellung, Beschaffungs- und Absatzmärkte sowie Kundenbeziehungen genannt, sie sind letztlich aber – zumindest in Finanzierungsfragen – nicht zielführend.

Möglicherweise lassen sich weitere Kategorien finden, die Unternehmen so erfassen wie ihnen im üblichen Sprachgebrauch und in der gemeingültigen Einschätzung der „mittelständische" Charakter zugesprochen wird. Nichtsdestotrotz würde eine dann zwangsläufig feine Zergliederung der Unternehmenslandschaft eine solche Vielzahl an unterschiedlichen Kategorien liefern, daß im Anschluß wiederum eine grobere Zusammenfassung erfolgen müßte, um in den jeweiligen Gruppierungen einigermaßen allgemeingültige Leitsätze für die jeweilige Unternehmensfinanzierung aufzustellen. Im folgenden soll daher eine Unterscheidung erfolgen einerseits nach ökonomischen Kriterien wie quantitativen und qualitativen Unternehmensdaten sowie andererseits nach stilistischen Faktoren wie Unternehmensphilosophie und Management.

Der Begriff der kleineren und mittleren Unternehmen wird nach einem Standard der Europäischen Union weitgehend nach quantitativen Kriterien bestimmt. Eine solche Definition wird indes dem spezifisch deutschen Phänomen des „Mittelstandes" nicht gerecht. Denn neben quantitativen sind auch qualitative Kriterien entscheidend. So verschwimmt bei typischen mittelständischen Unternehmen die Trennung von Eigentum und Leistungserbringung, von Haftung und Risiko. Ein deutscher mittelständischer Unternehmer ist nämlich in der Regel – zumindest mitverantwortlich – an der Geschäftsleitung beteiligt oder übt gar die alleinige Geschäftsführung aus, unabhängig von Umsatz- und Gewinnhöhe. Rund zwei Drittel der nach geschilderter Definition bezeichneten mittelständischen Unternehmen in Deutschland sind älter als 20 Jahre, oftmals sind es Familienunternehmen mit jahrzehntelanger, mehrere Generationen umfassender Tradition.

Ein Unternehmen zählt laut Europäischer Union zur Gruppe der KMUs, wenn der Jahresumsatz höchstens 50 Millionen Euro und die Bilanzsumme höchstens 43 Millionen Euro betragen sowie die Zahl der Beschäftigten sich auf weniger als 250 beläuft. Außerdem darf das Unternehmen keiner Gruppe verbundener Unternehmen beziehungsweise nur einer Gruppe solcher verbundenen Unternehmen angehören, welche die vorgenannten Voraussetzungen erfüllen. Diese Definition der Europäischen Union wird seit dem 1. Januar 2005 bei der Inanspruchnahme aller europäischen Fördermaßnahmen zu Grunde gelegt. Sie entfaltet bindende Wirkung für zahlreiche Richtlinien, Verordnungen, Programme und staatliche Beihilferegelungen.

Zur Gruppe der kleineren Unternehmen zählt eine Firma bei weniger als 50 Beschäftigten und einem Jahresumsatz oder einer Bilanzsumme bis maximal 10 Millionen Euro. „Sehr kleine" Unternehmen haben weniger als 10 Beschäftigte und erreichen einen Gesamtumsatz oder eine Bilanzsumme von bis zu 2 Millionen Euro. Demgegenüber definiert das deutsche Institut für Mittelstandsforschung die quantitativen Kriterien eines mittelständischen Unternehmens als ein Unternehmen mit weniger als 50 Millionen Euro Gesamtumsatz und weniger als 500 Beschäftigten.

Eine rein quantitative Begriffsbestimmung ist aber nicht unproblematisch, läßt sie doch zum Beispiel wesentliche Kriterien wie Tradition und Führungsstil außer Betracht. Auch die Verbände der Wirtschaft halten eine starre, rein quantitative Definition für unangebracht. Denn „Mittelstand ist eine Frage der Geisteshaltung, der Entscheidungsstrukturen und der Bereitschaft, unternehmerisches Risiko zu tragen". Allerdings würde eine Berücksichtigung zu vieler Faktoren die Definitionsmöglichkeiten zu sehr aufgliedern und wäre deshalb in der Sache wohl kaum dienlich. Ein Mittelweg dürfte demgegenüber am hilfreichsten sein und ist in Tabelle 3 aufgezeigt.

Ein häufig genanntes Kriterium zur Kategorisierung ist die Eigenkapitalquote, die im deutschen Mittelstand durchschnittlich nur zwischen 10 und 20 Prozent liegen soll. Dieses Argument mag zwar nicht ganz unrichtig sein, es wird allerdings vergessen, daß gerade der „kleinere" Mittelstand bei diesbezüglichen Kennziffern über einen vergleichsweise großen Spielraum verfügt. Nicht selten ist nämlich der Eigenkapitalmangel im Mittelstand eine Folge des Eigenkapitalentzuges durch die Eigentümer. So kann der Firmeneigner im Zuge der Vermögensoptimierung Aktiva der Firma aus Haftungsgründen ausgliedern, obwohl sie dieser weiterhin in wirtschaftlicher Hinsicht zur Verfügung stehen. Daher ist die die Eigenkapitalquote im Mittelstand zwar ein möglicher Faktor zur Beurteilung der

Tragbarkeit des Schulddienstes, zur Kategorisierung der Unternehmensgruppe dürfte sie aber allein nicht ausreichen.

Tabelle 3. *Typisierung des „Mittelstandes"*

Kriterien und Volumina				
	Klein-unternehmen	*Mittelstand*	*Gehobener Mittelstand*	*Großer Mittelstand*
Jahresumsatz	*< 5 Mio. €*	*5 – 50 Mio. €*	*50 – 500 Mio. €*	*> 500 Mio. €*
Bilanzsumme	*< 5 Mio. €*	*5 – 25 Mio. €*	*25 – 200 Mio. €*	*> 200 Mio. €*
Führungsstil	*Allein-eigentümer, Gesellschafter-geschäftsführer*	*Familien-unternehmen*	*Überwiegender Familienbesitz*	*Häufig „Frem-des Manage-ment", das heißt nicht durch Familienange-hörige*

Im internationalen Vergleich zu den KMUs scheint nun der deutsche Mittelstand über eine recht niedrige Eigenkapitalquote zu verfügen. Doch der Schein trügt: So haben deutsche Firmen – wenngleich handels- und steuerrechtlich bedingt – oftmals hohe Rückstellungen und stille Reserven gebildet. Zudem bürgt nicht selten privates Vermögen für Firmenkredite. Doch künftig zählt eben allein der „offizielle" Anschein. So muß – gerade auch im Hinblick auf die Rating-Agenturen – der „offizielle" Eigenkapitalanteil erhöht werden, um die nötigen Kennziffern einzuhalten, die neue Kredite möglich machen.

Die in Tabelle 3 beschriebene Abgrenzung zu Grunde gelegt, gab es in Deutschland im Jahre 2004 rund 3,5 Millionen mittelständische Unternehmen, die zusammen mehr als 20 Millionen Mitarbeiter beschäftigten, was etwa sieben Zehnteln aller Arbeitnehmer und acht Zehntel aller Lehrlinge entspricht. Diese Gruppe stellte über 99 Prozent aller der Umsatzsteuerpflicht unterliegenden

Unternehmen. Gleichzeitig entfielen auf mittelständische Unternehmen deutlich mehr als 40 Prozent aller steuerpflichtigen Umsätze. Ihr Beitrag zum Bruttosozialprodukt betrug ebenfalls gut 40 Prozent und zur Bruttowertschöpfung aller Unternehmen sogar rund 50 Prozent.

Das Finanzgebaren der kleinen und mittelständischen Unternehmen war dabei recht unterschiedlich. Kleinunternehmen – wie in Tabelle 3 beschrieben – verzeichneten Eigenkapitalquoten zwischen 10 und 15 Prozent, Vertreter des typischen Mittelstandes in der Regel zwischen 15 und 20 Prozent. Unternehmen des gehobenen Mittelstandes mit Umsätzen zwischen 50 und 500 Millionen Euro wiesen Eigenkapitalquoten zwischen 20 und 30 Prozent auf. Bei Unternehmen mit noch höheren jährlichen Umsätzen lag die Eigenkapitalquote nur in Einzelfällen höher, so daß bei etwa 30 Prozent eine Schwelle erreicht wird, die meist akzeptabel ist, in schwierigeren Unternehmenssituationen, zum Beispiel bei einem Ertragseinbruch, aber nicht ausreicht.

Warum ist der Mittelstand jetzt in spürbarem Maße von den „verschärften" Rahmenbedingungen am Finanzmarkt betroffen? Zum einen, weil der Zugang zu Eigenkapital gegenüber großen (börsennotierten) Unternehmen limitiert ist oder eingeschränkt wird, da der Firmeninhaber eben seine Kontrolle über das Unternehmen nicht eingeschränkt sehen will. Zum anderen wird bei der Kreditvergabe im wesentlichen auf die Bonität eines Schuldners abgestellt - und hier hapert es oftmals gerade im Mittelstand: nicht unbedingt wegen der tatsächlichen Zahlen, aber nicht selten wegen des Berichtswesens und der Darstellung.

Die Beurteilung der wirtschaftlichen Verhältnisse erfordert heute mehr Zeit als bislang, weil die Prüfprozeduren gründlicher und umfassender geworden sind. Und dieses Programm ist kostenintensiv. Je höher das Finanzierungsvolumen, desto geringer sind verhältnismäßig die Kosten. Je kleiner die Kreditvolumina, desto teurer ist im Verhältnis dazu die Prüfung. Damit fällt für Mittelständler, die in der Regel eher Beträge bis zu 30 Millionen Euro nachfragen, eine Reihe von Finanzierungsinstrumenten schon aus Wirtschaftlichkeitsgründen weg. Die Finanzierungsusancen sind aber im Mittelstand keine anderen als bei großen Unternehmen. Vielmehr gleichen sie sich den Voraussetzungen für große Firmen an.

Die für die Unternehmensfinanzierung entscheidenden Parameter sind oftmals gerade im Mittelstand in besonderem Maße problematisch. Betroffen sind vor allem die folgenden Bereiche:

* *Bonität.*
* *Quote des Eigenkapitals und/oder der Schuldendienstfähigkeit.*
* *Verwertbare Sicherheiten.*
* *Dokumentation.*
* *Geschäftsentwicklung, geringe Rentabilität.*

Doch dies ist nur die halbe Wahrheit. Denn in die Kreditvergabeentscheidung fließen zahlreiche Komponenten ein. Ein „Zusammenspiel" findet etwa statt zwischen der Kapitalstruktur, der Ertragslage, den zu stellenden Sicherheiten sowie der künftigen Perspektiven. Weiterhin fließen in die Entscheidung ein die Beurteilung des Management und die Darstellung und Bewertung der folgenden Bereiche:

* *Geschäftsfelder.*
* *Marktstellung.*
* *Beschaffungsmärkte.*
* *Absatzmärkte.*
* *Kundenbeziehungen.*

Folgen von Defiziten bei „Schlüsselfaktoren"

Erreichen in den vorgenannten Punkten, wie zum Beispiel der Bonität, die kapitalsuchenden Unternehmen nicht wenigstens die vom Markt geforderten Mindeststandards, werden Finanzierungsanfragen regelmäßig abgelehnt. Dann ist das Erstaunen groß, die Ablehnung ist selten nachvollziehbar. Doch dabei lassen sich in vielen (indes nicht in allen!) Fällen durch Drehen an den richtigen „Stellschrauben" die relevanten Finanzierungsparameter erheblich verbessern.

Dies erfolgt aber in einer großen Zahl von Prozessen nicht. So haben nach einer Erhebung des auf Unternehmensfinanzierungen spezialisierten Beratungsunternehmens Capmarcon im Jahr 2004 etwa die Hälfte der nach externem Kapital suchenden Unternehmen eine deutlich restriktivere Haltung der Kreditgeber und Investoren wahrgenommen. Der Anteil dieser Unternehmen war um so höher, je niedriger der jährliche Umsatz lag. Gerade hier wirkt sich aus, daß mit sinkendem Geschäftsvolumen die Anfälligkeit gegen Nachfrageschwankungen mit ihren negativen Folgeerscheinungen überproportional steigt. In diesen Situationen kann beispielsweise nur die (signifikante) Erhöhung der Eigenkapitalquote wirklich helfen.

Dieses Problem tritt bei größeren Unternehmen nicht in dieser Vehemenz auf, wenngleich die Gefahr eines nicht mehr zu leistenden Schuldendienstes oder einer sich auf Grund von Umsatzschwankungen deutlich verschlechternden Finanzlage erst bei Erlösvolumina von etwa 500 bis 750 Millionen Euro deutlich rückläufig ist. Dieser Zusammenhang hat denn auch nachhaltige Rückschlüsse auf die Bonitätseinstufung, vor allem bei externen Ratings. Die Unternehmen müssen darauf, abhängig von ihrer Größe, in sehr unterschiedlicher Weise reagieren. Größere Unternehmen, das heißt Firmen mit Umsätzen im dreistelligen Millionenbereich, spüren vor allem die erhöhten Transparenzanforderungen der Geldgeber, die diese für eine umfassende Risikoanalyse und die Berechnung risikoadäquater Finanzierungskonditionen benötigen.

Für kleinere Unternehmen, die in der Regel auch kleinere Kreditvolumina beantragen, lohnt sich eine aufwendige Risikoanalyse betriebswirtschaftlich hingegen kaum. Hier versuchen die Investoren und Banken ihr Risiko – neben der Standardisierung von Vergabeprozessen – vermehrt durch die Einforderung von Sicherheiten zu begrenzen und lehnen Kreditanträge bei nicht ausreichenden verwertbaren Sicherheiten auch ab, selbst wenn das unternehmerische Konzept in sich schlüssig ist und bei Verwirklichung einige Aussicht auf Erfolg bietet. Unternehmen können der Ablehnung eines Kreditantrags nur dann entgehen, wenn sie den Geldgebern leicht nachvollziehbare, zügig überprüfbare und dennoch vollständige Unterlagen übergeben.

Mangel an kostengünstig „verwertbaren" Kreditunterlagen ist denn auch hauptsächliche die Ursache, weshalb gerade kleinere Unternehmen keinen Zugang mehr zu Finanzmitteln erhalten. Viele Firmen wären sogar bereit, bei positiver Beurteilung ihrer Kapitalwünsche – vereinfacht ausgedrückt – eine höhere Verzinsung als marktüblich zu zahlen. Doch in die Phase der Konditionsverhandlung gelangen diese Kapitalnehmer erst gar nicht mehr, da sie wegen nicht ausreichender Unterlagen bereits auf einer sehr frühen Stufe aus dem Prüfungsprozeß gekippt wurden.

Letztlich zeigt sich, so die Analyse von Capmarcon, daß von einer Kreditverknappung in der Unternehmensfinanzierung nicht die Rede sein kann. Allerdings steigen die Anforderungen an den Inhalt der Kreditunterlagen. Sie steigen in erster Linie in der Dokumentation, in der Darstellung der Risiken und der Kapitalflußrechnung. Unbestritten haben sich einige Kapitalgeber aus der Kapitalvergabe mehr oder weniger deutlich zurückgezogen.

Dies gilt aber keinesfalls „in toto", vielfach wird jetzt schlicht und ergreifend besonderer Wert auf eine verläßliche und umfassende Planungsrechnung mit den dazugehörigen Projektionen und plausiblen Annahmen gelegt. Darüber hinaus müssen sich Unternehmen mit der Entwicklung vertraut machen, daß erstens die Vielzahl an Finanzierungsinstrumenten und Finanzierungsarten auf Seiten der Kapitalgeber eine zunehmende Spezialisierung praktisch unumgänglich macht, daß sich zweitens Kapitalnehmer auf die differenzierten Wünsche der Investoren und Kreditinstitute einlassen (müssen) und daß sie drittens die gesamten gewünschten Informationen für diese bereithalten.

Neue Ansätze zur Mittelbeschaffung

Für große Unternehmen hält der Kapitalmarkt bereits seit längerem einen gut bestückten Instrumentenkasten zur Finanzierung bereit. Die tendenziell nachgefragten größeren Volumina machen eine Mittelbereitstellung für Investoren und Intermediäre gleichermaßen attraktiv. Das Spektrum für mittlere und kleinere Firmen muß sich erst noch herausbilden, teils lassen sich aber bereits heute die verschiedenen Instrumente der „Großen" mit mehr oder weniger geringem Aufwand auch von den kleinen und mittleren Unternehmen nutzen. Somit ergibt sich als Fazit: Anhaltende Finanzierungsprobleme, aber auch ermutigende Indizien.

Wie beschrieben geht es zunächst einmal um die Informationsbereitstellung und Darstellung. Dies ist oftmals schon die halbe Miete. Das hört sich im ersten Moment einfach an, ist aber für viele Unternehmen eine gewaltige Herausforderung. Denn die Darstellung beschränkt sich nicht auf eine rein technische Umsetzung, sondern erfordert die Aufbereitung des gesamten Datenmaterials der Unternehmung, die detaillierte Erläuterung der betrieblichen Prozesse und finanziellen Transaktionen sowie Zustände, den Nachweis der Plausibilität und Korrektheit des präsentierten Materials und – ein zentraler Punkt – die Projektion der Entwicklung für die kommenden drei bis fünf Jahre. Gerade hier zeigt sich, wie gut das Management sein Unternehmen und die relevanten Märkte kennt.

Zusammenfassend belegen die Ergebnisse der Capmarcon-Studie, daß der Wandel auf den Finanzmärkten zügig vorangeschritten ist. Die Finanzierungsprobleme der Unternehmen haben sich gegenüber den Vorjahren nicht entspannt, aber es sind sowohl auf Seiten der Kreditinstitute als auch der Unternehmen deutliche Verhaltensänderungen feststellbar, die darauf hindeuten, daß sich beide wieder einander annähern: Die Banken bekommen ihre Mittelstandsrisiken langsam in den Griff und die Unternehmen lernen den Umgang mit dem Rating, wollen ihre Eigenkapitalquote steigern und ihre Finanzierungsquellen diversifizieren. Auch wenn es noch ein weiter Weg dorthin ist, sind dies ermutigende Zeichen für die Zukunft.

2. Unternehmensziel als Basis der Finanzierungsstrategie

Im Grundsatz sollte die Finanzierungsstruktur ein Spiegelbild der Unternehmensziele sein. Art und Konditionen des eingesetzten Kapitals stützen dann die unternehmerische Strategie nicht nur passiv, sondern auch aktiv. Beispielsweise muß eindeutig determiniert sein, wie die Unternehmensführung zu etwaigen Mitspracherechten zukünftiger Geldgeber steht und ob bestimmte Verpflichtungen („Covenants") gegenüber Geldgebern eingegangen werden. Der Erfolg von Finanzierungsmaßnahmen ergibt sich schließlich aus einem Gleichklang von langfristig ausgerichteter Geschäftspolitik einerseits und damit übereinstimmenden Finanzierungsanlässen andererseits.

2.1. Kategorisierung der Kapitalnehmer

Nicht jedes Unternehmen hat gleichermaßen Zugang zu allen Finanzinstrumenten. Kriterien wie Firmengröße, Rechtsform oder Bonität haben oftmals entscheidenden Einfluß auf das zur Verfügung stehende Instrumentenspektrum. Die Einordnung eines Unternehmens in ein Finanzierungsraster orientiert sich also nach dessen Position am (Kapital-) Markt, der individuellen Risikosituation, der Bonitätseinschätzung und dem grundsätzlichen „Typus" des Kapitalnehmers (zum Beispiel Mittelstand). Doch auch innerhalb der verschiedenen Finanzierungskategorien gibt es Optimierungsmöglichkeiten.

Ein erster Anhaltspunkt, Kapitalnehmer hinsichtlich ihrer Eigenschaften und Finanzmarktreife einzuordnen, ist die jeweilige (Unternehmens-) Historie. In diesem Zusammenhang sind allerdings die jeweilige Produktionsgeschichte oder die sonstigen Hintergründe für bestimmte operative Entwicklungen eher unbedeutend. Von besonderem Interesse ist vielmehr, welche finanziellen Phasen die Unternehmung in ihrer jüngeren Vergangenheit durchlaufen hat. Dabei ist vor allem auch von Bedeutung, wie die Unternehmensführung kritische Situationen zu meistern imstande war und welche nachhaltigen, vorsorglichen Veränderungen sie in der Firma bewirkte. Diese Faktoren fließen in die Beurteilung der grundlegenden strukturellen und institutionellen Spezifika eines Unternehmens ein.

Die Kategorisierung verfolgt keinen theoretischen Selbstzweck, sondern gibt dem kapitalsuchenden Unternehmen vielmehr wertvolle Hinweise darauf, wie es aus Sicht der Investoren und Kreditgeber bewertet wird, welches Fremdbild es abgibt und welche aktiven Steuerungsmöglichkeiten es besitzt. Insgesamt lassen sich vier typische Gruppen von Unternehmen identifizieren, die jeweils einen unterschiedlichen Finanzmarktzugang besitzen. Aus Marktsicht gibt es dabei grundsätzlich nachfolgend dargestellte Unternehmenstypen.

Mittelgroßes bis großes Unternehmen mit guter Bonität

Die erste Gruppe von Unternehmen umfaßt Adressen, die in der Regel über einen vollständigen und uneingeschränkten Zugang zum Finanzmarkt verfügen und jederzeit auf das gesamte Spektrum an Finanzinstrumenten zurückgreifen können. Dazu können Konzerne gehören, die im Börsenreferenzindex DAX notiert werden, aber auch große mittelständische Unternehmen mit einer ausgewogenen Bilanzstruktur und hervorragenden wirtschaftlichen Verhältnissen. Die Rechtsform der Gesellschaft spielt keine entscheidende Rolle. Obgleich Umsatz, Bilanzsumme oder Marktkapitalisierung nicht im Milliardenbereich liegen müssen, so weisen diese Adressen doch eine exzellente Solidität und sehr gute Bonität auf.

Die Zugehörigkeit zur ersten Gruppe ermöglicht die Aufnahme von Eigen- wie Fremdkapital gleichermaßen. Solange sich die gewünschten Finanzierungsvolumina in gleichgewichtigem Rahmen halten, steht dieser Unternehmensgruppe fast schon ein Überangebot an Kapital gegenüber. Unternehmen, die in diese Kategorie fallen, verfügen im Regelfall nicht nur über ein hohes Maß an Reputation im Finanzmarkt, sondern weisen – gerade deswegen – ein exzellentes Rendite-Risiko-Profil auf, wodurch sie für zahlreiche Investoren und Kreditgeber zu einem interessanten Engagement werden. Auch die Zahl der Kreditinstitute, die sich als Kreditgeber um diese Unternehmen bemühen oder Finanztransaktionen zu begleiten wünschen, ist außerordentlich hoch. Für das Finanzmanagement eines Unternehmens kommt es in diesen Fällen in erster Linie darauf an, die Finanzierungskonditionen zu minimieren und die Laufzeit der Finanzierung zu optimieren.

Dennoch stellt sich hier stets die Frage, ob mit Blick auf die mittel- bis langfristige Unternehmensstrategie und die Unternehmensziele dem Eigenkapital der grundsätzliche Vorzug vor Fremdkapital gegeben werden sollte. Dabei kommt es unter anderem auf die Bilanzrelationen und Kennziffern an. Darüber hinaus können bevorstehende Investitionen oder Akquisitionen und schließlich die erwartete Marktentwicklung im operativen Bereich Einfluß auf die Beantwortung dieser Frage haben.

Kleinere bis mittelgroße Unternehmen mit guter Bonität

Die Größe eines Unternehmens liefert zwar keine Aussage über dessen wirtschaftliche Verhältnisse, nichtsdestotrotz kann sie den Zugang zu bestimmten Finanzinstrumenten erheblich verteuern, wenn nicht sogar in einigen Fällen unmöglich machen. So ist zum Beispiel der Vorbereitungs- und Plazierungsprozeß bei einer Reihe von Titeln mit festen, volumenunabhängigen Kosten verbunden, die ihren Einsatz erst ab einem bestimmten Betrag effizient erscheinen lassen. So gibt es selbst bei bester Bonität Einschränkungen auf Grund der Unternehmensgröße, das heißt bestimmte Instrumente sind unter Kosten- beziehungsweise Rentabilitätsgesichtspunkten nicht mehr sinnvoll einsetzbar.

Anleihen zum Beispiel, besonders dann wenn sie am Eurokapitalmarkt emittiert werden sollen, werden gemeinhin erst ab Größenordnungen von 100 Millionen Euro aufwärts eingesetzt. Zwar gibt es auch Emissionen bereits ab 50 Millionen

Euro, doch findet deren Plazierung meist am heimischen Kapitalmarkt statt oder bei einem kleineren Kreis von bereits in der Vorbereitungsphase ausgesuchten Investoren. Im letzteren Falle spricht man von Privatplazierungen („Private Placements"), da diese Titel nicht frei am Kapitalmarkt gehandelt werden. Hier sind die rechtlichen Anforderungen (zum Beispiel Prospekterfordernisse) weniger streng als bei einer offenen Emission, so daß auch die Kosten geringer ausfallen sollten.

Bei der Beurteilung der Bonität ist vor allem die Stabilität des Ertragsstromes beziehungsweise des Kapitalflusses („Cashflow") in Abhängigkeit vom Umsatz ein wichtiger Punkt. Je höher der Umsatz – so wird vom Finanzmarkt als Faustregel unterstellt – desto stabiler der Einnahme- und Gewinnstrom. Dies verbessere die Bonität im Hinblick auf den Schuldendienst und/oder die Dividendenzahlungen oder sonstige Ergebnisbeteiligungen. Deshalb achten auch die Rating-Agenturen bei ihrer Bonitätseinstufung auf dieses Kriterium. So ist mit einem Jahresumsatz von unter 750 Millionen Euro nur schwerlich ein Rating im Bereich eines sogenanntes Investment Grade (entspricht der Bewertungsstufe ‚BBB-' und besser bei Standard & Poor's) zu erreichen. Viele Investoren setzten aber gerade diese Hürde, das „Investment Grade", als nicht verhandelbares Kriterium für ein Engagement voraus. Dies gilt insbesondere für geldmarktnahe Finanzierungstitel. Hier kann ein fehlendes „Investment Grade" den Zugang zu bestimmten Kapitalmarktsegmenten vollständig versperren.

Unternehmen mit Defiziten in Finanzstruktur und Kapitalmarktfähigkeit

In diese Kategorie fallen Unternehmen, die – unabhängig von ihrer Größe und ihrem Kapitalfluß – keine ausgewogene Finanzierungsstruktur aufweisen und daher auch nicht als kapitalmarktfähig bezeichnet werden können. Denn gerade die Ausgewogenheit der Finanzierungsstruktur eines Unternehmens ist ein wesentlicher Faktor, wenn es um die Realisierung von Kapitalmaßnahmen geht. Die Bezeichnung Ausgewogenheit bedeutet dabei nicht ausschließlich die Einhaltung bestimmter Kennziffern (siehe hierzu auch Kapitel 2.4.), sondern auch Souveränität im Umgang mit kritischen Finanzierungssituationen, Sicherstellung der

Liquidität, Immunisierung der Unternehmensfinanzen gegenüber kurzfristigen exogenen Schocks und letztlich Zuverlässigkeit im Kapitaldienst.

Die Kapitalmarktfähigkeit beziehungsweise Kapitalmarkt- und Börsenreife bestimmt den Zugang zu den öffentlich an Börsen gehandelten Instrumenten. Hier muß die jüngere Unternehmensvergangenheit „untadelig" sein, der aktuelle Zustand der Unternehmensfinanzen solide und der mittelfristige Ausblick plausibel und bonitätswahrend. Dagegen besitzen Gesellschaften mit beispielsweise schmaler Kapitalbasis und schwachem Kapitalfluß praktisch keinen Zugang zur Aktienbörse (mehr). Das Umfeld mag zu Zeiten des „Neuen Marktes" natürlich ein völlig anderes gewesen sein, doch mittlerweile wurden die Zulassungsvorschriften massiv verschärft.

Gleiches gilt im Prinzip auch für Kapitalerhöhungen. Hier wirken die Börsenregeln zwar weniger scharf als bei einer Erstzulassung, jedoch schieben in Fällen einer ungleichgewichtigen Finanzsituation Investoren dem Wunsch des Unternehmens nach zusätzlichem Kapital oftmals einen Riegel vor. In bestimmten Situationen kann es daher erforderlich sein, verschiedene Kapitalmaßnahmen zu verbinden, um so nicht nur die Bilanzrelationen zu verbessern, sondern auch eine – vom Markt als vorteilhafter empfundene – neue Aufteilung der Risiken zu erreichen. Ein börsennotiertes Unternehmen beispielsweise, das sich in einem finanziellen Engpaß befindet und keine zusätzlichen Mittel mehr von der bisher finanzierenden Geschäftsbank erhält, kann sich unter Umständen aus der mißlichen Lage befreien, indem es eine Kombination unterschiedlicher Instrumente wählt: so ließe sich beispielsweise eine Kapitalerhöhung mit einem syndizierten Kredit sowie der Emission einer hochverzinslichen Anleihe („High Yield Bond") verbinden.

Die Kapitalerhöhung zur Aufnahme frischen Eigenkapitals stärkt zunächst die haftende „Basis" des Unternehmens und verbessert die relevanten Finanzkennziffern. Die Eigentümer stellen weiteres Kapital zur Verfügung, weil sie auf den Sanierungskurs vertrauen. Dies wird durch die Kapitalerhöhung signalisiert. Außerdem sehen die Eigentümer ihr Gesamtinvestment durch die Kapitalerhöhung in ihrer Werthaltigkeit gesteigert. Die hochverzinsliche Anleihe – mit einem attraktiven Kupon ausgestattet – spricht Marktteilnehmer an, die bereit sind, ein erhöhtes Ausfallrisiko gegen Gewährung einer entsprechenden Rendite in Kauf zu nehmen.

Die darüber hinaus finanzierenden Banken teilen sich den kreditierten Betrag, so daß das Risiko jedes einzelnen geringer ausfällt. Zudem haftet in solchen Fällen meist der syndizierte Kredit erst nach der angesprochenen Anleihe, so daß hier das Ausfallrisiko niedriger liegt und die Finanzierungskonditionen günstiger als bei der Anleihe sind. So wird sich beispielsweise das Unternehmen auch in der beschriebenen Krisensituation eine tragfähige Finanzierungsbasis schaffen können.

Unternehmen mit mangelnder Bonität oder unzureichendem Image

In die vierte Kategorie fallen Unternehmen, die – wiederum unabhängig von ihrer Größe – auf Grund mangelnder Bonität oder wegen ihres zweifelhaften Images von externen Kapitalgebern gemieden werden. Ungeachtet der Vielzahl der zur Verfügung stehenden Instrumente erhält ein Unternehmen dieser Kategorie nicht die gewünschte Finanzierung, denn die wirtschaftlichen Verhältnisse, das heißt die Bonität, oder die Unternehmenshistorie erlauben keinen Zugang mehr zu potentiellen Geldgebern. Dies kann mehrere Ursachen haben: so präsentiert sich möglicherweise das Unternehmen mit seinen Daten und Fakten in einer Art und Weise, die Geldgeber vermuten lassen, das mit einem eventuellen Engagement verbundene Risiko sei nicht tragbar oder spiegele sich nicht in der vom kapitalsuchenden Unternehmen gewährten Risikoprämie wider.

Oder aber das Unternehmen verfügt nicht über das entsprechende Daten- und Informationsmaterial, welches den potentiellen Geldgebern eine Einschätzung der Gesellschaft überhaupt erst erlaubt. Ebenfalls negativ wirkt sich ein fehlendes Image des Unternehmens aus. Trotz akzeptabler objektiver Daten kann es weiterhin sein, daß ein Unternehmen vom Markt deutlich negativer eingeschätzt wird. Schließlich besteht die Möglichkeit, daß der Zustand der Unternehmensfinanzen oder des operativen Geschäftes ein finanzielles Engagement Dritter ausschließt.

In den geschilderten Fällen läßt sich häufig Abhilfe schaffen: Liegen die Defizite zuvorderst in Unzulänglichkeiten bei Dokumentation und Darstellung – dies trifft zum Beispiel bei der Mehrzahl der gescheiterten Finanzierungsversuche im mittelständischen Bereich zu –, beseitigen eine professionelle Präsentation des Unternehmenszustandes und eine unzweifelhafte Vorführung des Rendite-Risiko-

Profils den Mißstand weitgehend. Auch bei fehlendem oder mangelhaftem Daten-bestand und einer erodierten Informationsbasis ist das Beseitigen dieses Versäumnisses (vergleichsweise!) unkompliziert. In einem analytischen Prozeß gilt es, das relevante Informationsmaterial zu heben, auszuwerten, zu interpretie-ren und schließlich zielorientiert darzustellen. Die Analyse und Plausibilitätsprü-fung des vorhandenen Materials kann recht aufwendig und zeitintensiv sein. Die besondere Kunst besteht in der Zusammenführung der einzelnen Datenfragmente und der richtigen Ordnung und Erläuterung in einer präsentablen Darstellung.

Ungleich mehr „Aufbauarbeit" erfordert es, ein am Markt – vielleicht sogar schon verfestigtes – negatives Image zu drehen und das Unternehmen als Investi-tionsadresse zumindest so weit attraktiv zu machen, daß es in den Anlageaus-wahlprozessen mit entsprechender Prüfung bei den Geldgebern Berücksichtigung findet. Diese Phase kann sich allerdings je nach Finanzierungsziel über mehr als ein Jahr hinziehen, so daß für kurzfristig nötige Kapitalmaßnahmen statt dessen besondere Lösungen gefunden werden müssen (siehe auch Kapitel 8 und 10).

Tabelle 4. Schwachpunkte in der Unternehmensfinanzierung

Defizite in:	Ursache:	mögliche Korrekturmaßnahmen:
Dokumentation und Darstellung	Mangelnde Wahrnehmung der Bedeutung von Unter-nehmenspräsentationen	Sensibilisierung des Management für Dokumentations- und Darstel-lungsfragen
Verfügbarkeit der nötigen Daten- und Informationsmenge	Fehlende Analyse- und Kontrollinstrumente	Etablierung eines funktionsfähigen Rechnungs- und Planungswesens sowie einer routinemäßigen analyti-schen Auswertung
Außenwirkung (nega-tives Image trotz akzeptabler Zahlen)	Mangelndes Interesse des Management an image-bildenden Maßnahmen, fehlendes Planungswesen	Initiierung einer Imagekampagne, (inhaltliche und formale) Verbesse-rung des Präsentationsmateriales
Bonität (schlechte Finanz- und Ertragslage)	Fehler des Management	Ad-hoc-Maßnahmen, sofortige Sanierung der Unternehmens-finanzen und Anpassung des Geschäftskonzeptes

Eine echte Herausforderung ist die Realisierung einer Kapitalmaßnahme bei mangelhafter Bonität auf Grund einer völlig ungleichgewichtigen Finanzierungsstruktur oder auf Grund einer gravierenden Fehlentwicklung des operativen Geschäftes. In der Regel sind dann noch nicht einmal mehr Eigenkapitalgeber oder Investoren aus dem Bereich „Private Equity" zu einem Engagement bereit. Kurzfristige Abhilfe kann hier nur in der Aushandlung eines Stillhalteabkommens mit den Gläubigern bestehen und der sofortigen Ausarbeitung eines finanziellen Sanierungskonzeptes sowie einer grundlegenden Restrukturierung des Geschäftsbetriebes mit Fokus auf dem Kapitalfluß und der Mobilisierung aller verfügbaren Reserven. In der Regel führen derartige Maßnahmen zu signifikanten Umsatzrückgängen, sie sind in solchen Fällen aber der sprichwörtlich letzte Ausweg.

▌ Bedeutung der Rechtsform des kapitalsuchenden Unternehmens

Neben der Bonität hat auch die Rechtsform des kapitalsuchenden Unternehmens Einfluß bei der Mittelaufnahme. Einer GmbH oder Personengesellschaft bleibt der Weg der Kapitalerhöhung über die Ausgabe neuer (junger) Aktien versperrt. Selbstverständlich läßt sich das Eigenkapital auch bei Personengesellschaften und GmbHs in der Regel unproblematisch erhöhen, jedoch können die diesbezüglichen Verhandlungen auf Grund der geringen Gesellschafterzahl und der damit verbundenen hohen Beteiligungsquote eines einzelnen Gesellschafters langwierig sein.

Bei Personengesellschaften ist zu beachten, daß diese zwar oftmals nicht kapitalmarktreif sein dürften, andererseits die Rechtsform aber ein großes Plus bei Kreditverhandlungen mit Banken sein kann. Gerade im Falle kleinerer Unternehmungen mit geringer Substanz spielt die Existenz einer unbeschränkt haftenden natürlichen Person häufig eine wichtige Rolle. Bei einer GmbH besteht nämlich auf Grund der Haftungsbeschränkung auf das Gesellschaftsvermögen diese zusätzliche Haftungsmasse für den Gläubiger in der Regel nicht. Darüber hinaus besitzen Personengesellschaften den Bonus, als Unternehmung weitaus stärker als sonst üblich mit der Person und vor allem dem Engagement des Eigentümers verbunden zu werden. Allerdings setzt dies eine entsprechende Außenwirkung und persönliche Bonität des Firmeneigners voraus. Zudem wirkt dieser psychologische

Effekt nur bis zu einer gewissen Größenordnung, so daß viele mittelständische Unternehmen davon nicht mehr profitieren können.

Aktiengesellschaften besitzen dagegen den Vorteil einer mehr oder weniger umfassenden Offenlegungspflicht mit den entsprechenden Prüf-, Testat- und Kontrollmechanismen. Somit können potentielle Geldgeber zumindest schon einmal auf einen Basisbestand an Daten und Informationen zurückgreifen. Auch wenn dies nur der Anfang einer erfolgreichen Finanzierungsbemühung ist, so vermittelt ein testierter Jahresabschluß regelmäßig bereits eine solide Informationsbasis.

Festzuhalten bleibt, daß Unternehmen bei der Mittelaufnahme am Finanzmarkt allein auf Grund ihrer Rechtsform einige Besonderheiten zu beachten haben. Selten allerdings besitzen diese Hürden prohibitiven Charakter. Die entsprechenden Vorschriften und Usancen sind jedoch um so restriktiver, je marktnäher die jeweiligen Instrumente sind. (Euro-) Kapitalmarktgehandelte Anleihen oder börsennotierte Aktien beispielsweise stellen dabei die höchsten Ansprüche an die Unternehmen.

Unternehmensadäquate Positionierung im Rendite-Risiko-Profil

Die moderne Unternehmensfinanzierung hat „für sich" den optimalen Punkt erreicht, wenn sie in der Wahrnehmung der Investoren und Kreditgeber ein Verhältnis von Risiko und Ertrag einnimmt, das sich durch eine andere als die gegenwärtige Kombination an Finanzinstrumenten oder durch den von der Unternehmensfinanzierung getragenen Teil des Kapitalflusses nicht mehr verbessern läßt. Die Einschränkung „für sich" bedeutet, daß sehr wohl Veränderungen und Verbesserungen dieses Verhältnisses möglich sein können, allerdings nicht durch eine noch weiter verbesserte Unternehmensfinanzierung, sondern allenfalls durch das Management oder operative Unternehmensbereiche.

Bei Anwendung streng objektiver Kriterien dürfte es in Graphik 3 für jedes Unternehmen nur einen optimalen Punkt geben. Gleichwohl kann die Einordnung durch mögliche Investoren differieren – denn nicht alle Fakten und Zahlen sind objektiv eindeutig greifbar. Eigenkapitalgeber denken vor allem renditeorientiert:

Den Investoren in dieser Investmentklasse ist eine möglichst hohe Gewinnaussicht lieber ist als die Risikominimierung. Der Positionierungspunkt liegt im oberen Bereich der Graphik. Anders denkt der Fremdkapitalgeber: Hier steht neben einer gegebenen Verzinsung der Wunsch nach einer möglichst weitgehenden Reduzierung des Risikos. Der Positionierungspunkt liegt demnach im linken Bereich der Graphik. Ziel der Unternehmensfinanzierung ist es, einen für alle Seiten tragfähigen Kompromiß ohne nennenswerte Einbußen zu finden.

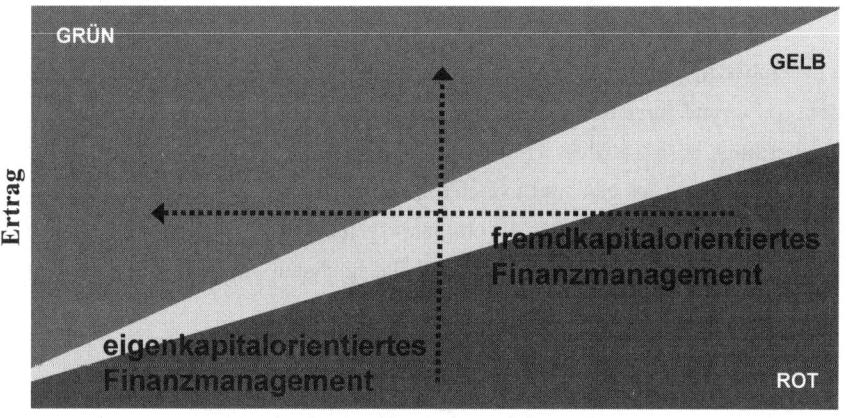

grün   Laufende Verzinsung und zu erwartende Kursveränderungen (über-) kompensieren bestehende Risiken, die trotz guter Bonität tatsächlich vorhanden sind. Risiken werden aber mit entsprechender Prämie (Rendite des Wertpapiers) abgegolten. Stimmt der Ausblick, ist das Wertpapier ein lohnendes Investment.

gelb   Laufende Verzinsung und zu erwartende Kursveränderungen gleichen potentielle Risiken hinsichtlich Kursänderung und Schuldendienst aus. Anlagen im Wertpapier sind nur vertretbar bei positivem Ausblick oder bei Vorliegen anderer wichtiger Gründe (zum Beispiel Diversifikationsgesichtspunkte).

Rot   Laufende Verzinsung und zu erwartende Kursveränderungen kompensieren nicht die mit dem Investment verbundenen Risiken. Neuengagements in diesen Papieren sind unter Risiko-Rendite-Gesichtspunkten nicht vertretbar, entsprechende Bestände im Portfolio sollten zügig abgestoßen werden.

Abbildung 3. Positionierung im Risiko-Rendite-Diagramm („Ampel-Modell")

Das dabei jeweils maßgebliche strategische Konzept hat in diesem Zusammenhang die jeweils geschilderten Eigenheiten der spezifischen Unternehmenskategorien zu beachten. Ein Großunternehmen mit guter Bonität wählt daher eine nicht nur instrumental, sondern besonders konzeptionell andere Vorgehensweise in der Finanzierung als beispielsweise ein mittelständisches Unternehmen mit Defiziten in der Datenbasis und einer unzureichenden Außenwirkung am Finanzmarkt. Darüber hinaus ist es ratsam, unabhängig von der individuellen Situation innerhalb des Kategorisierungsrasters weitere Besonderheiten der aktuellen Unternehmenssituation im Auge zu behalten. So ist zum Beispiel die jeweilige Ausgangslage am Kapitalmarkt zu beachten. Ein Debütant, der bislang noch keine Finanzierungstitel begeben hat, wählt für seine Präsentation und unternehmerische Darstellung einen anderen Auftritt als ein Unternehmen, welches bereits börsennotiert ist oder bereits mehrere Anleihen (erfolgreich) plaziert hat.

Ein weiterer Aspekt ist die Kredit- oder Aktienhistorie. Steht hier bereits ein längerer Zeitraum für Darstellung und Erklärung zur Verfügung, läßt sich entweder eine Erfolgsgeschichte leichter verkaufen oder eine unvorteilhafte Phase leichter mit Argumenten aus positiven Entwicklungsphasen kompensieren. Auch trägt eine längere Historie häufig zu einer positiveren Dokumentation der Unternehmensfinanzen bei. Nur etwa zwei Drittel des Erfolges bei der Realisierung eines Finanzierungsvorhabens sind auf den tatsächlichen Zustand des Unternehmens zurückzuführen. Mindestens ein Drittel machen aber erfahrungsgemäß die risikoadäquate Darstellung der Finanz- und Geschäftssituation des Unternehmens sowie die Präzision, Plausibilität, Detailliertheit und Glaubwürdigkeit der damit verbundenen Präsentationen aus. Der Aufgabenbereich moderner Unternehmensfinanzierung hat sich damit deutlich erweitert: Nicht die technische und gestalterische Darstellung der Unternehmenssituation steht im Vordergrund, sondern es geht vor allem um die systematische Aufbereitung spezieller zielorientierter Inhalte.

Was häufig in Finanzierungsgesprächen unbeachtet gelassen oder fälschlicherweise unterschätzt wird – und daher nicht oft genug gesagt werden kann – ist die ausführliche Darstellung des Finanzierungsanlasses: „Was soll finanziert werden?" Dazu gehört gleichzeitig der Hinweis darauf, warum gerade die angestrebte Finanzierungsart, also zum Beispiel eine Brücken- oder Akquisitionsfinanzierung, für das Unternehmen in der jeweiligen Situation die größten Vorteile aufweist.

Tabelle 5. Kategorisierung der Kapitalnehmer

Unternehmens-kategorie	Charakteristika der Kapitalsucher	Auswirkung auf die Finanzierung
Mittlere bis große Unternehmen mit guter Bonität.	♦ Kredit- und Innovationswürdigkeit erkennbar. ♦ Risiko- und Potentialeinschätzung möglich. ♦ Kapitalmarktzugang möglich.	♦ „Idealfall", keine nennenswerten Einschränkungen für das Finanzmanagement.
Kleinere bis mittlere Unternehmen mit guter Bonität.	♦ Ergänzung traditioneller Finanzierungen, neue kapitalmarktorientierte Instrumente ♦ Wirtschaftliche Verhältnisse häufig nur unangemessen einschätzbar.	♦ „Risikoprämienfall", Schärfung des Image in der Wahrnehmung der Investoren für ein besseres Bild der tatsächlichen Situation, um Risikoprämie zu senken.
Unternehmen mit Defiziten in Finanzierungsstruktur und Kapital-Marktfähigkeit.	♦ Investoren vermuten trotz noch akzeptabler Daten keine ausreichende Kapitalmarktfähigkcit (mchr) und verweigern Mittelgewährung. ♦ Kombination aus Imageproblemen sowie Bonitätsdefiziten und Darstellungsmängeln.	♦ „Zugangsfall", Finanzmanagement muß den Marktteilnehmern das tatsächliche Bild vermitteln sowie relevante Kennziffern und Relationen verbessern.
Unternehmen mit mangelnder Bonität oder unzureichendem Image.	♦ Banken und Finanzmarkt sind für Kapitalwünsche und -titel nicht aufnahmebereit.	♦ „Problemfall", Ausweg ist hier eine Verbesserung der unternehmerischen Strategie, des operativen Geschäftes und der Finanzstruktur.

Ebenso selbstverständlich ist die gute Form einer Präsentation: Sie kann einen unzulänglichen Unternehmenszustand zwar nicht heilen, gleichwohl kann die Darstellung die positiven Faktoren verstärken und so eventuelle Defizite mildern oder relativieren. Um es bildlich zu verdeutlichen: Die tatsächliche Situation im finanziellen und operativen Bereich gleicht der Entwicklung und Produktion einer

Fernsehsendung, die jedoch ohne die richtige Sendefrequenz nicht den Zuschauer erreicht oder dort nur verschwommen ankommt. Der Konsument wird dann auf einen anderen Kanal wechseln und der Investor zu einem anderen Anlageprodukt.

Wie bei einer Fernsehsendung muß auch am Kapitalmarkt die Botschaft, nämlich das möglichst attraktive Verhältnis von Rendite und Risiko, den relevanten Investorenkreis erreichen und von diesem auch klar und eindeutig aufgenommen werden. Um noch einmal das Beispiel aufzugreifen: Defizite in der Filmproduktion können beispielsweise durch technische Maßnahmen bei der Übertragung korrigiert werden. Ebenso können durch geschickte Präsentation und Erklärung positive Faktoren hervorgehoben werden und so das Unternehmen insgesamt in günstigerem Lichte erscheinen lassen.

In diesem Zusammenhang konkurrieren häufig unterschiedliche Kommunikationsansätze miteinander. Verlockend ist einerseits die entsprechende Darstellung bei Investoren und Kreditgebern, die eine kurzfristige Wertsteigerung des Unternehmens beziehungsweise Risikoreduzierung in den Vordergrund stellt. Dieser Ansatz sollte allerdings nur in wirklichen Krisensituationen angewendet werden, weil er sich nicht beliebig oft wiederholen läßt und bei jedem Einsatz einen mehr oder weniger großen Imageschaden hinterläßt.

In seiner Wirkung langsamer einsetzend, dafür aber nachhaltiger ist der langfristige strategische Ansatz. Er stellt die grundsätzliche Stärke des Unternehmens und dessen Zielvorstellungen in den Mittelpunkt und stellt auf die Verläßlichkeit der gemachten Annahmen sowie zukünftiger Projektionen ab. Zu einem späteren Zeitpunkt messen dann die Marktteilnehmer das Management an seinen Ankündigungen. Dies ermöglicht einen auf längere Zeit gesicherten Zugang zum Finanzmarkt und damit zu einem vergleichsweise großen Kreis an Geldgebern.

Vorbereitung auf die Positionierung am Finanzmarkt

Das Profil, welches sich ein Unternehmen am Finanzmarkt gibt, ist entscheidend für die Einordnung als Investitionsobjekt bei den Geldgebern. Hektischer Aktionismus mit zahlreichen, sich womöglich noch widersprechenden Signalen schadet dabei mehr als gar nichts zu tun. Daher sollte im Vorfeld gründlich strukturiert und dargelegt werden, welche Positionierung angestrebt werden soll. Das Unternehmen muß sich bewußt sein, daß Geldgeber zwischen Unternehmen, die ähnlich positioniert sind, vergleichen. Darin liegen Chancen und Risiken.

Von Bedeutung ist in diesem Zusammenhang auch, welche grundsätzliche strategische Ausrichtung das Finanzmanagement erfahren soll. So ist die Frage zu klären, ob vorrangig die Liquiditätsversorgung sichergestellt oder ob Kapital für einen riskanten Expansionskurs aufgenommen werden soll, ob ein „Leverage" der Eigenkapitalbasis wichtiger ist als die Sicherheit niedriger laufender Belastungen und ob Unabhängigkeit des Unternehmens höhere Priorität besitzt als mögliche Mitbestimmung und Einflußnahme durch Dritte. Erst danach kann nach eventuellen Lösungen zur Ausräumung von Zielkonflikten gesucht werden. Zum Beispiel läßt sich durch eine maßgeschneiderte Strukturierung der Instrumente erreichen, daß selbst Eigenkapitalgeber jedenfalls keinen entscheidenden Einfluß auf die Unternehmensführung nehmen können. Unterstützend kann durch den Beweis erstklassiger Qualität des Management auch der Wunsch des Investors nach Einflußnahme in Grenzen gehalten werden.

▌ Exkurs: *Corporate Governance*

Dem Begriff Corporate Governance kommt zunehmend Bedeutung zu, obwohl er trotz publikumswirksamer Vermarktung nebulös, wenig griffig und nach eingehender Prüfung wohl doch nur Worthülse ist. Nach vorherrschender Terminologie bezeichnet „Corporate Governance" im deutschsprachigen Raum eine freiwillige Selbstverpflichtung aller börsennotierten Unternehmen, sich in der Unternehmensführung (Leitung und Überwachung) bestimmten Regeln zu unterwerfen. Zu diesem Zweck fixierte eine Regierungskommission den Deutschen Corporate Governance Kodex, der im Jahr 2002 veröffentlicht wurde. Zielsetzung des Kodex ist einerseits eine höhere Transparenz für nationale und internationale Investoren sowie andererseits eine Stärkung des Vertrauens in die Unternehmensführung deutscher Aktiengesellschaften. Alle börsennotierten Unternehmen haben zu erklären, welche Vorgaben des Kodex sie erfüllen beziehungsweise zu begründen, warum die anderen nicht erfüllt werden („comply or explain", füge Dich oder erkläre!).

Formal erfolgt diese Erklärung des Vorstandes und des Aufsichtsrates eines (börsennotierten) Unternehmens zum Corporate Governance Kodex – in der Regel nach der Fassung vom 21. Mai 2003 – gemäß § 161 Aktiengesetz (AktG). Nach dieser Vorschrift sind Vorstand und Aufsichtsrat verpflichtet, jährlich zu erklären, daß den vom Bundesministerium der Justiz im amtlichen Teil des elektronischen Bundesanzeigers bekannt gemachten Empfehlungen der „Regierungskommission Deutscher Corporate Governance Kodex" entsprochen wurde und wird oder welche Empfehlungen nicht angewendet wurden oder werden. Diese Erklärung nach § 161 AktG ist den Aktionären dauerhaft zugänglich zu machen (Internet) und bei wesentlichen Veränderungen entsprechend zu aktualisieren.

Der Corporate Governance Kodex enthält bestimmte Anforderungen, insbesondere in den folgenden Bereichen:

◆ *Aktionärsrechte – Jede Aktie soll nur eine Stimme gewähren, das heißt es gibt keine Höchststimmrechte oder Vorzugsstimmrechte („Golden Shares").*

◆ *Hauptversammlung – Mindestens einmal pro Jahr ist eine Hauptversammlung einzuberufen. Hier legt der Vorstand den Jahresabschluß und den Konzernabschluß sowie sämtliche vom Gesetz verlangten Berichte und Unterlagen vor. Die Aufgaben der Hauptversammlung umfassen die Entscheidung über die Gewinnverwendung, die Entlastung von Vorstand und Aufsichtsrat, die Wahl des Aufsichtsrates und des Abschlußprüfers, Entscheidungen über Satzungsfragen und über wesentliche unternehmerische Maßnahmen (zum Beispiel Unternehmensverträge, Umwandlungen, Ausgabe von neuen Aktien, Wandel- und Optionsschuldverschreibungen, Erwerb eigener Aktien).*

◆ *Vorstand – Der Vorstand leitet das Unternehmen in eigener Verantwortung. Dabei ist er an das Unternehmensinteresse gebunden und der Steigerung des nachhaltigen Unternehmenswertes verpflichtet. Die strategische Ausrichtung des Unternehmens soll er allerdings mit dem Aufsichtsrat abstimmen. Darüber hinaus muß er den Aufsichtsrat regelmäßig, zeitnah und umfassend über alle für das Unternehmen relevanten Fragen der Planung, der Geschäftsentwicklung, der Risikolage und des Risikomanagements informieren.*

Die Vergütung von Vorstandsmitgliedern wird vom Aufsichtsrat festgesetzt und umfaßt sowohl feste als auch variable Bestandteile (zum Beispiel Aktienoptionen), deren Höhe vom geschäftlichen Erfolg des Unternehmens abhängt. Wie dieses Vergütungssystem konkret ausgestaltet ist, soll auf der Internet-Seite der Gesellschaft bekannt gemacht und im Geschäftsbericht näher erläutert werden. Auch die tatsächliche Höhe der Vergütung jedes einzelnen Vorstandsmitglieds soll im Anhang des Konzernabschlusses veröffentlicht werden.

Über die Veröffentlichung von Vorstandsbezügen ist eine heftige Diskussion in Öffentlichkeit und Politik entbrannt. Da sich – trotz der freiwilligen Selbstverpflichtung durch den Corporate Governance Kodex – eine nicht unerhebliche Anzahl von Unternehmen dieser Veröffentlichungspflicht entzieht, soll mittels eines „Vorstandsvergütungs-Offenlegungsgesetzes" die Pflicht zur Veröffentlichung der Vergütungen der „einzelnen" Vorstandsmitglieder gesetzlich vorgeschrieben werden.

◆ *Aufsichtsrat – Dieser bestellt (für maximal 5 Jahre) und entläßt die Mitglieder des Vorstandes. Weiterhin hat er den Vorstand bei der Leitung des Unternehmens regelmäßig zu beraten und zu überwachen. In Entscheidungen von grundlegender Bedeutung wird er eingebunden. Damit der Aufsichtsrat dieser Überwachungsfunktion auch nachkommen kann, sollen ihm nicht mehr als zwei ehemalige Mitglieder des Vorstandes angehören.*

Um die Effizienz seiner Arbeit zu steigern, bildet er fachlich qualifizierte Ausschüsse, wie zum Beispiel den Prüfungsausschuß („Audit Committee"), der sich mit allen Fragen zu Rechnungslegung, Risikomanagement und Abschlußprüfung befaßt.

Die Vergütungen der einzelnen Aufsichtsratsmitglieder werden durch die Hauptversammlung oder durch die Satzung der Gesellschaft bestimmt. Auch diese Bezüge bestehen aus festen sowie variablen Anteilen und sollen im Anhang des Konzernabschlusses ausgewiesen werden.

Um zu gewährleisten, daß dem einzelnen Aufsichtsratsmitglied genügend Zeit für die Wahrnehmung seines Mandats bleibt, dürfen Aufsichtsräte, die gleichzeitig dem Vorstand einer anderen börsennotierten Gesellschaft angehören, insgesamt höchstens fünf Aufsichtsratsmandate annehmen.

◆ *Interessenkonflikte – Da die Aufsichtsratsmitglieder dem Unternehmensinteresse verpflichtet sind, dürfen sie bei ihren Entscheidungen weder persönliche Interessen verfolgen noch Geschäftschancen, die dem Unternehmen zustehen, selbst nutzen. Tatsächliche oder potentielle Interessenkonflikte müssen sie dem Aufsichtsrat gegenüber offenlegen.*

Gleiches gilt für Vorstandsmitglieder. Darüber hinaus unterliegen diese einem umfassenden Wettbewerbsverbot. Sie dürfen im Zusammenhang mit ihrer Tätigkeit keine Zuwendungen von Dritten annehmen oder Dritten ungerechtfertigte Vorteile gewähren. Nebentätigkeiten, insbesondere Aufsichtratsmandate außerhalb des Unternehmens, dürfen nur mit Zustimmung des Aufsichtsrates übernommen werden.

◆ *Transparenz – Neue „Tatsachen", die wegen ihrer Auswirkungen auf die Vermögens- und Finanzlage oder auf den allgemeinen Geschäftsverlauf geeignet sind, Einfluß auf den Börsenkurs zu nehmen, muß der Vorstand unverzüglich veröffentlichen.*

Für den Fall, daß Aktien der Gesellschaft von Vorstands- oder Aufsichtsratsmitgliedern der Gesellschaft oder ihres Mutterunternehmens erworben werden, muß dies unverzüglich veröffentlicht werden. Sobald Vorstand und Aufsichtsrat ein Prozent der Aktien an der Gesellschaft besitzen, wird dies im Anhang zum Konzernabschluß ausgewiesen.

Im Rahmen der laufenden Öffentlichkeitsarbeit ist ein „Finanzkalender" zu publizieren, der die Termine der wesentlichen wiederkehrenden Veröffentlichungen enthält, so zum Beispiel Geschäfts- und Zwischenberichte sowie anläßlich der Hauptversammlung).

◆ *Rechnungslegung und Abschlußprüfung – Konzernabschluß und Zwischenberichte sollen unter Beachtung international anerkannter Rechnungslegungsgrundsätze (IAS/IFRS oder US-GAAP) aufgestellt werden. Außerdem sind Jahresabschlüsse nach nationalen Vorschriften (HGB) aufzustellen.*

Die Prüfung des Konzernabschlusses übernehmen Aufsichtsrat und Abschlußprüfer. Um die Unabhängigkeit des Abschlußprüfers zu gewährleisten, muß der vorgesehene Prüfer vor seiner Berufung durch den Aufsichtsrat eine Erklärung abgeben, die alle beruflichen, finanziellen oder sonstigen Bezie-

hungen zum Unternehmen umfaßt, die Zweifel an seiner Unabhängigkeit begründen könnten.

Sollte der Abschlußprüfer bei der Durchführung der Abschlußprüfung Unrichtigkeiten in der von Vorstand und Aufsichtsrat abgegebenen Erklärung zum Corporate Governance Kodex feststellen, so hat er dies dem Aufsichtsrat gegenüber anzuzeigen.

2.2. Finanzsituation und Unternehmenszustand

Ausgangspunkt für die Beurteilung von Unternehmen ist deren quantitative sowie qualitative Situation. Dazu zählen das finanzielle Gleichgewicht insgesamt, das Liquiditätsmanagement, die Planung, die Dokumentation und Überwachung, das Berichtswesen sowie die unternehmerische Gesamtstrategie. Auf Grund dieser Faktoren wird ein Unternehmen wirtschaftlich eingeordnet und daraus leiten sich dann die Bonität und das Rating ab, ein Qualitätssiegel für die Schuldendienstfähigkeit. Innerhalb dieses durch viele Parameter einigermaßen fest vorgegebenen Rahmens bleibt dem Unternehmen aber durchaus noch ein nennenswerter Gestaltungsspielraum erhalten.

Zahlreiche Fakten, Zustände, Verhältnisse und Perspektiven eines Unternehmens sind selbsterklärend. Es gibt aber eine mindestens ebenso große Zahl an Parametern, die erklärungs- und interpretationsbedürftig sind. Die moderne Unternehmensfinanzierung wächst in diesem Zusammenhang zunehmend in die Rolle des Intermediärs zwischen Unternehmen und Finanzmarkt mit dem Ziel, die von Investoren und Kreditgebern empfundene Komplexität zu reduzieren. Um diese Rolle professionell auszufüllen, sind Expertise und Können wichtige Eigenschaften, aber auch praktische Fertigkeiten in der Kommunikation und Darstellung sind unverzichtbar.

Ein Wesensmerkmal von Unternehmen ist deren Vielschichtigkeit. Nur selten gibt es einen einfach strukturierten Produktionsprozeß mit nur einem einzigen hergestellten Produkt sowie einer einzigen Finanzierungsquelle. In den meisten Unternehmen werden Strategien und Pläne entwickelt, Patente und Forschungsergebnisse produktionsreif und hoch komplexe Produkte marktfähig gemacht. Änderungen im personellen Bereich sowie permanente Veränderung der wirtschaftlichen Verhältnisse einer Unternehmung haben Auswirkungen auf den Unternehmensprozeß. Diese Entwicklung auf der monetären Seite zu kontrollieren und negative Wirkungen zu vermeiden, ist Aufgabe der Unternehmensfinanzierung. Dafür muß sie die relevanten Prozesse nicht nur stets minutiös abbilden, sondern auch überwachen können, zudem mit den geeigneten Mechanismen und Indikatoren einschätzen und ohne Zeitverzögerung auf mißliebige Entwicklungen korrigierend einwirken.

▋ Bedeutung quantitativer Faktoren

Der Unternehmensfinanzierung obliegen das stetige „Monitoring" der Gesellschaft und die fortlaufende Analyse aller finanzwirksamen Einflüsse und Veränderungen (siehe auch Kapitel 3). Dazu zählt jeder in Daten und Zahlen abbildbare Prozeß sowie jeder von den Finanzmarktteilnehmern wahrnehmbare Vorgang, der Auswirkungen hat auf die objektive und vor allem auch subjektive Einschätzung des Unternehmens durch Investoren und Kreditgeber. Diese Faktoren gilt es zu eruieren, zu evaluieren und in einen passenden Zusammenhang mit der Finanzierungsstrategie sowie den Finanzinformationen eines Unternehmens zu stellen (zur Aussage der jeweiligen numerischen Werte siehe Kapitel 2.4.).

Ein wichtiger quantitativer Indikator zur Beurteilung des Unternehmenszustandes und der Finanzsituation ist die Ertragsstärke (Erlöse abzüglich direkter und produktionsunabhängiger Kosten). Sie signalisiert die finanzielle Potenz, die Wachstumskraft, sie gibt Aufschluß über die Flexibilität im Wettbewerb und signalisiert Bonität im Hinblick auf geplante Kapitalmaßnahmen. Die aus der Buchführung verfügbaren Ergebniszahlen müssen aber nicht in jedem Falle die tatsächliche Finanzlage des Unternehmens widerspiegeln. Vielmehr kommen zur Beurteilung der Finanzsituation der Kapitalfluß und die Liquidität hinzu. Die Kapitalflußrechnung gibt Aufschluß darüber, ob während des Planungszeitraumes mit den Produktionsprozeß beeinflussenden Engpässen oder sogar mit für das Unternehmen existenzgefährdenden Krisensituationen zu rechnen ist.

Daneben ist die Liquiditätslage besonders zu beachten. Sie gibt Auskunft darüber, ob ein Unternehmen über ein ausreichendes finanzielles Polster verfügt und die Zahlungsfähigkeit zu jeder Zeit sichergestellt ist. Zur Liquidität zählen neben der unmittelbar verfügbaren monetären Masse auch die mittelbar einsetzbaren Finanzvolumina, zum Beispiel bereits zugesagte Kreditlinien oder eine bereits durch die Hauptversammlung/Gesellschafterversammlung genehmigte Kapitalerhöhung.

Tabelle 6. Beurteilung des Unternehmenszustandes (I)

Quantitative Faktoren	Indikator für:	Bedeutung für den Finanzmarkt
Profitabilität: Ebitda, Ebit, Ebt, Ergebnis vor/nach Steuern, ROCE	Ertragsstärke eines Unternehmens, Erfolg der Unternehmensstrategie.	Dividendenstärke, Schuldendienstfähigkeit, Solidität.
Kapitalfluß (freier Kapitalfluß)	Solvabilität einer Unternehmung, finanzielle Manövrierfähigkeit.	Anfälligkeit gegenüber exogenen Schocks, Wahrscheinlichkeit eines Krisenszenarios, Dividendenstärke, Schuldendienstfähigkeit.
Liquidität	Maß für die (vorübergehende) Unabhängigkeit von externen Geldgebern.	Jederzeitige Zahlungsfähigkeit, Freiheit in der Gestaltung der Finanzierungskonditionen.
Ertragsströme, Währungen, Kongruenz	Ausgewogenheit der Unternehmensstrategie, Güte des Geschäftskonzeptes.	Imponderabilien der operativen Tätigkeit, vermeidbare Risiken, Risikosteuerung.
Verschuldung: Höhe, Struktur, Laufzeit, Währung	Flexibilität und Leistungsstärke des Finanzmanagement.	Ausgewogenheit der Finanzierung, Vermeidung konzentrierter Zahlungstermine, Gesamtbeurteilung durch den Finanzmarkt.
Verpflichtungen wie Pensionen oder Sonstige	Aktienoptionsprogramme, Rückstellungen und Leasing.	Versteckte Belastungen, Risikomanagement.
Umsatz, Bilanzsumme	Größe des Unternehmens, Stabilität; Konstanz.	Beteiligungs- und Kreditgrenzen.

Ein weiterer wichtiger Faktor für die Unternehmensfinanzierung ist die Fremdkapitalquote, das heißt der Verschuldungsgrad der Gesellschaft. In der überwiegenden Mehrheit der deutschen Unternehmen ist die Aktivseite der Bilanz vornehmlich über Fremdkapital finanziert. Da hiermit – im Gegensatz zum Eigenkapital – ein fester, unbedingt zu leistender Zahlungsplan verbunden ist, kommt der Analyse der Fremdkapitalseite besondere Bedeutung zu. Wichtige Faktoren sind in diesem Zusammenhang die Höhe der Verschuldung, ihre Struktur (nach Kreditart und Kreditgeber), ihre Laufzeit sowie die Währung, in der sie besteht. Bei Fremdwährungsschulden bestehen nämlich Wechselkursrisiken sowie eine vergrößerte Gefahr von Änderungen des Zinsniveaus.

Schließlich müssen auch versteckte Belastungen bei der quantitativen Unternehmensdarstellung berücksichtigt werden. Dazu gehören auch Positionen, die erst in der Zukunft zu nennenswerten Belastungen führen, so zum Beispiel Pensionszusagen oder Aktienoptionsprogramme für Mitarbeiter. In der Akkuratesse der Bestandsaufnahme und Darstellung der Unternehmensfinanzierung muß sich das Finanzmanagement in seiner Güte nicht nur messen lassen, sondern sie bestimmt mittel- bis langfristig dessen Erfolg.

Bedeutung qualitativer Faktoren

Die geschilderten quantitativen Faktoren finden ihr Pendant in den sogenannten weichen, den qualitativen Faktoren („Soft Factors"). Die im gängigen Sprachgebrauch verwendete Bezeichnung „weich" ist keinesfalls eine Herabstufung in der Bedeutung gegenüber den Faktoren in Zahlenform, sie rührt vielmehr von der Tatsache her, daß sich diese Faktoren kaum numerisch erfassen lassen und nur recht schwer „rechenbar" gemacht werden können. Gleichwohl kommt ihnen in bestimmten Momenten sogar eine größere Bedeutung zu als den quantitativen Faktoren. Dies ist zum Beispiel der Fall, wenn es um die Leistung des Management bei der Überwindung von Krisensituationen geht.

Die Leistungen des Management eines Unternehmens sind ein zentraler Faktor in der Beurteilung der Bonität und der künftigen Perspektiven. Hier sollte die Unternehmensfinanzierung großen Wert auf die Darstellung der (finanziellen) Auswirkungen unternehmerischer Entscheidungen legen. Dies gilt um so mehr, wenn Finanzierungsvorhaben in angespannten Liquiditäts- oder Firmensituationen realisiert werden sollen.

Im weitesten Sinne gehört zu den weichen Faktoren auch die Beurteilung der Forschung und Entwicklung. Sie gibt Hinweise darauf, welche zukünftigen

Ertragspotentiale im Unternehmen bereits heute aufgebaut werden. Ein Indikator für dieses Potential ist beispielsweise die Zahl der angemeldeten Patente oder eine Einschätzung zur sogenannten Produkt-Pipeline, das heißt der Anzahl von Produkten im Stadium zwischen Entwicklung und Marktreife.

Tabelle 7. Beurteilung des Unternehmenszustandes (II)

Qualitative Faktoren	Indikator für:	Bedeutung für den Finanzmarkt
Managementleistung	Reaktionsfähigkeit des Unternehmens auf Veränderungen am Markt und der Rahmenbedingungen.	Wahrscheinlichkeit, daß ein Unternehmen aus negativen Einflüssen mit geringen Schäden oder eventuell sogar gestärkt hervorgeht.
Forschung und Entwicklung	Forschungsaufwand und Forschungsgüte beziehungsweise -erfolg.	Innovationsfähigkeit, Erschließung zukünftiger Absatzpotentiale, Wachstumskraft.
Patente	Generierung eines steten Einnahmestroms.	Ertragskraft, Immunisierung des Kapitalflusses.
Absatzmärkte	Überlegenheit der aktuellen Geschäftsstrategie, Tragfähigkeit des unternehmerischen Konzeptes.	Nachhaltigkeit von Erfolg und Ertragsstärke, Umsatzstärke.
Mitarbeiter	Qualität und Leistungsfähigkeit des Humankapitals.	Flexibilität und Widerstandskraft bei ungünstigen Marktentwicklungen.
Standort	Infrastruktur, Kostensituation, Produktionsstabilität, Innovationskraft.	Langfristige Stabilität, Konstanz unternehmerischer Prozesse, Planungsvermögen.

All diese Faktoren „erklären" ein Unternehmen, geben Aufschluß über seine wirtschaftlichen Verhältnisse, seine Stärke im Wettbewerb. Dabei sind die Faktoren in der Regel nicht voneinander getrennt, sondern stehen in einem interdependenten, sich gegenseitig beeinflussenden Verhältnis. Um dies exakt beurteilen zu können fehlt den Außenstehenden, also den Geldgebern, meist die nötige Detailkenntnis der Unternehmung. Eine wichtige Aufgabe der Unternehmensfinanzierung ist es deshalb, entsprechend aufzuklären, zu interpretieren und Verhältnisse wie Fakten in den richtigen Zusammenhang zu setzen.

Aufgaben des Finanzmanagement

Das Finanzmanagement übersetzt die (mehr oder weniger) komplexen Strukturen eines Unternehmens in eine für den Kapitalmarkt verständliche Sprache. Die moderne Unternehmensfinanzierung fungiert damit praktisch nicht nur als „technische" Abteilung zur Kapitalbeschaffung, sie übernimmt darüber hinaus die Rolle des „Vermittlers" zwischen dem „Anlageobjekt Unternehmen" und dem Kapital- und Aktienmarkt. Die Unternehmensfinanzierung wird zum Ansprechpartner für Investoren und Kreditgeber gleichermaßen. Denn nur mit dem Wissen um die finanziellen Details, der Expertise der monetären Zusammenhänge und der Erfahrung in Bonitäts- und Rating-Fragen läßt sich dem Finanzmarkt das Unternehmen in seiner komplexen Struktur angemessen und ausreichend erklären.

Studien belegen, daß eine über das Zahlenwerk hinausgehende, mit zahlreichen Prognosen angereicherte Informationsversorgung des Finanzmarktes die Beachtung seitens der Marktteilnehmer deutlich erhöht. Umfangreiche, aussagekräftige und anschauliche Darstellungen erleichtern den Investoren und Kreditgebern ihren Evaluierungsprozeß und helfen bei der Bestimmung des Rendite-Risiko-Profils. Eine regelmäßige und konzentrierte Informations- und Veröffentlichungsaktivität bringt einen Imagezugewinn selbst bei bereits eingeführten und bekannten Adressen. Diese Ergebnisse zeigen, wie wichtig es für die Liquidität und Präsenz von Unternehmen im Kapitalmarkt ist, Analysten systematisch mit Informationen zu versorgen und bei der Auswahl des zur Verfügung gestellten Materials insbesondere zukunftsorientierte Informationen in den Mittelpunkt zu rücken.

Status quo des Unternehmens

Das Finanzmanagement einer Gesellschaft sieht sich im wesentlichen zwei zentralen Fragen gegenüber: „Was" ist der Zustand des Unternehmens und „wie" läßt sich dieser Zustand verbessern? Die Qualität der analytischen Beschreibung hängt in erster Linie davon ab, welches Konzept für den Prozeß der Bestandsaufnahme gewählt wurde (siehe hierzu ausführlich Kapitel 3). In der Regel sollte die Bestandsaufnahme Gegenstand permanenter Optimierung sein. Liegen die Ergebnisse vor, besteht die Herausforderung darin herauszufinden, auf welche Art und Weise dieser Zustand verbessert werden kann. Dabei sollte gleichzeitig festgelegt werden, nach welchen Kriterien die Ausgangssituation einerseits und die Endsituation andererseits gemessen wird, um so den Erfolg der Bemühungen des Finanzmanagements bestimmen zu können.

2.3. Finanzierungsanlaß und Ausrichtung

Das unternehmerische Ziel bestimmt im Idealfall das richtige Finanzierungsinstrument. Obgleich in manchen (Krisen-) Fällen diese Wahlfreiheit eingeschränkt sein dürfte, so ist es unstrittig, daß nicht bei jedem Finanzierungsanlaß jedes Investment in gleicher Weise geeignet ist. Beispielsweise ist eine aggressive Expansionsstrategie nicht sinnvoll mit einem Schuldscheindarlehen zu finanzieren. Hier braucht es eher sogenanntes Private Equity oder einen entsprechend attraktiv ausgestalteten Genußschein. Die beiden letzteren Kapitalformen wiederum sind nicht erste Wahl bei der bloßen Bilanzrestrukturierung.

Im (Industriegüter-) Design gilt die Faustregel „Die Funktion bestimmt die Form". Gleiches gilt prinzipiell auch in der Unternehmensfinanzierung. Das dabei eingesetzte Instrument sollte der jeweiligen Verwendung angepaßt werden. Anpassung bedeutet in diesem Zusammenhang, daß sich das Risikoprofil der Mittelverwendung möglichst exakt wiederfindet in der Risikoübernahme durch die Geldgeber beim Erwerb eines bestimmten Finanzinstrumentes. Mit anderen Worten: Jede Mittelverwendung – sei es nun Refinanzierung, Firmenkauf oder Investition – verändert das Risikoprofil eines Unternehmens. Diese Veränderung sollte sich im gewählten Finanzinstrument widerspiegeln, das heißt die Risikozunahme oder -reduzierung sollte sich in der von den Käufern dieses Finanztitels gewünschten Art und Weise auswirken.

Die typischen Situationen in der Unternehmensfinanzierung können vielfältig sein und betreffen das gesamte Spektrum an Finanztiteln. Die häufigsten Anlässe sind folgende (zu einer detaillierten Übersicht mit dem entsprechend geeigneten Instrumentarium siehe Kapitel 8):

* Akquisition.
* Unternehmensrestrukturierung.
* Nachfolgefinanzierung oder „Management Buy-Out" (MBO).

◆ Expansion.

◆ Betriebsmittelaufstockung.

◆ Bilanzsanierung/-restrukturierung.

◆ Deckung laufender Verluste.

Der Wunsch nach (zusätzlichem) Kapital geht in der Regel einher mit konkreten betrieblichen Anlässen. Diese beiden Ereignisse aufeinander optimal abzustimmen, ist Aufgabe der modernen Unternehmensfinanzierung. „Optimale Abstimmung" bedeutet in diesem Falle nicht zwangsläufig die kostengünstigste Refinanzierung für das Unternehmen, sondern in erster Linie den Abgleich von die Geschäftsstrategie unterstützenden Instrumenten und Investoreninteresse.

Mögliche Verwendungszwecke für (zusätzliches) Kapital sind nach obiger Aufstellung beispielsweise externes und internes Unternehmenswachstum. Fremdkapital finanziert in zweckmäßiger Weise nicht eine aggressive Expansionsstrategie mit Zukäufen in eventuell auch noch branchenfremden Gebieten. Hingegen eignet sich Fremdkapital zur Steigerung des organischen Wachstums in den Kerngeschäftsfeldern eines Unternehmens. Fremdkapital bietet sich außerdem in vielen Fällen für eine bonitätssteigernde Restrukturierung der Passivseite an und in eingeschränktem Maße zur Sicherstellung der kurzfristigen Liquiditätsversorgung. Nachhaltige Lösungen bei der Regelung von Nachfolgefragen sollten zumindest unter mehr oder weniger starker Beimischung von Eigenkapitalkomponenten erfolgen.

Geldgeber verstehen den Finanzierungsanlaß naturgemäß dann am besten, wenn sie das Geschäftsmodell des kreditsuchenden Unternehmens verinnerlicht haben. Die moderne Unternehmensfinanzierung hat folglich sicherzustellen, daß der sogenannte Geschäftsplan („Business Plan") oder das Geschäftsmodell („Business Model") dem jeweiligen Investor beziehungsweise Geldgeber in einer Art und Weise präsentiert wird, welche den Finanzierungsanlaß augenfällig macht.

Schließlich sollten bei Konzeption der Finanzierung und Aufnahme der Mittel grundsätzliche Regeln eingehalten sein. Dazu zählt die Fristenkongruenz von aus den Instrumenten resultierendem Schuldendienst und den Zahlungsströmen auf der Einnahmeseite ebenso wie die Minimierung der Währungs- und Zinsänderungsrisiken. Hinzu kommt eine Gestaltung der Finanzierung, die eine unterschiedliche Behandlung der Gläubigerarten (Bevor- und Benachteiligung) vermeidet. Unverzichtbar bleibt eine Prüfung der Auswirkung konkreter Finanzierungsmaßnahmen auf die Gesamtkapitalkosten der Unternehmung (Berücksichtigung von Interdependenzen) sowie die steuerinduzierte Optimierung.

2.4. Bedeutung der Kennziffern

Risiken müssen „rechenbar" gemacht werden. Dies gilt insbesondere deshalb, weil die Systeme und Überwachungsabteilungen der potentiellen Geldgeber nach einer quantitativen Beurteilungsgrundlage verlangen. Dafür werden möglichst einheitliche und aussagekräftige Kenngrößen benötigt. Aus diesem Grunde erfolgt die Darstellung eines Unternehmens, das heißt seiner Ergebnisse beziehungsweise sonstigen Kennziffern, zunehmend nach (auch international) einheitlichen Standards. Dabei sind nicht alle Begriffe und Größen exakt definiert beziehungsweise abgegrenzt. Unterschiedliche Rechenmethoden und Rechnungslegungsstandards führen zu differierenden Resultaten. Gleichwohl bleiben die grundsätzlichen Ansätze trotz dieser Vielfalt unbeschadet, so daß sie wichtige Hinweise auf die Beurteilung eines Unternehmens durch Dritte erlauben.

Die Mindestanforderungen hinsichtlich von Unternehmen einzuhaltender Finanzkennziffern sind nicht allgemeingültig zu formulieren, sondern letztlich abhängig von einer ganzen Reihe an Faktoren. So ergeben sich demnach Unterschiede in Abhängigkeit vom jeweiligen Wirtschaftsektor, von der Unternehmensbranche (beispielsweise Produktion oder Handel) sowie der individuellen Unternehmensgröße. Auch gesamtwirtschaftliche Rahmenbedingungen und konjunkturelle Zyklen spielen eine Rolle. Somit können die Angaben in nachstehender Tabelle nur als näherungsweise Richtgröße dienen, die im konkreten Falle zwecks Stärkung der Aussagekraft modifiziert werden müssen.

Entscheidende Fragen ergeben sich immer aus dem Wunsch um Kenntnis der Tragfähigkeit der Verschuldung und ausreichender Stärke zur Leistung des Zinsdienstes, so beispielsweise: „Wie viel an Verbindlichkeiten kann ein bestimmtes Unternehmen tragen, ohne den Handlungsspielraum zu gefährden oder gar insolvent zu werden?" Oder: „Durch welche Instrumente kann eine interessante Akquisition, die zwar hohe (Rendite-) Chancen, aber auch entsprechende Risiken beinhaltet, finanziert werden?"

Tabelle 8. Ermittlung wichtiger Kennziffern (Beispiele)

Kennziffer	Verhältnis	Mindestanforderung
Liquidität I	Flüssige Mittel/Kurzfristiges (Fremd-) Kapital	40 bis 50 %
Liquidität II	{Flüssige Mittel + Forderungen} / Kurzfristiges (Fremd-) Kapital	100 bis 120 %
Liquidität III	{Flüssige Mittel + Forderungen + Vorräte} / Kurzfristiges (Fremd-) Kapital	120 bis 150 %
Eigenkapitalquote	Eigenkapital / Bilanzsumme	min. 25 %
Umschlaghäufigkeit	Umsatz / Vorräte	max. 175 %
Lagerbestand	Tage im Durchschnitt	max. 180 bis 200
Entschuldungsdauer	Gesamtverschuldung / Freier Kapitalfluß	max. 800 %
Verschuldung	Netto-Verschuldung[1] / EBITDA[2]	max. 400 %[3]
Schulddienstabdeckung	EBITDA[2] / Netto-Zinsdeckung[4]	min. 350 %

[1] Gesamtverschuldung abzüglich liquider Mittel.
[2] Ergebnis vor Zinszahlungen, Steuern und Abschreibungen.
[3] Höhere Grenze im Energiesektor (500%) wegen vergleichsweise stetiger Ertragslage, geringere im Anlagenbau auf Grund stärkerer Ertragsschwankungen (250%).
[4] Zinsaufwand abzüglich Zinsertrag.

Neben die Tragfähigkeit der laufenden Belastung tritt der Aspekt von Sicherheiten, die der Kreditnehmer stellen kann und auch zu stellen bereit ist. Wird beispielsweise die Bedienung einer Verbindlichkeit aus dem Kapitalfluß als (zu) riskant, ergibt sich die Frage, ob nicht eine Kreditfinanzierung durch die Überlassung von Sicherheiten dargestellt werden kann? Eine weitere Finanzierungsalternative ist die Option, ob nicht möglicherweise die Eigentümer dazu bereit sind, Anteile an ihrem Unternehmen abzugeben, um sich bietende Wachstumschancen zu nutzen. Dann stellt sich die Frage, welche Folgen mit einem Börsengang verbunden sind und wie das Unternehmen darauf vorbereitet ist. In jedem Falle sind für den jeweiligen Finanzierungsweg die relevanten Kennziffern festzustellen. Im Anschluß erfolgt die Prüfung, ob die entsprechenden Relationen den Anforderungen des Marktes genügen.

3. Analytische Kartierung des Unternehmens

Die Grundlage erfolgreicher, effizienter und nachhaltiger Unternehmensfinanzierung ist die umfassende, objektive und präzise Analyse der eigenen
Gesellschaft. Dazu gehört nicht nur ihre finanzielle und operative wirtschaftliche Kraft, sondern auch eine Standortbestimmung des Unternehmens am Kapitalmarkt. Dabei ist ein möglichst präziser analytischer
Prozeß, der gegenüber den anderen Marktteilnehmern gleichzeitig ein
hohes Maß an Transparenz aufweist, unabdingbar. Denn nicht nur die
saubere Aufbereitung des internen „Status Quo" ist entscheidend, sondern
vor allem auch, wie eine Gesellschaft am Markt wahrgenommen wird. Ein
Unternehmen sollte aus diesem Grunde auch eine Entscheidung darüber
treffen, wie es am Kapitalmarkt wahrgenommen werden will und wie interne Veränderungen dort aufgenommen werden könnten.

3.1. Bestandsaufnahme als Basis von Finanzprogrammen

Die Erfüllung von Mindestanforderungen ist im Finanzierungsprozeß eine
Selbstverständlichkeit. Doch dies reicht zur erfolgreichen Kapitalbeschaffung oftmals – und gerade in den komplexeren Fällen – nicht aus. Zur
„Pflicht" muß deshalb die „Kür" kommen, so zum Beispiel eine außerordentliche Transparenz oder eine besonders herausragende Leistung in der
Darstellung der Chance-Risiko-Relation. Wichtig ist auch, Zusammen-
setzung und Leistungen des Management angemessen zu präsentieren. Um
dies in ausreichender Form gewährleisten zu können, ist die umfassende
Bestandsaufnahme des Unternehmens wichtige Voraussetzung. Maßgeblich für die Erlangung der benötigten Kapitalmittel ist in der Regel die
Qualität der zuvor durchgeführten Unternehmensanalyse.

Es liegt auf der Hand, daß die Analyse der finanziellen Situation eines Unternehmens eine komplexe Aufgabe ist. Unumgänglich ist daher, zunächst die angestrebten Ziele und die einzusetzenden Mittel klar zu definieren sowie die einzuhaltende Vorgehensweise möglichst konkret festzulegen. So ist zu klären, welche Unternehmensgrundlagen untersucht werden, welche Analyseinstrumente zur Verfügung stehen und inwieweit Bonität des Unternehmens gegeben ist. Eine Finanzanalyse setzt ebenso voraus, sich über die Notwendigkeit eines transparenten Prüfungsprozesses bewußt zu sein. Auch steuer- und unternehmensrechtliche Vorgaben müssen erkannt werden. Ausgangspunkt jeder zielgerichteten Analyse ist die Frage: Was soll mit den Analyseergebnissen erreicht werden? Welche Mindestanforderungen muß die Analyse erfüllen?

Ohne plausible Darstellung der eigenen Möglichkeiten, der Chancen und der Risiken lassen sich Investoren nicht von der Nachhaltigkeit möglicher ins Auge gefasster Finanzierungsstrategien überzeugen. Wer dies nicht in Erinnerung behält, läßt Chancen und Möglichkeiten aus. Zudem merken objektive Betrachter jeder Präsentation diese Schwachstellen an. Die umfassende Bestandsaufnahme aller relevanten Kerngrößen und der Zustand der wesentlichen Bestimmungsfaktoren müssen deshalb am Anfang eines jeden Finanzierungsprozesses stehen.

Vielfach besteht die Neigung, die Finanzierungsstrategie – also eigentlich das Ergebnis einer jeden Analyse – vorwegzunehmen und dann quasi „zielgenau" zu analysieren. Dies verhindert jedoch zum einen schon eine präzise Bestandsaufnahme, weil bei dieser Vorgehensweise viele Fakten und Details übersehen werden. Zum anderen beraubt man sich auf Grund des kleineren Datenkreises und der schmaleren Informationsbasis bewußt eines größeren Entscheidungsspektrums zur Auswahl des optimalen Finanzierungsinstrumentes. Nur in Kenntnis aller relevanten Zahlen und Zustände kann eine für das Unternehmen maßgeschneiderte Finanzierungsstrategie ausgewählt werden.

Bereits die Erstellung des Zielkataloges wird von der Kenntnis um Zustand und Möglichkeiten eines Unternehmens bestimmt. So läßt sich bei den unbedingt zu verfolgenden Zielen schnell erkennen, welche Anstrengungen und Veränderungen innerhalb eines Unternehmens noch zu leisten sind, um dessen Position am Finanzmarkt und die Finanzlage nachhaltig verbessern zu können. Gleiches gilt mit Blick auf die individuelle Zielsetzung: Hier kristallisiert sich rasch heraus, welche Ziele überhaupt realistisch und unter den gegebenen Umständen auch umsetzbar sind.

Darüber hinaus zeigt eine gute Analyse auch, welche Veränderungen noch erforderlich sind, um die „Kraft auf die Straße bringen zu können". Präzise Zielformulierung, ideale strategische Ausrichtung und zügige konzeptionelle Umsetzung nutzen nicht viel, wenn das Signal der tatsächlichen Botschaft den Adressaten nicht erreicht oder so unverständlich ist, daß sie vom Empfänger nicht oder gar falsch wahrgenommen wird. In diesem Falle müssen gravierende Änderungen am Darstellungs- und Kommunikationsprocedere vorgenommen werden. All dies gehört zum Leistungsspektrum einer leistungsfähigen Unternehmensfinanzierung.

Finanzrahmen

Die Bestandsaufnahme der Unternehmensfinanzen mit ihren Finanzkennzahlen dient als Basis eines jeglichen Finanzprogramms. Und dessen Zustand ist von entscheidender Bedeutung, das heißt es ist schließlich zusammen mit der Finanzierungsstruktur ausschlaggebend für die Höhe der zu zahlenden Risikoprämie. Bei diesem Analyseschritt liegt der Fokus auf der Passivseite der Unternehmensbilanz mit einer Aufgliederung nach Art, Laufzeit und rechtlicher Gestaltung der Verbindlichkeiten. Die Bilanzanalyse geht aber noch weit über die Bestandsaufnahme der Unternehmensverbindlichkeiten hinaus.

So gilt es beispielsweise auch, die kapitalmarktmarktfähigen Aktiva, das Forderungsportfolio, zu bewerten und zu bündeln, um sich alle Finanzierungsoptionen offenzuhalten. Bei dieser Vorgehensweise können die relevanten Aktiva zu (möglichst) homogenen Gruppen zusammengefaßt werden. Dies ist beispielsweise von Bedeutung bei der Begebung von besicherten Kreditinstrumenten. Dieser Prozeß ist Grundlage für den Entwurf individueller Finanzinstrumente in der Passivsteuerung und ermöglicht ein optimiertes Finanzmanagement mit maßgeschneiderten Wertpapieren.

Die Analyse der Finanzkennziffern und des operativen Geschäftes geben letztlich darüber Aufschluß, welche Art von Finanzierung zum einen für das Unternehmen tragbar und zum anderen den potentiellen Investoren überhaupt schmackhaft zu machen ist. Gleichzeitig sollte eine solche Analyse – idealerweise – potentiellen Investoren auch die Bereitschaft eines Unternehmens verdeutlichen, unternehmerische Probleme nicht allein über Finanztransaktionen zu lösen, sondern gegebenenfalls auch die strategische Ausrichtung zu ändern.

Operatives Geschäft

Die analytische Aufbereitung des operativen Geschäftes gibt Aufschluß über die künftig zu erwartenden Zahlungsströme und das Ausmaß ihrer Anfälligkeit gegenüber Veränderungen des Umfeldes. Zu solchen möglichen Veränderungen gehören beispielsweise konjunkturelle Schwankungen, Nachfrageverschiebungen zu Lasten des angebotenen Produktes, Wechselkursschwankungen und Änderungen im institutionellen Gefüge wie Zölle, Importrestriktionen oder ähnliches. Dabei kann es durchaus zu Überschneidungen mit anderen Beobachtungsfeldern kommen.

Diese Wahrscheinlichkeits- und Schwachstellenanalyse wird sicherlich von der überwiegenden Zahl der Unternehmen bereits heute durchgeführt. Hervorzuheben ist aber, daß eine solche Analyse ganz besonders für mögliche Anleiheinvestoren relevant ist. So kann der Umsatzeinbruch in einem Produkt auf Grund eines Modellwechsels für ein Unternehmen höchst unerfreulich sein und beim Aktienkurs zu Abschlägen führen. Ist der Einnahmestrom aber noch immer breit genug, um den Schuldendienst problemlos leisten zu können, wird die Situation den Anleiheinvestor kaum beunruhigen. Steigen hingegen die Einnahmen weniger stark als erwartet und können dabei selbst kleine Rückschläge den einwandfreien Schuldendienst zumindest in Frage stellen, so dürfte das zu Kursrückgängen bei etwaig emittierten Anleiheinstrumenten führen.

Für den Investor vor allem aussagekräftig ist ein hinreichend sicher prognostizierbarer, nachhaltiger und kassenwirksamer Einnahmestrom (sogenannter Kapitalfluß oder auch „Cashflow"). Um dies bei Präsentationen ausreichend dokumentieren zu können, sollte sich an die Gesamtanalyse eine aussagekräftige, nach Geschäftszweigen und Unternehmensbereichen aufgeschlüsselte Darstellung anschließen. Dabei sollte auch darauf eingegangen werden, welche Bedeutung die einzelnen Finanzierungsvorhaben für diese Zahlungsströme haben. In den meisten Fällen dürfte zwar eine „Zurechenbarkeit" gar nicht möglich sein. Aber gerade bei anstehenden Emissionen mit für das Unternehmen größeren Volumina ist es von Vorteil, auf eine einnahmestärkende Wirkung der geplanten Finanzierungsmaßnahme substantiiert hinzuweisen.

Management

Den Leistungen des Management und dessen Fähigkeit, schwierigen Situationen schnell und erfolgreich zu begegnen, kommt bei einer Finanzanalyse eine nicht nur herausragende, sondern sogar entscheidende Bedeutung zu. Nicht, daß ein noch so gutes Management einen instabilen Finanzrahmen oder eine schwache Geschäftslage kompensieren könnte. Allerdings erlaubt die Qualität des Managements eine Einschätzung, wie ein Emittent mit Krisenlagen umgeht und ob er in der Lage ist, diese zu meistern. Das betrifft in erster Linie Unternehmen, die schlechter als „Investment Grade" bewertet sind oder einer Branche angehören, in der Konjunktur- und Nachfragezyklen zwangsläufig zu starken Bonitätsschwankungen führen.

Dieser Faktor ist um so wichtiger, je weniger bekannt das Unternehmen am Markt ist und je geringer die Bonität beziehungsweise das Rating. Fehlende Bekanntheit ist gleichbedeutend mit fehlender Historie, und so können Anleger nicht auf Erfahrungswerte zurückgreifen, die ihnen bei einer Beurteilung des Management und damit der gesamten Firma helfen könnten. Unternehmen mit schwacher und schwächster Bonität operieren in der Regel ohnehin die meiste Zeit mehr oder weniger „am Rande des Abgrunds", so daß der Investor stets den Totalverlust seiner Mittel fürchten muß. Gerade vor diesem Hintergrund ist es besonders wichtig, die Kompetenz und Handlungsfähigkeit des Management zu unterstreichen, die ein Abgleiten des Emittenten in die Insolvenz verhindern sollen.

▌Marktzugang und Investorenbasis

Auch die genaue Kenntnis über die Lage am Kapitalmarkt ist wichtig, um bei der Wahl der Finanzierungsinstrumente selbst aktiv werden zu können. So können nachfrageinduzierte, „kanalisierte" Emissionsstrategien zum Einsatz kommen, die in der Regel die Risikoprämie und damit die Finanzierungskosten deutlich senken. Sollte es beispielsweise gelingen, bei mehreren Investoren Anlagebedarf in speziellen Wertpapieren zu identifizieren, die gleichzeitig optimal in das eigene Emissionsprogramm passen, so könnten auch Nischenbereiche zinssenkend bedient werden.

Die Analyse der Investorenbasis ermöglicht darüber hinaus die Entwicklung von Konzepten zur Ansprache bevorzugter, auch neuer Geldgeber und somit die Erschließung neuer Kapitalquellen. So ist die Investorenbasis zinssparend erweiterbar und macht den Markt insgesamt aufnahmefähiger für die Emissionen eines Unternehmens. Nachfragegetriebene Emissionsstrategien können – sofern sie mit einer langfristigen Finanzplanung korrespondieren – die Zinskosten deutlich reduzieren helfen.

Die Marktteilnehmer sind bereit, für speziell auf ihre Bedürfnisse zugeschnittene Finanzierungsinstrumente einen Abschlag auf die Risikoprämie zu akzeptieren. Zum Beispiel können Laufzeit, Volumen und Verzinsung exakt die vom Investor gewünschte Kapitalbindungsdauer treffen. Ein bestimmtes Rating oder eine bestimmte rechtliche Gestaltung des Finanzinstrumentes könnte „paßgenau" die Anlagevorgaben und das Risikoprofil des Kapitalgebers erfüllen. So kann es zum Beispiel für den Investor entscheidend sein, ob ein emittiertes Instrument (etwa ein Genußrecht) steuerlich als Eigen- oder als Fremdkapital zu qualifizieren ist. Handelt es sich nämlich um ein Eigenkapitalinstrument, ist die vom Emittenten gezahlte „Vergütung" steuerlich nicht als Zins, sondern als Dividende zu behandeln und damit bei einem körperschaftsteuerpflichtigen Investor im Endeffekt zu 95 Prozent steuerfrei.

Handelt es sich hingegen um ein Fremdkapitalinstrument, können Rangfragen für die Rückzahlung des hingegeben Kapitals eine Rolle spielen. Auch ein Abtretungsverbot kann – bei unverbrieften Instrumenten – die Risikoprämie erhöhen.

Dasselbe dürfte auf der Eigenkapitalseite zum Beispiel für vinkulierte Namens-
aktien gelten: Hier ist nämlich eine Übertragung der Aktie nur mit Zustimmung
der emittierenden Gesellschaft möglich. Schließlich könnte eine variable statt feste
Verzinsung der Zinsprognose des Investors am besten entsprechen. All dies spart
Basispunkte bei Risikoprämie und Dividende.

Die Bestimmung von Market Sentiment und Marktzugang ist für das jeweilige
Unternehmen von entscheidender Bedeutung, denn eine solche Einschätzung ist
Vorbedingung jeder kapitalmarktorientierten Finanzierung. Signale zum gegenwärtigen „Standing" am Markt sendet der jeweilige Marktauftritt: Existiert bereits
ein von den Marktteilnehmern wahrgenommenes Profil, so ist zu untersuchen,
welches Image das Unternehmen bei den Investoren besitzt. Plant ein Emittent
sein Kapitalmarktdebüt erst, ist zu untersuchen, über welche Auftritts- und
Performancechancen er verfügt – gerade auch im Vergleich zu ähnlichen Unternehmen.

Diese Marktanalyse schließt die Beobachtung konkurrierender Emittenten ein.
Welche Eigenkapital- oder Fremdkapitalinstrumente haben diese begeben? Zu
welchen Konditionen? Zudem sind besondere Punkte wie die Performance bisheriger Instrumente, besondere Markterwartungen gegenüber dem Unternehmen
sowie Erfahrungen vergleichbarer Emittenten mit neuen Typen von Finanzinstrumenten zu beachten. All dies sind Punkte für das Lastenheft der Unternehmensfinanzierung, die in die künftige Strategie einzubeziehen sind. Die Analyse der
Investorenbasis gibt Aufschluß über die derzeitigen Geldgeber und deren
Motivationsfaktoren sowie Klarheit darüber, wie erfolgreich die Zusammenarbeit
mit den bisherigen Finanzierungsinstituten ist. Daraus lassen sich Konzepte zur
Ansprache bevorzugter und auch neuer Anlegerkreise entwickeln.

Rating

Gerade mit Blick auf die Investitionen in zinstragende Instrumente darf die
Analyse des Rating (Bewertung der wirtschaftlichen Verhältnisse eines Unternehmens), dessen Entwicklung und Einordnung in den Gesamtzusammenhang nicht
vernachlässigt werden. Denn die Qualität des Rating gewinnt im Kredit- und

Anleihegeschäft zunehmend an Bedeutung. Diese Risikobewertung wird künftig bei Anlageentscheidungen viel wichtiger sein als die klassischen Kriterien. Und so werden Schuldner mit gutem Rating den Kapitalmarkt erheblich einfacher anzapfen können, während Firmen mit geringer Bonität auf teure oder alternative Finanzierungsquellen angewiesen sind. Daher ist die entsprechende Rating-Vorbereitung nach der (Markt-) Analyse der zweite Schritt zur günstigen Finanzierung.

Insgesamt setzt eine erfolgreiche Emission von Finanzinstrumenten inzwischen nicht nur bei großen Staaten, sondern auch bei Unternehmen in vielen Fällen ein vielversprechendes externes Rating voraus. Selbst kleinere und mittlere Unternehmen, für die eine Begebung von Instrumenten am Kapitalmarkt zu teuer ist, könnten in Zukunft nach Meinung vieler Experten im Licht von „Basel II" an einem externen Rating nicht mehr vorbeikommen. Betroffene Unternehmen müssen sich dabei frühzeitig die Frage stellen, wie ein Rating-Prozeß im einzelnen abläuft und welche Kriterien dabei maßgeblich sind. Nur so ist eine optimale Vorbereitung auf die Untersuchung durch die Rating-Agentur möglich. Neuere Studien von Rating-Agenturen kommen zu dem Schluß, daß auch kleinere Unternehmen nicht notwendigerweise einem schlechten Rating ausgesetzt sein müssen. Vielmehr kommt es weniger auf die absolute Unternehmensgröße an, sondern eher auf die Branche, die Wettbewerbsposition innerhalb der Branche sowie eine mögliche Diversifizierung eines Unternehmens nach Bereichen und Produkten (siehe auch Kapitel 4).

Zu beachten ist auch, welche Auswirkungen Änderungen im Rating-Procedere der Agenturen auf die Bonität und damit auf die Finanzierungsmöglichkeiten der Emittenten haben. So begann im Jahre 2003 erstmals öffentlich die Diskussion darüber, ob Pensionsrückstellungen von Unternehmen als Eigen- oder als Fremdkapital zu werten sind. Letztlich setzten sich die Rating-Agenturen durch und sahen diese Rückstellungen als Fremdkapital an, was zu einer signifikanten Verschlechterung der Bewertung von solchen Unternehmen führte, bei denen diese Bilanzposition einen hohen Anteil erreicht. Infolge verteuerte sich für diese Unternehmen die Mittelaufnahme am Kapitalmarkt signifikant.

Die moderne Unternehmensfinanzierung hat also hinsichtlich des Rating wichtige Punkte zu analysieren. So ist zu untersuchen, welche Faktoren zur allerersten

Einstufung geführt haben und aus welchen Gründen es in der Folgezeit zu Veränderungen der Bewertung gekommen ist. Diese Rating-Historie ist minutiös nachzuvollziehen. Sodann ist zu prüfen, ob Problemfelder existieren und ob diese in der kommenden Zeit zu Rating-Veränderungen führen könnten. Letztlich ist im aktiven, permanenten Dialog mit den Rating-Agenturen auszuloten, welche Stimmung seitens der Agenturen vorherrscht und welchen aktuellen Informationsbedarf diese haben.

Strategische Ausrichtung im Finanzmanagement

Die Aufarbeitung der bisherigen Strategie im Finanz- und Kommunikationsmanagement ist zum einen wichtig, um sicherzustellen, daß etwaige geänderte Strategien zu ursprünglich verfolgten „kompatibel" bleiben. Zum anderen kann die Vorgehensweise in der Vergangenheit den Investoren unter Umständen bereits erste positive Signale über die Kompetenz des Emittenten in der Finanzpolitik geben.

Eine sinnvolle und auf lange Sicht erfolgreiche Unternehmensfinanzierung bedeutet Evolution – nicht Revolution. So sollte – von wenigen Einzelfällen abgesehen – im Finanz- und Kommunikationsmanagement eher Konstanz herrschen. Gravierende Brüche in der Unternehmenspolitik sind meist wenig hilfreich. Die Strategie, das Konzept und der Dialog mit den Investoren sollten an bekannten Gegebenheiten anknüpfen und nicht von erratischen Sprüngen gekennzeichnet sein. Der Anleger möchte sozusagen „abgeholt" werden, und dies am besten an einer ihm geläufigen Haltestelle. Es ist deshalb wichtig, die bisherige strategische Linie darzustellen, um so bei den Investoren einen vorhandenen Gedankenstrang sinnvoll weiterentwickeln zu können.

Darüber hinaus eignet sich die Strategie der (jüngeren) Vergangenheit im Erfolgsfalle auch hervorragend dazu, ein positives Unternehmensprofil zu entwerfen und eine – wenngleich auch manchmal fiktive – „Equity & Credit Story" zu skizzieren. So wie das Finanzamt ausschließlich auf der Basis vergangener Ist-Werte und nicht künftiger Planungen urteilt, so ist der Investor nicht nur an phantastischen Visionen und Versprechungen interessiert, sondern wirft gerne auch einen Blick auf den Erfolg bisheriger Bemühungen des Kreditnehmers in der Finanzplanung und Kommunikation.

Ebenso unerläßlich ist die Schwachstellenanalyse innerhalb des Unternehmens. Engpässe, Sperrklinken und Ressourcenmangel sind dabei genauso aufzudecken wie Überkapazitäten. Und so läßt eine Bestandsaufnahme der im Unternehmen vorhandenen und einsetzbaren Ressourcen die realistische Einschätzung zu, in welchem Umfang eine bestimmte Konzeption überhaupt aus eigener Kraft umgesetzt werden kann. Dabei darf eine genaue Prüfung der Kommunikationskanäle nicht in Vergessenheit geraten. Jede noch so geniale Strategie, jedes noch so ausgefeilte Konzept läßt sich nur dann wirklich umsetzen, wenn die „Kanäle" zu Investoren und Kreditgebern eine optimale Übertragung der Botschaft erlauben. Dies setzt voraus die Fähigkeit zur angemessenen Darstellung, das Wissen um die geeigneten Übertragungswege und letztlich besonders auch den Kontakt zu denjenigen, die eine Nachricht melden oder weiterverarbeiten.

Rechtlicher Rahmen

Rechtliche, speziell steuerrechtliche Fragen werden beim Finanz- und Liquiditätsmanagement häufig unterschätzt. Dabei können rechtliche Gegebenheiten die Finanzstruktur eines Unternehmens maßgeblich beeinflussen. Dies betrifft im wesentlichen drei Bereiche:

- ◆ die rechtlichen Bestimmungen für das jeweilige operative Geschäft.
- ◆ die rechtlichen Bestimmungen im grenzüberschreitenden Güter- und Dienstleistungsverkehr.
- ◆ letztlich die Steuer- und Finanzmarktgesetzgebung.

Entscheidend bei dieser Analyse aus Unternehmersicht ist die Frage, ob veränderte rechtliche Rahmenbedingen die Einnahmeströme – und damit letztlich die Schuldendienstfähigkeit – beeinflussen. So haben beispielsweise schärfere Bestimmungen im Umweltrecht durchaus einen negativen Effekt auf den Kapitalfluß. Dies dem Investor aufzuzeigen, ist sowohl Pflicht als auch im Interesse des Unternehmens. Auch arbeitsrechtliche (Neu-) Regelungen können zu einem ver-

ringerten Kapitalfluß führen. Ähnlich liegt es im Handelsrecht. So ist offensichtlich, daß zum Beispiel unterschiedliche Gewährleistungsregeln in unterschiedlichen Jurisdiktionen sich auf den Kapitalfluß eines exportierenden Unternehmens
auswirken können. Noch gravierender sieht es im Hinblick auf Ein- und Ausfuhr-
kontingente aus.

Auch die Steuergesetze haben einen durchschlagenden Effekt auf die Unternehmensfinanzen. Sind hier Veränderungen zu erwarten oder gar bereits angekün-
digt, müssen sie Eingang in die Planung der Unternehmensfinanzierung finden.
Besonders wichtig sind dabei die Regelungen, die einzelne Wertpapierarten
betreffen. Dies könnte beispielsweise eine Änderung in der steuerlichen Behandlung von Asset Backed Securities betreffen.

Ähnliche Auswirkungen können sich auch aus Änderungen im Investment-
steuergesetz oder im regulatorischen Umfeld ergeben. In jüngster Zeit hat zum
Beispiel die verschärfte Verpflichtung bestimmter Unternehmen zu sogenannten
„Ad-hoc-Mitteilungen" durch das neue Anlegerschutzgesetz für einige Verwir-
rung gesorgt. Hierbei handelt es sich um ein besonders sensibles Rechtsgebiet:
Falsche „Ad-hoc-Mitteilungen" können strafrechtlich geahndet werden. Auch
Änderungen im Bank- und Börsenrecht können sich ebenso auf die Unterneh-
mensfinanzierung auswirken. Aufgabe der Unternehmen ist es zu zeigen, in
welcher Art und in welchem Umfang neue Regelungen im speziellen Falle zu
Auswirkungen führen.

Wichtig ist daher eine Überprüfung der Informations- und Kommunikationswege. Daher gilt: Geldgeber aktiv informieren! Signifikante Änderungen sollten
aus eigenem Antrieb und unverzüglich kommuniziert werden. Denn ist bei einem
Emittenten bereits heute abzusehen, daß bei seiner individuellen Anlegerbasis die
(steuer-) rechtliche Neubehandlung der von ihm überwiegend begebenen Anleihe-
art zu einer Restrukturierung der Investorenportfolios führen wird, so sollte das
dem Finanzmarkt im entsprechenden Rahmen nicht vorenthalten werden. Möglicherweise führt das dann zwar zu unerwünschten Kursreaktionen, langfristig
senkt eine solche Strategie aber die Risikoprämie. Darüber hinaus können bereits
vor Bekanntgabe nachteiliger Informationen vom Emittenten Kompensations- und
Alternativszenarien entwickelt werden.

3.2. Zustand des Rechnungs-, Berichts- und Planungswesens

Der Dokumentation kommt in der Unternehmensfinanzierung eine tragende Rolle zu. Vielfach wird die Entscheidung zur Kreditvergabe zu einem entscheidenden Teil von der Quantität und der Qualität der dem (potentiellen) Kapitalgeber zur Verfügung gestellten Daten und Informationen abhängen. Die Erfassung und Auswertung unternehmensrelevanter Daten und Fakten sowie die Darstellung der Geschäftsstrategie werden daher ein ebensolches Gewicht im Finanzierungsprozeß einnehmen wie die eigentlichen wirtschaftlichen Verhältnisse.

Im Rechnungs-, Berichts- und Planungswesen von Unternehmen liegt vieles im Argen. Mag man das bei Kleinstunternehmen wegen des damit verbundenen administrativen Aufwandes noch akzeptieren, so ist der Systemmangel bei Firmen mit einem Jahresumsatz von 100 Millionen Euro und mehr schon grob fahrlässig. Ist dabei die Buchhaltung mit teils erheblicher Zeitverzögerung möglicherweise noch in der Lage, einigermaßen brauchbare Daten zur Historie zur Verfügung zu stellen, so ist der regelmäßig wiederkehrende desolate Zustand der Planungsrechnung sowie des Kontrollwesens hingegen erschreckend. In diesen Fällen kommt es zu finanziellen Krisensituationen praktisch „mit Ansage". Hier hat die Unternehmensfinanzierung versagt.

Ohne verläßliches Zahlenwerk ist die angemessene Darstellung eines Unternehmens für Kapitalgeber nahezu unmöglich. Ohne ein ausreichendes Kontroll- und Risikomanagementsystem sind die Risiken eines Engagements für Investoren unkalkulierbar. Finanzierungen können deshalb scheitern. Und mit wachsender Unternehmensgröße steigen die Anforderungen des Marktes an die Dokumentation und die Verläßlichkeit des präsentierten Zahlen- und Planungsmateriales sogar an.

Grundlage jeder sinnvollen Unternehmensdarstellung ist daher ein umfängliches Berichtswesen. Darauf bauen das strategische Planungs- und das Kontrollsystem auf. Ohne dieses „Rückgrat" wird auch die Unternehmensfinanzierung keine Erfolge vorweisen können. Ein leistungsfähiges System erfaßt dabei sowohl den güterwirtschaftlichen Bereich als auch die korrespondierenden Zahlungsströme sowie Bewertungsgrößen. Dabei weist ein ideales System analytische Fähigkeiten auf und gibt frühzeitig Signale, wenn Fehlentwicklungen drohen. Dies gilt besonders für Fehlentwicklung in Bilanzrelationen und sonstigen finanziellen Strukturen des Unternehmens.

Die Gewinn- und Verlustrechnung ist verknüpft mit der Kapitalflußrechnung und mündet gleichzeitig bei jeder Simulation in einer Neuerstellung der Bilanz. Dabei funktioniert das System nicht nur rückblickend, sondern integriert einen Planungshorizont auf Sicht der kommenden drei bis fünf Jahre. Darüber hinaus sollte ein ideales System möglichst alle maßgeblichen Management-Ebenen des Unternehmens erfassen, um so ein realistisches Spiegelbild der tatsächlichen Vorgänge und des Unternehmenszustandes liefern zu können.

Planungsgrößen realistisch an Unternehmenszielen orientieren

Jedes Planungs- und Berichtswesen ist nur so gut, wie seine schwächste Komponente. Dies gilt besonders für die Annahmen und Prognosen zur Geschäfts- und Finanzentwicklung. Zu positive und deshalb unrealistische Erwartungen schrecken Kapitalgeber genauso ab wie unsubstantiierte Entwicklungsprognosen. Hier gilt der bekannte Grundsatz des ehemaligen Bundeskanzlers Helmut Schmidt: „Wer Visionen hat, muß zum Arzt gehen." Zu große Umsatz- und Gewinnsprünge sollte man deshalb vermeiden und expansive Vorhaben eher im „unteren", konservativen Bereich einordnen als mit zu euphorischen Planzahlen.

Die strategische Planung ist im Idealfall mittelfristig ausgelegt, das heißt mit Sicht auf drei bis fünf Jahre. Mit diesem Zeithorizont lassen sich nahe am Ausgangspunkt liegende Fakten und Entwicklungen noch vergleichsweise gut einschätzen. Kürzere Perioden signalisieren Orientierungslosigkeit im eigenen Unternehmen und verschlechtern die externe Einschätzung. Längere Perioden lassen vermuten, daß die beschriebenen negativen Auswirkungen von „Visionen" eingetreten sind. Ohnehin können bei einem mittelfristigen Planungszeitraum Geschäftsvorhaben und operative wie finanzielle Größen nur skizziert werden.

Eine Detailfülle auf Zehn-Jahres-Sicht wirkt unglaubwürdig und lenkt von den zentralen Punkten der Planung ab, infolge von ihrer Zuverlässigkeit und Seriosität.

Ein weiterer Aspekt ist die Sicherstellung der systematischen Kontrolle der Planungsprämissen mit entsprechender Korrektur und Sanktionierung. Ein fehlendes Planungs- und Kontrollsystem oder eine Planung und Kontrolle, die nur intuitiv und fallweise stattfinden, führen zu einer negativen Beurteilung bei potentiellen Geldgebern. Hierzu gehört auch die Frage, wie das Berichts- und Planungswesen im Unternehmen gestaltet wurde. Ist die Dokumentation ausreichend? Oder wird nur informell erfaßt, wie die Berichtslinien organisiert sind? Existiert ein umfassendes Berichtssystem auf Managementebene, wie gut ist die Erfassung im Finanzbereich organisiert? Diese Fragen gilt es, mit möglichst positivem Ergebnis zu beantworten. Denn davon hängt in hohem Maße die Risikobeurteilung durch die (Fremd-) Kapitalgeber ab.

3.3. Qualitative und quantitative Analyse

Der Analyseprozeß in der Unternehmensfinanzierung setzt sich aus einer Fülle von Themenfeldern zusammen. Dazu gehören „harte Zahlen" – wie zum Beispiel die Risikoprämie, die Verschuldung oder ein Rating. Ebenso wichtig sind aber auch „weiche" Faktoren – wie zum Beispiel die Unternehmensstrategie oder die Fähigkeiten des eigenen Management. Mit den Resultaten läßt sich eine quantitative wie qualitative „Unternehmenslandkarte" erstellen.

Die Ergebnisse einer umfassenden Analyse bestimmen letztlich die Finanzierungsstrategie und bilden die Grundlage für die künftigen unternehmerischen Konzepte. Der mittels Analyse und Research gefundene „Datenkranz" und die Faktenzusammenstellung ermöglichen es nun, eine Basis zum Aufbau des Handlungs- und Zielkataloges aufzustellen und dabei dem Ist-Zustand den korrespondierenden Soll-Zustand gegenüberzustellen. Je detaillierter die Analyse dabei durchgeführt wurde, auf desto kleinere „Zieleinheiten" kann der Katalog dann heruntergebrochen werden.

Ein wichtiger Bereich dieser Bestandsaufnahme vom Unternehmen ist die Analyse der Finanzkennziffern auf Grundlage der Bilanz sowie der Gewinn- und Verlustrechnung. Daraus lassen sich dann Anhaltspunkte für Strategien zur Bilanzoptimierung und der Stärkung des Kapitalflusses ableiten. Die Analyse der Finanzpositionen beispielsweise erlaubt die Optimierung der Kreditinstrumente beziehungsweise die Erweiterung des Portfolios der zur Verfügung stehenden Kreditinstrumente.

Eine Untersuchung des operativen Geschäftes erlaubt die Nutzung von kurzfristigem Verbesserungspotential und führt gegebenenfalls zu Gewinnen in der Außendarstellung. Das Durchleuchten von Management-Prozessen zeigt Verbesserungsmöglichkeiten im Umgang mit Krisensituationen auf.

Die Analyse von Anlegerstruktur und der Anlagemotivation der Investoren erlaubt die Optimierung der Emissionsstruktur und der Investorenbasis, sie ermöglicht eine Verbesserung der Investorenbindung sowie eine Sensibilisierung des Marktes für weitere Finanzinstrumente des Unternehmens. Eine darüber hinausgehende Marktanalyse erleichtert die Abstimmung des Emissions- und Finanzierungskalenders. Bei am Kapitalmarkt aktiven Unternehmen gewährt die „Spread-Analyse" eine mittel- bis langfristige Optimierung der Finanzstruktur und ein aktives Vorgehen gegenüber Kreditanalysten.

Tabelle 9. Aggregation und Ordnung der Unternehmensanalyse nach Themenfeld (I)

Quantitative, kennziffergesteuerte Analysefelder und ihre Inhalte			
Finanzieller Rahmen	Marktzugang und Investorenbasis	Rating	Beschränkung und (Kommunikations-) Möglichkeiten
◆Bilanzstruktur	◆Marktlage	◆Einstufung	◆Personelle
◆Höhe der Ver-	◆Einordnung durch	◆ Auswertung der	Ausstattung
schuldung	die Marktteil-	Begründung zum	◆Budget,
◆Struktur der	nehmer	Rating	finanzielle
Verschuldung	◆Analyse der	◆Analyse der	Ausstattung
◆Emissionsstruktur	Anlegerbasis und	Schwachpunkte	◆Ermittlung der
◆Aktuelle Finanz-	Fremdkapitalgeber	◆Abgleich mit der	Basis für ange-
situation (Liqui-	◆Analyse der	Finanzanalyse	messene Kommu-
dität, Cashflow	Anlagemotivation	◆Ermittlung des Po-	nikation
etc.)	◆Emissionsumfeld,	tentials kurz- und	◆Zahl und Güte der
◆ „Aktivierbare"	-möglichkeiten	mittelfristiger	Investorenkon-
Positionen an	◆Risikoprämie und	Verbesserung	takte
Forderungen	Marktakzeptanz	◆Abgleich mit	◆Zugang zur Presse
◆Mittelfristiges	◆ Konkurrenz und	Konkurrenten	und zu anderen
Änderungs-	deren Emissions-		Medien
potential	programme		◆Analystenkontakte
	◆Potentielles		
	Portfolio an		
	Instrumenten		

Die Einsatzfelder einer solchen Analyse sind vielfältig und für die Unternehmensfinanzierung in der Regel gewinnbringend. So ist für einen Großteil der Unternehmen sinnvoll die Eruierung des Market Sentiment und des Marktzuganges, die Einschätzung der Anlegermeinung (siehe auch Kapitel 3.4.) und des Plazierungspotentials für Finanzierungsinstrumente. Die Kenntnis hierüber erlaubt eine Verbreiterung der Investorenbasis und eine zielgenaue Ansprache der Investoren. Die Analyse des Rating ermöglicht einen effizienteren Koordinations- und Kooperationsprozeß mit den Rating-Agenturen. Die Bestandsaufnahme aller Produktionsfaktoren schließlich erlaubt überhaupt erst eine optimierte Ressourcenallokation und eine langfristig orientierte Personalplanung. Dies führt auch zu einer effizienteren Nutzung der verfügbaren Kommunikationskanäle und zu einer Verbesserung der Beziehungen zu den Medien. Dies kann bei Finanzierungsvorhaben von Bedeutung sein.

Tabelle 10. Aggregation und Ordnung der Unternehmensanalyse nach Themenfeld (II)

Qualitative, deskriptive Analysefelder und ihre Inhalte			
Operatives Geschäft	Management	Strategische Ausrichtung	Rechtlicher Rahmen
◆ Aktuelle und zu erwartende Zahlungsströme ◆ Anfälligkeit gegenüber Veränderungen des konjunkturellen und institutionellen Umfeldes ◆ Analyse der Schwachstellen ◆ Prüfung der Geschäftszweige auf Eignung zur Präsentation	◆ Fähigkeit des Management, auf Krisensituationen zu reagieren ◆ Bisherige Leistung des Management, den operativen Bereich erfolgreich auszurichten	◆ Vorgehensweise in der Vergangenheit ◆ Kompatibilität zur Folgestrategie ◆ Prüfung auf Signale zur Kompetenz des Emittenten in der Finanzpolitik	◆ Externe Bedingungen wie die Gesetzgebung zu Zoll-, Handels- und Devisenfragen ◆ Institutioneller, legaler Rahmen zum Steuer-, Wirtschafts- und Umweltrecht ◆ Finanzmarktgesetze und rechtliche/steuerliche Gestaltung der Kreditinstrumente

3.4. Einordnung in der Marktmeinung

Die analytische Basis nach Prüfung, Auswertung und Bewertung aller internen und externen Daten wird ergänzt durch die Bonitäts- und Risikoeinschätzung seitens des Marktes. Diese liefert die sogenannte Meinungs- oder auch Wahrnehmungsanalyse. Damit wird die aktuelle Marktmeinung ermittelt, werden Trends und Hintergründe identifiziert. Diese Analyse zeigt Optimierungsmöglichkeiten bei der Finanzhistorie, der „Credit Story" und der „Equity Story" auf und legt die Grundlage für zielorientierte Empfehlungen von Handlungsalternativen. Bei der Meinungsanalyse handelt es sich um eine Methode, mit der die Wahrnehmung eines Unternehmens am Markt untersucht wird.

Die Wahrnehmungsanalyse, englisch auch „Perception Research", forscht nach der von den Marktteilnehmern erwarteten Unternehmensentwicklung, sondiert die Bewertung möglicher noch ausstehender Wertpapiere und Schuldtitel, ermittelt vorhandene Schwach- und Kritikpunkte und sucht mögliche Wege zur Nutzung von Verbesserungspotentialen. Gerade wenn offensichtliche und eindeutige Signale vom Markt darüber fehlen, wie das Unternehmen in der Finanzierungslandschaft positioniert ist, ergibt es Sinn, Stimmungen, Kritikpunkte und Meinungsbilder zu erfassen. Das Image des Unternehmens am Kapitalmarkt muß deutlich werden. Die Erstellung des Bildes – bevorzugt durch unabhängige Dritte – ermöglicht einen weitgehend umfassenden und unvoreingenommenen Überblick über die aktuelle Situation.

Die genaue Kenntnis der aktuellen Wahrnehmung durch den Finanzmarkt ist eine wesentliche Voraussetzung, um das Finanzmanagement eines Unternehmens weiterzuentwickeln. Ein kapitalsuchendes Unternehmen wird dabei abwägen müssen zwischen den Wünschen der Marktteilnehmer und den eigenen Möglichkeiten, diesen nachzukommen.

Die Meinungsanalyse kann diesen Abwägungsprozeß unterstützen durch eine möglichst unvoreingenommene Schilderung der Ausgangslage des Unternehmens. Unterschiedliche Meinungen im Markt werden herausgearbeitet und vorhandene Trends aufgezeigt. Zudem gibt diese Analyse wertvolle Hinweise auf die weitere Entwicklung und macht das Stimmungsbild gegenüber den ausstehenden Wertpapieren und Finanzierungstiteln des Unternehmens exakter meßbar als dies bei ausschließlicher Heranziehung der Kursentwicklung möglich wäre.

Häufiger Gegenstand der Meinungsanalyse ist die Wahrnehmung der Unternehmensstrategie am Markt. Strategische Fragen werden von den Teilnehmern des Finanzmarktes nämlich mit hoher Aufmerksamkeit wahrgenommen. Viele Analysten und Investoren verfügen über konkrete eigene Vorstellungen und machen die grundsätzliche Zustimmung zur Strategie eines Unternehmens zu einer wesentlichen Voraussetzung für Empfehlungen oder den Aufbau einer Finanzposition.

Die Resonanz des Marktes auf die vom Management gewählte Unternehmensstrategie ist deshalb besonders wichtig. Insbesondere interessant sind die Begründungen, welche bei den Marktteilnehmern zu einer zustimmenden oder ablehnenden Sichtweise führen. In diesem Zusammenhang ist es nicht ausreichend, einfach nur Rohdaten zusammenzutragen. Vielmehr sind die jeweiligen Aussagen exakt zu analysieren und einer umfassenden Plausibilitätsprüfung zu unterziehen. Allein die Herausarbeitung verwertbarer Schlußfolgerungen zeichnet eine gute Untersuchung aus.

Dabei sollte allerdings nicht die Vorstellung entstehen, daß die überwiegende Mehrheit der Marktteilnehmer regelmäßig gleiche Vorstellungen über die richtige Strategie besitzt. Um so wichtiger ist es, bei Existenz verschiedener Meinungslager die Grundpositionen der einzelnen Gruppen zu kennen. Hierzu ein Beispiel: Eine börsennotierte Aktiengesellschaft mit ausstehenden Schuldtiteln ist Eigentümerin einer kleineren Tochtergesellschaft, deren Aktivitäten nur wenige Verbindungen zum Kerngeschäft des betrachteten Unternehmens aufweisen. Das Konzernmanagement verfolgt den Plan, die Aktivitäten in diesem Randbereich nun leicht auszubauen. Die meisten Marktteilnehmer hingegen bevorzugen einen Verkauf der Tochter und eine Konzentration auf das Kerngeschäft. Die hier gewählte geschäftliche Strategie beeinflußt dementsprechend die Finanzierungskonditionen, indem der Aktienkurs fällt und die Risikoprämie möglicherweise sogar steigt.

Die Diskrepanz zwischen den Erwartungen der Mehrheit der Marktteilnehmer einerseits und dem Vorhaben des Management andererseits kann sich in diesen Fällen zu einer Problemsituation entwickeln. Dies ist vor allem dann möglich, wenn durch entsprechende kommunikative Maßnahmen nicht gegengesteuert wird und sich am Finanzmarkt ein negatives Sentiment durchsetzt. Eine an und für sich nur wenig bedeutende Maßnahme kann dazu führen, daß die Marktteilnehmer mit einer Verschlechterung der Finanzierungskosten reagieren, weil zielgerichtetes Handeln des Management bei der Weiterentwicklung des Unternehmens vermißt wird. Dem beugt in der Regel eine fundierte Analyse vor, wenn sie von Unternehmen durch die entsprechenden Kommunikationsmaßnahmen umgesetzt wird.

Eine leistungsfähige und effiziente Unternehmensfinanzierung benötigt in solchen Situation zunächst die Kenntnis des Sachverhaltes am Markt. Diese Stimmung festzustellen, ist durch regelmäßige Meinungsanalysen möglich. Ein identifiziertes Problem kann dann durch eine Ausweichstrategie erfolgreich angegangen werden. Eine Möglichkeit besteht im Beispielfall darin, überzeugende Argumente zu kommunizieren, die beispielsweise belegen, daß ein Verkauf des Randbereiches derzeit nicht opportun ist, etwa zum Beispiel, weil derzeit nur ein geringer Verkaufserlös erzielbar ist. Überschaubare Investitionen in diesen Unternehmensbereich erhalten zunächst dessen Weiterentwicklungsmöglichkeiten sowie die Chance, im darauffolgenden Jahr einen höheren Erlös zu erzielen als bei einem sofortigen Verkauf. Eine vermeidbare Klippe wird so – allerdings nur kurzfristig, weil die Frage ja noch nicht gelöst ist – kommunikativ umschifft. Mögliche Kritik fällt verhaltener aus, weil plausible Argumente für die abwartende Haltung beim Verkauf des Randbereiches geliefert wurden, ohne daß erst nach diesen gefragt werden mußte.

Der Vergleich mit Wettbewerbern

Im Zusammenhang mit strategischen Themenstellungen stellt sich in vielen Fällen auch die Frage nach der für das Unternehmen korrekten Vergleichsgruppe

der Konkurrenten, im Englischen der „peer group". Schon die Zuordnung vergleichbarer Unternehmen – und die Kenntnis über deren Finanzierungsgewohn-
heiten – erlaubt Rückschlüsse darüber, welches Anlageprofil Kreditgeber und
Investoren einem Unternehmen zubilligen. Zudem kann detailliert ermittelt werden, welche Vor- und Nachteile das einzelne Unternehmen im Vergleich zu seiner
„peer group" aufweist. Auch hierdurch werden Verbesserungspotentiale deutlich,
die zum Beispiel in den Bereichen Strategie, Kommunikation, Risikoprofil und
Wachstumsmöglichkeiten liegen können.

Der Vergleich mit relevanten Unternehmen ist darüber hinaus auch deshalb von
Bedeutung, weil viele Investoren aus einer Gruppe ähnlicher Unternehmen nur ein
einziges „bestes" als Investitionsobjekt auswählen. Die zweit- und drittbesten
Objekte der Zielgruppe gehen dann sprichwörtlich leer aus, die Investoren fehlen
und die Liquidität in den ausstehenden Finanzierungstiteln ist geringer. Oder
anders formuliert: „Der Gewinner erhält alles!"

Managementleistung

Ein weiterer wichtiger Untersuchungsgegenstand ist die Einschätzung der
Managementleistung durch die Marktteilnehmer. Ein erfahrenes und vertrauens-
würdiges Management ist ein wichtiges Kaufargument für Analysten und Investoren. Moderne Analyseinstrumente machen die Einschätzungen der befragten
Marktteilnehmer meßbar. So wird es möglich festzustellen, ob das Management
über den notwendigen Vertrauensvorschuß der Marktteilnehmer verfügt, ohne den
eine erfolgreiche Arbeit kaum möglich ist.

Sentiment und Kommunikation

Eine wichtige zusätzliche Information stellt das Sentiment (Stimmung) der
Marktteilnehmer für die verschiedenen Wertpapiere des Unternehmens dar. Die
Stimmungslage im Markt läßt sich durch entsprechende Analysen weitgehend
umfassend bestimmen. Ein wesentlicher Vorteil besteht darin, daß bei regelmäßiger Erhebung derartiger Indikatoren Veränderungen in der Akzeptanz der Markt-

teilnehmer hinsichtlich Strategie und Kommunikation überprüfbar werden. Zudem kann festgestellt werden, ob die befragten Analysten und Investoren eine bessere Entwicklung der Wertpapiere im Vergleich zu marktbreiten Indizes erwarten („überdurchschnittliche Entwicklung") oder ob das Gegenteil der Fall ist („unterdurchschnittliche Entwicklung").

Ein wesentlicher Vorteil der Sentimentindikatoren besteht darin, daß nicht nur die Meinung von Analysten, sondern auch von Fondsmanagern und gegebenenfalls von Journalisten einbezogen wird. Dies ergibt ein deutlich breiteres Stimmungsbild der Kapitalmarktsituation für die einzelnen Wertpapiere als die reine Anzahl von Kauf- oder Verkaufempfehlungen.

Das Kommunikationsniveau eines Unternehmens wird wesentlich bestimmt durch die Art und Weise, in der Informationen über die Unternehmensentwicklung angeboten werden. Die Struktur von Geschäfts- und Quartalsberichten, die Tiefe der Segmentberichterstattung und der Informationsgehalt von Präsentationen sind aus Sicht der Investoren sehr unterschiedlich. Nicht jeder Wunsch der Finanzmarktteilnehmer kann sinnvoller Weise erfüllt werden. Gleichwohl ist es hilfreich zu wissen, in welche Richtung die Informationsbedürfnisse überhaupt gehen und wie viel an Information notwendig ist, damit ein positives Anlagevotum zustande kommen kann. Gerade in diesem Bereich gibt es häufig Verbesserungsvorschläge aus dem Adressatenkreis, die ohne großen Aufwand erfüllbar sind – wenn man sie denn kennt.

Bewertung von Eigenkapital

Die Bewertung der Anteile eines Unternehmens (hier in der Regel Aktien) durch die Marktteilnehmer kann zuerst durch Auswertung der Empfehlungen der das Unternehmen beobachtenden Finanzadressen beurteilt werden. Das Abzählen der reinen Anzahl der Kauf-, Verkauf- und Halten-Empfehlungen ergibt in diesem Zusammenhang allerdings meist nur ein unvollständiges Bild der Situation.

Dabei ist es hingegen auch wichtig zu wissen, wie viele Institute planen, eine „Beobachtung" des Unternehmens (die sogenannte Coverage) aufzunehmen. Dies ist deswegen interessant, weil der Prozeß grundsätzlich vom Investoreninteresse getrieben wird. Eine vermehrte Zahl an Analystenstudien deutet deshalb auf ein gestiegenes Investoreninteresse hin. Dem direkten Anstieg der Kaufempfehlungen für eine Aktie geht immer eine Prüfungsphase voraus. Wenn das Unternehmen weiß, daß mehrere Institute die Aufnahme einer regelmäßigen Beobachtung und Analyse planen, ist dies ein wichtiger Indikator dafür, daß die Kommunikationsarbeit sich in die gewünschte Richtung entwickelt.

Neben der reinen Anlageeinstufung ist es für die Unternehmen ebenfalls von Interesse zu erfahren, welche Beurteilungskriterien für die jeweiligen Wertpapiere herangezogen werden und welche Ergebnisse die verschiedenen Methoden ergeben. Die Gewinnschätzungen der Analysten im Detail zu kennen, ist ebenfalls von großer Bedeutung. Der Vorteil besteht darin, daß das Management sich bereits vor der Bekanntgabe der nächsten Prognose einen Eindruck verschaffen kann, ob der bekanntzugebende Ausblick innerhalb des Korridors der Markterwartungen liegen wird. Zudem ist es möglich, Marktteilnehmer, die weit außerhalb der Konsensschätzungen liegen, darauf hinzuweisen und zu erfragen, wie sie zu so stark abweichenden Ergebnissen kommen. Analysten nehmen derartige Rückmeldungen von seiten der Unternehmen in der Regel gerne auf.

Kursentwicklung

Interessante Resultate ergeben sich häufig auch bei der Ermittlung der unmittelbar kursrelevanten Einflußfaktoren. Die Kenntnis dieser Faktoren ermöglicht die Identifikation von wichtigen Unternehmenserfolgen (den sogenannten Meilensteinen), die für die weitere Unternehmensentwicklung aus Sicht der Marktteilnehmer entscheidend sind. Die Unternehmenskommunikation ist dann in der Lage, die über das Jahr verteilten Maßnahmen so abzustimmen, daß die Erwartungen der Marktteilnehmer möglichst zielgenau erfüllt werden.

Risikoprofil und Glaubwürdigkeit

Die strategische Positionierung und die Optionen, über die ein Unternehmen verfügt, sind ganz entscheidend für die Beurteilung des Risikoprofils eines Investment. Auch hier verfügen die Marktteilnehmer zumeist über konkrete Vorstellungen, welche Chancen sie mit einer Anlage verbinden und welchen Risiken sie sich ausgesetzt sehen. Über Chancen wird – gerade bei Aktienengagements von emittierenden Unternehmen – gerne viel gesprochen. Aber wie sieht es mit den Risiken aus? Besonders Fremdkapitalinvestoren interessieren sich zuallererst für die Frage, ob die Rückzahlung ihres Kapitals unter allen Umständen gesichert ist. Mögliche Unternehmensrisiken müssen deshalb detailliert und nachvollziehbar dargestellt werden.

Die Glaubwürdigkeit eines Unternehmens im Finanzmarkt hängt wesentlich davon ab, ob die mit einer Anlage verbundenen Risiken in ausreichender Art und Weise kommuniziert worden sind. Schwere Glaubwürdigkeitskrisen treten gerade dann auf, wenn im nachhinein der Eindruck entsteht, daß die Risiken dem Management zwar bekannt waren, dieses die Risiken aber fahrlässigerweise oder gar bewußt verschwiegen hat.

Meinungsanalysen ermöglichen es hier festzustellen, ob die aus Sicht des Management wesentlichen Unternehmensrisiken von den Marktteilnehmern, die sich mit dem Unternehmen im Detail beschäftigen, richtig gesehen werden. Erkannte Defizite bei der Wahrnehmung von Risiken können durch geeignete Kommunikationsmaßnahmen beseitigt werden. Die Gefahr von Glaubwürdigkeitskrisen wird hierdurch erheblich gesenkt.

Bewertung von Fremdkapital

Die Bewertung von Fremdkapitaltiteln (zum Beispiel Anleihen oder Schuldscheine) durch Kreditanalysten und Investoren weist Besonderheiten gegenüber der Bewertung von Eigenkapitalinstrumenten auf. Ein wesentlicher Unterschied zum Beispiel zwischen Anleihen und Aktien besteht zunächst darin, daß bei Anleihen der zu befragende Personenkreis in der Regel deutlich kleiner ist als bei

Aktien. Zwar hat der Boom bei Unternehmensschuldverschreibungen dazu geführt, daß insbesondere Fondsgesellschaften die Kapazitäten im Bereich der Analyse von Unternehmensanleihen deutlich ausgeweitet haben. Trotzdem bleibt festzuhalten, daß bei Unternehmen wichtiger Börsenindizes die Anzahl der diese Adressen abdeckenden Aktienanalysten in der Regel deutlich größer ist als diejenige der Rentenanalysten.

Ein weiterer Unterschied zu Aktien besteht darin, daß die Einschätzung der ausstehenden Anleihen sehr unterschiedlich ausfallen kann. Während es bei Aktien zumeist nur eine Gattung gibt, haben viele Unternehmen mehrere Anleihen emittiert, die sich in Laufzeit, Liquidität, Besicherung und anderen Konditionen sehr deutlich unterscheiden können. Diese Unterschiede sind der Grund dafür, daß Anleiheinvestoren einzelne Titel zum Teil sehr unterschiedlich beurteilen.

Bei der Beurteilung von Anleihen ist zudem darauf zu achten, daß Branchenentwicklungen deutlich mehr Bedeutung zukommt als bei Aktien. Dies zeigt sich auch darin, daß Rentenanalysten die Arbeitsgebiete oftmals nicht nach Unternehmen, sondern nach Branchen einteilen, da mit den vielfach noch knappen Personalkapazitäten das gesamte Anlagespektrum sonst gar nicht abgedeckt werden kann. Große Branchen sind zum Beispiel Telekommunikation, Energieversorgung oder auch die Tabakbranche.

Neben den allgemeinen Einschätzungen zum Unternehmen selbst, die auch für die Aktienseite relevant sind, wird auf der Anleiheseite besonderer Wert auf die Bonitätseinstufung des Emittenten gelegt. Besondere Perspektiven, die ein sogenanntes Tightening, also ein Abschmelzen des Risikoaufschlages, erwarten lassen, sind wichtige Kaufargumente. Gefahren einer Bonitätsverschlechterung hingegen führen bei Anleihekäufern zu besonderer Zurückhaltung. Aus Sicht der Unternehmenskommunikation ist es deshalb besonders interessant, durch Meinungsanalysen zu erfahren, welchen unternehmensspezifischen Chancen und Risiken die Marktteilnehmer sich auf der Anleiheseite ausgesetzt sehen.

4. Ermittlung und Verbesserung der Finanzierungsreife

Die drei wichtigsten Voraussetzungen für die erfolgreiche Emission von Finanzinstrumenten sind Bonität, Bonität und nochmals Bonität. Die von dritter Seite zugebilligte Zuverlässigkeit und Kreditwürdigkeit sind der Schlüssel zur Gewährung von Fremd- und Eigenkapital. Das Leitmotiv erfolgreicher Unternehmensfinanzierung lautet daher: Wie kann ein Kapitalnehmer seine Bonität verbessern und dadurch für sich günstigere Konditionen am Finanzmarkt erreichen? Dies gilt ausdrücklich nicht nur für Fremdkapitalinstrumente, sondern für Eigenkapitaltitel gleichermaßen. Denn die wirtschaftlichen Verhältnisse eines Unternehmens, eben die Bonität, besitzen auch für Eigenkapitalgeber hohe Relevanz.

4.1. Evidenz der Finanzierungsreife

Die Finanzierungsreife ist vor dem Hintergrund der Kapitalbeschaffung ein eigenständiges Unternehmensziel von herausragender Bedeutung. Wesentliche Kriterien zur Evaluierung der Finanzierungsreife sind der Zustand der Unternehmensfinanzen einschließlich deren Entwicklung, die Ertragskraft der Gesellschaft und ihr Produktsortiment sowie die Transparenz und Offenheit gegenüber dem Finanzmarkt. Damit ergibt sich diese Reife nicht zuletzt auch aus der Managementqualität und Unternehmensstruktur. Diese beiden Faktoren bestimmen Ertragsaussichten wie Schuldendienstfähigkeit gleichermaßen, welche wiederum die Basis für die Beurteilung eines Unternehmens als potentielles Investment sind.

Die Finanzierungsreife ist keine Selbstverständlichkeit. Sie liegt nicht notwendigerweise schon dann vor, wenn ein Unternehmen von einem seiner Gesellschafter oder einem Dritten (zum Beispiel einer Geschäftsbank) einen Kredit erhalten hat. Stellen zum Beispiel Geldgeber lediglich (weitere) Mittel zur Verfügung, um damit die Abschreibung ihres Gesamtinvestments zu vermeiden, obgleich sie sich am liebsten vollständig aus ihrem Engagement zurückgezogen hätten – dann ist dies keinesfalls als Beleg für Finanzierungsreife oder gute Unternehmensfinanzierung zu werten. „Reife" bedeutet in diesem Zusammenhang, von einem größeren Kreis an Geldgebern sowohl wahrgenommen als auch in einen Investmentprozeß prüfend einbezogen worden zu sein. Finanzmarktreife heißt Plazierungs- und Marktfähigkeit.

Dabei muß es sich nicht ausschließlich um Instrumente des Kapital- und Aktienmarktes handeln, hierzu zählt auch die Fähigkeit, Privatplazierungen zu arrangieren, Kredite von Geschäftsbanken oder Zugang zu Direktinvestoren zu erhalten. Ein ausreichendes Niveau ist dann gegeben, wenn das Unternehmen im Hinblick auf die Unternehmensgröße und das Finanzierungsvolumen vergleichsweise unkompliziert und zu vertretbaren Konditionen Zugang zu Kapital erhält.

▌ Exkurs: *Markt- und Anlegerbegriffe*

Viele Begriffe aus der Wirtschafts- und Finanzwelt werden heute in mehreren Bedeutungen verwendet und offenbaren ihren jeweiligen Sinngehalt erst aus dem konkreten Kontext. Die folgenden Kapitel dieses Handbuches enthalten ebenfalls zahlreiche solche Begriffe. Nachfolgend sind die wichtigsten Bezeichnungen und ihre grundsätzliche Bedeutung erläutert. Dabei erhebt die Aufstellung keinerlei Anspruch auf Vollständigkeit. Vielmehr sind diejenigen Begriffe aufgeführt, welche in diesem Handbuch häufige Verwendung finden. Auch ist ihre Bedeutung „generalisiert" dargestellt, so daß sie ein breites Einsatzspektrum abzudecken in der Lage sind.

Tabelle 11. *Definitionen aus der Finanzwelt*

Begriff	Bedeutung
Finanzmarkt	Umfassende Bezeichnung für alle Märkte, an denen Finanzaktiva und ihnen thematisch nahestehende Produkte gehandelt werden. Dazu gehören Aktien, Anleihen, daraus abgeleitete Derivate, Kredite, aber auch Rohstoffe (zum Beispiel Erdöl, Edelmetalle, Tonerde, Kaffee) sowie rohstoffähnliche (zum Beispiel Strom) und andere börsengehandelte Produkte (zum Beispiel Wetterderivate).
Kapitalmarkt	Bezeichnung für diejenigen Märkte, an denen reine Kapitalprodukte, das heißt „pure" Finanzaktiva, gehandelt werden. Dazu gehören Anleihen, Schuldscheine und ähnliche Instrumente, ferner (syndizierte) Kredite und Währungsprodukte. Häufig findet sich auch die Bezeichnung Eurokapitalmarkt. Diese steht nicht mit der Währung Euro in Verbindung (im Gegensatz zu „Euromarkt" oder „Markt der Eurozone"), sondern beschreibt den globalen Marktbereich, der grundsätzlich der nationalen Gesetzgebung eines Staates entzogen ist. Heute ist der Eurokapitalmarkt Synonym für den globalen Kapitalmarkt ohne Abschottung innerhalb gewisser Staatsgrenzen. Der Name „Euro" stammt aus den siebziger Jahren und hat seinen Ursprung in den Zeiten des Kalten Krieges, als überwiegend aus Rohstoffgeschäften stammende Erlöse dem eventuellen Zugriff der US-amerikanischen Gerichtsbarkeit entzogen werden sollten.
Aktienmarkt	(Gleichbedeutend mit Aktienmärkten oder Aktienbörse) Bezeichnung für Märkte, an denen mit realen Gütern unterlegte (Finanz-) Produkte gehandelt werden. Im Gegensatz zu einer Anleihe verbriefen Aktien („Anteilsscheine") den anteiligen Besitz an einem tatsächlich existierenden Gut (Unternehmen mit seinen Maschinen et cetera).
Geldmarkt	Bezeichnung für den Handel mit kurzlaufenden beziehungsweise sehr liquiden Titeln, Segment des Kapitalmarktes.
Kapital	(Hier im Sinne von finanziellem Kapital) Bezeichnung für Vermögen in nicht realer Form, sondern gehalten mittels Wertpapieren und ähnlichen Instrumenten.
Geld	Bezeichnung für Tauschmittel und Verfügungsrechte. Geld verleiht seinem Inhaber einen fiktiven Anspruch auf einen bestimmten Teil der in einer Volkswirtschaft produzierten Güter und Dienstleistungen.
Geldgeber	Natürliche und juristische Personen, die Geldmittel, Kapital oder Finanzaktiva bereitstellen.

Tabelle 11. *(Fortsetzung)*

Begriff	Bedeutung
Investoren	*Personen, die Finanzkapital (meist in Form von Eigenkapital) zur Verfügung stellen mit der Absicht, dafür einen Zins oder eine Rendite zu erzielen.*
Direktinvestoren	*Kreditgeber, die nicht originär Bankgeschäft betreiben.*
Anleger	*Privatanleger.*
Kreditgeber	*Natürliche oder juristische Personen, die Finanzkapital in der Form von Fremdkapital zur Verfügung stellen mit der Absicht, dafür einen Zins oder eine vergleichbare Rendite zu erzielen.*

Die Hürden der externen Finanzierung

Um in den Genuß ausreichender Finanzierungsreife zu kommen, ist eine Reihe von Kriterien zu erfüllen. Zunächst muß sich die Struktur der Unternehmensfinanzen „im Gleichgewicht" befinden. Dies erfordert ein dem Geschäftsgegenstand, dem unternehmerischen Risiko und der Ertragslage entsprechendes Verhältnis von Eigen- und Fremdkapital sowie eine angemessene und auf Langfristigkeit angelegte Refinanzierung des Unternehmens. Von Bedeutung ist außerdem die aktuelle Liquiditätslage sowie das Vorhandensein einer ausreichenden „strategischen Reserve".

Die Beurteilung der Finanzierungsreife setzt darüber hinaus Informationen über die Ertragskraft der Gesellschaft und die Konkurrenzfähigkeit des Produktsortimentes voraus, um eine einigermaßen zuverlässige Prognose über zukünftige Erlösentwicklungen treffen zu können. Finanzierungsreife erfordert weiterhin Transparenz und Offenheit gegenüber dem Finanzmarkt. Diese Kriterien geben Auskunft darüber, wie offen ein Unternehmen mit externen Geldgebern umgeht und welche Bedeutung es der Erfüllung notwendiger Informationspflichten beimißt.

Der konkreten Ermittlung der Finanzierungsreife beziehungsweise Kapitalmarktfähigkeit dient das in Kapitel 8.1. skizzierte „Rasterschema", das eine

Beschreibung über die am Markt wahrgenommene Finanzierungsgüte und die wirtschaftlichen Verhältnisse eines Unternehmens liefert. Gleichzeitig lassen sich dem „Rasterschema" auch Aussagen zur Bonität eines Unternehmens entnehmen. Insgesamt ist das Raster deshalb ein nützliches Hilfsmittel für ein erfolgreiches Durchlaufen eines Rating-Prozesses (eine ausführlichere Darstellung des Aspektes Rating findet sich in Kapitel 4.4.). Zentrale Größen in diesem Bewertungsraster sind Zustand und Zuverlässigkeit der Finanzierungs- und Geschäftsplanung. Ihre Bedeutung und wesentlichen Inhalte werden umfassend in Kapitel 4.3. dargestellt.

Als eine Hürde bei der externen Finanzierung werden häufig die sogenannten Covenants (Vertragsklauseln) empfunden. Bei diesen handelt es sich in der Regel um vertragliche Zusagen an die Geldgeber, das neu zur Verfügung gestellte Kapital in bestimmter Weise zu verwenden. Häufig sind damit auch Auflagen an die Geschäfts- und Unternehmensführung verbunden. Nicht selten wird allerdings die Frage aufgeworfen, ob solche Auflagen der Gesellschaft nicht eher hinderlich sind als daß sie ihr nutzen. Als nachteilig werden die Einschränkung der Freiheiten des Managements in der Unternehmensführung sowie der erhöhte Aufwand in der Berichterstattung gegenüber Geldgebern empfunden. Im Falle einer unvorhergesehenen Unternehmensentwicklung besteht daher manchmal das Risiko einer vorzeitigen Fälligstellung der Finanzierung.

Mit „Covenants" können aber auch Vorteile für das kreditsuchende Unternehmen verbunden sein. Beispielsweise erhöht das zusätzliche Berichtswesen in der Regel das Informationsniveau im eigenen Unternehmen und verringert gleichzeitig die Informationsasymmetrie gegenüber den Kapitalgebern. Letzteres führt bei diesen zu einem größeren Wohlgefallen und steigender Bereitschaft zu weiteren Engagements. „Covenants" bedeuten auch die Festlegung eines verpflichtenden Aktionsplanes im Falle einer ungünstigen Unternehmensentwicklung und liefern damit „Leitplanken" zur Schadensbegrenzung. Schließlich zeigt das Management der Gesellschaft mit der Vereinbarung von „Covenants" seine Bereitschaft, in Krisensituationen auf Grund starker Anspannung der Liquiditätslage Auswege auch unter Berücksichtigung der Kapitalgeberinteressen zu finden.

Erhöhte Anforderungen an die Börsenreife

Die Hürden auf dem Weg zum Kapitalmarkt sind hoch und in den vergangenen Jahren sogar noch höher geworden – während der Phase der Aktieneuphorie in den Jahren 1998 bis 2001 ging es am Aktienmarkt deutlich großzügiger zu. Doch seitdem sind die Anforderungen an Unternehmen, die sich über Aktien refinanzieren wollen, deutlich nach oben geschraubt worden. Besonders kritisch zeigten sich die Investoren gegenüber Gesellschaften, die zum ersten Mal an den Markt kamen (Börseneinführungen, sogenannte IPOs, Initial Public Offerings), was sich an der in den Jahren 2002 bis 2005 geringen Zahl an Erstemissionen im deutschsprachigen Raum zeigte.

Die Kriterien für die Börsenreife sind mittlerweile erheblich verschärft worden (siehe auch Kapitel 7.2.). Über die Emission von Aktien erhalten nur noch solche Unternehmen Kapital, die über ein ausgereiftes beziehungsweise bewährtes Geschäftsmodell verfügen, eine vergleichsweise sichere Ertragslage und eine zum Zeitpunkt der Emission geordnete Finanzlage aufweisen können. Wichtig ist darüber hinaus das Aufzeigen einer einigermaßen zufriedenstellenden Perspektive.

Den Geldgebern müssen das unterliegende Geschäftsmodell und das mittelfristige Aktionskonzept dokumentiert werden. Nur so erhält der zukünftige Aktionär verwertbare und zuverlässige Hinweise darauf, „wohin die Reise des Unternehmens gehen soll". Ohne eine solche hinreichende Dokumentation dürfte heute kaum noch ein Investor bereit sein, Kapital zur Verfügung zu stellen. Dies gilt auch und besonders für sogenannte Wagniskapitalgeber („Venture Capital"), die aus einer Fülle junger Unternehmen auswählen können und auf entsprechende Darstellungen des Geschäftsmodells angewiesen sind.

Attraktivität bei Kreditgebern und Investoren

Die Attraktivität eines Unternehmers wird durch zwei wesentliche Faktoren bestimmt: Die tatsächlichen wirtschaftlichen Verhältnisse des Unternehmens einerseits und die Darstellung derselben andererseits. Beides ist von nahezu gleichgroßer Bedeutung für den Erfolg der Unternehmensfinanzierung. Im

Vordergrund stehen die Einschätzbarkeit und Bewertbarkeit eines Investments und seiner Risiken. Geldgeber setzen sich entsprechend ihrer Risikoneigung Obergrenzen, bis zu denen sie Investments trotz bestehender Imponderabilien einzugehen bereit sind. Zudem wollen sie einen dieses Risiko mindestens kompensierenden Ertrag aus ihrer Anlage. Beides muß sich – innerhalb der theoretisch wie praktisch gesetzten Grenzen – bewerten und quantifizieren lassen.

So ist es nicht zutreffend, daß Kapitalgeber grundsätzlich keine risikobehafteten Engagements mehr eingehen wollen. Dies gilt auch für die Geschäftsbanken. Es ist auch nicht zutreffend, daß sich Geschäftsbanken in ihrer Gesamtheit aus der Kreditgewährung an mittelständische Unternehmen zurückgezogen haben. Allerdings wollen die Institute die vorhandenen Risiken bestimmen und rechenbar machen, um sie dann in ein solchermaßen individuell optimiertes Kreditportfolio einzubringen. Der Kreditprüfungsprozeß ist deshalb zumindest „härter" geworden. Nicht nur auf Grund der Ausfälle der Banken in der Vergangenheit, sondern auch auf Grund von „Basel II" legen die Banken mittlerweile auf eine sorgfältige Kreditprüfung großen Wert.

Keine noch so bunte Unternehmensdarstellung übersteht eine präzise und objektive Kredit- beziehungsweise Investmentprüfung, wenn sie nicht mit „harten Fakten" unterlegt ist. Allerdings lassen sich mit analytischer und gewissenhafter Vorbereitung eventuelle kritische Punkte entschärfen oder kritikwürdige Aspekte interpretieren und in den Gesamtzusammenhang einordnen. Gleichzeitig gibt die Vorbereitung der Unterlagen häufig einen Hinweis auf die mögliche Position am Finanzmarkt. Und eine Einschätzung darüber, welche Bereiche des Unternehmens noch verbessert werden müssen.

Ein Unternehmen, das nicht weiß, wie es die tatsächlichen wirtschaftlichen Verhältnisse und deren Darstellung verbessern kann, wird sich fragen: „Was an Finanzierung ist überhaupt möglich?" Hier läßt sich antworten: „Eigentlich gibt es für jedes Finanzierungsproblem eine Lösung." Was es allerdings nicht gibt, ist eine Garantie, diese Lösung auch zu finden. Die nachfolgenden Kapitel sollen dabei helfen, die Wahrscheinlichkeit dafür zu erhöhen.

4.2. Erfassung und Optimierung von Unternehmensprozessen

Die analytische Erfassung von Unternehmensprozessen bildet die Grundlage für die angestrebte Verbesserung von Bonität und Finanzierungsmöglichkeiten. Das gewonnene Bild des Unternehmens ist abzugleichen mit der Einschätzung des Unternehmens am Kapitalmarkt. Sowohl die eigene Analyse des Unternehmens als auch die subjektive Wahrnehmung des Unternehmens am Kapitalmarkt liefern Aufschlüsse über mögliche operative Veränderungen zur Verbesserung der Finanzlage einerseits und über die Optimierung der Finanzstruktur andererseits. Die dafür nötige Grundlage ergibt sich aus einem „In-Form-Bringen" der analytischen Ergebnisse sowie der sich anschließenden verwertbaren Darstellung und dem „Gießen" in schematisierte, leicht beurteilbare Abläufe und Formen. Dabei muß der Aufwand in sinnvollem Verhältnis zu Nutzen und Zielen stehen.

Zunächst stellt sich die Frage, über welche Ausgangsposition das Unternehmen im „Finanzierungswettkampf" verfügt. Schließlich geht es dabei um die Einwerbung eines knappen Wirtschaftsgutes, die Mitteln der Geldgeber. Wo steht in diesem Wettbewerb das betrachtete Unternehmen? Welche Chancen besitzt es, zu vergleichsweise günstigen Konditionen die gewünschten Mittel zu erhalten? Und welche Gestaltungsspielräume besitzt die Gesellschaft in diesem Prozeß? Antworten liefert dabei die am Anfang von Kapitel 4 beschriebene Vorgehensweise. Die Schrittfolge in der Finanzierung ergibt sich dabei mit:

- Analyse des Unternehmens.
- Herstellen der Finanzierungsfähigkeit.
- Herstellen der Kapitalmarktfähigkeit.
- Auswahl und Einsatz der richtigen Instrumente.
- Informationsversorgung der Kapitalgeber.

Grundsätzlich sind für ein Unternehmen in diesem Zusammenhang vier prinzipielle Ausgangssituationen am Finanzmarkt denkbar (siehe auch Tabelle 12). Im ersten Falle verfügt der Emittent beziehungsweise der Kreditnehmer bereits über ausreichende Attraktivität oder Bonität. Dann stellt die Mittelbeschaffung in der Regel kein Problem dar (außer die Dokumentation ist unzureichend). Letztlich geht es hier nur um die Konditionen.

Im zweiten Falle verfügt der Emittent beziehungsweise Kreditnehmer über ausreichende Attraktivität oder Bonität, lediglich der Markt billigt ihm ein niedrigeres Niveau zu als nach objektiver Prüfung gerechtfertigt wäre. In dieser Situation ist es vorrangig eine Darstellungsfrage, dem Unternehmen eine bessere Einschätzung am Finanzmarkt zu verschaffen und damit die öffentliche Wahrnehmung in bezug auf Attraktivität oder Bonität zu erhöhen.

Im dritten Falle verfügt das Unternehmen nur über eine eingeschränkte Attraktivität oder Bonität, die auch von den Marktteilnehmern entsprechend wahrgenommen wird. Dabei können – je nach Bewertungsmethode – die tatsächlichen wirtschaftlichen Verhältnisse unterhalb der als Mindestmaß vorausgesetzten Schwelle liegen, bei der noch von einer hinreichend befriedigenden Finanzierungsreife gesprochen werden kann. In diesem Fall gilt es, zunächst Attraktivität oder Bonität zu „generieren".

Da sich üblicherweise die relevanten Kennziffern und Daten kurzfristig kaum ändern lassen, muß bei der Darstellung der wichtigen Sachverhalte, Fakten und Umstände dafür Sorge getragen werden, daß die Zusammenhänge in einem den tatsächlichen Umständen entsprechenden Lichte erscheinen und der Betrachter oder Analyst das Unternehmen mit seiner ihm tatsächlich innewohnenden Attraktivität oder Bonität beurteilen kann. Es gilt also, das jedem Kreditnehmer eigene (bislang aber versteckte) Kreditwürdigkeitspotential zu heben.

Im vierten Falle ist es schließlich möglich, daß der Attraktivitäts- oder Bonitätsspielraum ausgereizt ist und die nötige Schwelle nicht erreicht wird. In diesem Falle bleibt allein die Aufnahme von risikoorientiertem Fremd- oder Eigenkapital („Venture Capital", „Private Equity") und die Fokussierung auf eine mittel- bis langfristige signifikante Verbesserung des Geschäftspotentials beziehungsweise Geschäftsmodells und der Unternehmens- und Finanzstrukturen.

Tabelle 12. Die vier Ausgangskonstellationen für das Finanzmanagement

Markteinschätzung			
Bonität vorhanden	Bonität vorhanden	Bonität vorhanden	Bonität nicht vorhanden
Anleger und Investoren erkennen die Kreditwürdigkeit und schätzen das Risiko angemessen ein.	Anleger und Investoren erkennen zwar eine ausreichende Kreditwürdigkeit, verlangen jedoch eine gegenüber vergleichbaren Fällen unangemessene Risikoprämie.	Anleger und Investoren sehen ungeachtet der Fakten keine ausreichende Kreditwürdigkeit und verweigern die Kapitalüberlassung.	Banken und Finanzmarkt sind für Finanzierungswünsche und -titel nicht aufnahmebereit.
Aktionsmöglichkeiten			
Bonität vorhanden	Bonität vorhanden	Bonität vorhanden	Bonität nicht vorhanden
Bemühungen zur Wahrung der aktuellen Situation im allgemeinen und Anstrengungen zur Verbesserung der Unternehmensdarstellung im speziellen.	Das Finanzmanagement schärft das Image in der Wahrnehmung der Marktteilnehmer und liefert ein besseres Bild der tatsächlichen Situation.	Aufgabe des Finanzmanagements ist die Vermittlung des tatsächlichen Bildes gegenüber den Marktteilnehmern sowie die Verbesserung der relevanten Kennziffern und Relationen.	In diesen Situationen empfiehlt sich der Einsatz kompetenter Ratgeber in der Unternehmensfinanzierung zur Verbesserung der unternehmerischen Strategie, des operativen Geschäftes und der Finanzstruktur.
Typus			
Idealfall.	Prämienfall.	Zugangsfall.	Ernstfall.

Wichtige Faktoren, die vor diesem Hintergrund zur Einschätzung der Finanzierungsreife am Markt sowie Attraktivität und Bonität führen sind das Management mit seinen bisherigen Leistungen, das Geschäftsmodell, der Geschäftsplan (Business Plan), der Kapitalfluß (Cashflow), die Finanz- und Ertragslage sowie die

Stetigkeit der Erträge, die Umsatzentwicklung, die Bilanzsumme, eine mögliche grundsätzliche interne Prüfung (vergleichbar mit Due Diligence) und schließlich die Historie des Unternehmens.

Kartierung des Unternehmens

Die wichtigsten Voraussetzungen für erfolgreiches Finanzmanagement sind Bonität und Attraktivität. Die gegenüber Geldgebern und Investoren zugebilligte Zuverlässigkeit und Kreditwürdigkeit sind der Schlüssel für die Gewährung von Fremdkapital, Solidität des Unternehmens und die Aussicht auf nennenswerte Erträge die treibenden Faktoren bei der Gewährung von Eigenkapital. Das leitende Motiv in der Unternehmensfinanzierung – neben dem Bemühen um günstige Konditionen und der Suche nach dem geeigneten Instrument – lautet somit: Wie kann ein Kreditnehmer seine Chancen und Konditionen, das heißt seine Bonität und Attraktivität, am Finanzmarkt verbessern?

Die Antworten auf diese Frage geben die Ergebnisse des analytischen Prozesses, dem sich ein Unternehmen als solches und speziell im Hinblick auf seine Finanzen im speziellen unterziehen sollte. Nur mit dem Wissen um den Zustand der Strukturen und die Wahrnehmung am Markt läßt sich Plazierungs- und Finanzmarktreife erreichen beziehungsweise nachhaltig verbessern. Diese Antworten findet ihre Ergänzung in einer weiteren Frage: In welchem Zustand und mit welchem Gesicht präsentiert sich das Unternehmen den Investoren?

Dieser analytische Prozeß läßt sich in einem „Sieben-Punkte-Schema" darstellen, quasi einer Prüfliste zur detaillierten Unternehmensbeschreibung und optimierten Unternehmensdarstellung. Das „Sieben-Punkte-Schema" erlaubt in einer ersten analytischen und auch praktischen Annäherung eine systematische Erfassung des Unternehmenszustandes, des Finanzierungsanspruchs und der Finanzierungsmöglichkeiten. Ebenso eignet sich dieses Schema zur Feststellung der Finanz- beziehungsweise Kapitalmarktfähigkeit, zur inhaltlichen Erstellung finanzrelevanter Unternehmenspräsentationen und schließlich auch zur Umsetzung der Finanzierungsstrategie.

Tabelle 13. Das „Sieben-Punkte-Schema" zur Unternehmens- und Finanzanalyse

Phase/Punktzahl	Aufgaben
Phase 1 Max. 20 Punkte	Ermittlung der Außenwirkung, der Stellung und Reputation am Finanzmarkt.
Phase 2 Max. 20 Punkte	Erfassung der Finanzierungsziele und Festlegung des zugehörigen Konzeptes.
Phase 3 Max. 10 Punkte	Einordnung der Finanzierungsbemühungen und -ergebnisse in die „Credit & Equity Story"; dieses „Finanzierungsbuch" avanciert zur Visitenkarte des Unternehmens in allen Finanzierungsverhandlungen.
Phase 4 max. 15 Punkte	Auswahl der Instrumente, Management/Betreuung/Abwicklung des laufenden Finanzierungsprozesses, Abwägung des Ressourceneinsatzes.
Phase 5 max. 15 Punkte	Zielerreichung und Erfolgskontrolle, Korrekturmaßnahmen.
Phase 6 max. 10 Punkte	Auswirkung der Maßnahmen auf Bonität, Attraktivität und operative Prozesse.
Phase 7 max. 10 Punkte	Wiederholte Bemühungen um Refinanzierungsmittel („Schleife") beziehungsweise weitere Finanzierungen; „eigentlich" gewährt der Markt in der Regel lediglich ‚eine' Chance, das heißt ‚einen' Versuch, Mittel aufzunehmen oder auch nur seinen Finanzierungswunsch in seinen Details und Hintergründen darzulegen. „Uneigentlich" besteht aber in der Praxis oftmals die Gelegenheit, potentiellen Geldgebern sein Anliegen ein zweites Mal vorzutragen. Dabei dürfen dann keine Fehler mehr unterlaufen.

Der Bewertung in den einzelnen Phasen werden die Ergebnisse des in Kapitel 3 beschriebenen analytischen Prozesses zu Grunde gelegt.

In den einzelnen Phasen sollte jeweils mindestens die Hälfte der angegeben Punkte erreicht werden, insgesamt deutlich über 50 Punkte (zum Beispiel 60 bis 75). Stärken und Schwächen lassen sich dabei nur eingeschränkt miteinander kompensieren.

Der eigentlichen Unternehmensanalyse voraus geht die Feststellung der gewünschten Finanzstruktur, anhand derer dann der analytische Prozeß auszurichten und die Ergebnisse zu messen sind. Dieses Vorgehen bedingt gleichzeitig die Festlegung der Unternehmens- und Finanzierungsphilosophie sowie die Auswahl der geeigneten Instrumente. Den einzelnen Prozeßphasen werden in einem Beurteilungsraster Punkte zugeordnet, die den aktuellen Zustand in der Unternehmung indizieren. Die abschließend ermittelte Gesamtpunktzahl gibt Aufschluß über den jeweiligen Grad der Finanzierungsreife.

Phase 1: Beurteilt werden die Außenwirkung und das Erscheinungsbild des analysierten Unternehmens sowie die Erwartungshaltung, die (potentielle) Kapitalgeber einem möglichen Investment entgegenbringen. Dabei gilt es, die Frage zu klären: Was erwarten Investoren vom Unternehmen? Nur so entsteht ein Bild zum Anlagebedürfnis (Chance-Risiko-Profil) der Investoren. Der analytische Prozeß identifiziert darüber hinaus die Zielgruppe der Anleger und das zugehörige Marktsegment (maximal 15 Punkte). Wichtige Themenkomplexe dabei sind:

◆ Feststellung, mit welchen Fakten und Inhalten ein hoher Grad an Zufriedenheit bei den Marktteilnehmern erreicht werden kann.
◆ Klärung, mit welchen Instrumenten und Projektionen neue Marktsegmente und Anleger zu gewinnen sind.
◆ Sondierung der Investorenbedürfnisse in bezug auf Informationsversorgung, Renditevorstellung, Sicherheit.
◆ Analyse der Eigenleistung des Unternehmens: Produktbetreuung, Credit Relations-Management und Investor Relations-Management, Güte und Anzahl der Investorenbeziehungen, Image, Reputation und Bonität.
◆ Messung der relevanten Daten: Zugang zum Finanzmarkt, Höhe der Risikoprämie, Höhe der Eigenkapital-Verzinsung.

Phase 2: In einem nächsten Schritt legt das Unternehmen die angestrebten Finanzierungsziele fest und bestimmt dabei gleichzeitig das zugehörige operative Konzept sowie die Strategie zur Umsetzung. Dabei ist im Vorfeld sicherzustellen, daß das angestrebte Ziel im Marktumfeld mit den zur Verfügung stehenden Mitteln und den gegebenen internen Rahmenbedingungen („Vorlasten") auch tatsächlich erreicht werden kann. „Was ist zu tun – was kann ich tun?" Dazu gehört auch die exakte Feststellung der bisherigen Unternehmensentwicklung (maximal 15 Punkte). Dies umfaßt im wesentlichen:

- Jahresabschlüsse der drei vergangenen Jahre mit den entsprechenden Auswertungen und Erklärungen (z. B. für Ursachen von Fehlentwicklungen).
- (Zu erwartender) Geschäftsabschluß des laufenden Jahres, gegebenenfalls mit prognostischen Angaben.
- Planungsrechnung für die kommenden drei bis fünf Jahre mit Prognosen zu Umsatz, Erträgen und Kapitalfluß sowie Entwicklung der Vermögens- und Verschuldungspositionen.

Die Vorgaben für das operative Geschäft sind auf ihre Plausibilität zu überprüfen. Bislang nicht näher konkretisierte Unternehmensziele sind nun um einen realistischen und nachprüfbaren Zeitplan zu ergänzen, der darüber hinaus die zur Realisierung nötigen Erfordernisse, die Möglichkeiten und auch die Grenzen benennt. In diesem Zusammenhang ist darzustellen, welche Voraussetzungen für den Erfolgsfall zu erfüllen und welche Mittel dafür bereitzustellen sind. Wichtige Themenkomplexe sind:

- Konkretisierung und Beschreibung der zu erreichenden Ziele im operativen Geschäft und der Unternehmensentwicklung.
- Definition der Finanzierungsziele und ihrer Meßbarkeit.
- Festlegung von Methoden zur Messung und Überwachung der Kennzahlen.
- Angaben darüber, mit welchen Unsicherheitsfaktoren die angestrebten Ziele zu versehen sind (angesichts Marktposition und potentieller Geldgeber).
- Anhaltspunkte darüber, ob diese Ziele im Rahmen des gegenwärtigen Managementkonzeptes umsetzbar sind.
- Existenz von Alternativ- beziehungsweise Krisenszenarien mit detaillierten Handlungsanweisungen.
- Festlegung des operativen „Korsetts", das heißt zum Beispiel Festlegung der relevanten Kennziffern und Verpflichtungen („Covenants") im Finanzierungsprozeß.
- Prüfung der Konformität des Finanzierungsvorhabens mit Marktregelungen und -erfordernissen.
- Klärung der relevanten Prozesse und Verantwortungsbereiche.
- Eruierung der Risikofelder im Finanzierungsprozeß und Festlegung möglicher „Gegenmaßnahmen", Steuerungsverpflichtung des Management.
- Übertragung der Verantwortung für Prozesse auf geeignete Personen.

Phase 3: Diese Phase verbindet das konkrete Finanzierungsvorhaben mit dem Gesamtunternehmen und der Finanzierungshistorie. Dahinter steckt ein Abgleich des Finanzierungsprozesses mit den betrieblichen Strukturen, mit der Erfahrung aus früheren Kapitalmaßnahmen und eventuell bereits gewonnenen Erkenntnissen aus der Durchführung von Korrekturmaßnahmen. Daraus wird die paßgenaue Credit oder Equity Story geformt beziehungsweise entwickelt und optimiert.

Das Finanzmanagement ordnet nun die jüngsten Abläufe und Ergebnisse in die langfristige „Credit & Equity Story" des Unternehmens ein. Erst danach läßt sich feststellen, ob das Finanzmanagement die Analyse- und Transaktionsprozesse im Zeitablauf optimieren konnte. Dabei ist nicht die absolute Höhe der Risikoprämie (Spread) entscheidend oder die in Aussicht gestellte Eigenkapital-Verzinsung, sondern ihre Höhe relativ zur Höhe des Zinsniveaus und der wirtschaftlichen Verhältnisse und Möglichkeiten des Unternehmens (maximal 10 Punkte). Wesentliche Schritte dabei sind:

- Langfristige Optimierung der Darstellungs- und Transaktionsprozesse.
- Systematische Verbesserung des Finanzierungsprocedere, Sicherstellung der fortlaufenden Anpassung an betriebliche Erfordernisse und die internen wie externen Rahmenbedingungen des Unternehmens.
- Analyse der bisherigen Kreditaufnahmen und Emissionsprozesse.
- Analyse der Entwicklung der Risikoprämie, Ursachen und Gründe.
- Trennung nach finanziellem und operativem Sektor, Ermittlung von Interdependenzen.
- Identifikation der Chancen und Risiken in den Geschäftsfeldern und im Wettbewerb, eventuelle Auswirkungen auf den Finanzbereich und die Kontrollmechanismen.
- Fortlaufende Überprüfung der Unternehmensstrategie.
- Einordnung und Weiterentwicklung des Systems und seiner Prozesse auf Grund veränderter Gegebenheiten.

Phase 4: Nach Beginn der Finanzierungsmaßnahme mit Festlegung auf das geeignete Instrument gilt es, den sich anschließenden Realisierungsprozeß zu betreuen, zu steuern und frei von störenden Einflüssen zu halten. Diese

Umsetzungsphase verlangt zudem einen zielgerichteten und effizienten Einsatz der dafür benötigten Ressourcen (maximal 15 Punkte). Wichtige Themenkomplexe sind:

◆ Abgleich mit dem Messungs- und Überwachungskatalog.
◆ Ermittlung der benötigten Infrastruktur und Ressourcen sowie deren Zurverfügungstellung.
◆ Gewährleistung interner Kommunikation, so zum Beispiel zwischen Unternehmensplanung und Finanzabteilung.
◆ Abstimmung der externen Kommunikation zwischen einzelnen Unternehmensbereichen, so zum Beispiel zwischen den Abteilungen Credit Relations und Investor Relations.
◆ Begünstigung kreativer und innovativer Abläufe und Prozesse.

Phase 5: Der Auswahl des Finanzierungsinstrumentes, der Implementierung der Finanzierungsmaßnahme und der erfolgreichen Plazierung folgt die Erfolgskontrolle: „Wurden die angestrebten Finanzierungsziele zu den gewünschten Konditionen und in dem beabsichtigten Umfang erreicht?" Gegebenenfalls sind Korrekturmaßnahmen zu ergreifen, wie zum Beispiel durch ein ergänzendes Finanzierungsinstrument oder durch Anpassungen im operativen Geschäft (maximal 15 Punkte). Wichtige Themenkomplexe sind:

◆ Prüfung auf Konformität der Finanzierungsinstrumente mit der Unternehmensstrategie.
◆ Messung der Wirksamkeit der einzelnen Prozesse.
◆ Messung der Effizienz der einzelnen Prozesse.
◆ Ermittlung der Systemleistung.
◆ Beurteilung der Angemessenheit der Strategie.
◆ Regelmäßige Befragung der Investoren, besonders bei ausstehenden Titeln/ Instrumenten ohne regelmäßige Preisbildung.

Phase 6: Der Wirksamkeitsmessung und Erfolgskontrolle folgt die Prüfung der Effizienz, das heißt der Auswirkung der Finanzierungsmaßnahme auf die Unternehmensprozesse. Stützt sie die Unternehmensstrategie? Dabei wird ermittelt, welches Ergebnis mit der eingesetzten Finanzierungsstrategie (Vorbereitung, Instrumentenauswahl, Kommunikations- und Vermarktungsstrategie) unter den gegebenen Umständen und Rahmenbedingungen erzielt wurde. Beurteilungsgrößen sind Bonität und Attraktivität sowie die externe Einschätzung der operativen Prozesse (Mittelverwendung) und die Feststellung, welche Veränderungen sich im Unternehmen ergeben haben. Bei einem Ergebnis, das hinter den Erwartungen zurückgeblieben ist, geht es um die Fehler- und Schwachstellenanalyse, das heißt um die Suche nach den Gründen und Ursachen für die Zielverfehlung. Daran schließt sich die Prozeßkorrektur an. Diese kann sowohl im operativen realwirtschaftlichen Bereich (Rahmenbedingungen) als auch im finanziellen Bereich (Instrument, Kommunikation) ansetzen.

Im ersteren Falle (realwirtschaftlicher Bereich) sind wesentliche Veränderungen im Produktionsablauf und/oder der unternehmerischen Strategie vorzunehmen, und zwar an denjenigen Stellen, die bei möglichen Geldgebern die größte Skepsis hervorgerufen haben. Im letzteren Falle (finanzwirtschaftlicher Bereich) hat das Finanzmanagement entweder die falschen Instrumente ausgewählt oder das unterliegende Konzept der Unternehmensfinanzierung falsch dargestellt. Dies gilt auch für Fälle, in denen wichtige Kennziffern zu schlecht ausgefallen sind. Denn Kennziffern und ihre schrittweise Verbesserung sind regelmäßig Gegenstand des Finanzkonzeptes und seiner Kommunikation an den Kapitalmarkt. Gerade diese „Schnittstelle" ist ein wesentlicher Punkt in der Unternehmensfinanzierung (maximal 10 Punkte). Entscheidende Schritte sind in diesem Zusammenhang:

- ◆ Eruierung des Ergebnisses („Was wurde tatsächlich erreicht?").
- ◆ Bewertung von Wirksamkeit und Effizienz der Finanzierungsmaßnahme.
- ◆ Messung und fortlaufende Überwachung der Prozeßkennzahlen.
- ◆ Ermittlung der (verbesserten) Kennzahlen.
- ◆ Resonanzfeststellung bei den Kapitalmarktteilnehmern.
- ◆ Feststellung des Optimierungspotentials.

Phase 7: Der Erstellung von Änderungskatalog und Zeitplan folgt der Operationsplan im Hinblick auf nötige Korrekturmaßnahmen. Diese finale Phase ist besonders kritisch, denn bei ungenügender Vorbereitung kann ein großer Teil des (noch vorhandenen) Wohlwollens seitens des Marktes verspielt werden. „Eigentlich" gewährt der Markt in der Regel lediglich ‚eine' Chance, das heißt ‚einen' Versuch, Mittel aufzunehmen oder auch nur seinen Finanzierungswunsch in seinen Details und Hintergründen darzulegen. „Uneigentlich" besteht aber in der Praxis oftmals die Gelegenheit, potentiellen Geldgebern sein Anliegen ein zweites Mal vorzutragen. Gerade deshalb ist es auch wichtig, nicht gleich in der ersten Runde alle in Frage kommenden Kapitalgeber zu kontaktieren, sondern den Kreis der potentiellen Investoren und Kreditgeber zu segmentieren, um sich so eine zweite Möglichkeit mit verbesserten Zahlen und verbessertem Procedere offenzuhalten. Dies gilt um so mehr für die diejenigen Fälle, in denen das Finanzierungsvorhaben ohnehin kritisch ist und die Realisierungsaussichten eher gering einzuschätzen sind.

Die „erste Runde" liefert, auch wenn die Versuche nicht von Erfolg gekrönt waren, wichtige Erkenntnisse und Aufschlüsse über die Versäumnisse und Fehler in Vorbereitung und Darstellung. Die analytische Aufbereitung erfolgloser Verhandlungen sollte daher Ausgangsbasis für den zweiten Anlauf sein. Zweifellos kann sich dabei herausstellen, daß eine Finanzierung zum jetzigen Zeitpunkt in der gewünschten Form nicht durchführbar ist; dann sollte ein Alternativszenario entwickelt oder ein Zeitplan für Verbesserungen erstellt werden. Erzwingbar ist eine Finanzierung nicht, sondern nur durch gute Vorbereitung und Überzeugung zu erreichen. Und schlechte Kennziffern lassen sich nicht verstecken, sie lassen sich nur (mittelfristig) verbessern und durch positive Faktoren oder anderweitige Zugeständnisse kompensieren (maximal 10 Punkte). In dieser Phase der Verbesserungen sind die folgenden Aspekte wichtig:

- Vergleich der erreichten Ergebnisse mit den angestrebten Zielen: „Was hätte besser laufen können und warum?"
- Bei Zielverfehlung: Ursachenforschung, Ermittlung der Fehlerquellen, Festlegung der Korrektur- und Verbesserungsmaßnahmen.
- Bei Zielerreichung: Suche nach eventuell kritischen Stellen, Ausloten des Verbesserungspotentials, Optimierung der Finanzierungsprozesse, Feststellung der Erfolgstreiber.
- Überprüfung und Aktualisierung der Risiko- und Prozeßanalyse.

4.3. Bedeutung der Finanzierungs- und Geschäftsplanung

In der Unternehmensfinanzierung gibt es drei den Erfolg tragende Säulen: das operative Geschäft, die finanzielle Struktur und Liquiditätsversorgung sowie deren beider Dokumentation und Darstellung gegenüber Investoren und Kreditgebern. Unterschätzt wird dabei häufig der dritte Bereich. Aber gerade ihm, dem Geschäftsplan oder auch „Business Plan", kommt in der Unternehmensfinanzierung besondere Bedeutung zu. Seine Prognosegüte, Detailtreue, Sorgfalt und seine Präzision sind Spiegelbild der Unternehmung selbst. Ein hervorragender „Business Plan" kann Defizite der beiden anderen Säulen ausgleichen und ist ein zentraler Faktor erfolgreicher Finanzierungsbemühungen.

Der Geschäftsplan dient im wesentlichen zwei Zwecken. Zum einen ist dies die Niederschrift der in Worte und Zahlen gefaßten Unternehmensstrategie. Der Plan ermöglicht die Überprüfbarkeit der Strategie, ihrer Plausibilität und Konsistenz. Durch den Plan sollen Fehler in den Projektionen, nicht vorgesehene „Brüche" in den Zeitreihen und unlogische Zusammenhänge vermieden werden. Der Unternehmensführung und dem Finanzmanagement liefert der Plan nicht nur eine wertvolle Arbeitsgrundlage und Übersicht zum künftigen operativen Geschäft, sondern vor allem auch ein sehr wirksames Kontrollinstrument, um Abweichungen vom Plan sowie gravierende Fehlentwicklungen erkennen zu können und rechtzeitig wirksam gegenzusteuern.

Zum anderen ist der Geschäftsplan ‚das' Dokumentationsmittel, dem Finanzmarkt ein realitätsnahes und detailgetreues Bild von der Unternehmung zu geben. Der Plan ermöglicht den Marktteilnehmer einen Überblick zur Historie und zu den künftigen Vorhaben und Strategien. Er ist – bei Vollständigkeit und Wahrheitstreue – die Grundlage schlechthin für die weitgehend sachliche und umfassende externe Einschätzung des Unternehmens (zu Details zum Geschäftsplan siehe auch Kapitel 10.2., „Das Finanzierungsbuch").

Eine für die Gesellschaft sinnvolle und mit Blick auf die erfolgreiche Finanzierung optimierte Geschäftsplanung enthält beides: das korrekte und ausreichend umfassende Datenmaterial sowie unbedingt auch die zugehörigen Erklärungen, Einordnungen und Interpretationen. Diese Ausführlichkeit der Darstellung ist vor allem deshalb wichtig, weil Unternehmen nach strengen Kriterien nicht wirklich objektiv beurteilt werden können, ja oftmals sogar nicht in erschöpfendem Sinne überhaupt beurteilt werden können. Da es unterschiedliche Methoden zur Bewertung eines Unternehmens gibt und weil sämtliche die Zukunft betreffenden Annahmen mit mehr oder minder großer Unsicherheit behaftet sind, läßt sich der Unternehmenswert objektiv häufig nur schwer feststellen.

Darüber hinaus wird der Zustand der Unternehmen, ihre wirtschaftlichen Verhältnisse, ihre Bonität und Attraktivität, von den Marktteilnehmern, den potentiellen Geldgebern, immer subjektiv wahrgenommen. Und diese Wahrnehmung am Markt ist innerhalb gewisser Grenzen steuerbar. Genau diese Möglichkeiten macht sich die Unternehmensfinanzierung mit ihrer Darstellung und Vermarktung zu Nutzen. Dabei geht es nicht darum, Zahlen und Zusammenhänge zu „schönen" oder gar zu verstecken. An dieser Stelle geht es vielmehr darum, Widersprüchlichkeiten in der Entwicklung und Inkonsistenzen in der Planung zu erklären sowie nicht sofort augenfällige Zusammenhänge aufzudecken. Es geht darum, die gegenwärtige Situation mit der zukünftigen Strategie und Planung in Einklang zu bringen sowie eventuelle Bedenken der Marktteilnehmer auszuräumen, indem nachvollziehbar dargelegt wird, daß das Management die Problembereiche erkannt und bereits die notwendigen Maßnahmen ergriffen hat, um Mißstände zu beseitigen.

Darstellung als ein erfolgsentscheidendes Kriterium

Nach Studien der Unternehmensberatung Capmarcon sowie der Kreditanstalt für Wiederaufbau aus den Jahren 2003 und 2004 zählt der Mangel an Transparenz, Vollständigkeit und Nachvollziehbarkeit der Darstellung zu den wichtigsten Gründen für die Kreditzurückhaltung der Banken und die verhaltene Anlagebereitschaft der Investoren gerade bei mittelständischen Unternehmen. Die wesentlichen Defizitbereiche in der Unternehmensfinanzierung waren danach:

- Mangelnde Transparenz, das heißt unzureichendes Zahlenmaterial und Mängel in der Dokumentation und Darstellung; dies zählte – neben anderen Faktoren – in 80 Prozent der Fälle (auch) zu den Gründen für die Zurückhaltung der potentiellen Geldgeber.

- Fehlende Sicherheiten, das heißt die Unternehmen konnten im Hinblick auf die gewünschten Finanzierungsvolumina den Kapitalgebern keine ausreichende Besicherung für die benötigte Summe stellen; dies zählte – neben anderen Faktoren – in 75 Prozent der Fälle (auch) zu den Gründen für die Zurückhaltung der potentiellen Geldgeber.

- Nicht ausreichende Bonität, das heißt oftmals erlaubten die wirtschaftlichen Verhältnisse eines Unternehmens kein Engagement seitens der Investoren und Kreditgeber; dies zählte – neben anderen Faktoren – in 50 Prozent der Fälle (auch) zu den Gründen für die Zurückhaltung der potentiellen Geldgeber.

Die Ergebnisse zeigen, daß nicht einmal die „harten" Faktoren wie Sicherheiten und Bonität die Liste der Kapitalverweigerung anführen. Vielmehr waren es Defizite in der Dokumentation und Darstellung auf Grund derer Unternehmen ihr Potential nicht ausschöpfen können. Die häufig beklagten hohen Zinsen beziehungsweise gestiegenen Risikoprämien auf zur Verfügung gestellte Mittel mögen sich zwar auf den ersten Blick belastend auf die Unternehmensfinanzierung auswirken. Und auch das vermeintlich hohe Steuerniveau wird nicht selten als Ursache schwacher wirtschaftlicher Verhältnisse angeführt. Beides hat zweifellos Einfluß, doch entscheidender für das Finanzmanagement und die Kapital- wie Liquiditätsversorgung ist in der Mehrzahl der Fälle die ausreichende Darlegung und Erklärung der Unternehmensfinanzen.

Zu den unbedingten Anforderungen an (besonders mittelständische) Unternehmen hinsichtlich eines konsistenten Geschäftsplanes zählen an und für sich nur wenige Faktoren. Diese sind:

- Transparenz – Offenlegung der wirtschaftlichen Verhältnisse gegenüber Banken, Investoren und anderen Kapitalgebern.
- Vollständigkeit – Bereitstellung des, gegenüber heutigen Usancen an Fülle deutlich zunehmenden, erforderlichen Datenmaterials.

* Liquiditätsplanung – Exaktheit und Präzision der Kapitalflußrechnung.

* Planungshorizont – mindestens 3- bis 5-Jahresplanung (bis drei Jahre auf Quartalsbasis), im günstigen Falle Planungsdauer für die Laufzeit des Finanzinstrumentes (außer Eigenkapital).

* Anlaß und Verwendung – Finanzierungsanlaß und Mittelverwendung sind ausreichend klar, strukturiert und nachvollziehbar darzustellen.

Ausführliche Finanzierungs- und Geschäftsplanung

Der Geschäftsplan ist für die interessierten beziehungsweise die zu interessierenden Kapitalgeber die „Fassade" des Unternehmens. Die Darstellung prägt den ersten Eindruck von der Unternehmung. Sie offenbart – im Idealfall – Stärken, Schwächen, Chancen und Risiken. Der Geschäftsplan dient als Beurteilungsgrundlage für eventuelle Engagements, er muß daher alle wesentlichen Informationen enthalten, die zur Beurteilung des Unternehmens notwendig sind. Dies umfaßt die aktuellen strukturellen und finanziellen Verhältnisse ebenso wie die erwartete Entwicklung und alle damit verbundenen möglichen wie theoretisch denkbaren Risiken.

Die wesentlichen Teile einer Bestandsaufnahme des operativen Geschäftes mit aussagekräftiger Historie (zu Details und der formalen Darstellung siehe Kapitel 10.1.) sind:

* Aktuelle Auftragslage und gegenwärtiges Marktumfeld (Absatzlage, Restriktionen, Abhängigkeit von der konjunkturellen Situation).
* Finanzsituation und Liquiditätslage (Bilanzstruktur, Gewinn- und Verlustrechnung, Kapitalflußrechnung, Reserven).
* Unternehmensstrategie und Begründung der angestrebten wie erwarteten Entwicklung.
* Darlegung der Anhaltsmomente, die für die skizzierte Prognose sprechen.
* Wettbewerbsvorteile gegenüber den Konkurrenten.
* Risiken und Aufzeigen der Unwägbarkeiten, die mit den Prognosen verbunden sind beziehungsweise diese negativ beeinflussen können.

◆ Finanzieller Spiegel dieser Projektionen, der daraus resultierende Mittelbedarf und die konkrete Mittelverwendung.

◆ Krisenplan, vorgesehene Reaktion auf Fehlentwicklungen, Existenz wirksamer Kontrollmechanismen.

Der Geschäftsplan gibt einen Überblick über die vergangene und zukünftige Entwicklung des Unternehmens. Wichtige Elemente dabei sind die Unternehmensstrategie, die Markt- und Konkurrenzanalyse sowie Kundenanalyse, die Darstellung und Würdigung der Managementfähigkeiten und das Aufzeigen der Personalstruktur. Dem folgen die Finanz- und Unternehmensplanung, das heißt Bilanz, Gewinn- und Verlustrechnung auf zukünftiger Basis sowie Liquiditätsplanung einschließlich der Kennzahlentabelle und gegebenenfalls „Break-Even-Analyse". Abgerundet wird die Darstellung mit der Unternehmensstrategie und der detaillierten Zielsetzung des Management insgesamt.

Eine wichtige Funktion hat der Geschäftsplan beispielsweise auch in einer Phase der „Due Diligence", das heißt dem einen Unternehmenserwerb vorgeschalteten Prüfprozeß, den der Akquisiteur durch Rechtsanwälte und Steuerberater durchführen läßt. Im Zuge dieser Überprüfung mit Einsichtnahme in Bücher und Pläne geht es um das Herstellen von Transparenz, das Erkennen von Chancen und Risiken. Dabei geht es auch um die Plausibilisierung der Vorschaurechnung und der Strategie sowie das Ausloten von Inkonsistenzen im Geschäftsplan. Ziel ist die Formung einer Entscheidungsgrundlage und das Erlangen von Verständnis über das Unternehmen. Dies führt Sicherheit bei der Entscheidung herbei, sich bei dem Objekt des Interesses finanziell zu engagieren. Die sogenannte Due Diligence ist somit letztlich die Suche nach einem möglichen „Deal Breaker", das heißt nach gravierenden Schwachstellen oder Risikofaktoren, die das gesamte Engagement in Frage stellen oder sogar unmöglich machen können.

Erstellung von Prognosen und Projektionen

Die Entwicklung von Prognosen und Planungsrechnungen sollte mit besonderer Sorgfalt durchgeführt werden. Gerade an den finanziellen und operativen Prognosen messen Geldgeber die Seriosität, Glaubwürdigkeit und Zuverlässigkeit der

Unternehmensfinanzierung und des Management. Eine grobe mehrjährige Liquiditätsplanung beispielsweise sollte daher Hand in Hand gehen mit einer detaillierten und präzisierten Kurzfristplanung. Ein wichtiges Instrument ist dabei die Nutzung von Kennziffern. Gleichzeitig sollten die vorliegenden Zahlen und Angaben eine hohe Aktualität besitzen und sich quasi am gegenwärtigen Zeithorizont bewegen. Gerade auf die Liquiditätsplanung ist diesbezüglich ein vorrangiges Augenmerk zu richten. Minutiöse Darstellungen des Kapitalflusses sollten um die entsprechenden Überwachungsinstrumente ergänzt werden, um die jederzeitige Kontrolle und Einflußnahmemöglichkeit auf Kernbereiche der Unternehmensführung zu dokumentieren.

Wichtig sind die durchgängige Konsistenz und Widerspruchsfreiheit der Geschäftspläne und die Vermeidung nicht erklärlicher Brüche in den Zeitreihen. Hinsichtlich der einzelnen Planungssegmente ist Stimmigkeit herzustellen, Übergänge müssen friktionslos sein, die jeweiligen Sequenzen müssen nahtlos in den Gesamtplan passen. Dies gilt auch für die Abstimmung von Investitions- und Finanzplanung. Generell kommt dem Kontrollwesen sowie der Risikomessung und Risikobegrenzung in allen Unternehmen eine große Bedeutung zu.

Risikopotential sowie Nachweis von Risikokontrolle und -begrenzung

Pfeiler der Unternehmensdarstellung ist nicht allein das Aufzeigen der Stärken, sondern vor allem auch der (eventuellen) Schwächen. Dies erfordert die ausführliche Schilderung möglicher Unwägbarkeiten sowie ungünstiger (Markt-) Entwicklungen und die Fähigkeit des Unternehmens, darauf unverzüglich und angemessen reagieren zu können. So stellt sich in diesem Zusammenhang die Frage nach den Planungs- und Kontrollsystemen im Unternehmen, nach Art und Weise der Erfassung des operativen- und finanzwirtschaftlichen Bereiches. Positiv in der Bewertung wirkt sich dabei die Existenz eines Risiko-Früherkennungssystems aus mit umfangreicher Erfassung und Auswertung aller relevanten Daten und Vorgänge. Wesentliche Elemente sind:

- Darstellung des Risiko-Management.
- Ermittlung der vorhandenen Risiken.

* Quantifizierung des Risikopotentials.
* Krisenszenarien und Alternativkonzepte, Strategien zur Risikobegrenzung.
* Schärfung des Bewußtseins für den Umgang mit Risiken.

In diesen Darstellungsbereich fällt die Schilderung der Markt- und Wettbewerbsposition. Hier geht es darum aufzuzeigen, welche Faktoren die Unternehmensentwicklung maßgeblich beeinflussen und somit auch Krisenpotential für das operative Geschäft und die Unternehmensfinanzierung besitzen. Einen wichtigen Hinweis auf die Güte und Vollständigkeit der unternehmensinternen Marktkontrollsysteme liefern externe Analysen und Beurteilungen, so zum Beispiel von Investoren oder Finanzanalysten.

Aufschluß können dabei beispielsweise Umsatzerwartungen in bestimmten Marktsegmenten liefern. Aber auch Einschätzungen zur relevanten Wettbewerbsintensität, zum Preiswettbewerb, zur Marktentwicklung insgesamt sowie zur Margenentwicklung einzelner Geschäftsbereiche gehören hierzu. Unter die Rubrik Risiko fällt üblicherweise auch die Beurteilung der Abhängigkeit des Unternehmens von (einzelnen) Kunden, Lieferanten und Produkten. Zusammengefaßt sind beispielsweise folgende Punkte relevant:

* Lieferantenabhängigkeit – Aufteilung der Bezugswege, betriebswirtschaftlich sinnvolle Eigenfertigung etc.
* Kundenabhängigkeit – Diversifizierter Vertrieb und Kundenstamm etc.
* Rechtliche Risiken – Absicherung gegen Patentrechtverstöße, Umweltauflagen oder Außenhandelsgesetze etc.
* Länderrisiken – Absicherung der Auslandspositionen und -produktion etc.
* Leistungsfähiges Risikomanagementsystem – Erfassung, Bewertung, Kontrolle, Eliminierung der Imponderabilien etc.

Wichtige Adressaten des Geschäftsplanes

Vertrauen zu schaffen, ist oberstes Ziel des Finanzmanagements. Außerdem müssen möglichst alle relevanten Kapitalmarktteilnehmer erreicht werden. Gleichwohl sollte eine Differenzierung nach Informationsbedarf der jeweiligen Geldgeber erkennbar sein, um das Unternehmen zielgerichtet und auf möglichst optimale Art und Weise präsentieren zu können. Typische Zielgruppen für die Unternehmensfinanzierung sind institutionelle Investoren und ihnen zuzuordnende Analysten, Geschäftsbanken und Direktinvestoren, aber auch private Anleger in Anleihen und Aktien. In allen Fällen gehört die gute Kommunikation mit Angestellten und Geschäftspartnern zu den vertrauensbildenden Maßnahmen eines Unternehmens. Denn: Vertrauen entsteht aus guter Kommunikation.

Zur Gruppe der institutionellen Investoren gehören Publikums- und Spezialfonds sowie sogenannte Hedge Funds, Vermögensverwaltungen, Versicherungen oder Pensionskassen. Neben den Fondsmanagern, die für die einzelnen Anlageentscheidungen verantwortlich sind, beschäftigen viele Kapitalgesellschaften eigene Analysten. Manchmal ist die Aufgabenteilung so strukturiert, daß einzelne Fondsmanager für bestimmte Branchen oder Sektoren auch als Analysten tätig sind. Bei institutionellen Anlegern beschäftigte Analysten werden auch als „Buy-side-Analysten" bezeichnet. Im Unterschied dazu gibt es „Sell-side-Analysten". Diese arbeiten für Banken, um deren Kunden mit Analysen als Grundlage für deren Anlageentscheidungen zu versorgen.

Eine weitere wichtige Multiplikatorgruppe am Finanzmarkt sind Journalisten aus dem Bereich der Finanz- und Wirtschaftspresse. Diese berichten in den jeweiligen Tages-, Wochen- oder Monatspublikationen über die Unternehmen und deren aktuelle und zukünftige Entwicklung. Einige Finanzpublikationen geben darüber hinaus konkrete Kauf- und Verkaufempfehlungen, die insbesondere an Privatanleger gerichtet sind.

Jeder Geldgeber möchte gerne wissen, wie mit dem jeweiligen Geschäftsmodell nachhaltig positive Erträge erzielt und die Zahlungsverpflichtungen langfristig erfüllt werden können. Unterschiede zwischen den Zielgruppen gibt es allerdings beim Anlageverhalten. Während Privatanleger eher längerfristig orientiert sind und grundsätzlich einer „Kaufen und Halten"-Strategie den Vorzug geben, agieren institutionelle Anleger mit teilweise sehr unterschiedlichem Anlagehorizont. Ein weiterer Unterschied ist die Informationstiefe, welche die einzelnen Anlegergruppen fordern. Gegenüber Großunternehmen mit vielen international agierenden Großinvestoren besteht in der Regel ein deutlich stärkeres

Informationsbedürfnis als gegenüber kleineren Unternehmen, die nicht so sehr im Fokus des Kapitalmarktes stehen. Eine Bank als Investor wünscht sich in der Regel einen höheren Detaillierungsgrad als „normale" Geldgeber.

Wesentlich für die Informationsversorgung aller Zielgruppen ist regelmäßig der Zeitpunkt des erstmaligen Auftrittes am Kapitalmarkt, zum Beispiel durch eine Börsenneueinführung von Aktien oder die erstmalige Begebung einer Anleihe oder eines Schuldscheins. Dies hängt damit zusammen, daß viele Marktteilnehmer grundsätzlich interessiert sind, aktuelle und neu an den Markt kommende Unternehmenskonzepte kennenzulernen. Die hohe Bereitschaft der Finanzmarktteilnehmer, sich mit Neuem zu beschäftigen, muß allerdings auch richtig genutzt werden. Die Kosten derartiger verpaßter Chancen werden oftmals erst Jahre später richtig deutlich, wenn ein nicht richtig am Markt eingeführter Titel aufwendig neu bekanntgemacht werden muß, um geplante Finanzierungsvorhaben durchführen zu können.

Die Veränderungen auf der Finanzierungsseite im Zuge der Ablösung von Hausbankkrediten durch wertpapierbasierte Finanzierungsformen stellen die Unternehmensfinanzierung vor eine Herausforderung: Für den Aktien- und Kapitalmarkt ist eine Informations- und Darstellungsform zu wählen, welche den unterschiedlichen Interessen der verschiedenen Anlegergruppen gerecht wird, ohne einzelne Gruppen zu bevorzugen. Dementsprechend kann es angebracht sein, je nach Anlegergruppe eine gegenüber der Basisdarstellung abgewandelte Präsentationstechnik oder -form zu wählen.

Ein wichtiges Kaufargument für Finanzinvestoren ist das Vertrauen in das Unternehmen und seine Repräsentanten. Dieses bildet sich zu einem ganz wesentlichen Teil durch die Art und Weise, in der das Unternehmen mit den Teilnehmern des Kapitalmarktes kommuniziert. Ein Verlust an Vertrauen kann ein Unternehmen in eine schwere Krise stürzen und dazu führen, daß sich die Finanzierung geplanter Vorhaben unerwartet stark verteuert oder gar unmöglich wird. Ein gutes Finanzmanagement einschließlich Kompetenz in Realisierung und Kommunikation ist deshalb nicht nur grundsätzlich wichtig, sondern ist ein wesentlicher Baustein für den Erfolg eines Unternehmens am Kapitalmarkt und damit der Geschäftsstrategie insgesamt.

Den meisten Investoren ist einsichtig, daß fast jede Anlage mit speziellen Risiken verbunden ist. Chancen und Risiken müssen allerdings richtig dargestellt werden. Aus Sicht der Investoren ist es besonders unerfreulich, wenn die gewählte Anlage Risiken aufweist, die vorher hätten mitgeteilt werden können, aber verschwiegen oder unvollständig dargestellt wurden.

Ziel guter Informationsversorgung ist es deshalb, bei den Marktteilnehmern Vertrauen dafür zu schaffen, daß Management und Unternehmen jederzeit bemüht sind, ein faires Bild der Unternehmenssituation zu vermitteln. Wenn dieses Vertrauen über einen längeren Zeitraum aufgebaut wurde und sich auch in schwierigen Situationen bewährt hat, führt es dazu, daß aus Sicht der Investoren das Risiko einer Anlage in Wertpapieren des Unternehmens geringer ist. Dies führt dann ceteris paribus zu einem höheren Wert und letztlich zu einer höheren Bonität des Unternehmens.

4.4. Risiko, Rating und Bonität

Das Rating – die Bewertung der Bonität – soll in bezug auf ein bestimmtes Unternehmen die Wahrscheinlichkeit eines Verlustes des investierten Kapitals bestimmen. Die individuelle Bonität des jeweiligen Kapitalnehmers wird damit zur Entscheidungsgrundlage für ein finanzielles Engagement der Kapitalgeber. Die Bonität eines Unternehmens ergibt sich aus dem tatsächlichen Zustand seiner wirtschaftlichen Verhältnisse – eventuell gestützt durch vorhandene Sicherheiten (verwertbare materielle und immaterielle Güter) – und den Erfolgsaussichten, die das jeweilige unternehmerische Konzept verspricht. Beides ergibt sich aus den entsprechenden Darstellungen im Geschäftsplan sowie den Abschlüssen und der persönlichen Überzeugungskraft des Management. Bemühungen um eine Verbesserung der individuellen (subjektiven) Bonität umfassen daher alle in den vorangegangenen Abschnitten genannten Faktoren und erhöhen in der Folge die Chancen erfolgreicher Finanzierungen.

„Bonität" ist ein objektiv schwer faßbarer Begriff. So gibt es unterschiedliche Beurteilungsmaße in Abhängigkeit von Unternehmensgröße und Unternehmensgegenstand. Ein einheitliches Raster über alle Kriterien hinweg existiert gegenwärtig nicht. Aus diesem Grunde gibt es im Einzelfall durchaus Darstellungs- und Beurteilungsspielräume, die es in entsprechendem Rahmen zu optimieren gilt. Wird Bonität quantifiziert und mittels eines stringenten Rasters nachvollziehbar und vor allem auch vergleichbar gemacht, spricht man gemeinhin von einem „Rating".

Das Rating ist Ergebnis eines mehr oder weniger standardisierten Bewertungsverfahrens, das sich unabhängig vom Beurteilungsobjekt an zuvor festgelegten einheitlichen Prämissen und Kriterien ausrichtet. Um die Bonität eines Unternehmens für Kreditgeber und die Attraktivität desselben für Investoren zu messen, gibt es unterschiedliche Ansätze, die zum einen die Spezifika der unterschiedlichen Bewertungsobjekte und zum anderen die unterschiedlichen Interessen der Geldgeber zu berücksichtigen versuchen. Ungeachtet der sich daraus ergebenden

Differenzierung gibt es eine Vielzahl an Faktoren, die den unterschiedlichen Systemen gemein sind und die unabhängig vom Einsatzzweck Anwendung finden. Schließlich geht es bei allen Bewertungsverfahren im Kern darum, die Wahrscheinlichkeit eines korrekten Schuldendienstes und der pünktlichen wie vollständigen Rückzahlung der zur Verfügung gestellten Geldmittel zu ermitteln sowie die Wahrscheinlichkeit für eine erfolgreiche Erfüllung eines vorgelegten Geschäftsplanes zu bestimmen.

In bezug auf ein Unternehmen oder ein bestimmtes Investitions- oder Anlageinstrument kann ein Rating verstanden werden als:

◆ Aussage (Prognose) über die zukünftige Fähigkeit eines Unternehmens zur vollständigen und termingerechten Rückzahlung (Tilgung und Verzinsung) seiner Verbindlichkeiten.
◆ Prozeß zur Ermittlung von Ausfallwahrscheinlichkeiten auf der Basis von Unternehmensanalysen.
◆ Beurteilung der wirtschaftlichen Verhältnisse sowie Einschätzung unerwarteter Einflüsse auf die Unternehmensentwicklung und die Risikomessung wie Risikobezifferung.
◆ Beurteilung einer wirtschaftlichen Einheit und seines Geschäftsplanes (Projektionen) nach Aussicht auf Verwirklichung und Wahrscheinlichkeit der Einhaltung der Prognosen mit möglichem Grad ihrer Abweichungen und Szenarien zum Verhalten in Krisensituationen.
◆ Beurteilung eines Finanzinstrumentes (Fremdkapital) nach seiner erwarteten korrekten Bedienung (einschließlich der damit verbundenen Sicherheiten und sonstiger Zusicherungen der Kapitalnehmer).
◆ Beurteilung eines Finanzinstrumentes nach dem erwarteten Einnahmestrom und der wirtschaftlichen Entwicklung des „unterliegenden" Objektes.

Rating-Angebote je nach Verwendungszweck

Ratings werden in der Regel durch Kreditinstitute („Internes Rating") oder von Rating-Agenturen („Externes Rating") erstellt. Das externe Rating erfolgt formal auf Initiative des Unternehmens. Investoren können allerdings ein Rating zur Voraussetzung für ein finanzielles Engagement machen, so daß der Bewertungsanlaß schließlich von den Geldgebern herbeigeführt wird. Bei der Auswahl einer externen Rating-Agentur hat die Unternehmensgröße entscheidenden Einfluß.

Für Großunternehmen mit diversifiziertem Produktspektrum und Umsätzen von mehr als einer Milliarde Euro, die sich zu einem nennenswerten Teil am Kapitalmarkt einschließlich (syndizierter) Kredite finanzieren, ist das Rating renommierter Agenturen, wie beispielsweise Standard & Poor's, Moody's Investor Service oder Fitch Rating, meist nicht nur die beste Wahl, sondern auch unabdingbar.

Für mittelständische Unternehmen mit einem recht spezialisierten Produktspektrum und einem Umsatz von 100 bis 500 Millionen Euro kommen unter Umständen auch andere Rating-Institutionen in Betracht. Außerdem können bei der Bewertung andere Schwerpunkte gesetzt werden. So sollten bei mittelständischen Unternehmen beispielsweise sowohl die Erfolgsaussichten des gewählten Geschäftskonzeptes als auch der Umgang des Management mit (früheren) Krisen- oder Engpaßsituationen stärkere Berücksichtigung finden.

Das auf große, international agierende Gesellschaften oder gar staatliche Institutionen und Gebietskörperschaften ausgerichtete Rating-Verfahren läßt sich nur in seltenen Fällen „eins zu eins" auf Mittelständler übertragen. Was bei Emittenten von Wertpapieren an Kriterien durchaus seine Berechtigung hat – zum Beispiel die Höhe des jährlichen Umsatzes –, führt bei kleineren wirtschaftlichen Einheiten am Ziel vorbei. So erhalten Unternehmen mit Umsätzen von unter 750 Millionen Euro in der Regel keine Einstufung mehr als „Investment Grade" (siehe auch nachstehende Tabelle 15), da ihnen keine ausreichende Stabilität in der Ertragslage und des damit verbundenen Kapitalflusses unterstellt wird. Beides wirke sich nämlich, entsprechende gravierende Störungen vorausgesetzt, negativ auf zu erfüllende Zahlungsverpflichtungen aus.

Mehrere Rating-Anbieter haben versucht, diese „Lücke" in den Verfahren zu schließen und eigene Bewertungsraster entwickelt, die auf die besondere Situation mittlerer und kleinerer Unternehmen eingehen sollen. Allerdings sind die damit verbundenen Konzepte und Annahmen noch nicht in allen Fällen vollständig überzeugend oder weisen noch keine zur Akzeptanz nötige erfolgreiche Bewertungshistorie auf. Jedenfalls haben die Marktteilnehmer in ihren Anlage- und Kredit-vergabeentscheidungen bis Mitte 2005 bei externer Bewertung praktisch keine anderen Verfahren als die der renommierten Rating-Anbieter zugelassen.

Die Bewertung kleiner Unternehmen mit (teils sehr) begrenztem Produktspek-trum und vergleichsweise instabiler Ertragslage macht externe Ratings durch renommierte Agenturen nicht unbedingt weniger aufwendig, im Gegenteil. Während die „normale" Rating-Einstufung bei großen Gesellschaften noch recht aussagekräftig ist, müssen Unternehmen unterhalb einer gewissen Größenordnung die mit ihrem Geschäft typischerweise verbundenen Unsicherheitsmomente zusätzlich erklären.

Für den Kapitalgeber drückt sich ein nicht hinreichendes Rating in erster Linie im Risiko aus, seine Finanzmittel nach Ablauf der Zeit, in der diese zur Verfügung gestellt wurden, nicht mehr (vollständig) zurückzuerhalten. Infolge dessen werden Mittel entweder gar nicht gewährt oder nur zu für das Unternehmen „unverhält-nismäßig" ungünstigen Konditionen. Einen Ausweg suchen Kreditnehmer häufig durch die Stellung von Sicherheiten zu finden. Diese sind für Kreditgeber aber oftmals nicht attraktiv, da es den angebotenen Sicherheiten im konkreten Falle oftmals an Verwertbarkeit mangelt. Immobilien werden daher – wegen vergleichs-weiser Homogenität – noch am ehesten als Sicherheiten akzeptiert. Welchen Wert haben für einen Kreditgeber schon Maschinen oder Patente, die weltweit vielleicht nur an wenigen Orten Einsatz finden?

Doch auch bei Immobilien werden mittlerweile wegen Marktschwächen und Preisvolatilitäten mehr oder minder hohe Abschläge vom zunächst veranschlagten Verkehrswert vorgenommen (Faustregel: 40 bis 50 Prozent vom begutachteten Wert). Aus diesem Grunde gewinnt bei der Gewährung von Fremdkapital zunehmend der Nachweis an Bedeutung, daß das Geschäftskonzept des Unter-nehmens den zukünftigen erfolgreichen Schuldendienst gewährleistet.

Dies gilt auch für die Aufnahme von Eigenkapital. Gerade hier ist der Erfolg des geschäftlichen Konzeptes von herausragender Bedeutung. Dabei geht es weni-ger um die Erwirtschaftung eines fest vereinbarten Zinssatzes als vielmehr um die Erzielung eines Gewinnes, der deutlich in den zweistelligen Prozentsatz des eingesetzten Kapitals hineingehen sollte. Dafür ist der Eigenkapitalgeber aber auch bereit, ein höheres Risiko einzugehen. Bei Aktien oder aktienähnlichen Engagements setzt er sich zudem dem Marktpreisänderungsrisiko des (Beteiligungs-) Kapitals aus. Obwohl in erster Linie auf die Beurteilung von Fremdkapitalpositionen ausgerichtet, liefert das externe Rating gleichwohl einen wichtigen Anhaltspunkt für Eigenkapitalgeber zur Einschätzung der wirtschaftlichen und finanziellen Stärke eines Unternehmens beziehungsweise Investments.

Tabelle 14. Wesentliche Merkmale des internen und externen Rating

Interne Bewertung	Externe Bewertung
Keine direkt sichtbaren Kosten.	Vergleichsweise hohe Kosten.
Kreditverhandlungen mit verschiedenen Banken.	Kontakt mit ein oder zwei Agenturen.
Nicht publiziertes Rating.	Publiziertes Rating.
Keine Außenwirkung.	Bonitätssignal im B2B-Geschäft.
	Indiz für den Grad der „Finanzierungsreife".
Voraussetzung für Bankkredit.	In der Regel Voraussetzung für Anleihe-emissionen.
Berücksichtigt Besonderheiten kleiner und mittlerer Unternehmen.	Derzeit wenig interessant für kleine und mittlere Unternehmen.
Fließender Übergang der Rating-Aktualisierung.	Abgegrenztes Erst-Rating und Folge-Rating.
Anlaß und Ziele	**Anlaß und Ziele**
Bonitätsbeurteilung des Unternehmens vom Kreditinstitut ohne Auftrag des Kunden.	Bonitätsbeurteilung des Unternehmens von Agentur i.d.R. nur nach Auftrag des Kunden.
Derzeit noch keine regelmäßige Offenlegung gegenüber beurteiltem Unternehmen.	Veröffentlichung des Rating mit Zustimmung des Kunden.
Ermittlung von Ausfallwahrscheinlichkeiten.	Ermittlung von Ausfallwahrscheinlichkeiten.
Einfluß auf die Kreditvergabeentscheidung und die Konditionengestaltung.	Information der Kapitalmarktteilnehmer.
Steuerung des Kreditportfolios, Berechnung des ökonomischen Kapitals (Eigenkapitalunterlegung nach Basel II).	Steuerung des Anlageportfolios institutioneller Investoren nach Risikoklassen.

Anforderungen an bankinterne Rating-Verfahren gelten erst ab Kreditvolumina von über einer Million Euro, besitzen also in der Regel keine Bedeutung im Privatkundengeschäft.

Das interne Rating wird in der Regel nur von solchen Kreditgebern oder Investoren angewandt, die Mittel im konkreten Falle zur Verfügung stellen sollen. Dieses Verfahren ist erheblich weniger stark auf Großunternehmen ausgerichtet als das externe Rating, weil es eben nicht primär eine Einschätzung für Adressen liefern soll, die den Kapitalmarkt regelmäßig und in größerem Umfang betreten. Daher finden hier mittlere und kleinere Unternehmen eine vielfach individuellere und bessere, da auf sie zugeschnittene Bewertungsmethode. Infolge dessen bilden auch die Rating-Ergebnisse die wirtschaftlichen Verhältnisse mit Blick auf das tatsächliche Ausfall- und Zahlungsrisiko meist zutreffender ab. Der Vollständigkeit halber sei hinzugefügt, daß vor allem kleine Banken die hohen Kosten für die Entwicklung eigener Rating-Systeme scheuen und Verfahren großer Institute günstig einkaufen, eventuell noch geringfügig modifizieren. Gleichwohl spricht man auch hier von „internem Rating".

Aufwand und Kosten des Rating

Das Bewertungsverfahren, ob nun extern oder intern durchgeführt, ist in der Regel ein recht zeitaufwendiger Prozeß. Veranschlagt werden dafür je nach Unternehmensgröße, Unternehmensstruktur und -zustand zwischen drei und sechs Monate (extern) sowie ein und drei Monate (intern). Entscheidend beeinflußt wird der Zeitbedarf vom Zustand und der Verfügbarkeit des Datenmaterials und der sonstigen Unternehmensdarstellung. Im wesentlichen werden dabei Themen und Gebiete analysiert, die auch Eingang in exzellente Geschäftsplanungen gefunden haben sollten (zum Beispiel Finanzlage, Management, Branchenentwicklung). Dabei wird unterschieden zwischen sogenannten weichen (soft facts) und harten (hard facts) Faktoren. „Harte" Faktoren sind Informationen aus den Bereichen Kapitalisierung und Kapitalstruktur, Vermögenswerte und Vermögensstruktur sowie Ertragslage und Liquidität. „Weiche" Faktoren betreffen die Managementqualität, das wirtschaftliche und branchentypische Umfeld, Wettbewerbsfähigkeit und Produktpalette sowie Mitarbeiterqualifizierung und Risikokontrolle.

Die Kosten für ein externes Rating beginnen in der Regel bei 50 000 Euro. Eine ähnliche Summe ist für eine jährliche Überprüfung zu kalkulieren. Laufende Überprüfungen mit unterjähriger Aktualisierung und einer intensiven Betreuung des Auftraggebers durch die Agentur erfordern Beträge ab 150 000 Euro aufwärts. Bei der Bewertung einzelner Finanzinstrumente hängt die Rating-Gebühr in der Regel vom Volumen ab. Werden standardisierte Instrumente oftmals noch nach einem festen Satz berechnet, wie zum Beispiel Kreditbeurteilungen (ab 25 000 Euro) oder sogenannte Commercial Paper-Programme (ab 35 000 Euro), können die Rating-Kosten für Kapitalmarktprodukte (Anleihen, EMTN-Programme) leicht die Schwelle von 100 000 Euro übersteigen. Die Gebühren betragen hier zwischen drei und sechs Basispunkten (0,03 bis 0,06 Prozentpunkte) vom Emissionsvolumen.

Die Kosten eines internen Rating werden in der Regel nicht offen ausgewiesen, sie drücken sich meist in entsprechend erhöhten Gebührensätzen der bewertenden Banken aus. Damit setzt sich der Kreditzins zusammen aus den Refinanzierungskosten der kapitalgebenden Bank, der Risikoprämie entsprechend dem Rating und dem individuellen Gebührensatz einschließlich der Gewinnmarge. Da diese Positionen nicht einzeln aufgegliedert werden, ist eine genaue Spezifizierung der Kosten des internen Rating für Außenstehende normalerweise nicht möglich.

Historie und Systematik des Rating

Eine interessante Komponente für die Bonitätsbeurteilung – und damit auch für die Credit Story – ist die Rating-Entwicklung eines Kapitalnehmers beziehungsweise Emittenten. Dabei wird analysiert, zu welchem Zeitpunkt („wann") es aus welchen Gründen („warum") zu einer Veränderung des Rating („um wieviel") gekommen ist. Bei sich verbesserndem Rating zeichnet sich die Attraktivitätskurve des Unternehmens praktisch von selbst. Aber auch ein negativer Trend läßt sich kommunikativ verarbeiten, allerdings nur dann, wenn die geeigneten Maßnahmen zur Trendwende gerade ergriffen werden oder bereits ergriffen worden sind. Zumindest muß ein positiver Trend (zum Beispiel die Wahrscheinlichkeit eines „positiven Ausblickes" seitens der Rating-Agentur) aufzeigbar sein. In diesem Falle kann auf ein künftiges Bonitätspotential verwiesen werden.

Grundsätzlich ist die Behandlung des Rating ein ebenso sensibler wie komplexer Prozeß. Es ist ein Themenfeld, in dem nicht nur das Finanzmanagement, sondern alle Unternehmensbereiche mit einem hohen Maß an Fingerspitzengefühl vorzugehen haben. Gleichwohl ist die Beschäftigung mit dem Rating unerläßlich, denn nur noch in wenigen Fällen ist die erfolgreiche Plazierung im Kapitalmarkt ohne Rating möglich. Damit avanciert das Rating auch zu einem wichtigen, wenngleich nicht dem wichtigsten, Instrument der Unternehmensfinanzierung.

Doch das Rating ist nicht nur am Kapitalmarkt von Relevanz, es durchdringt auch die Kredit- und Investitionsbeziehung. Damit gelten die Aussagen der vergangenen Abschnitte auch für den Kreditprozeß. Hier spielt das interne Rating für die Bonitätsprüfung fast eine noch wichtigere Rolle, da es in die Regularien der Kreditvergabe noch stringenter und zwingender eingebaut ist als das externe Rating, das oftmals nur als Orientierungsgröße genutzt wird.

Die alleinige Finanzierung durch Eigenkapital könnte die Bonitätsfrage unerheblich erscheinen lassen. Da aber in den meisten Fällen Fremdkapital zumindest als Komponente in den Finanzierungsprozeß involviert ist, wird die Beschäftigung mit dem Rating unabdingbar. Denn anders als bei Unternehmensbeteiligungen, wenn mehr oder weniger große Gewinnchancen in Aussicht stehen, „lebt" das Fremdkapital nur von der Verzinsung und der korrekten Rückzahlung. Und die Beurteilung hierüber verlangt gleich eine ganze Reihe an Informationen. So benötigen Kreditgeber und Käufer von Schuldtiteln Orientierungshilfen, die sie sich zum Teil nicht selbst verschaffen können. Und diese Orientierung auf verläßlicher, möglichst neutraler Basis liefern eben die Rating-Agenturen mit ihren Bewertungen.

So gewinnen externe wie interne, objektive und möglichst zutreffende Ratings im Finanzierungs- und Investmentprozeß zunehmend an Bedeutung. Die Abhängigkeit der Kreditkosten von der jeweiligen Einstufung wird auch in Zukunft weiter zunehmen. Die Bonität von Unternehmen in der Einschätzung der Agenturen nimmt also in der Regel einen ebenso hohen Stellenwert ein wie seitens der Banken und Investoren. Dabei färbt das Rating eines Unternehmens – basiert es nicht allein auf gestellten Sicherheiten – auch auf dessen Attraktivität für Investoren ab. Denn je sicherer der Schuldendienst, desto größer die Ertragsstärke und desto besser die Ertragsaussichten. Beides macht die Gesellschaft auch für Eigenkapitalgeber interessant.

Überdies haben Emittenten weitaus mehr als in der Vergangenheit die Möglich-keit, sich durch geschicktes Schuldenmanagement von der allgemeinen Marktent-wicklung abzukoppeln. Diese Papiere herauszufinden wird künftig die Herausfor-derung für die Investoren sein. Dem richtigen Rating wird in diesem Zusammen-hang als Auswahlkriterium beziehungsweise -hilfe eine wichtige Rolle zufallen. Die Notwendigkeit einer internen oder externen Bewertung ist sicherlich unbe-streitbar, aber eben nur eine Seite der Medaille. Die andere Seite zeigt, daß in vielen Fällen die wirtschaftlichen Verhältnisse das Überspringen der vom Markt gesetzten Bonitätshürden nicht erlauben. Doch welche Möglichkeiten bieten sich Unternehmen, die nur ein vergleichsweise schlechtes Rating haben oder erhalten würden? Ohne Frage sind deren Handlungsspielräume eingeschränkt; mit der rich-tigen Strategie bleibt aber auch ihnen der Weg zum Kapitalmarkt oftmals nicht verschlossen.

Um entsprechend vorbereitet zu sein, gilt es zunächst, im Vorfeld zu prüfen, welches Rating ein Emittent oder eine geplante Emission voraussichtlich erhalten würde. Sofern noch aktive Schritte zur Bewertungsverbesserung möglich sind, sollten diese unverzüglich eingeleitet werden. Erlauben hingegen Unternehmens- und Finanzstruktur keine kurzfristig ausreichenden Veränderungen, sollten ent-sprechende kompensierende Marketing- und Kommunikationsstrategien initiiert werden.

Zentrale Nachricht einer solchen Kommunikationskampagne muß die ausführ-liche Erklärung des Rating sein, die Entstehung und die vollständige Darlegung der Gründe, die zu der schlechten Einstufung führten. Diese Faktoren sind im ein-zelnen mit der jeweiligen Entwicklungsgeschichte und dem aktuellem Zustand darzustellen. Gleichzeitig gilt es aufzuzeigen, welche konkreten Maßnahmen das Management zur Verbesserung der Situation umsetzen will oder bereits begonnen hat umzusetzen. Abschließend ist eine gebührende Würdigung aller positiven Aspekte vorzunehmen.

Grundsätzlich sollten einzelne Emissionen eines Unternehmens nicht schlechter bewertet sein als der Emittent selbst. Dies wird wesentlich dadurch erreicht, daß diese Anleihen nicht mit einem bestimmten Sicherungsausschluß, zum Beispiel einer Nachrangigkeit, versehen werden. Dieser kann sich gerade bei Emittenten mit geringer Bonität negativ auf die Höhe der Risikoprämie auswirken. Letztlich entscheidend ist in diesen Fällen aber nicht nur die Zahlungsfähigkeit, sondern besonders auch die „Zahlungswilligkeit" der Emittenten. Hier geht es um die Frage, welche Mühen Management und Eigentümer auf sich zu nehmen bereit sind, um Liquidität und Schuldendienst des Unternehmens zu gewährleisten.

Das Bewertungsraster

Grundsätzlich wird in zwei Rating-Kategorien unterteilt: „Investment Grade", das heißt sogenannte anlagewürdige Titel, und „Non Investment Grade", das heißt spekulative Titel. Anleihen, bei denen also nur ein geringfügiges Ausfallrisiko besteht, sind entsprechend mit der Bezeichnung „Investment Grade" bewertet. Die Klasse ‚AAA' bedeutet dabei höchste Qualität, das Anlagerisiko ist mit Staatsanleihen aus Industrieländern vergleichbar. Titel mit der Bezeichnung ‚AA' besitzen eine hohe Bonität, die fundamentale Stärke ist aber nicht so stark ausgeprägt. Das einfache ‚A' signalisiert, daß Änderungen der Fundamentaldaten zwar nicht zwangsläufig zu Zahlungsausfällen führen. Jedoch können dadurch signifikante Kursveränderungen ausgelöst werden.

Mit ‚BBB' bewertete Titel weisen bereits spekulative Elemente auf. Auch hier wird die Zahlungsfähigkeit als angemessen eingeschätzt, nennenswerte Änderungen der Finanzdaten dürften aber zu deutlichen Kursveränderungen führen. ‚BBB' ist zugleich die unterste Stufe der Kategorie „Investment Grade".

Der Kategorie „Non Investment Grade" werden Emittenten zugeordnet, wenn veränderte Fundamentaldaten nicht nur zu Kursausschlägen führen, sondern auch die Ausfallwahrscheinlichkeit deutlich zunimmt. Die beste Bewertung in dieser Klasse ist ‚BB', das heißt, die korrekte Erfüllung des Schuldendienstes ist noch wahrscheinlich. Anleihen mit hohem Risiko erhalten die Bezeichnung ‚B'. Die langfristige Zahlungsfähigkeit ist zwar gesichert, doch können neue Fundamentaldaten die Liquiditätslage erheblich verschlechtern. Neben der objektiven Zahlungsfähigkeit spielt die Zahlungswilligkeit des Emittenten eine zunehmende Rolle. Die Refinanzierungsmöglichkeiten und damit der Zugang zu Überbrückungskrediten sind bereits sehr schlecht. Bei Anleihen mit der Bewertung

‚BB' und schlechter wird im allgemeinen Sprachgebrauch teilweise auch von „Junk Bonds" (Ramschanleihe) gesprochen.

Tabelle 15. Die Bedeutung der Rating-Klassen

Klassifizierung nach Standard & Poor's	nach Moodys	Interpretation	Kommentar
Investment Grade Ratings			
AAA	Aaa	Höchste Qualität. Geringstes Anlagerisiko, vergleichbar mit Staatsanleihen. Außerordentlich starke Zahlungsfähigkeit. Zinszahlungen sind gesichert durch eine hohe fundamentale Stärke des Emittenten.	Risikolose Anlage, in der Regel nur an Industriestaaten vergeben, Ausnahme: Asset Backed Securities können auf Grund der mathematischen Ausfallwahrscheinlichkeit der unterliegenden Forderungen/Besicherung ebenfalls diese Bewertung erhalten.
AA+ AA AA−	Aa1 Aa2 Aa3	Hohe Qualität. Fundamentale Stärke ist nicht so hoch wie bei AAA. Starke Zahlungsfähigkeit.	Akzeptables Rating für risikoaverse Investoren, nur geringfügige Renditeaufschläge gegenüber Titeln höchster Bonität.
A+ A A−	A1 A2 A3	Gute Zahlungsfähigkeit. Änderung der Fundamentaldaten kann zu einer neuen Einschätzung führen.	Untere Rating-Stufe für risikobewußte Anleger. In der Regel große Kursschwankungen bei Rückstufung.
BBB+ BBB BBB−	Baa1 Baa2 Baa3	Angemessene Zahlungsfähigkeit. Qualität der Fundamentaldaten angemessen, Veränderungen dürften aber zu nennenswerten Auswirkungen auf die Risikobewertung führen. Spekulative Elemente.	In starkem Maße „Grenzfälle": Die Emittenten oder Anleihen werden zwar noch in die Kategorie „Investment Grade" eingeordnet, weisen aber schon einen höheren Bonitätsabschlag auf als es die Rating-Stufe zum Ausdruck bringt. Für Finanzinstitute beispielsweise ist diese Bewertung kein akzeptables Rating mehr.

Tabelle 15. (Fortsetzung)

Klassifizierung		Interpretation	Kommentar
nach Standard & Poor's	nach Moody's		
Non Investment Grade Ratings			
BB+ BB BB–	Ba1 Ba2 Ba3	Korrekte Erfüllung des Schuldendienstes wahrscheinlich. Änderungen der Fundamentaldaten können zu stärkeren Beeinträchtigungen der Zahlungsfähigkeit führen. Deutlich spekulative Elemente.	Für nicht ausgesprochen risikofreudige Anleger stellt dies die unterste Bonitätsstufe dar. Bei mittel- bis langfristig laufenden Titeln besteht die Gefahr recht heftiger Kursschwankungen, daher sollten in dieser Ratingklasse bevorzugt Papiere mit überschaubarer Laufzeit gekauft werden.
B+ B B–	B1 B2 B3	Hohes Risiko. Emittent mit Bonitätseinschränkung. Langfristige Zahlungsfähigkeit nicht gesichert. Veränderte Fundamentaldaten führen wahrscheinlich zur Beeinträchtigung der Zahlungsfähigkeit. Zahlungswilligkeit nicht sicher.	Investments in dieser Rating-Kategorie sind nur nach sehr eingehender Analyse des Emittenten sinnvoll. Grundsätzlich ein hoch spekulatives Engagement. Titel in dieser Klasse werden auch als „Junk Bonds" (Ramschanleihen) bezeichnet.
CCC+ CCC CCC–	Caa1 Caa2 Caa3	Schlechte Einschätzung. Hohes Risiko, Schuldendienst nicht mehr korrekt zu erfüllen. Negative Änderung der Fundamentaldaten sollte zum Zahlungsausfall führen oder Zahlungen sind bereits im Verzug.	Investments mit dieser Bonitätsbewertung sind nur vertretbar, sofern der Anleger über Hintergrundwissen verfügt, das ihm eine erheblich bessere Einschätzung erlaubt als den übrigen Marktteilnehmern.

Tabelle 15. (Fortsetzung)

Klassifizierung nach Standard & Poor's	nach Moody's	Interpretation	Kommentar
Non Investment Grade Ratings (Fortsetzung)			
CC	Ca	Hochspekulative Papiere. Oftmals befinden sich diese Papiere bereits in Zahlungsverzug oder sie weisen andere Unregelmäßigkeiten auf.	Anlagen mit „Wettcharakter"; Investments nur bei intimer Detailkenntnis vertretbar.
C	C	Schuldendienst wird (offensichtlich) noch geleistet, aber ein Moratorium oder ähnliches ist in Vorbereitung beziehungsweise ein Ausfall oder ein Verzug droht. Geringe Wahrscheinlichkeit, daß der Schuldendienst wieder korrekt aufgenommen wird.	Keine anlageentscheidende Beurteilung (da ohnehin hier nicht mehr investiert wird), sie dient lediglich der Information über das aktuelle Zahlungsverhalten des Emittenten.
D	–	Ausfall, in Zahlungsverzug	–

Neben Standard & Poor's und Moody's konnte sich Fitch Rating mittlerweile als dritte international tätige Rating-Agentur etablieren. Fitch Rating setzt beim langfristigen Rating eine S&P sehr ähnliche Klassifizierung und Notation ein.

Die Einstufung ‚CCC' deutet bereits an, daß eine korrekte Erfüllung des Schuldendienstes kaum noch möglich ist. In der Gruppe ‚CC' wurden schon teilweise keine Zahlungen mehr geleistet, in Gruppe ‚C' sind oftmals Umschuldungen im Gange. Die Bewertungen der einzelnen Rating-Agenturen (es gibt auch die Einstufung ‚D') differenzieren hier je nach aktuellem Stand des Zahlungsverzuges und der Umschuldungsverhandlungen. Die Tendenzindikatoren, also Plus- und Minus-Zeichen (bei Standard & Poor's) oder angehängte Ziffern (‚1' bis ‚3' bei Moody's), differenzieren die Position nochmals innerhalb einer Risikoklasse. Darüber hinaus versehen die Agenturen ihre Bewertung mit einem stabilen, positiven oder negativen Ausblick. Dies gibt einen Hinweis darauf, in welche

Richtung sich die Bewertung bei der nächsten Rating-Änderung verschieben kann. Anzumerken ist, daß je nach rechtlicher Konstruktion Anleihen eines bestimmten Emittenten unterschiedliche Ratings haben können.

Die obige Klassifizierung bezieht sich auf die mittel- bis langfristige Einstufung der Bonität des Unternehmens. Diese wird ergänzt um die kurzfristige Bewertung, deren Aussagekraft in erster Linie die Liquiditätssituation und die Sicherheit einer Einhaltung der (akuten) Zahlungsverpflichtungen beschreibt.

Tabelle 16: Einordnung des kurzfristigen Rating in die langfristige Bewertung

Standard & Poor's		Moody's		Fitch	
lang	kurz	lang	kurz	lang	kurz
22 Stufen	5 Stufen	21 Stufen	4 Stufen	22 Stufen	5 Stufen
AAA	A1+				
AA+	A1+	Aa1	P1	AA+	F1+
AA	A1+	Aa2	P1	AA	F1+
AA-	A1+	Aa3	P1	AA-	F1+
A+	A1+ oder A1	A1	P1	A+	F1
A	A1 oder A2	A2	P1	A	F1
A-	A1 oder A2	A3	P1 oder P2	A-	F2
BBB+	A2 oder A3	Baa1	P2	BBB+	F2
BBB	A2 oder A3	Baa2	P2 oder P3	BBB	F3
BBB-	A3	Baa3	P3	BBB-	F3
BB+	B	Ba1	Not prime	BB+	B
BB	B	Ba2	Not prime	BB	B
BB-	B	Ba3	Not prime	BB-	B
		B1	Not prime	B+	B
		B2	Not prime	B	B
		B3	Not prime	B-	B

Fitch Ratings verwendet die gleiche Bewertungsschreibweise und -systematik wie Standard & Poor's, weicht aber beim Kurzfrist-Rating geringfügig von der S&P-Einstufung ab.

Spektakuläre Pleiten selbst von Schuldnern aus dem Bereich „Investment Grade" hat es gegeben und wird es immer wieder geben. Auch ein vergleichsweise gutes Rating schützt den Anleger nicht vor Einbußen oder gar dem Total-verlust seiner Investition. Dennoch liefert ihm die Rating-Einstufung eines Unter-nehmens mehr oder weniger gute Anhaltspunkte über dessen Bonität. Und da einem normalen Investor andere Informationsquellen nicht oder nur zu unverhält-nismäßig hohen Kosten zur Verfügung stehen, wird er die Bewertung der etablier-ten Rating-Agenturen bei seinen Anlageentscheidungen maßgeblich mit einbezie-hen. Aus diesem Grunde ist es für kreditsuchende Unternehmen wichtig, sich im weiter wachsenden Markt entsprechend günstig, das heißt mit entsprechend guter Rating-Einstufung, zu positionieren. Dies gilt besonders dann, wenn mit zuneh-menden Heraufstufungen von Anleihen in die Kategorie „Investment Grade" zu rechnen ist. Dadurch steigt der Konkurrenzdruck um zinsgünstige Gelder. Und Unternehmen, welche den Kreditgebern mehr bieten können als die bloße (gute) Rating-Einstufung, haben natürlich bessere Chancen im Wettbewerb um Kapital und Konditionen.

▌ Exkurs: *Rating-Bewußtsein im Mittelstand*

Unbestritten ist, daß dem internen Rating (durch eine kreditgebende Bank) und dem externen Rating (durch eine Rating-Agentur) mit Blick auf die Unternehmens-finanzierung zentrale Bedeutung zukommt. Regelmäßig ergeben Umfragen spezia-lisierter Banken und Forschungsinstitute, daß rund zwei Drittel der mittelständi-schen Unternehmen für dieses Thema sensibilisiert sind. In gleichem Maße besit-zen sie auch mehr oder weniger Kenntnis über die relevanten Kenngrößen und Bewertungskriterien im Rating-Prozeß. Dies gilt jedoch nicht hinsichtlich des Rating-Ergebnisses: Hier fehlt es an Wissen und Interpretationsmöglichkeiten. Insofern bestehen vielfach Defizite bei der Umsetzung von geeigneten Korrektur- und Verbesserungsmaßnahmen.

Rund die Hälfte der mittelständischen Betriebe hält eine Rating-Einstufung für etwas dauerhaft Gegebenes und sieht Veränderungsmöglichkeiten nur über lange Zeiträume. Gleichzeitig gehen diese Mittelständler davon aus, daß sich Verände-rungen „automatisch", also praktisch ohne aktives Zutun vollziehen. Die andere Hälfte der Unternehmen hingegen will – zum Teil mit externer Unterstützung – aktiv ihre Bonitätsbewertung verbessern. Zum einen fehlen dabei jedoch die nötigen Kenntnisse, zum anderen werden Beratungsleistungen von unterschiedlicher Qualität eingekauft. Sinnvoll dürfte es für die Unternehmen in der Regel sein, ihre Eigenleistung zu maximieren und diese eigenen Anstrengungen mit sorgfältig ausgesuchter externer Beratungsdienstleistung zu kombinieren. In vielen Fällen können und müssen das auch Banken oder Rating-Agenturen sein.

Begründet durch den Rating-Prozeß sollten mittelständische Unternehmen zur Verbesserung ihrer Bonität auf eine erheblich optimierte interne Unternehmensberichterstattung (zum Beispiel im Rechnungswesen oder Controlling) setzen sowie sich um ein professionelles Finanzmanagement und eine angemessene Liquiditäts- und Eigenkapitalausstattung bemühen. Das individuelle Unternehmensrisiko ist zwar über Nacht nicht zu verändern. Gravierende, fundamentale Fehlentwicklungen (besonders im quantitativen Bereich) erfordern vielmehr häufig eine Korrekturzeit von mehreren Monaten oder Jahren. Hingegen lassen sich gerade im qualitativen Bereich die im Rahmen des Rating zu treffenden Einschätzungen oftmals bereits kurzfristig verändern. Dieses Potential sollte gerade der Mittelstand nutzen.

Bleibt schließlich noch die Frage, wer in Rating- und Bonitätsfragen der geeignete Ansprechpartner für das Finanzmanagement der Unternehmen ist. Wer muß von Bonität und Attraktivität überzeugt werden? Dies sind bei kreditähnlichen Finanzierungen sogenannte Kreditanalysten. Diese sind bei Banken oder auch institutionellen Investoren beschäftigt und ähneln den Aktienanalysten auf der Eigenkapitalseite. Gleiches gilt dem Grunde nach auch für Kapitalmarktprodukte. Hier sind allerdings die Analysten je nach Instrument bereits recht stark spezialisiert. Die Unternehmen sollten daher bereits bei der Vorbereitung ihrer Finanzierungsunterlagen den richtigen Ansprechpartner eruieren, um die Unterlagen „zielgruppengerecht" vorbereiten zu können.

5. Fremdkapitalinstrumente

Fremdkapital ist in der kontinentaleuropäischen Unternehmenslandschaft der mit Abstand größte Bilanzposten und dürfte dies auf absehbare Zukunft auch bleiben. So haben zahlreiche neu konzipierte Finanzinstrumente unverändert starken Fremdkapitalcharakter. Bislang war Fremdkapital für die Unternehmen vergleichsweise einfach handhabbar, die Hausbank meist verläßlicher Kreditgeber. Doch dieses Umfeld hat sich erheblich gewandelt. Eben jene Entwicklung stellt Unternehmen und staatliche Körperschaften gleichermaßen vor neue Herausforderungen in Finanzierungsfragen, wollen sie ihre Bonität halten oder den jederzeitigen Zugang zu Finanzmitteln wahren und ihre Liquiditätsversorgung sicherstellen. Voraussetzung hierfür ist unter anderen die Auswahl des „richtigen" Instrumentes für das angestrebte Finanzierungsvorhaben.

5.1. Typisierung der Finanzierungsart

Der Überlassung von Fremdkapital liegt in der Regel ein Vertragsverhältnis zwischen Kapitalgeber und Kapitalnehmer zu Grunde. Ein Financier überläßt einem Unternehmen (Geld-) Mittel für einen bestimmten Zeitraum. Als Ausgleich dafür erhält der Financier eine fest vereinbarte Kompensationsleistung (Zins), die in ihrer Höhe grundsätzlich von den jeweiligen Marktkonditionen und dem individuellen mit dem Engagement verbundenen Risiko abhängt. Alle Fremdkapitalinstrumente sind – unabhängig von ihrer Gestaltung und unabhängig von der Beteiligung anderer Kapitalarten – mehr oder weniger nach diesem Muster aufgebaut.

Der Finanzmarkt hält ein ganzes Füllhorn an Instrumenten bereit, die trotz vergleichbarer Basis in ihrer Konzeption recht unterschiedlich sind und darüber hinaus auch noch in vielen Fällen erheblich individualisiert werden können. Gleichwohl ist es gerade wegen dieser Vielfalt oftmals schwierig, den passenden Finanzierungstitel zu finden. Der kapitalsuchende Unternehmer steht deshalb vor der Frage: Welche Finanzierungsart, bei welchen Voraussetzungen und für welchen Finanzierungszweck? Entscheidende Faktoren auf der Suche nach dem „richtigen" Instrument sind die Bonität des Kapitalnehmers (einschließlich der Sicherheiten) sowie die beabsichtigte Mittelverwendung.

Fremdkapital bedeutet für den Kreditnehmer im Finanzierungsprozeß „Lust und Last" zugleich. Die positiven Seiten von geliehenem Geld sind zweifellos die Wahrung der unternehmerischen Freiheit und die exakte Planbarkeit der mit der Mittelaufnahme verbundenen Verpflichtungen. Zu den weniger angenehmen Seiten zählen die unbedingte Notwendigkeit, den Schuldendienst zu leisten, und der geringe Spielraum zu einer späteren Nachverhandlung der Konditionen. Hinzu kommen eventuelle vertragliche Einschränkungen der Mittelverwendung sowie mögliche unternehmerische Verpflichtungen in der Geschäftsstrategie und im Finanzmanagement (siehe hierzu auch den Abschnitt „Covenants", Kapitel 5.6.).

Bestandteile eines Kreditvertrages

Wesentliches Vertragskriterium bei der Überlassung „fremden" Kapitals ist zunächst die Definition des Leistungsumfanges. Hier kommt es auf die Höhe und die Zeitdauer des zur Verfügung gestellten (Geld-) Betrages an sowie auf die Kompensation für den Verzicht des Kapitalgebers auf diesen Betrag für einen bestimmten Zeitraum (Zins). Weiteres wichtiges Kriterium ist die Frage, in welcher Reihenfolge die Gläubiger das Risiko eines Zahlungsausfalles ihres Schuldners tragen müssen. Insoweit ist also die „Hierarchie" der Gläubiger zu klären.

Ebenfalls ein Kriterium sind die dem Kapitalgeber gestellten Sicherheiten, auf die er im Falle eines Zahlungsausfalles zurückgreifen kann. Unter Umständen kann aber auch der Verwendungszweck des überlassenen Kapitals ein wesentliches Kriterium sein. Damit wird mehr oder weniger konkret vereinbart, ob die zur Verfügung gestellten Mittel als Betriebsmittel („working capital"), für Investitionen, zur Umschuldung (Refinanzierung) oder für expansive Strategien zur Verfügung gestellt werden. Gleichzeitig können auch Auflagen vereinbart werden, wie etwa bestimmte Maßgaben oder wichtige Finanzkennzahlen über die Vertragsdauer einzuhalten. Beispielsweise könnte der Darlehensgeber verlangen, daß der Unternehmer sich verpflichtet, wesentliche Betriebsteile nicht zu veräußern oder bestimmte absolute oder relative Verschuldungsgrenzen nicht zu überschreiten.

Letztlich kann eine Kreditvereinbarung auch vorsehen, ob weitere Schuldverhältnisse eingegangen werden dürfen, und wenn ja, in welcher Höhe und zu welchen Konditionen. Dabei ist auch zu klären, ob neuen Kreditgebern gegenüber den „Altgläubigern" zusätzliche Sicherheiten zugebilligt werden dürfen und ob solche Kreditgeber in der Rangordnung der Gläubiger eine günstigere Stellung einnehmen können als bisherige Fremdkapitalgeber.

Klassische Fremdkapitalinstrumente

Die typischen Instrumente in der Fremdfinanzierung sind der „traditionelle", von einer Bank gewährte Kredit, der von einem Konsortium unterschiedlicher Banken gewährte Kredit (syndizierter Kredit), die Kapitalüberlassung von Nicht-Banken (sogenanntes Direktinvestment), der Schuldschein und schließlich die Anleihe. Diese Formen unterscheiden sich im wesentlichen durch ihre rechtlichen Spezifika, die mit ihnen jeweils verbundenen Informationspflichten, den Risikograd für den Investor, die Fungibilität (Handelbarkeit) für den Kapitalgeber sowie die typischerweise dabei zu stellenden Sicherheiten.

Das Spektrum wird ergänzt durch die sogenannten „strukturierten Instrumente". Fremdkapitalinstrumente lassen sich nämlich in ihren einzelnen Komponenten (zum Beispiel Zins, Laufzeit und Währung) auch „maßschneidern" und individuell auf die Bedürfnisse des Kreditnehmers abstimmen. So kann beispielsweise der Zinssatz während der Laufzeit oder in Abhängigkeit von der Bonitätsentwicklung des Kapitalnehmers variieren, der Kredit ist möglicherweise von einer der Vertragsparteien „vorzeitig" kündbar oder Zins und Tilgung werden in unterschiedlichen Währungen bezahlt. Darüber hinaus gibt es Kreditbeziehungen, denen zwar ebenfalls darlehensähnliche Vertragsbeziehungen zu Grunde liegen (zum Beispiel ABS, Factoring, Leasing), die aber hauptsächlich zur „Entlastung" des Eigenkapitals eingesetzt werden. Diese Instrumente werden wegen ihrer besonderen Gestaltung in Kapitel 7 eingehender erläutert.

Typischer Einsatz von Fremdkapital

Fremdkapital eignet sich – in der Regel – zur Finanzierung bestehenden und bewährten Geschäftes. In diesen Fällen dient die Aufnahme von Fremdkapital beispielsweise der Modernisierung von Produktionsanlagen, der Effizienzsteigerung von unternehmensinternen Prozessen durch Investitionen in Informationstechnologie oder dem Ausbau von Betriebsteilen zwecks Kapazitätserhöhung oder Expansion ins Ausland. Fremdkapital eignet sich aber auch zur Bilanzoptimierung und -restrukturierung. Zudem kann die Aufnahme von Fremdkapital sinnvoll sein zur Finanzierung von Akquisitionen oder speziellen einzelnen Projekten. Dem Kapitalgeber kommt es bei der Gewährung von Fremdkapital vor allem an auf die Verläßlichkeit der Planzahlen sowie auf die Stellung von Sicherheiten und dem möglichst weitgehenden Ausschluß etwaiger Geschäfts- oder Länderrisiken.

Grundsätzlich bevorzugen Fremdkapitalgeber bei ihren Engagements einen stetigen und nachhaltigen Kapitalfluß. Dies kommt zum Beispiel Wirtschaftsbereichen mit schwach ausgeprägten konjunkturellen Zyklen oder stetigen Transportleistungen zugute. Kapitalgeber mit erhöter Risikoneigung akzeptieren auch eine stärkere Volatilität im Kapitalfluß, verlangen dafür aber eine höhere Verzinsung der eingesetzten Mittel. Zweifellos kann ein kreditsuchender Unternehmer bemüht sein, das Risiko des Kapitalgebers durch die Stellung von Sicherheiten teilweise zu kompensieren. Gleichwohl bleibt aber der Kapitalfluß zur Bedienung des Schuldendienstes zentrale Größe bei der Finanzierung mit Fremdkapital.

So sind beispielsweise Expansionen in für das jeweilige Unternehmen bislang unbekannte Geschäftsfelder mit recht unsicherer Aussicht auf Erfolg nicht sinnvoll mit Fremdkapital zu finanzieren – selbst wenn im Erfolgsfall hohe Renditen zu erwarten sein sollten. Denn nicht die Gewinnmöglichkeiten sind für Fremdkapitalinvestoren bei der Kreditvergabe entscheidend, sondern die Stetigkeit der Geschäftsentwicklung mit entsprechendem Einnahmefluß zur Bedienung der Zinszahlungen. In Fällen mit hohem diesbezüglichen Risiko, aber attraktiven Gewinnaussichten ist deshalb die Finanzierung mit Eigenkapital weitaus besser geeignet (siehe auch Kapitel 7).

▌ Performance-Messung von Fremdkapital

Die Erfassung der Renditeentwicklung einzelner Kapitalarten dient gleich mehreren Zwecken. So liefert eine solche Messung den Marktteilnehmern Informationen über Stand und Veränderungen des Zinsniveaus und der von den Anlegern geforderten Risikoprämien. Investoren haben damit einerseits die Vergleichsgrößen zu ihren Anlagen und können Portfolien an zuvor definierten Referenzwerten messen („Benchmark"). Kapitalnehmern liefern Renditeindikatoren andererseits Anhaltspunkte zu den Kosten der jeweiligen Kapitalart und erleichtern damit deren Finanzierungskalkulationen. Schließlich dienen Performance-Indikatoren dem Kapitalnehmer im positiven Falle auch zur Entwicklung ihrer „Credit Story".

Für Anleihen und auch für Schuldscheine existiert mittlerweile eine Reihe von – je nach Marktsegment – vergleichenden Indizes. Sogar Kredite lassen sich im Marktdurchschnitt abbilden. So zeichnet beispielsweise der „Leveraged Loans Index" der Ratingagentur Standard & Poor's die Renditeentwicklung von syndizierten, besicherten und variabel verzinslichen Krediten aus dem Bereich „Non Investment Grade" und unbewerteten Darlehen nach. Bei der Auswahl der Indikatoren ist darauf zu achten, nur Größen zu verwenden, die am Markt gebräuchlich sind und als Referenzwert akzeptiert sind, um tatsächlich auch ein verwertbares Stimmungsbild der Investoren zu erhalten.

▌ Bedeutung der Risikoprämie bei Fremdkapital

Das Risiko einer Finanzierung spiegelt sich wider im Renditeaufschlag gegenüber dem Marktzins für risikolose Anlagen. So ist die Risikoprämie („Spread")

Gradmesser für alle Investitionsentscheidungen. Der Spread muß dabei das von den Kapitalgebern in deren Wahrnehmung übernommene Risiko zumindest kompensieren. Die Höhe der Risikoprämie hängt dabei ab vom allgemeinen Zinsniveau, der gegenwärtigen Volatilität der Zinsen sowie dem am Markt wahrgenommenen durchschnittlichen Risiko in einer bestimmten Kapitalart und dem individuellen Risiko des betrachteten Investment.

Dabei gibt es für Kapitalgeber bestimmte Obergrenzen. Beispielsweise sei angenommen, der Marktzins für ein risikoloses Darlehen mit zehnjähriger Laufzeit liege bei fünf Prozent. Eine Prämie von (zusätzlich) ebenfalls fünf Prozentpunkten würde dann als gerade noch akzeptables Risiko erachtet. Eine Prämie von bis zu zehn Prozentpunkten würde aber bereits als hochspekulativ gelten und alles darüber Hinausgehende wäre für Fremdkapitalgeber nicht mehr investierbar.

Einen Ausgleich für hohe Risiken kann die gezielte Ansprache von Fremdkapitalgebern bieten. Hier können einzelne Risikokomponenten erläutert und eventuell relativiert werden. Auch für den Unternehmer ist das nützlich: Möglicherweise lassen sich bisher – von Unternehmen in ihrer Bedeutung – übersehene Risiken durch die Diskussion mit möglichen Investoren erkennen, exakter eingrenzen und gezielt abbauen. Unbestritten ist aber auch: Die Risikoprämie bestimmt sich nach der Struktur der bisherigen Unternehmensfinanzierung, den Gefahren im operativen Geschäft und der aktuellen Ertragslage.

Diese Risiken sind zwar mehr oder weniger objektivierbar, sie werden aber dennoch subjektiv unterschiedlich empfunden – sofern diese Informationen den Adressatenkreis überhaupt erreichen. Und eben da setzt die direkte Ansprache der Fremdkapitalinvestoren an, die sogenannten Credit Relations. Mit aktivem Beziehungsmanagement zu Fremdkapitalgebern läßt sich deren Wahrnehmung von Risiken in gewissem Rahmen steuern und gleichzeitig die Informationsübertragung optimieren.

Noch präsentiert sich der Kapitalmarkt nicht in seiner ganzen Breite den Akteuren mit diesen Anpassungserfordernissen. Investoren entgeht so mitunter die eine oder andere attraktive Anlagemöglichkeit, Unternehmen entgehen gleich mehrere Finanzierungsmöglichkeiten. Nicht selten werden die Informationsbedürfnisse auf

Seiten der Kapitalgeber mit zu wenig Nachdruck vorgetragen, wenn ein Insistieren auf Informationsbereitstellung an und für sich angebracht wäre. Und die Kapitalnehmer sehen sich diesbezüglich nicht in einer Bringschuld. So scheitern häufig Finanzierungsbeziehungen schon von Anfang an allein auf Grund solcher Kommunikations- und Informationsdefizite.

Auch das Kostenbewußtsein ist bei Finanzfragen noch immer erstaunlich gering. Bei vielen Firmen hat es in der Umsetzung ihrer Finanzierungsstrategie bislang keine erkennbaren Probleme gegeben; hundert Basispunkte (ein Prozentpunkt!) mehr oder weniger Risikoaufschlag in der Verzinsung spielten keine Rolle, die ohnehin spärliche Kommunikation mit wenigen Kreditgebern wurde unter „ferner liefen" wahrgenommen und alles andere im Finanzierungsgeschäft haben die Geschäftsbanken „kostenlos" gemacht. Warum, so mag sich die Unternehmensführung fragen, sollte sie sich gerade jetzt überhaupt mit einem Credit Relations-Management auseinandersetzen?

Die Antwort: Um dem Unternehmen überhaupt eine attraktive Finanzierung zu ermöglichen und die Geschäftsstrategie finanziell auch umsetzen zu können. Oder anders formuliert: Credit Relations sind wichtig, weil sich der Unterschied künftig nicht mehr nur in Höhe von einhundert Basispunkten ausdrücken wird. Ganze Finanzierungsvorhaben können ohne Credit Relations zum Scheitern verurteilt sein. Den Emittenten können Konditionen bei der Gewährung von Fremdkapital abverlangt werden, die nur schwerlich im Finanzplan unterzubringen sind – von Imageproblemen ganz zu schweigen.

Auch eine lange Phase des Zinsrückganges auf ein historisch sehr niedriges Niveau hat irgendwann einmal ein Ende. Von niedrigen Zinsen dürfen sich Unternehmen nicht narkotisieren lassen, denn eine Zinswende findet immer statt – in beide Richtungen. Wieder steigende Marktrenditen mit erfahrungsgemäß überproportional anziehenden Risikoprämien und ein anhaltend hoher Kapitalbedarf (bei gleichzeitig schwachem Aktienmarkt) verschärfen dann die Konkurrenz um Investorengelder. Dieser Entwicklung müssen die Unternehmen mit geeigneten Strategien und Maßnahmen vorgreifen und mit der Wahl der optimierten Finanzierungsstrategie frühzeitig Rechnung tragen.

▋ Bedeutung detaillierter Unternehmensdokumentation

Auf die Evidenz umfangreicher, aussagekräftiger und verläßlicher Unternehmensinformationen wurde bereits in den vorangegangenen Kapiteln hingewiesen. Gleichwohl sei gerade im Zusammenhang mit Fremdkapital nochmals betont, daß eine für Kapitalgeber solide Kalkulationsgrundlage die Wahrscheinlichkeit des Zustandekommens von Finanzierungsbeziehungen deutlich erhöht und die Risikoprämie überdies signifikant senken kann. Die möglichst genaue Einschätzung der Risiken erleichtert es den in der Tendenz risikoaversen Fremdkapitalinvestoren, Mittel für Finanzierungsvorhaben bereitzustellen.

Gleichermaßen wichtig für alle Fremdkapitalfinanzierungen sind die Grunddaten der Unternehmensfinanzierung. Hinzu kommen zahlreiche Erläuterungen des Zahlenwerkes sowie die ausführliche Darstellung der Geschäftsstrategie und des Einsatzes der benötigten Mittel. Schließlich sollten eventuelle Widersprüche bereits im Vorfeld aufgegriffen und erläutert werden. Darauf zu warten, daß der potentielle Kapitalgeber diese Widersprüche überhaupt entdeckt, ist der falsche Weg. Denn kommt es tatsächlich zu dieser „Aufdeckung", sind die Defizite in der Regel nicht mehr vertrauenwahrend zu reparieren. Zu groß ist dann das Mißtrauen des Kapitalgebers, daß auch noch an anderer Stelle unentdeckte Risiken schlummern.

Über die Laufzeit der Finanzierung sind auf alle Fälle die gesetzlichen Anforderungen zur Information der Geldgeber einzuhalten, im günstigen Falle ist eine fortlaufende Aktualisierung der anfänglichen Daten- und Informationsbasis gewährleistet. Nach erfolgter Auszahlung behält die Unternehmensdokumentation damit ihren hohen Stellenwert. So werden die Kapitalgeber in ihrem laufenden Informationsbedürfnis befriedigt und bei marktorientierten Finanzinstrumenten die Kurse dieser Papiere keinen bonitätsschädigenden Schwankungen unterworfen, die eventuell weitere Finanzierungswünsche nicht nur teurer machen, sondern sogar zum Scheitern verurteilten.

5.2. Klassischer und nachrangiger Kredit

Der klassische Kredit mit seinen individuellen Ausprägungen bietet für eine ganze Reihe von Finanzierungsanlässen die geeignete Kapitalquelle. Einschließlich ergänzender Elemente (siehe hierzu insbesondere auch Kapitel 6, Mezzanine Instrumente) eignet sich die Kreditfinanzierung für ein recht breites Spektrum an Mittelverwendungen. Voraussetzung zur Inanspruchnahme dieses Instrumentes sind allerdings eine minutiöse Darstellung der Unternehmensverhältnisse und ein ausreichend attraktives Rendite-Risiko-Profil.

Die Anfang dieses Jahrzehntes einsetzende und bis zum Jahr 2005 an Intensität zunehmende Diskussion um gravierende Umwälzungen in den Kapitalvergabe-usancen und eine vermeintliche „Kreditklemme" trafen zwar die Stimmung vieler Unternehmer in ihrem oft vergeblichen Bemühen um Finanzierungen. Jedoch ließen die Debatten die Ursachen dieser Entwicklung in der Regel unberührt: Nicht eine grundsätzliche Zurückhaltung der Kapitalgeber in der Kreditgewährung ist das eigentliche Problem, sondern vielmehr das Versäumnis der Unternehmen, sich den neuen Spielregeln des Finanzmarktes anzupassen. Mit der geeigneten Methode und den richtigen Ansätzen ist der Weg zu Kreditmitteln weiter offen. Voraussetzung ist lediglich das Wissen um die Bedürfnisse der Kapitalgeber sowie die Bereitschaft, diese Bedürfnisse auch zu befriedigen.

Motive des Kapitalgebers

Der typische Kreditgeber verhält sich in der Tendenz risikoavers und wünscht eine hohe Wahrscheinlichkeit an korrektem Schuldendienst inklusive vollständi-ger Rückzahlung des Darlehensbetrages. Aus diesem Grunde muß der Kapitalneh-mer den Kreditgeber ausreichend Informationen liefern, damit dieser das mit dem Investment korrespondierende Rendite-Risiko-Profil möglichst exakt und den tatsächlichen Umständen entsprechend einschätzen kann. Dies ist für beide Seiten mit Aufwand und nicht selten auch mit Schwierigkeiten verbunden. Denn theore-tisch ist ein nahezu unbegrenztes Anlageuniversum möglich. Um nun hier den

Darstellungs-, Analyse- und Bewertungsprozeß zu erleichtern, haben sich zur klareren Strukturierung bestimmte Kreditarten herausgebildet. So läßt sich einerseits eine große Bandbreite an Finanzierungsvarianten abdecken, gleichzeitig wird andererseits durch die Typisierung eine gewisse Ordnung in den Finanzierungskatalog gebracht. Voraussetzung ist in jedem Falle die gute Einschätzbarkeit der mit einer Kreditvergabe verbundenen Risiken.

Um das mit dem Investment verbundene Risiko möglichst exakt bestimmen zu können, durchläuft das potentielle Engagement einen mehr oder weniger aufwendigen Kreditpüfungsprozeß beim Kapitalgeber. Die Kriterien dieses Prozesses gleichen sich zwar mittlerweile dem Grunde nach; bei einer Kreditprüfung durch eine Bank sind sie aber in der Regel (noch) weniger streng angelegt als die Kriterien in einem Bewertungsverfahren durch eine große internationale Rating-Agentur. Damit eignen sich die Verfahren weniger großer Banken tendenziell besser für kleine oder mittelständische Unternehmen.

Diese bei Banken in der Regel auch individueller ausgerichteten Indikatoren zur Bonitätsprüfung liefern deshalb ein Bild, das die tatsächlichen Umstände dieser Unternehmensgruppe besser widerspiegelt. So bringt zum Beispiel die fehlende Größe einer Gesellschaft im Raster einer „renommierten" Rating-Agentur einen Bonitätsabschlag, da Umsätze von unter 750 Millionen Euro nach Ansicht dieser Agenturen wegen meist nicht ausreichender Diversifizierung zu große Schwankungen in der Ertragslage und dem Kapitalfluß vermuten lassen. Zwar werden von den großen Agenturen gegenwärtig vermehrt unterschiedliche Bewertungsverfahren auch für mittlere Unternehmen angeboten, doch so richtig überzeugen vermochten sie bislang nicht.

Die Bewertungssysteme der Banken, die „internen Ratings", sind häufig für den Mittelstand besser geeignet als die Prüfraster der renommierten Rating-Agenturen, die „externen Ratings" – zumindest hinsichtlich eher kapitalmarktfernerer Finanzierungen. Diese Einschätzung ändert sich allerdings mit zunehmender Kapitalmarktnähe: Hier sind externe Ratings meist unumgänglich, verlangen doch Anlagegewohnheiten und Anlagevorschriften der Investoren für am Markt gehandelte Fremdkapitalinstrumente meist ein externes Rating vom Kapitalnehmer.

| Ausprägung des Instrumentes

Der traditionelle Kredit wird in der Regel von einer Bank gewährt. Grundsätzlich gibt es den bilateralen Kredit über eine bestimmte („in einem Betrag" ausgegebene) Kapitalsumme oder als vereinfachten Kontokorrentkredit mit flexibler Inanspruchnahme. Mischformen sind üblich wie zum Beispiel die Einräumung von sogenannten Kreditlinien mit Ausnutzung je nach Kapitalbedarf. Kreditverträge mit Banken sind theoretisch hochflexibel und sehr individuell gestaltbar, weil es kaum gesetzliche – höchstens bankinterne – Vorgaben zur Konzeption gibt. Doch nicht immer wollen die Kreditgeber diese Flexibilität auch voll ausschöpfen. Denn mittlerweile sind selbst „normale" Kreditforderungen in beschränktem Umfang handelbar. Und dies wird erleichtert mit einem Mindestmaß an Standardisierung, was eben die Flexibilität einschränkt.

Ein wichtiger für Kreditnehmer zu beachtender Punkt ist das Kündigungsrecht der Bank. Bei Kontokorrentkrediten beispielsweise können die Banken in der Regel das Darlehen jederzeit fällig stellen und sofortige Rückführung der ausgelegten Mittel verlangen. Dabei ist der Kontokorrentkredit auch noch vergleichsweise teuer. Viele Standardkreditverträge enthalten ebenfalls solche Kündigungsklauseln zu Gunsten der Bank. Ebenso behalten sich Banken bei signifikanten Bonitätsverschlechterungen ein Sonderkündigungsrecht vor. Unternehmen müssen daher bei Bankfinanzierungen auf eine exakte Formulierung des Kündigungsrechtes und der damit verbundenen Definitionen der Anlässe achten. Selbstverständlich steht ein Kündigungsrecht auch dem Kapitalnehmer zu. Kündigt dieser vorzeitig, ist er in der Regel aber auch verpflichtet, die Bank für die eventuell ausfallenden Zinszahlungen zu kompensieren (sogenannte Vorfälligkeitsentschädigung).

Eine weitere Kreditart sind Darlehen von Direktinvestoren („Private Debt") (siehe Kapitel 5.4.). Schließlich können Kredite auch von Geschäftspartnern des kapitalsuchenden Unternehmens (zum Beispiel Verkäufern) gewährt werden. Erfolgt dies im Rahmen von Einkäufen von Vorprodukten und Vorleistungen, wird von Lieferantenkrediten gesprochen. Diese haben meist Laufzeiten von unter einem Jahr. Der Bezug der Waren und Dienste hängt dabei oft von der Einräumung der korrespondierenden Finanzierung ab; insofern besitzt der Kreditnehmer in diesen Fällen noch eine vergleichsweise starke Verhandlungsposition. Doch auch hier werden die Kreditnehmer in der Regel einer Bonitätsprüfung unterworfen, um das Ausfallrisiko beim Kreditgeber, dem Lieferanten, zu reduzieren. Im Einzelvolumen umfangreicher sind Verkäuferdarlehen bei Firmenübernahmen. Diese Kredite haben meist mittlere bis lange Laufzeiten. Mit Darlehensgewährung übernimmt der Verkäufer eines Unternehmens einen Teil des mit dem veräußerten Unternehmen verbundenen operativen Risikos über einen bestimmten Zeitraum.

Konditionen, Strukturen und Volumina

Auch wenn die Kreditgeber in der Regel bestimmte Vorgaben machen, so sind die Bedingungen eines Kredites doch grundsätzlich im Detail frei verhandelbar. Worauf ist nun zu achten bei den Kreditverhandlungen? Besonderes Augenmerk sollte – neben Laufzeit, Zins und Haftung – den Kreditklauseln gelten, den sogenannten Covenants (aus dem Englischen für Vertrag, Verpflichtung, Zusicherung, Vereinbarung). Diese Klauseln regeln zum Beispiel, wie sich die Kreditkonditionen bei Bonitätsveränderungen des Kreditnehmers entwickeln oder welche Sanktionen vorgesehen sind bei Nichteinhalten des Schuldendienstes. Hier dürfte im Regelfall der Kreditnehmer nur über ein Vetorecht gegen Klauseln verfügen, die seinen Geschäftsbetrieb oder die Finanzfreiheit schon bei kleineren negativen Entwicklungen in unzumutbarer Art und Weise beeinträchtigen würden. Gegenstand der Verhandlung sollten nichtsdestotrotz auch solche Klauseln sein.

Weitere Verhandlungspositionen sind die Laufzeit des Kredites mit Zinszahlungs- und Tilgungszeitpunkten sowie die Höhe der jeweiligen Tilgung. Ebenfalls ein Punkt ist die Dauer der Zinsbindung. Schließlich sollten die Abtretbarkeit der Kreditforderung und etwaige Verschwiegenheitsverpflichtungen geklärt werden; allerdings sind gerade hinsichtlich ersterer die juristischen Möglichkeiten zur Begrenzung seitens der Unternehmen in der jüngeren Zeit deutlich eingeschränkt worden.

Die Tilgung eines Darlehens erfolgt in der Regel gleichmäßig über die Laufzeit. Diese Regelung ist für die kapitalgebende Bank von Bedeutung, um das Risikovolumen sukzessive abzubauen. Die Vereinbarungen sollten zudem den exakten Auszahlungszeitpunkt und den Beginn der Zinszahlungsberechnung enthalten, ebenso die eventuelle Festsetzung eines „Agios". Das sogenannte Agio (Aufgeld) ist zum Beispiel derjenige Betrag, um den bei einer Anleiheemission der Ausgabepreis den Nennwert (Rückzahlungsbetrag) übersteigt. Im Gegensatz dazu steht das „Disagio", dies ist beispielsweise bei einer Anleihebegebung derjenige Betrag, um den der Ausgabepreis der Schuldverschreibung den Nennwert (Rückzahlungsbetrag) unterschreitet. Kredite können auch zu heute aktuellen Konditionen für einen späteren Zeitpunkt („per Termin") vergeben werden; dabei ist auf die Wahl des jeweiligen Zinssatzes zu achten.

Tabelle 17. Eckwerte einer Kreditfinanzierung

Wesentliche Kriterien	
Volumen	Weder Mindest- noch Höchstgrenzen, allerdings legen Fälle mit aufwendigen Prüfprozeduren aus Wirtschaftlichkeitsgründen wegen der damit verbundenen Kosten ein korrespondierendes Mindestvolumen nahe.
Verzinsung	Feste und variable Zinssätze (variabel in der Regel als Spread über „Euribor").
Laufzeit	Laufzeiten bis 10 Jahren üblich, können aber auch darüber hinausgehen; wiederum eventuell Mindestlaufzeit wegen des Kostenargumentes.
Anforderungen	Emissionsreife des Emittenten, Dokumentation, Erreichen der nötigen Bonitätsschwelle im internen Rating.
Plazierungsdauer	Abhängig von Volumen und Prüfprozedur, zwischen ein und vier Monate.
Investoren	Als Kreditgeber fungieren Geschäftsbanken und bankähnliche oder nationale Institutionen.
Kosten	Abhängig von Bonität und Prüfungsaufwand; Indikation bei 0,5 bis 1,0 Prozentpunkte einmalig, etwa 0,3 Prozentpunkte für die ständige Kreditüberwachung laufend als Bestandteil der Gesamtverzinsung.

In den Prozeß der Zinsbildung halten üblicherweise vier Faktoren Eingang. Zunächst ist der Refinanzierungssatz des Kapitalgebers wichtig. Einen Anhaltspunkt hierfür erhält das kapitalsuchende Unternehmen mit dem risikolosen Marktzins zuzüglich Bonitätsaufschlag für die jeweilige Bank. Der zweite Faktor sind die Eigenmittelkosten der Bank, das heißt diejenigen Kosten, die durch die Unterlegung des Kredites mit Eigenkapital entstehen; diese richten sich nach der Bonität des jeweiligen Kreditnehmers (internes Rating). Der dritte Faktor ist die Bankmarge einschließlich der Gebühren; diese Größe ist selten transparent und daher für Außenstehende a priori schwer kalkulierbar. Der vierte Faktor ist schließlich die Risikoprämie. Dies ist derjenige Teil des Zinssatzes, den der Kreditgeber als individuellen Ausgleich für das mit dem Engagement verbundene Risiko verlangt. Das kapitalsuchende Unternehmen kann hier als eher vage Anhaltspunkte auf Referenzgrößen des Marktes beispielsweise in Form von Renditen auf Anleihen vergleichbarer Unternehmen oder Indizes für die Renditeentwicklung bestimmter Schuldscheinkategorien zurückgreifen.

Wesentliches Kriterium sowohl für den Kreditgeber als auch den Kreditnehmer ist die Stellung des zu verhandelnden Kredites in der Rangordnung der Gläubiger. „Rang" eines Kredites bedeutet in diesem Zusammenhang, in welcher Reihenfolge im Falle der Zahlungsunfähigkeit des Unternehmens die verschiedenen Unternehmensgläubiger auf das verbliebene Unternehmensvermögen oder die jeweils gestellte Sicherheit zur Deckung ihrer Forderungen zugreifen können. Zum Beispiel kann ein Unternehmen von ihm aufgenommene Darlehen mit Grundschulden auf seine Betriebsgrundstücke besichern. Im Grundbuch werden dann vier Grundschulden für vier unterschiedliche Kreditgeber zu je 100 000 Euro eingetragen. Wird das Unternehmen insolvent, können diese Kreditgeber zum Beispiel diese Betriebsgrundstücke versteigern lassen. Der Versteigerungserlös wird dann nicht anteilig, sondern nach Rangordnung an die Kreditgeber ausgezahlt. Solange ein jeweils vorrangiger Kreditgeber noch nicht voll befriedigt ist, geht der jeweils nachrangige Kreditgeber „leer aus".

Davon zu unterscheiden ist eine Konstellation, in der ein bestimmter Gläubiger im Rang zu Gunsten aller anderen Gläubiger eines Unternehmens zurücktritt. In einem solchen Falle ist ein Kapitalgeber also zum Beispiel damit einverstanden, bei Zahlungsunfähigkeit des Unternehmens erst dann auf das restliche Vermögen des Unternehmens zuzugreifen, wenn alle anderen Gläubiger bereits „bedient" worden sind. Solche Fälle werden als einfacher oder qualifizierter Rangrücktritt bezeichnet, spielen aber bei einer „klassischen" Darlehensaufnahme keine Rolle. Der Kapitalgeber ist hier an einer „erstrangigen" Stellung interessiert, da dies sein Ausfallsrisiko minimiert. Der Kapitalnehmer versucht hingegen eine „nachrangige" Stellung des aufgenommenen Kredites zu vereinbaren, da dies tendenziell die Bonität verbessert und das gesamte Verschuldungspotential weniger stark einschränkt. Es muß deshalb präzise vereinbart werden, welchen Rang ein Kredit in der Rangordnung der Gläubiger einnimmt. Dabei ist auch zu klären, welchen Rang der Unternehmer weiteren Darlehen, die zu einem späteren Zeitpunkt von Dritten aufgenommen werden, vertraglich einräumen darf.

Erstrangige Darlehen, eventuell sogar noch mit Besicherung, werden in Anlehnung an die angelsächsische Benennung auch als „Senior Debt" bezeichnet. Darlehen, die zwar nicht erstrangig sind, in der Rangordnung aber noch vor (weiterer) nachrangiger Verschuldung liegen, sind nach dieser Terminologie „Junior Debt". Im Verhältnis zu allen anderen Verbindlichkeiten tragen nachrangige Darlehen dann die Bezeichnung „Subordinated Loans".

Grundsätzlich ist der traditionelle (Bank-) Kredit ein Instrument, das sich vergleichsweise einfach und zügig einsetzen läßt. Es kann in der Mehrheit der Fälle individuell strukturiert werden und zahlreiche individuelle Merkmale berücksichtigen wie zum Beispiel Sondertilgungen oder die Möglichkeit einer vorzeitigen Rückzahlung. Je nach Ausmaß der Besicherung des Kredites kann die vom Kreditnehmer zu zahlende Risikoprämie deutlich reduziert werden. Mittelfristig könnten sich indes in der Gestaltbarkeit des Kredites als unternehmerisches Finanzierungsinstrument Einschränkungen ergeben, und zwar dann, wenn es zu einer zunehmenden Standardisierung zwecks besserer Handelbarkeit der Kredite kommen sollte. Dem steht allerdings nach wie vor als positiver Aspekt gegenüber, daß die Kommunikation des Fremdkapitalnehmers bei einer solchen Kreditfinanzierung nur gegenüber *einem* Gläubiger stattfinden muß.

Als Problempunkt könnten sich etwaige vertraglich geregelte Mitspracherechte des Kapitalgebers bei Bonitätsverschlechterungen erweisen. Dieses Recht bedingen sich Gläubiger mitunter aus als Ausgleich für den Verzicht auf eine vorzeitige Kündigung oder einen Verkauf des Kredites. Letztlich steht den Vorteilen der breiten Einsatzfähigkeit von klassischen Krediten auch als Nachteil gegenüber, daß sich am Markt mit (Bank-) Krediten nur schwer eine positive Publikumswirkung erreichen läßt und der Aufbau einer Credit Story nur mit größerem Aufwand darstellbar ist. Zudem lassen sich durch (bilaterale) Kredite keine zusätzlichen Investorenkreise erschließen.

Tabelle 18. Vor- und Nachteile des bilateralen Bankkredites

Plus	Minus
◆ In der Regel (noch) individuelle Verhandelbarkeit der Konditionen möglich.	◆ Mittlerweile vergleichsweise teuer.
◆ Geringer administrativer Aufwand (außer: Erstellung des Dokumentations- und Informationsmaterials).	◆ Bereitschaft des Kapitalgebers zur Risikoübernahme begrenzt.
◆ Laufende Kommunikation und Information nur gegenüber einem einzelnen Kapitalgeber.	◆ (Sonder-) Kündigungsrecht der Bank.
	◆ Kaum Aufbau einer Credit Story möglich.
◆ Eventuell leichtere Nachverhandlung.	◆ Keine Erschließung neuer Investorenkreise.
◆ Kein externes Rating erforderlich.	◆ Erfolgreiches Passieren des internen Rating nötig.

Wichtig ist auch die sorgfältige Auswahl des richtigen Finanzierungspartners. Grundsätzlich lassen sich hier drei Gruppen von Banken unterscheiden. Zur ersten Gruppe gehören Institute mit solidem finanziellen Hintergrund und einem gut laufenden operativen Geschäft. Hinzu kommt eine personelle und technische Ressourcenausstattung, die ein angemessenes Bewertungs- und Prüfverfahren des potentiellen Kapitalnehmers erlaubt. Schließlich ist das Kreditportfolio dieser Bankengruppe im einzelnen Falle so groß und derart optimiert, daß hierin auch mit stärkerem Risiko behaftete Engagements integriert werden können. Bei dieser Bankengruppe sind kapitalsuchende Unternehmen in der Regel am besten aufgehoben.

Zur zweiten Bankengruppe gehören Institute, die hinsichtlich ihrer Finanzkraft und Ertragslage bereits nicht mehr zur „ersten Liga" zählen. Hinzu kommen Zurückhaltung bei der Kreditvergabe im allgemeinen und ein auf Grund von Ressourcenmangel standardisiertes beziehungsweise eingeschränktes Kreditprüfungsverfahren. Bei Banken dieser Kategorie sind kapitalsuchende Unternehmen nur dann sinnvoll aufgehoben, wenn bereits langjährige Beziehungen zwischen Unternehmen und Kreditinstitut bestehen und die Einengung der Finanzierungsmöglichkeiten nur vorübergehender Natur sein sollte.

Zur dritten Bankengruppe zählen Institute, deren wirtschaftlichen Verhältnisse so stark angegriffen sind, daß eine für beide Seiten gewinnbringende Geschäftsbeziehung kaum möglich ist. Hier ist meist die Risikoaversität so hoch, daß Kredite, die auch nur mit geringen Risiken behaftet sind, nicht mehr vergeben werden. Auch ist in diesen Fällen der Ressourceneinsatz in der Kreditprüfung aus Kostengründen auf ein Minimum reduziert. Die Ansprache dieser Banken ist für Unternehmen dann sinnlos.

Mittelverwendung

Der klassische Kredit eignet sich zur Finanzierung einer ganzen Reihe von Investitionsvorhaben und Mittelbedürfnissen (siehe auch Kapitel 8). Zudem haben grundsätzlich Unternehmen jeglicher Größe Zugang zu dieser Finanzierungsquelle. Bei den möglichen Mittelverwendungen ist zu unterscheiden zwischen den beiden Feldern Bilanzfinanzierung und Geschäftsfinanzierung.

Zum Bereich der Bilanzfinanzierung gehören die Kreditierung entstandener Verluste, die Umfinanzierung und Ablösung anderer Verbindlichkeiten/Verpflichtungen, die Zahlung von Dividenden oder anderen Ausschüttungen und die Stärkung der Betriebsmittel (das „working capital"). Das Feld der Geschäftsfinanzierung umfaßt die Finanzierung von Unternehmenskäufen, Investitionen und Expansionen. Trotz seiner Flexibilität läßt sich der Kredit allerdings nicht in jedem dieser Felder gleichermaßen einsetzen.

Tabelle 19. Einsatz der Kreditfinanzierung

Eignung im Vergleich		
Bilanzfinanzierung	Refinanzierung[1]	
	längere Laufzeit	↘
	gleiche Laufzeit	→
	kürzere Laufzeit	↑
	Umfinanzierung/Ablösung[2]	
	Anleiheschulden	↓
	Lieferantenkredit	↗
	Pensionsverbindlichkeiten	↓
	Bankschulden	→
	Optimierung Bilanzstruktur	↓
	Aufstockung Betriebsmittel	↗
	Verlustausgleich	↗
	Kapitalausschüttung	↓
	Krisenfinanzierung	↓
Geschäftsfinanzierung	Unternehmenskauf	→
	Investition	↗
	Expansion	
	tradiertes Geschäftsfeld	↗
	fremdes Geschäftsfeld	↓
	Erbschaft/Eignerübergang	↘

[1] Tilgung durch Mittelaufnahme in derselben Kapitalart
[2] Tilgung durch Mittelaufnahme in einer anderen Kapitalart (Auswahl)
↑ sehr gut geeignet, ↗ geeignet, → akzeptable Finanzierung, ↘ weniger gut geeignet, ↓ nicht geeignet

Seine Vorzüge als Finanzierungsquelle kann der Kredit immer dann ausspielen, wenn der Verausgabung der Mittel ein sofort einsetzender, kontinuierlicher und nachhaltiger Zufluß an Kapital gegenübersteht. Dies ist besonders der Fall bei Erwerb eines nicht defizitären Unternehmensteiles, der unverzüglich Einnahmen generiert, oder bei Investitionen, die innerhalb kurzer Zeit zu erhöhten Umsätzen führen. Kredite sind auch in Situationen sinnvoll eingesetzt, in denen sie eine unverzügliche Kostenersparnis bedeuten (zum Beispiel zur Ablösung teurer Lieferantenkredite) oder das Finanzierungsprofil des Kreditnehmers verbessern. In jedem Falle sollten die Kreditmittel keinem erhöhten Ausfallrisiko ausgesetzt sein. Der Kreditgeber darf also nicht den Eindruck haben, sein Investment sei mit einem „unverhältnismäßigen" Risiko behaftet.

Steuerliche Behandlung des Kredites beim Unternehmen

Ein aufgenommenes Darlehen bilanziert das Unternehmen als Verbindlichkeit in Höhe des Darlehensbetrages. Die Aufnahme eines Darlehens ist für den Unternehmer also im Grundsatz bilanzneutral (allerdings: Erhöhung der Bilanzsumme). Die jeweils vom Unternehmer bezahlten Zinsen sind für Zwecke der Körperschaftsteuer im Grundsatz uneingeschränkt als Betriebsausgaben abzugsfähig. Eine bloße Nachrangvereinbarung über die Rangfolge zum Beispiel der gestellten Sicherheiten ändert daran grundsätzlich nichts.

Etwas anderes kann allerdings dann gelten, wenn das vom Unternehmen entgegengenommene Darlehen unter die Regelungen über die sogenannte Gesellschafterfremdfinanzierung fällt. Unter bestimmten Voraussetzungen sind nämlich Zinsen auf Darlehen, die ein Gesellschafter seiner Kapitalgesellschaft (zum Beispiel einer Aktiengesellschaft oder einer GmbH) gewährt, bei der Kapitalgesellschaft nicht als Betriebsausgaben abzugsfähig. Ähnliche Folgen können sich selbst dann ergeben, wenn nicht der Gesellschafter das Darlehen vergibt, sondern eine Bank, und der Gesellschafter zur Absicherung dieses Darlehens der Bank gegen Entgelt bestimmte Sicherheiten überläßt (zum Beispiel bei eben dieser Bank ein verzinsliches Guthaben hält).

Im Detail sind diese Regelungen über die sogenannte Gesellschafterfremdfinanzierung recht komplex. Der möglicherweise entstehende finanzielle Schaden für das Unternehmen ist unter Umständen enorm. Es ist daher jedem Unternehmen zu empfehlen, sich in diesen Fällen rechtzeitig über die steuerlichen Folgen einer geplanten Darlehensaufnahme beraten zu lassen.

Für Zwecke der Gewerbesteuer kommt die Regelung über sogenannte Dauerschulden hinzu. Zinsen für solche „Dauerschulden" kann das Unternehmen bei der Ermittlung der Gewerbesteuer nur zur Hälfte als Betriebsausgaben abziehen. Die

Finanzverwaltung geht davon aus, daß Darlehen mit einer Laufzeit von mehr als einem Jahr in der Regel solche Dauerschulden des Unternehmens darstellen. Revolvierende Darlehen sind nach Auffassung der Finanzverwaltung dabei zusammenzufassen. Auch hier ist deshalb eine frühzeitige Beratung durch einen steuerlichen Berater empfehlenswert.

5.3. Konsortialkredit und syndizierter Kredit

Der Unterschied des Konsortialkredites zum klassischen Kredit besteht im wesentlichen darin, daß ein Unternehmenskredit im „Konsortialfall" nicht nur von einem Kapitalgeber, sondern gemeinschaftlich von mehreren Kapitalgebern gewährt wird. In der Praxis schließen sich dazu mehrere Banken – je nach Volumen auch schon bis zu zehn Häuser – zu einem „Konsortium" oder „Syndikat" zusammen. Das mit dem Kreditengagement verbundene Risiko wird dadurch auf eine breitere und tragfähigere Basis gestellt – was gerade bei Großkrediten ab dreistelligen Millionenbeträgen von Bedeutung ist. Viele institutionelle Merkmale des Konsortialkredites entsprechen grundsätzlich dem klassischen Kredit.

Teilnehmer an Konsortien beziehungsweise Syndikaten sind üblicherweise große und größere Geschäftsbanken. Die Begriffe Konsortium und Syndikat werden an und für sich gleichbedeutend verwendet. Der Begriff „Konsortium" bezeichnet häufig den Zusammenschluß von inländischen Instituten, der Begriff „Syndikat" den Zusammenschluß von inländischen und ausländischen Bankadressen. Ein weiteres Unterscheidungsmerkmal besteht in der Offenheit der jeweiligen Gruppenbildung. So gibt es Konsortien/Syndikate, zu deren Teilnahme eine große Zahl von Banken eingeladen wird, aber auch Fälle, in denen nur eine kleine, ausgesuchte Zahl von Instituten angesprochen.

▌ Motive des Kapitalgebers

Grundsätzlich greifen auch beim syndizierten Kredit auf der Gläubigerseite die gleichen Motive wie beim „klassischen" Kredit. Der Unterschied liegt lediglich darin, daß sich im Konsortialfall eine Gruppe von Kapitalgebern mit vergleichbarer Motivationslage bildet. Seine Vorzüge spielt der Konsortialkredit dabei besonders in Größenordnungen ab dreistelligen Millionenbeträgen aus, die für ein einzelnes Bankhaus in der Rendite-Risiko-Betrachtung als alleiniger Kapitalgeber meist nicht in Frage kommen. Als für die Gläubiger positiver Effekt kommt beim

Konsortialfall noch hinzu, daß der potentielle Kreditnehmer mehrere Prüfprozeduren durchlaufen muß und so eventuelle Schwachstellen im Finanzierungsvorhaben leichter aufzudecken sind.

▌ Ausprägung des Instrumentes

Der Konsortialkredit stellt in der Regel an den Kapitalnehmer größere Anforderungen als der klassische Kredit (siehe auch Kapitel 5.2.). So muß beispielsweise die den Banken eingereichte Dokumentation höchsten Ansprüchen genügen. Aber auch in der Finanzplanung ist auf die prognostischen Elemente ausreichend Sorgfalt zu verwenden, um keine unerwarteten Fehler in der Tragfähigkeit der Verschuldung hervorzurufen. Denn der syndizierte Kredit läßt wegen der Vielzahl der beteiligten Adressen kaum Spielraum zu späteren Nachverhandlungen. Die vereinbarten Zahlungsströme weisen einen ähnlichen Verpflichtungsgrad auf wie bei einer emittierten Anleihe.

Hinzu kommt, daß die Vertragsbedingungen eines Konsortialkredites oftmals umfangreicher und restriktiver formuliert sind als bei bilateralen Finanzierungsbeziehungen. Damit muß dem Umstand Rechnung getragen werden, alle Einzelinteressen der beteiligten Banken unter einen Hut zu bekommen. Positiver Effekt ist hingegen, daß sich ein Konsortialkredit wegen seiner stärkeren Öffentlichkeitswirkung weitaus besser zur Entwicklung der Credit Story verwenden läßt als ein bilaterales Finanzierungsabkommen.

▌ Konditionen, Strukturen und Volumina

Die Konditionengestaltung beim syndizierten Kredit orientiert sich mittlerweile sehr stark an den Renditen und Gegebenheiten des Kapitalmarktes. Waren noch Mitte der neunziger Jahre bei Konsortialkrediten Renditeabschläge bis zu 200 Basispunkten (entspricht zwei Prozentpunkten) gegenüber vergleichbaren Anleihen desselben Kapitalnehmers zu beobachten, so resultieren Differenzen heute meist nur noch aus der unterschiedlichen Struktur der Transaktionen.

Syndizierte Kredite kommen wegen der „Lastenverteilung" zwischen den beteiligten Kapitalgebern in der Regel entweder bei einem höheren Risikoprofil des Kapitalnehmers oder bei sehr großen Beträgen (zum Beispiel über 500 Millionen Euro) zum Einsatz. Erhöhte Risiken bestehen beispielsweise in Unternehmenskrisen, wenn kurz- bis mittelfristige Liquidität bereitgestellt werden muß. Entsprechend hoch sind häufig die Risikoaufschläge („Spreads"). Hinsichtlich der Laufzeiten sind ähnliche Profile wie bei klassischen Darlehen anzutreffen, die Strukturen sind hingegen meist weniger individuell und nähern sich stärker Kapitalmarktmustern an. Bei der Auswahl der Konsortialbanken und vor allem der Konsortialführer sollten Unternehmen schließlich vor allem darauf achten, nur Institute mit Erfahrung in der Strukturierung von solchen Schuldtiteln zu mandatieren.

Tabelle 20. Eckwerte einer syndizierten Kreditfinanzierung

Wesentliche Kriterien	
Volumen	Ab 5 Millionen Euro (Konsortium nur mit Beteiligung deutscher Banken) beziehungsweise ab 50 Millionen Euro (Syndikat mit Beteiligung ausländischer Adressen), insgesamt Volumina bis zu 1 Milliarde Euro; weder Mindest- noch Höchstgrenzen, allerdings legen Fälle mit aufwendigen Prüfprozeduren aus Wirtschaftlichkeitsgründen wegen der damit verbundenen Kosten ein korrespondierendes Mindestvolumen nahe.
Verzinsung	Feste und variable Zinssätze (variabel in der Regel als Spread über „Euribor").
Laufzeit	Laufzeiten bis zu 10 Jahren üblich, können aber auch darüber hinausgehen; wiederum Mindestlaufzeit wegen des Kostenargumentes.
Anforderungen	Emissionsreife des Emittenten, Dokumentation, Erreichen der nötigen Bonitätsschwelle im internen Rating.
Plazierungsdauer	Abhängig vom Volumen, zwischen ein und drei Monate.
Investoren	Als Kreditgeber fungieren in der Regel Geschäftsbanken.
Kosten	Abhängig von Bonität und Prüfungsaufwand, Indikation bei 0,5 bis 1,0 Prozentpunkte einmalig, etwa 0,3 Prozentpunkte für die ständige Kreditüberwachung laufend als Bestandteil der Gesamtverzinsung.

Tabelle 21. Vor- und Nachteile des Konsortialkredites

Plus	Minus
◆ Mittelaufnahme auch größerer Volumina in Kreditform.	◆ Kein sinnvoller Einsatz dieses Instrumentes bei kleineren Kreditbeträgen.
◆ Breites Spektrum an Einsatzmöglichkeiten.	◆ Hohe Ansprüche an Dokumentation.
◆ Kein externes Rating erforderlich.	◆ Informationsverpflichtung gegenüber mehreren Kapitalgebern.
◆ Aufbau einer Credit Story möglich.	◆ In der Regel umfangreiche Kreditklauseln („Covenants").
	◆ Erfolgreiches Passieren des internen Rating nötig.
	◆ Oftmals umfangreiche Stellung von Sicherheiten erforderlich.

▌ Mittelverwendung

Das Spektrum der Möglichkeiten zur Mittelverwendung liegt beim Konsortialkredit zwischen dem klassischen Kredit und der Anleihe. Dies zeigt sich zunächst beim durchschnittlichen Volumen, das beim sydizierten Kredit zwar höher ist als beim bilateralen Darlehen, aber in der Regel niedriger als bei einer Anleihe. Auch die Risikoneigung der Kapitalgeber ist beim syndizierten Kredit meist größer als beim klassischen Kredit, häufig aber geringer als bei Zeichnern einer Anleihe (so zum Beispiel beim „High Yield Bond"). Nicht zuletzt dürften auch die Kreditbedingungen beim syndizierten Kredit meist strenger ausfallen als beim klassischen Darlehen, dafür aber weniger stringent als bei einer Anleihe. Häufig fungieren syndizierte Kredite auch als unter bestimmten Bedingungen schnell arrangierbare „Brückenfinanzierung", die dann später durch die Emission eines Kapitalmarktinstrumentes abgelöst wird. Nicht selten müssen deshalb Konsortialkredite mit der Stellung umfangreicher Sicherheiten unterlegt werden.

Tabelle 22. Einsatz der Konsortialkreditfinanzierung

Eignung im Vergleich		
Bilanzfinanzierung	Refinanzierung[1]	
	längere Laufzeit	↘
	gleiche Laufzeit	↘
	kürzere Laufzeit	↗
	Umfinanzierung/Ablösung[2]	
	Anleiheschulden	↗
	Lieferantenkredit	↘
	Pensionsverbindlichkeiten	↓
	Bankschulden	→
	Optimierung Bilanzstruktur	→
	Aufstockung Betriebsmittel	→
	Verlustausgleich	↗
	Kapitalausschüttung	↓
	Krisenfinanzierung	↑
Geschäftsfinanzierung	Unternehmenskauf	↗
	Investition	→
	Expansion	
	tradiertes Geschäftsfeld	↗
	fremdes Geschäftsfeld	→
	Erbschaft/Eignerübergang	↘

[1] Tilgung durch Mittelaufnahme in derselben Kapitalart
[2] Tilgung durch Mittelaufnahme in einer anderen Kapitalart (Auswahl)
↑ sehr gut geeignet, ↗ geeignet, → akzeptable Finanzierung, ↘ weniger gut geeignet,
↓ nicht geeignet

Steuerliche Behandlung des Konsortialkredites beim Unternehmen

Steuerlich ergeben sich auf Seite des Unternehmens keine wesentlichen Unterschiede zum „klassischen" Kredit. Zu bedenken ist aber, daß die Vertragsbedingungen von syndizierten Krediten meist deutlich komplexer ausfallen als beim „klassischen" Kredit. Um so wichtiger ist es für das Unternehmen, rechtzeitig steuerliche Beratung einzuholen, damit sich nicht später eine der zahlreichen Kreditklauseln als steuerliche Achillesverse der Finanzierung herausstellt.

5.4. Private Debt und Direktinvestoren

Kredite werden traditionell von Geschäftsbanken oder bankähnlichen Institutionen vergeben. Doch an Bedeutung in der Darlehensvergabe gewinnen zunehmend Versicherungen, spezielle Fonds und Vermögensverwalter, die sogenannten Direktinvestoren. Ein niedriges Zinsniveau und ein Kapitalmarktumfeld mit vergleichsweise geringen Risikoprämien macht nämlich für diese Adressen die Suche nach interessanten Rendite-Risiko-Profilen abseits der kapitalmarktfähigen Anlageprodukte besonders attraktiv. Aus dieser Entwicklung haben sich mittlerweile für Unternehmen willkommene alternative Kapitalquellen ergeben.

Direktinvestoren finanzieren mittlerweile ein breites Spektrum: Von der privaten Immobilie bis hin zur großvolumigen Unternehmenstransaktion. Nur auf den ersten Blick erstaunlich ist, daß sie sich dabei in ihren Prüf- und Bewertungsmethoden doch merklich von den Usancen der traditionellen Kreditgeber unterscheiden. Auf den zweiten Blick ergibt diese Vorgehensweise vor dem Hintergrund eines differierenden Anlageprofils durchaus Sinn. Und so dürfte sich diese Kredit- und Finanzierungsform in den kommenden Jahren sowohl für Kapitalgeber als auch für Kapitalnehmer als eine der attraktivsten Finanzierungsquellen erweisen.

Motive des Kapitalgebers

Typische Direktinvestoren sind Finanzadressen, die zwar kein Bankgeschäft betreiben, in ihrer Funktion als Vermögensverwalter aber über einen hohen Anlagebedarf verfügen. Typische Investoren dieser Gruppe sind zum Beispiel spezielle Fonds oder Versicherungen. Deren Prüfkriterien bei der Beurteilung potentieller Investments sind in der Regel zwar anspruchsvoller als diejenigen der Banken. Denn das Portfolio dieser Direktinvestoren ist fokussierter, Anlagen müssen exakt in die Portfoliostrategie passen. Im Gegenzug sind Direktinvestoren aber auch bereit, gegenüber Banken teils deutlich höhere Risiken einzugehen. Dafür benötigen sie zum Einschätzen des Risikos allerdings mehr und ausführlichere Informationen. Die erhöhte Risikoneigung ist letztlich auch darauf zurückzuführen, daß Nicht-Banken – anders als diese Finanzinstitute – nicht den Kreditrichtlinien nach „Basel II" unterliegen und ihre Engagements deshalb auch nicht risikoadäquat mit Eigenkapital unterlegen müssen.

Diese Strategie der gezielten Kapitalvergabe ermöglicht es solchen Direktinvestoren, ein Portfolio mit einem exzellenten Rendite-Risiko-Profil zusammenzustellen. Am Kapitalmarkt ist ein vergleichbares Portefeuille in dieser Form nicht darstellbar. Der Branchenjargon spricht hier von einem sogenannten „Yield pickup", einer zusätzlichen Renditemöglichkeit. Die Anlageform des Direktinvestment hat sich daher mittlerweile für Kapitalgeber zu einer echten Alternative im Vergleich zu Aktien und anderen Kapitalmarktinstrumenten entwickelt.

▎Ausprägung des Instrumentes

Der besondere Charme der für Direktinvestoren interessanten Objekte liegt in der Kombination von lukrativem Geschäfts- und Unternehmenskonzept bei gleichzeitig zufriedenstellendem „Basiskapitalrückfluß" und der Existenz verwertbarer Sicherheiten. Diese Mischung würde bei Banken häufig durch das Prüfraster fallen, da sie bei einem der wichtigen Kriterien (Konzept, Kapitalfluß, Sicherheit) eine nötige Hürde nicht nehmen könnte. Direktinvestoren erlauben hingegen eine (beschränkte) Substituierbarkeit zwischen den drei Kriterien.

Die gegenüber Banken häufig günstigeren Refinanzierungskosten lassen die geforderte Mindestrendite sinken; die Risikoprämie erhöht sich entsprechend. Die stärkere Flexibilität und Risikobereitschaft haben allerdings auch ihren Preis. Kreditverträge mit Direktinvestoren sind im Prinzip zwar individuell verhandelbar, auf Grund des engeren Anlagerahmens allerdings auch mit erheblich strikteren Bedingungen (Kreditklauseln) ausgestattet.

▌ Konditionen, Strukturen und Volumina

Der in der Regel erhöhte Prüfungsaufwand bei potentiellen Direktinvestitionen macht normalerweise erst Beträge ab fünf Millionen Euro interessant. Lediglich in Einzelfällen – besonders, wenn umfassende Sicherheiten gestellt werden – sind auch Volumina unterhalb dieser Grenze sinnvoll darstellbar. Hinsichtlich der Besicherung sind sowohl vorrangige als auch nachrangige Darlehen möglich. Die Laufzeiten liegen üblicherweise zwischen fünf und zehn Jahren. Die Verzinsung der Darlehen entspricht mehr oder weniger der theoretischen Kapitalmarktrendite.

Tabelle 23. Eckwerte einer Direktfinanzierung

Wesentliche Kriterien	
Volumen	Weder Mindest- noch Höchstgrenzen, üblich sind jedoch Volumina zwischen 5 und 10 Millionen Euro, geringere/höhere Beträge sind wegen des Prüfaufwandes häufig unwirtschaftlich/erfordern in der Regel ein besonders attraktives Rendite-Risiko-Profil.
Verzinsung	Feste und selten variable Zinssätze (variabel in der Regel als Spread über „Euribor").
Laufzeit	Laufzeiten von 5 bis 10 Jahren üblich, können aber auch darüber hinausgehen.
Anforderungen	Emissionsreife des Emittenten, Dokumentation mit erhöhten Anforderungen, Erreichen der nötigen Bonitätsschwelle im internen Rating.
Plazierungsdauer	Abhängig vom Volumen, zwischen ein und drei Monate.
Investoren	Als Kreditgeber fungieren Versicherungen, Vermögensverwalter und spezielle Fonds.
Kosten	Abhängig von Bonität und Prüfungsaufwand, Indikation bei 0,5 bis 1,0 Prozentpunkte einmalig mit Aufnahme der Mittel, in der Regel unter 0,1 Prozentpunkte für die ständige Kreditüberwachung laufend als Bestandteil der Gesamtverzinsung.

Ungeachtet einer im Vergleich zu traditionellen Fremdkapitalgebern erhöhten Risikobereitschaft stellen Direktinvestoren keine „High Yield-Finanzierungen", also kein Risikokapital. Obgleich das Risikopotential des Engagements nicht selten erhöht ist, so darf es sich aber nicht im hochspekulativen Bereich bewegen. Konsequenterweise bewegen sich die Risikoprämien abhängig von der jeweiligen Ausfallwahrscheinlichkeit in einer Bandbreite von 50 bis 450 Basispunkten (entspricht 0,5 bis 4,5 Prozentpunkten).

Einen hohen Stellenwert nehmen bei der Direktfinanzierung die Vertragsbedingungen und besonders die vereinbarten Mitspracherechte des Darlehensgebers ein. Hier sollten Unternehmen darauf achten, nicht mit überzogenen Klauseln belastet zu werden. Denn gerade die Fonds aus dem angelsächsischen Raum gehen dabei mit einer bislang in Kontinentaleuropa nicht gekannten Kompromißlosigkeit an den Markt. Und auch die Anforderungen an die Dokumentation sowie an die Offenlegung der wirtschaftlichen Verhältnisse dürften manche Kapitalmarktteilnehmer zunächst als Konfrontation oder gar als Affront empfinden.

Tabelle 24. Vor- und Nachteile der Direktfinanzierung

Plus	Minus
◆ Kapitalgeber mit erhöhter Risikobereitschaft. ◆ In der Regel individuelle Verhandelbarkeit der Konditionen möglich. ◆ Laufende Kommunikation und Information nur gegenüber einem einzelnen Kapitalgeber. ◆ Kein externes Rating erforderlich. ◆ Erschließung neuer Investorenkreise. ◆ An Kapitalmarktfinanzierung angelehntes Kreditverhältnis.	◆ Vergleichsweise aufwendiger und anspruchsvoller Prüfungs- und Bewertungsprozeß; erhöhter administrativer Aufwand (umfangreiches Dokumentations- und Informationsmaterial). ◆ Oftmals Sonderkündigungs- und/oder weitreichende Mitsprache-, Kontrollrechte des Kapitalgebers. ◆ Kaum Aufbau einer Credit Story möglich. ◆ Erhöhte, unbedingt dem tatsächlichen Risiko entsprechende Risikoprämie. ◆ Nachverhandlung unüblich. ◆ Erfolgreiches Passieren des (anspruchsvollen) internen Rating nötig. ◆ Hohe Professionalität der Kreditgeber mit entsprechend kompromißloser Verhandlungsführung.

Eine Besonderheit der Direktfinanzierung liegt mitunter auch darin, daß die Investoren letztlich nicht immer als der finale Kapitalgeber, sondern als „Bürge" fungieren. Das eigentliche Darlehen wird vielmehr von einer Bank vergeben. Direktinvestoren verfügen nämlich häufig über eine sehr gute Bonität und können sich entsprechend günstig am Kapitalmarkt oder bei Banken refinanzieren. Einem kapitalsuchenden Unternehmen wird dann unmittelbar beispielsweise von einer Geschäftsbank ein Darlehen zur Verfügung gestellt; diese Mittel werden quasi vom Direktinvestor, oft eine Versicherung, garantiert. Dafür erhält der Investor dann eine seinem tatsächlichen Risiko entsprechende Prämie.

Mittelverwendung

Direktinvestitionen eignen sich grundsätzlich besser zur Geschäfts- als zur Bilanzfinanzierung. Gleichwohl ist die Bandbreite der Mittelverwendung von „Private Debt" gegenüber dem klassischen und dem syndizierten Kredit zum einen größer, zum anderen ist dieses Spektrum gegenüber der Vergleichsgruppe aber auch leicht verschoben. So akzeptieren Direktinvestoren grundsätzlich höhere Risiken als klassische Kreditgeber, sie konzentrieren sich dafür aber auf die Geschäfts- und weniger auf die Bilanzfinanzierung. Das Unternehmenskonzept und der zu erwartende Kapitalfluß stehen bei der Direktfinanzierung als zentrale Beurteilungskriterien im Vordergrund.

Mittel für Objektfinanzierungen oder Investitionen sind somit von Direktinvestoren leichter zu erhalten als Gelder zur Tilgung bestimmter Schuldenarten oder zur Brückenfinanzierung. Dieses Verhalten liegt an der tendenziell erhöhten Risikoneigung der Kapitalgeber mit entsprechend erhöhten Renditeerwartungen sowie einem längeren Anlagehorizont. Und diese Rendite sollte dann aus einem steigenden, durch beispielsweise eine Investition generierten Kapitalfluß gezahlt werden können. Somit ist auch bei der Direktfinanzierung der Kapitalfluß wichtigster Faktor. Allerdings darf er eine größere Volatilität aufweisen. Und auch bei den Sicherheiten setzen Direktinvestoren häufig großzügigere Verkehrswerte an als dies bei Geschäftsbanken der Fall ist.

Insgesamt sind Direktinvestments also eine attraktive Finanzierungsalternative für kapitalsuchende Unternehmen, die mit der nachdrücklichen und häufig kompromißlosen Professionalität der – dann nicht selten angelsächsischen – Kapitalgeber umgehen können und zugleich bereit sind, den hohen Anforderungen an Dokumentation und Transparenz zu entsprechen.

Tabelle 25. Einsatz der Direktfinanzierung

Eignung im Vergleich		
Bilanzfinanzierung	Refinanzierung[1]	
	längere Laufzeit	↘
	gleiche Laufzeit	↘
	kürzere Laufzeit	→
	Umfinanzierung/Ablösung[2]	
	Anleiheschulden	↓
	Lieferantenkredit	↘
	Pensionsverbindlichkeiten	↓
	Bankschulden	↗
	Optimierung Bilanzstruktur	→
	Aufstockung Betriebsmittel	→
	Verlustausgleich	↘
	Kapitalausschüttung	↓
	Krisenfinanzierung	↘
Geschäftsfinanzierung	Unternehmenskauf	↗
	Investition	↗
	Expansion	
	tradiertes Geschäftsfeld	↗
	fremdes Geschäftsfeld	↘
	Erbschaft/Eignerübergang	↘

[1] Tilgung durch Mittelaufnahme in derselben Kapitalart
[2] Tilgung durch Mittelaufnahme in einer anderen Kapitalart (Auswahl)
↑ sehr gut geeignet, ↗ geeignet, →akzeptable Finanzierung, ↘ weniger gut geeignet,
↓ nicht geeignet

▌ Steuerliche Behandlung von Direktinvestitionen beim Unternehmen

Auch bei einem Direktinvestment ergeben sich auf Seiten des Unternehmens keine nennenswerten Unterschiede in der steuerlichen Behandlung gegenüber dem „klassischen" Bankkredit. Denn rechtlich ist ein solches Direktinvestment als Darlehen einzuordnen, so daß im Grundsatz für ein Direktinvestment die gleichen steuerlichen Folgen greifen wie bei einem Bankdarlehen. Hier wie dort ist deshalb auch eine rechtzeitige steuerliche Beratung für das Unternehmen besonders wichtig.

5.5. Schuldschein

Der Schuldschein stellt in der Fremdkapitalfinanzierung das Bindeglied dar zwischen kredittypischen Darlehensformen und der Kapitalmarktfinanzierung, denn er weist bereits Merkmale einer „Verbriefung" auf. Der Schuldschein kleidet das Kreditverhältnis von Kapitalgebern und Kapitalnehmern in einen förmlicheren Rahmen als das klassische Bankdarlehen. Auf Grund dieser geringfügigen Standardisierung wird die außerbörsliche Übertragbarkeit der den Schuldscheinen unterliegenden Forderungen erheblich erleichtert und damit die Attraktivität dieses Instrumentes für Investoren erhöht.

Rechtlich handelt es sich bei einem Schuldschein um eine Urkunde, die der Schuldner ausstellt und in welcher der Schuldner eine bestimmte Leistung – zum Beispiel die Rückzahlung eines bestimmten Darlehensbetrages zu einem bestimmten Zeitpunkt – verspricht oder zu Beweissicherungszwecken bestätigt. Rechtlich sind Schuldscheine keine Wertpapiere. Denn Wertpapiere sind Urkunden, die ein Recht (zum Beispiel eine Zahlungsforderung) derart verbriefen, daß das Recht ohne die Urkunde nicht geltend gemacht werden kann (zum Beispiel eine Anleihe). Anders aber bei einem Schuldschein: Die Rückzahlung des Darlehens steht nur dem Darlehensgläubiger zu – unabhängig davon, wer gerade den Schuldschein besitzt. Dem Gläubiger steht es vielmehr frei, wie er seine Stellung als Gläubiger beweisen will – dies kann in jedem Fall auch ohne Vorlage des Schuldscheines geschehen.

Der Schuldschein weist einen ähnlichen Rahmen sowie ähnliche Anforderungen auf wie beispielsweise eine Anleihe und kann damit neben reinen Finanzierungszwecken auch der Vorbereitung auf eine „echte" Kapitalmarktemission dienen. In seiner äußeren Form nimmt er zwar anleiheähnliche Gestalt an, Schuldscheine sind aber nicht börsennotiert und ihr Handel am Sekundärmarkt ist trotz grundsätzlicher Handelbarkeit erheblich eingeschränkt. Bei einem Besitzerwechsel des Schuldscheines wird deshalb oft auch nicht von „Handel", sondern

von „Umplazierung" gesprochen. Schuldscheine werden häufig von den Erst-
erwerbern bis zur Endfälligkeit gehalten.

Motive des Kapitalgebers

Schuldscheine nutzen Kreditinstitute und Versicherungen zur Portfoliodiversi-
fizierung ihres Anlagebestandes und zur Verbesserung des Rendite-Risiko-Profils.
In der Regel nicht durch Sicherheiten unterlegt, bringt der Schuldschein in den
Portfolien der Investoren durch den meist höheren Zins ein lukratives Renditeplus.
Trotz stark eingeschränkten Handels besteht dennoch die gegenüber dem Kredit
deutlich leichtere Übertragbarkeit auf andere Investoren. Dies wird durch ein
Mindestmaß an Standardisierung beim Schuldschein erreicht.

Nicht selten sind Schuldscheine anstatt als fest verzinsliche auch als variabel
verzinsliche Papiere anzutreffen. Dies liegt vor allem daran, daß Kapitalgeber
zwar bereit sind, das Ausfallrisiko des Emittenten auf ihre Bücher zu nehmen. Die
Investoren wollen ihr Engagement aber nicht noch zusätzlich dem Risiko einer
Änderung des Marktzinssatzes aussetzen. Denn in der Regel korrespondieren die
gängigen Absicherungsinstrumente (zum Beispiel „Swaps") gegen eine Veränderung des Zinsniveaus nicht mit den individuellen Laufzeiten der Schuldscheine
und ihren jeweiligen Volumina. Eine Absicherung („Hedging") ist dann nicht
ausreichend möglich. Der Schuldschein fungiert in den meisten Fällen als eine
Beimischung zu Wertpapierportfolien zwecks Renditeanreicherung bei
gleichzeitig möglichst verbessertem oder zumindest konstantem Risikoprofil.
Entsprechend sollte der Schuldschein selbst ein attraktives Rendite-Risiko-Profil
aufweisen.

Ausprägung des Instrumentes

Das Schuldscheindarlehen ist die Vorstufe zur eigentlichen Kapitalmarktfinanzierung. Gerade für mittelständische Unternehmen, die sich unter Umständen für
ein echtes Kapitalmarktprodukt (beispielsweise eine Anleihe) vorbereiten wollen,
gewinnt der Schuldschein als Finanzierungsinstrument deshalb mehr und mehr an

Bedeutung. Aber auch für größere Unternehmen, die nicht über die Aktienbörse finanziert sind, eignet sich der Schuldschein als Kapitalquelle, bietet dieses Instrument doch ein breites Laufzeitenspektrum von drei bis zu zehn Jahren.

Voraussetzung ist allerdings ein Mindestmaß an Bonität, um einen Schuldschein als nicht besicherten Titel erfolgreich am Markt plazieren zu können. In Einzelfällen können auch eine hohe Verzinsung und ein bekannter und „attraktiver" Unternehmensname eine eingeschränkte Bonität ersetzen. Der Schuldschein ist für Unternehmen grundsätzlich ein Finanzierungsinstrument, das sich im Vergleich zur Anleihe mit geringerem Aufwand und kostengünstiger am Markt unterbringen läßt.

Für den Schuldschein gelten ähnliche wirtschaftliche Kennziffern wie für die Aufnahme von Krediten. So sollte beispielsweise die sogenannte Eigenkapital- quote des Kapitalnehmers (die Relation von Eigenkapital und Bilanzsumme) mindestens bei 25 Prozent liegen. Die sogenannte „Nettoverschuldung", also die Gesamtverschuldung abzüglich der liquiden Mittel, sollte nicht mehr als das Vierfache des sogenannten EBITDA betragen. Der Begriff EBITDA steht für „Earnings before Interest, Taxes, Depreciation and Amortization" und bezeichnet das Betriebsergebnis vor Zinsen, Steuern, Abschreibungen auf Sachanlagen und Abschreibungen auf immaterielle Vermögenswerte. Eine wichtige Kennziffer ist auch das Verhältnis von EBITDA zur Netto-Zins-Deckung. Das EBITDA sollte um einen Faktor von mindestens 3,5 höher sein als die Differenz von Zinsaufwand und Zinsertrag.

Der Schuldschein ist üblicherweise für (größere) mittelständische Unternehmen und kleinere börsennotierte Gesellschaften interessant. Beabsichtigen dann solche Unternehmen die Begebung eines Schuldscheines, ist dies mit bestimmten, wenn- gleich nicht gesetzlich vorgeschriebenen Informations- und Dokumentations- pflichten gegenüber dem Kapitalgeber verbunden. Die Erfüllung dieser Pflichten muß für das kapitalsuchende Unternehmen aber nicht nur Aufwand bedeuten. Die Erarbeitung einer solch detaillierten Unternehmensdarstellung bringt nämlich auch Vorteile. So können Text und Zahlenwerk, das heißt die Dokumentation, als Leitfaden der eigenen Geschäftsstrategie zu Grunde gelegt werden, bei Präsen- tationen gegenüber Investoren eingesetzt werden und das inhaltliche „Gerüst" der zukünftigen Finanzkommunikation sein. Dies kann auch den Zugang zu potentiellen weiteren Investoren erleichtern.

Konditionen, Strukturen und Volumina

Übliche „Covenants" von Schuldscheinen sind die im vorangegangenen Abschnitt beschriebenen. Die zur Emission von Schuldscheinen erforderliche Kapitalmarktreife ergibt sich im wesentlichen aus der Unternehmenshistorie, der Qualität der Dokumentation, der grundsätzlichen Ausgewogenheit der Unternehmensfinanzen und der Stetigkeit des Einnahmestromes. Ein externes Rating ist zwar nicht erforderlich, nach den internen Rating-Verfahren der Banken sollte der Emittent aber zumindest die Kategorie „Investment Grade" erreichen (siehe auch Kapitel 4).

Tabelle 26. Eckwerte einer Schuldscheinfinanzierung

Wesentliche Kriterien	
Volumen	Ab 5 Millionen Euro.
Verzinsung	Meist variable Verzinsung (variabel einschließlich Risikoprämie in der Regel als Spread über Euribor).
Laufzeit	In der Regel 3 bis 7 Jahre, aber auch problemlos 10 Jahre möglich.
Anforderungen	Emissionsreife des Emittenten, umfangreiche und aktuelle Dokumentation, kein externes Rating, nur internes Rating der Konsortialbank.
Plazierungsdauer	Zwei bis drei Monate.
Investoren	Banken und bankähnliche Institutionen, Versicherungen, spezialisierte Fonds.
Kosten	Rund 1,5 bis 3,5 Prozent vom Nominalwert, abhängig von Marktlage, Bonität und Zugang des Arrangeurs zum relevanten Anlegerkreis.

Auch bei der Emission eines Schuldscheines geht es nicht ohne eine Bank, welche die Strukturierung der Transaktion, die Emission im engeren Sinne

(Exekution), die Plazierung und die „Betreuung" über die Laufzeit (einschließlich eventueller Umplazierungen) sowie die Zahlstellenfunktion übernimmt. Wichtig bei der Auswahl der Bank sind deren ausreichender Zugang zur relevanten Investorenbasis, die Erfahrung in der Gestaltung und Strukturierung von Schuldtiteln sowie deren Anregungen zur richtigen „Aufbereitung" und Kommunikation.

Tabelle 27. Vor- und Nachteile des Schuldscheines

Plus	Minus
◆ Vorbereitung auf „echte" Kapitalmarkttransaktionen.	◆ Geringe Öffentlichkeitswirkung.
◆ Erweiterung des Investorenkreises gegenüber Kreditgebern.	◆ Keine Nachverhandlung möglich.
◆ Im Vergleich zur Anleihe geringere Kosten und geringerer Aufwand (Strukturierung und offizielle Dokumentation).	◆ Geringe Liquidität des Papiers, eingeschränkter Handel.
◆ Informationsfluß nur zu wenigen Investoren, zudem nicht öffentlich.	◆ Keine privaten Anleger.
◆ In der Regel kein externes Rating erforderlich.	◆ Nur eingeschränkt für Credit Story nutzbar.
◆ Vergleichsweise flexibles Instrument hinsichtlich der Gestaltung.	◆ Beurteilung von Finanzierungsvorhaben durch Investoren in starker Nähe zur Kreditprüfung.
◆ Vergrößerung des Kreises an Geldgebern und dadurch geringere Abhängigkeit von kreditgebenden Banken.	
◆ Bei Umfinanzierung „Freiwerden" von zuvor in anderen Fremdkapitalarten gebundenen Sicherheiten.	

Ein wichtiger Vorteil des Schuldscheines besteht vor allem auch darin, daß bei Ablösung von traditionellen Bankkrediten durch den entstandenen Emissionserlös bislang „eingefrorene" Sicherheiten frei werden und an anderer Stelle in der Unternehmensfinanzierung eingesetzt werden können. Gleichzeitig werden die

Kreditlinien bei Banken nun nur noch in deutlich reduziertem Umfang ausgeschöpft.

▌ Mittelverwendung

Tabelle 28. Einsatz der Schuldscheinfinanzierung

Eignung im Vergleich		
Bilanzfinanzierung	Refinanzierung[1]	
	längere Laufzeit	→
	gleiche Laufzeit	↗
	kürzere Laufzeit	↑
	Umfinanzierung /Ablösung[2]	
	Anleiheschulden	↘
	Lieferantenkredit	↑
	Pensionsverbindlichkeiten	↓
	Bankschulden	↗
	Optimierung Bilanzstruktur	↓
	Aufstockung Betriebsmittel	↑
	Verlustausgleich	↘
	Kapitalausschüttung	↓
	Krisenfinanzierung	↓
Geschäftsfinanzierung	Unternehmenskauf	↘
	Investition	↗
	Expansion	
	tradiertes Geschäftsfeld	↗
	fremdes Geschäftsfeld	↓
	Erbschaft / Eignerübergang	↘

[1] Tilgung durch Mittelaufnahme in derselben Kapitalart
[2] Tilgung durch Mittelaufnahme in einer anderen Kapitalart (Auswahl)
↑ sehr gut geeignet, ↗ geeignet, → akzeptable Finanzierung, ↘ weniger gut geeignet, ↓ nicht geeignet

Der Schuldschein eignet sich zur Bilanz- wie zur Geschäftsfinanzierung gleichermaßen. Soll er zur Kapitalunterlegung von Expansion und Investitionen eingesetzt werden, müssen die Vorhaben in vernünftiger Relation zur Unternehmensgröße stehen und ihre Durchführung die Finanzrelationen nicht all zu stark verändern. Vor allem aber sollte eine positive Wirkung auf den Kapitalfluß zu erwarten sein. Daher eignet sich der Schuldschein auch hervorragend zur Ablösung (teurer) Lieferantenkredite oder der Verkürzung des bestehenden Fristenprofils beim Fremdkapital, sofern dadurch eine Lastenreduzierung des Schuldendienstes erreicht wird.

Steuerliche Behandlung des Schuldscheins beim Unternehmen

Hinsichtlich der steuerlichen Behandlung ergeben sich beim Schuldschein keine nennenswerten Besonderheiten im Vergleich zu den gesetzlichen Regelungen der bisher dargestellten Darlehensarten.

5.6. Anleihe

Die Unternehmensanleihe stellt im Finanzierungsprozeß mit Fremdkapital die höchsten Ansprüche an die kapitalaufnehmende Gesellschaft, ist aber auch die ergiebigste unter den Fremdkapitalquellen. Besondere Anforderungen sind sowohl hinsichtlich der Finanzierungsreife zu erfüllen als auch hinsichtlich Gestaltung und Durchführung der Emission. Dafür können hohe Kapitalbeträge zu langen Laufzeiten am Markt aufgenommen werden. Die Anleihe repräsentiert damit auf der Fremdkapitalseite das Gegenstück zur Aktie. Die Anleihe ist in der Regel börsennotiert und bringt eine Reihe rechtlicher und marktüblicher Verpflichtungen mit sich. Gleichzeitig verfügt sie über eine hohe Öffentlichkeitswirksamkeit.

Die Emission einer Anleihe und die erfolgreiche Plazierung am Kapitalmarkt sind, pointiert dargestellt, die Krone der Fremdkapitalfinanzierung eines Unternehmens. Die Gesellschaft verschafft sich damit Zugang zu einem Markt mit einer Größe von im Jahre 2005 weltweit rund 3 000 Milliarden Euro. Doch setzt sie grundsätzlich eine Mindestgröße des Emittenten, ausreichende Bonität und bestimmte Volumina voraus. Läßt sich unter bestimmten Umständen mangelhafte Bonität noch durch einen besonders hohen Zinssatz ausgleichen (sogenannte High Yield-Anleihe), ist die Höhe der geplanten Volumina besonders entscheidend für den Gesamterfolg der Emission.

▌ Motive des Kapitalgebers

Der typische Anleiheinvestor wünscht eine vergleichsweise kursstabile Kapitalanlage mit stetiger und fester Verzinsung sowie den Anspruch auf Rückzahlung des eingesetzten Kapitals nach einer bestimmten Zeit. Von dieser Grundregel gibt es nun zahlreiche Ausnahmen und Sonderformen. Gleichwohl sind aber allen Formen der Anleihe das deutlich ausgeprägte Werterhaltungsmotiv und die Risikoaversion eigen, wenn auch mit graduellen Unterschieden. In diesen beiden Motiven unterscheiden sich private und institutionelle Investoren im Prinzip nicht.

Allerdings messen private Investoren der Rückzahlung des hingegebenen Kapitals besonders hohe Priorität bei, während institutionellen Investoren geringe Wertschwankungen der erworbenen Anleihe sehr wichtig sind.

Mit der Emission einer Anleihe kann ein Unternehmen auch dem aktuellen Trend folgen, die bislang kreditdominierte Unternehmensfinanzierung kapital-marktorientierter zu gestalten. In diesem Sinne trägt die Anleihefinanzierung zur Erhöhung der Unternehmenstransparenz bei. Dafür kommen nicht nur größere und sehr große Gesellschaften oder gar Konzerne in Frage. Vielmehr ist die Anleihe in ihren mannigfachen Ausprägungen gerade auch für größere Unternehmen des Mittelstandes eine wirkliche und häufig auch kostengünstige alternative Finan-zierungsform.

Ausprägung des Instrumentes

Anleihen sind nach ihrer institutionellen Ausprägung verbriefte (Inhaber-) Schuldverschreibungen, die in der Regel nicht mit speziellen Sicherheiten unterlegt sind. Anleihen bieten Unternehmen die Möglichkeit, den Kreis der Kapitalgeber zu erweitern. Dies stellt die Gesamtfinanzierung auf eine breitere Basis und erleichtert den langfristigen Zugang zum Kapitalmarkt. Hinzu kommt die Öffentlichkeitswirksamkeit der Anleihefinanzierung auf Grund der damit verbundenen umfangreichen Dokumentations- und Informationspflichten.

Unternehmensanleihen bieten Investoren eine gute Alternative zu traditionellen Instrumenten. So wird das zusätzliche Risiko oftmals mit einem signifikanten Rendite plus abgegolten. Anleger profitieren von Unternehmensanleihen durch eine höhere Diversifikation ihres Rentenportfolios. Unternehmensanleihen sind nämlich im Vergleich zu Staatsanleihen besser dazu geeignet, ein Portfolio breit anzulegen. Dies liegt zum Teil an dem tendenziellen Aktiencharakter von Unter-nehmensanleihen. So beeinflussen geänderte Bonitäts- und Gewinnerwartungen des Emittenten den Kurs von Unternehmensanleihen nachhaltiger und stärker als Veränderungen des Zinsniveaus.

Diese Anreizstruktur als Anleiheemittent tatsächlich zu nutzen, setzt aber die entsprechende Attraktivität des eigenen Titels voraus. Dazu gehört vor allem ein attraktives Rendite-Risiko-Profil sowie eine weitere Optimierung dieses Profils. Das bedeutet für das Unternehmen, den Investoren einerseits die Möglichkeit zu geben, das Risiko angemessen einschätzen zu können und andererseits die Zahlungskonditionen über eine attraktive Rendite hinaus als vorteilhafte Portfolio-beimischung zu bewerten. Dies erfordert eine risikoadäquate Verzinsung und verlangt gerade vom Mittelstand Kreativität in der Anleihegestaltung, um sich dadurch von Mitbewerbern am Kapitalmarkt abzuheben.

Bei börsennotierten Anleihen bestehen auf Seiten des emittierenden Unternehmens bestimmte Publizitäts- und Prospektpflichten. Im wesentlichen geht es dabei darum, daß das Unternehmen bestimmte Informationen zur Geschäfts- und Finanzentwicklung veröffentlichen muß. Im Detail kann die Einhaltung der entsprechenden gesetzlichen Vorschriften aber einigen Aufwand erfordern. Ein Unternehmen, das sich über die Emission einer Anleihe finanzieren möchte, sollte sich daher rechtzeitig umfassend über die börsen- und aufsichtsrechtlichen Vorschriften beraten lassen. Die Marktteilnehmer, insbesondere Analysten und Investoren, stellen nicht nur erhöhte Ansprüche an die Kommunikation, sondern auch an die Leistungen des Unternehmensmanagement. Damit kommt den Credit Relations, also der fremdkapitalbezogenen Finanzmarktkommunikation, stark wachsende Bedeutung zu.

Die hohe Öffentlichkeitswirkung von Anleihen erleichtert die Erweiterung des Kreises an Kapitalgebern und begünstigt den Ausbau und die Verfestigung der Investorengemeinde. Die „Außenwirkung" eignet sich in hervorragender Weise zum Aufbau einer Credit Story, die wiederum bei weiteren Finanzierungsvorhaben hilfreich sein kann, wie zum Beispiel bei der Vorbereitung eines Börsenganges (Aktienmarktplazierung). Dabei bieten sich neben der „klassischen" Anleihe zahlreiche davon abgewandelte Arten an, am Kapitalmarkt ein positives Profil aufzubauen: MTN-Programme („Medium Term Note"), CP-Programme („Commercial Paper"), Gewinnschuldverschreibung – diese Typen unterscheiden sich im wesentlichen durch ihre Laufzeit oder ihren institutionellen Rahmen.

Für mittelständische Unternehmen sind üblicherweise Anleihen in klassischer Konzeption mit laufender Zinszahlung (Kupon) und endfälliger Tilgung erste Wahl. Ausprägungen wie nachrangige, länger laufende Anleihen sind von mittelständischen Unternehmen nur bei renommiertem Namen plazierbar, erfordern doch bereits traditionelle Anleihen seitens des begebenden Unternehmens ein im kurzfristigen Durchschnitt positives operatives Geschäft und ein hohes Maß an Substanz.

Grundsätzlich erfordert die erfolgreiche Plazierung von Anleihen ein externes Rating. Allerdings bestätigen Ausnahmen die Regel – und so lassen sich auch Anleihen ohne externes Rating in vergleichsweise kleinen Volumina am Markt unterbringen. Allerdings setzt dies unter Umständen zum Beispiel bestimmte Vertriebsformen voraus (Direktansprache der Anleger), die nicht für jeden Emittenten gleichermaßen geeignet sind.

Konditionen, Strukturen und Volumina

Anleihen sind mit einem sogenannten Mantel ausgestattet, der die Rückzahlung des aufgenommenen Kapitals an den Kreditgeber bei Fälligkeit der Schuldverschreibung am Laufzeitende verbrieft. Teilweise Tilgungen während der Laufzeit sind sehr selten. Vorzeitige Rückzahlungen sind ebenso unüblich, in der Regel besteht bei länger laufenden Anleihen sogar ein anfängliches vierjähriges Kündigungsverbot seitens des Schuldners. Gleiches gilt grundsätzlich auch für die Gläubiger. Ausnahmen greifen ein, wenn es während der Laufzeit zu einer gravierenden Bonitätsverschlechterung beim Kreditnehmer kommt oder zu einer wesentlichen Verletzung bestimmter Kreditklauseln. Die endfällige Rückzahlung finanziert das Unternehmen oftmals durch Emission eines neuen Titels.

Ein Emissionsprozeß beginnt üblicherweise auf Unternehmensseite mit der Erstellung der notwendigen Dokumentation und der Mandatierung der arrangierenden Bank. Unternehmensanalyse, die Anpassung der Dokumentation an die jeweiligen Usancen und der Marktauftritt schließen diese Vorbereitungsphase ab. Dann wird die Anleihe begeben und die Notierung der Anleihe am Sekundärmarkt aufgenommen.

Es hat während der vergangenen Jahre und Jahrzehnte eine ganze Reihe von unterschiedlichen Emissionsverfahren bei den Banken gegeben, die alle Vor- wie Nachteile aufweisen. Ein allgemeingültiger Standard hat sich bisher noch nicht herausgebildet. War früher eine Garantie zur Plazierung der Anleihe gegen Gebühr üblich (das sogenannte „Underwriting"), so gehen heute die Banken höchstens noch bei großen Adressen mit entsprechenden (Gebühren-) Volumina das Risiko ein, bei einem Mißerfolg in der Distribution die Schuldverschreibungen erst einmal in den eigenen Handels- oder Anlagebestand zu übernehmen. Das Plazierungsrisiko liegt also heute weitgehend beim Unternehmen.

Unternehmensanleihen sind zwar in der Regel unbesichert, sind aber vorrangiges Fremdkapital. Zwar existieren auch nachrangige Anleihen. Solche Titel lassen sich, von Privatplazierungen aber einmal abgesehen, meist nur von renommierten Adressen mit hoher Bonität am Markt unterbringen. Gleiches gilt für die Emission von sogenannten Zerobonds, das heißt Null-Kupon-Anleihen, die während der Laufzeit keine Zinsen zahlen, sondern über die Laufzeit thesaurieren und erst mit endfälliger Tilgung ausschütten. Zerobonds gibt es meist nur von Emittenten mit höchster Bonität.

Zum Standard hat sich mittlerweile die Vereinbarung von sogenannten Kreditklauseln („Covenants") entwickelt. Dabei handelt es sich um bestimmte begleitende Vereinbarungen über Kontroll- und Sanktionsrechte, ohne die kaum noch eine Anleihe emittiert wird. Diese Klauseln sind um so umfangreicher, je höher das mit dem Engagement verbundene Risiko eingeschätzt wurde. Allen Anleihen gleich sind auch Regelungen darüber, wie die gesamten ausstehenden Schulden behandelt werden, sollte das Unternehmen den Schuldendienst auf nur eine einzige ausstehende Anleihe einstellen. Bislang galt die Vereinbarung des „cross default", das heißt alle Anleihen und ihnen gleichgestellte Schuldtitel werden dann mit sofortiger Wirkung zur Rückzahlung fällig, wenn das Unternehmen mit nur einer einzigen Schuldverschreibung in Zahlungsverzug gerät. Die Verzinsung der Anleihe richtet sich nach dem Rating, also der Bonität des Unternehmens. Ein Unternehmen mit einem niedrigen Rating muß also für das mit der Anleihe verbundene (Ausfall-) Risiko einen höheren Zinssatz zahlen als ein Unternehmen mit entsprechend besserem Rating.

Das Emissionsvolumen bei Anleihen des Segments „Investment Grade", also nicht spekulative Titel, beträgt in der Regel 200 Millionen Euro und mehr. Für „High Yield-Anleihen", also hoch spekulative Titel, sind bereits Emissionsbeträge ab 100 Millionen Euro realisierbar. In der Regel wird vor Emission – auch bei Privatplazierungen - ein so genannter Verkaufsprospekt erstellt, der alle wesentlichen Informationen zu Anleihe und Emittent einschließlich der mit dem Engagement verbundenen Risiken enthält.

Die Anleihe kann, muß aber nicht börsennotiert werden. Eine Börsennotiz ist allerdings unumgänglich, will man die Anleihe beim Großteil der institutionellen Investoren und auch bei den Privatanlegern plazieren. Werden Anleihen nach Emission an mindestens zwei ausländischen Börsenplatz gelistet, die ihren Sitz nicht im Land des Emittenten haben, spricht man von einer „Euroanleihe".

Tabelle 29. Eckwerte einer Anleihefinanzierung

Wesentliche Kriterien	
Volumen	Ab 50 Millionen Euro (Privatplazierung), die Untergrenze liegt aus Kosten- und Wirtschaftlichkeitsgründen in der Regel bei 100 Millionen Euro, sinnvolle Emissionsgrößen beginnend bei 150 bis 200 Millionen Euro.
Verzinsung	Fest und variabel, risikoloser Marktzins plus individuelle Risikoprämie.
Laufzeit	Fälligkeiten ab 3 Jahren darstellbar, üblicher Zeitrahmen für Unternehmensanleihen zwischen 5 und 10 Jahren, seltener 3 oder 12 beziehungsweise 15 Jahre, „ewig laufende" Anleihen, sogenannte Perpetuals absolute Ausnahme (dann mit Kündigungsrecht des Emittenten).
Anforderungen	Rating, Kapitalmarktreife des Emittenten (außer bei Privatplazierungen meist nur große Aktiengesellschaften mit Zulassung zum Börsenhandel), Dokumentation.
Plazierungsdauer	Zwei bis fünf Monate, bei „wiederholter Emission" kann die Plazierung auch innerhalb von vier Wochen erfolgen.

Tabelle 29. (Fortsetzung)

Wesentliche Kriterien	
Investoren	Kreditgeber sind institutionelle Investoren (Banken, Zentralbanken, Fonds, Vermögensverwalter etc.) und Privatanleger.
Kosten	Arrangeurpauschale der Bank abhängig von Rating und Volumen zwischen 0,5 (hohe Bonität) und 3,0 (High Yield) Prozentpunkte einschließlich Börsenzulassungskosten, Zahlstellenprovision von 0,1 bis 0,3 Prozentpunkte (je nach Bonität), externes Rating ab 100 000 Euro (erstmalig) zuzüglich Kosten für fortlaufendes Rating.

In jedem Falle ist das emittierende Unternehmen erhöhten Anforderungen an Dokumentation und Offenlegung der Geschäfts- und Finanzplanung unterworfen. Große (börsennotierte) Gesellschaften stellen dabei die aktuelle Entwicklung und die künftige Unternehmensstrategie einschließlich der qualitativen Ziele dar. Anders verhält es sich bei mittelständischen Unternehmen: Hier ist eine mehrjährige, detaillierte Finanz- und Unternehmensplanung Pflicht, ohne die keine Finanzierung zustande käme.

Die Emission einer Anleihe ist für das begebende Unternehmen in der Regel mit einer hohen Publizitätswirkung verbunden, besonders dann, wenn bislang noch keine oder nur wenige eigene Schuldtitel am Markt ausstehen. Dies läßt sich vorzüglich für die Entwicklung der Credit Story verwenden, um die Position am Kapitalmarkt zu festigen, die Kapitalkosten langfristig zu senken und die Liquiditätsversorgung sicherzustellen. Gleichzeitig profitiert das Unternehmen von der Nutzung neuer Kapitalarten durch Diversifizierung der Finanzierung mit Verbreiterung der Kapitalgeberbasis und einer Verringerung der Abhängigkeit von einzelnen Geldgebern. Häufig führen Anleiheemissionen auch zu einem größeren Spielraum hinsichtlich der Kreditlinien bei Banken. Schließlich wird das Zinsmanagement erleichtert, da sich Positionen bestehend aus (standardisierten) Anleihen mit hohen Volumina im Falle variabler Verzinsung leichter gegen Zinsänderungsrisiken absichern lassen als eine Vielzahl kleiner Positionen.

Tabelle 30. Vor- und Nachteile der Anleihe

Plus	Minus
• Erschließung neuer Investorenkreise mit spezifischen Anlagemotiven. • Hohe Öffentlichkeitswirkung bei Emission einer Unternehmensanleihe. • Laufende Kommunikation sinnvoll führbar gegenüber zahlreichen Kapitalgebern im In- und Ausland mit entsprechender Kommunikations- und Imagewirkung. • Aufbau einer (marktorientierten) Credit Story möglich. • Kapitalquelle erlaubt auch die Aufnahme hoher Beträge. • Anleihe dient als Basis zur Sicherstellung des künftig erleichterten Kapitalmarktzuganges.	• Erheblicher administrativer Aufwand: Erstellung des Dokumentations- und Informationsmaterials, Plazierungsvorbereitung (Investoren- und Analystentermine). • Keine nachträglichen Anpassungen des Schulddienstes oder anderer Modalitäten möglich. • In der Regel externes Rating erforderlich, internes Rating der Emissionsbank nur bei kleinen Volumina oder fehlender Börsennotiz vertretbar.

Ein wesentliches Merkmal von Anleihen, das besonders in der jüngeren Zeit an Bedeutung gewonnen hat (besonders auch bei Privatplazierungen), sind die sogenannten Kreditklauseln (englisch „Covenants"). Diese Ergänzungen zum „originären" Vertragswerk einer Anleihe haben mittlerweile auch Eingang gefunden in nahezu alle Bereiche des (Unternehmens-) Kreditgeschäftes. Kreditklauseln regeln Handlungs- und Unterlassungspflichten. Ihr primärer Zweck besteht darin, den Emittenten zu einem bonitätssichernden Verhalten anzuhalten und eine nachhaltige Verschlechterung der Gläubigerposition zu verhindern. Neben den allgemeinen Handlungs- und Unterlassungspflichten besteht meist die Verpflichtung, bestimmte Finanzierungsgrößen und Bonitätsgrade einzuhalten.

Kreditklauseln enthalten häufig die Beschränkung, weitere zusätzliche Verbindlichkeiten einzugehen (Verschuldungsbeschränkung), oder bestimmte Beschränkungen in der Mittelverwendung. Geregelt sind häufig auch Beschränkungen bei der Bestellung von Sicherheiten gegenüber weiteren Kreditgebern, welche die bisherigen Gläubiger in ihrer Position benachteiligen würden. Eine gebräuchliche Kreditklausel ist auch die Beschränkung bei der Veräußerung von (werthaltigen) Vermögensgegenständen, um einem nachhaltigen Substanz- und damit Sicherheitenverlust vorzubeugen. Dazu gehören auch Beschränkungen von Geschäften mit Aktionären und verbundenen Unternehmen, wie zum Beispiel das Verschmelzen von Tochtergesellschaften. Schließlich kann durch Kreditklauseln auch ausgeschlossen werden, daß Dividendenzahlungen von Tochtergesellschaften an Dritte erfolgen, um die Liquidität und somit den Verfügungsspielraum der Mutter zu schonen. Alle diese Klauseln dienen letztlich der Wahrung der Stellung des Kreditgebers gegenüber dem Kreditnehmer.

Sorgfalt ist darüber hinaus geboten bei der Auswahl der Konsortialbanken und insbesondere des Konsortialführers. Ein Vergleich nur der Kosten und Gebühren allein ist keinesfalls ausreichend. So sollte der Nachweis erbracht sein, daß die Konsortialmitglieder Zugang zur relevanten Investorenbasis besitzen, um die geplante Emission auch wirklich interessewahrend plazieren zu können, denn sonst droht neben Finanzierungseinbußen auch ein Ansehensschaden. Zudem muß die Konsortialbank – sofern sie an der Gestaltung der Anleihe beteiligt ist – über Erfahrung in der Strukturierung von Schuldtiteln verfügen. Darüber hinaus sollte sie Anregungen zur richtigen „Aufbereitung" und Kommunikation im Plazierungsprozeß liefern können. Im Vorfeld zu klären ist ebenfalls die Frage, ob die Konsortialbanken zur Marktpflege auch einmal „Stücke auf das Buch" zu legen bereit sind oder ob die Anleihen ohne Rücksicht auf den Kurs stets unverzüglich durchgehandelt werden. Alle diese Punkte gelten natürlich ganz besonders für die konsortialführende Bank.

█ Mittelverwendung

Die Anleiheemission eignet sich zur Bilanz- wie Geschäftsfinanzierung gleichermaßen. Entscheidende Erfolgskriterien sind in jedem Falle, ob es gelingt, mit den eingesetzten Mitteln eine Verstetigung des Kapitalflusses zu erreichen, die Einnahmekraft auf eine nachhaltig gestärkte Basis zu stellen, (Finanzierungs-) Kosten zu senken und in der Folge sogar einen zusätzlichen Ertragsstrom zu generieren. Dies umfaßt einerseits die klassische Investition oder den Zukauf komplementärer Unternehmen. Andererseits zählen dazu auch Maßnahmen, die

Finanzstrukturen der Gesellschaft zu optimieren und so die Bonität zu verbessern; dies kann beispielsweise durch eine Verlängerung des Laufzeitenprofils oder durch eine langfristige Finanzierung bestehender, fester Verbindlichkeiten (zum Beispiel Pensionslasten) geschehen.

Tabelle 31. Einsatz der Anleihefinanzierung

Eignung im Vergleich		
Bilanzfinanzierung	Refinanzierung[1]	
	längere Laufzeit	↑
	gleiche Laufzeit	↗
	kürzere Laufzeit	↗
	Umfinanzierung/Ablösung[2]	
	Anleiheschulden	↑
	Lieferantenkredit	↓
	Pensionsverbindlichkeiten	↗
	Bankschulden	↑
	Optimierung Bilanzstruktur	↘
	Aufstockung Betriebsmittel	↘
	Verlustausgleich	↘
	Kapitalausschüttung	↓
	Krisenfinanzierung	↘
Geschäftsfinanzierung	Unternehmenskauf	↗
	Investition	↗
	Expansion	
	tradiertes Geschäftsfeld	→
	fremdes Geschäftsfeld	↘
	Erbschaft/Eignerübergang	↓

[1] Tilgung durch Mittelaufnahme in derselben Kapitalart
[2] Tilgung durch Mittelaufnahme in einer anderen Kapitalart (Auswahl)
↑ sehr gut geeignet, ↗ geeignet, → akzeptable Finanzierung, ↘ weniger gut geeignet, ↓ nicht geeignet

▌Steuerliche Behandlung der Anleihe beim Unternehmen

Anleihen (Schuldverschreibungen) sind im Gegensatz zum Schuldschein im rechtlichen Sinne Wertpapiere, die ihrem jeweiligen Inhaber eine Geldforderung gegen den Emittenten einräumen. Auf Grund der Emission entsteht beim Emittenten eine Darlehensverbindlichkeit, die in der Handels- und Steuerbilanz mit dem Rückzahlungsbetrag anzusetzen ist.

In manchen Fällen ist der Rückzahlungsbetrag eines Wertpapiers (der Nennbetrag) aber nicht identisch mit dem vom Investor zu bezahlenden Ausgabebetrag. Überschreitet der Ausgabepreis den Rückzahlungsbetrag, spricht man von einem sogenannten Agio. Unterschreitet der Ausgabepreis eines Wertpapiers hingegen den Rückzahlungsbetrag, so handelt es sich um ein sogenanntes Disagio.

Ein Agio bei der Emission eines Wertpapiers ist zum Beispiel dann vorstellbar, wenn mit einer emittierten Anleihe gleichzeitig das Recht verbunden ist, am Laufzeitende nicht die Rückzahlung des Nennbetrages, sondern statt dessen die Ausgabe von Aktien des Unternehmens zu verlangen. Bei reinen Fremdkapitalinstrumenten wie der Anleihe kommt ein Agio deshalb kaum in Betracht; Sonderfälle sind Options- und Wandelanleihen (siehe auch Kapitel 6.4.).

Häufiger sind hingegen die Fälle eines Disagios. Handelsbilanziell besteht dabei für die Emittenten ein Wahlrecht, den Differenzbetrag entweder sofort aufwandswirksam zu buchen oder einen aktiven Rechnungsabgrenzungsposten (sogenannter ARAP) zu bilden und diesen dann über die Laufzeit der Anleihe linear aufzulösen. Steuerbilanziell wird aus diesem Wahlrecht aber eine Aktivierungspflicht.

Während der Laufzeit sind die von den Emittenten gezahlten Zinsen wie bei einem Darlehen im Grundsatz körperschaftsteuerlich als Betriebsausgaben abzugsfähig. Für Gewerbesteuerzwecke ist gegebenenfalls die Abzugsbeschränkung für Dauerschulden zu beachten. Zinszahlungen auf eine Anleihe unterliegen auf Ebene der Emittenten im Grundsatz einer Kapitalertragsteuer in Höhe von derzeit 30 Prozent. Bei jeder Zinszahlung muß daher das emittierende Unternehmen auf den angefallenen Zins eine Steuer in Höhe von 30 Prozent (zuzüglich Solidaritätszuschlag darauf) einbehalten und an das Finanzamt abführen.

Am Ende der Laufzeit führt die Tilgung der Anleihe beim Emittenten zu einem Wegfall der Rückzahlungsverbindlichkeit und somit handels- und steuerbilanziell zu einer Bilanzverkürzung.

5.7. Vor- und Nachteile von Fremdkapital

Der größte „Nachteil" von Fremdkapital ist die Verpflichtung zur unbedingten Leistung des vertraglich vereinbarten Schuldendienstes. Dies berücksichtigt nur in den seltensten Fällen mögliche Liquiditätsengpässe, was schon zu Unternehmenszusammenbrüchen geführt hat. Dafür sind aber die Zahlungsströme exakt planbar, die Mitspracherechte halten sich in (mehr oder weniger) engen Grenzen und die Verzinsungslast ist in der Regel dem übernommenen Risiko angemessen. So ist das Votum über Fremdfinanzierung letztlich abhängig von der individuellen Unternehmenssituation und sogar dem speziellen Finanzierungsfall.

Der Informations- und Dokumentationsaufwand für Schuldner zur erfolgreichen Aufnahme von Fremdkapital ist in den vergangenen Jahren deutlich gestiegen. Dies betrifft vor allem kreditähnliche Finanzierungen. Die Kapitalgeber sind risikobewußter und anspruchsvoller geworden, sie verlangen nunmehr zur Einschätzung und Beurteilung des Rendite-Risiko-Profils ein deutliches Plus an Informationen gegenüber früheren Usancen. Nichtsdestotrotz ist Fremdkapital in recht vielen Fällen nach wie vor die erste Wahl in der Unternehmensfinanzierung. Denn Fremdkapital weist nicht zuletzt hohe Flexibilität in der Strukturierung auf, ohne dabei gleich möglicherweise überzogene Renditewünsche aus günstiger Gewinnentwicklung befriedigen zu müssen.

Pro Fremdkapital

Grundsätzlich *für* den Einsatz von Fremdkapital in der Unternehmensfinanzierung sprechen die feste Kalkulationsgrundlage, die Vielseitigkeit möglicher Strukturierungsvarianten sowie die Tatsache, daß durch die Begebung von Fremdkapital sich die Eigentumsverhältnisse am Unternehmen nicht ändern. Auch in der Mittelverwendung bietet sich ein breites Spektrum: Fremdkapital eignet sich zur Bilanzrestrukturierung, zur Umfinanzierung, zur Expansion in bekannte, tradierte und den bisherigen Unternehmensbereichen naheliegende Geschäftsfelder sowie zum Kauf von anderen Unternehmen mit stetigem Kapitalfluß. Dabei ist noch nicht einmal die unbedingte Stellung von Sicherheiten erforderlich. Je nach verfolgtem Zweck kann dabei eher eine kapitalmarktnahe oder eine kreditnahe Finanzierung zum Einsatz kommen.

Tabelle 32. Übliches Laufzeitenspektrum von Fremdkapital

Laufzeit in Jahren							
	≤ 1	≤ 2	≤ 3	≤ 4	≤ 5	≤ 10	> 10
Kredit							
Konsortialkredit							
Direktinvestition							
Schuldschein							
Anleihe							

Contra Fremdkapital

Achillesverse des Fremdkapitals ist der im Gegensatz zum Eigenkapital fortlaufend und in unveränderter Höhe zu leistende Zahlungsstrom. Nachverhandlungen bei verschlechterter Geschäftslage sind – außer beim klassischen Kredit – meist kaum möglich, denn es besteht eine unbedingte Verpflichtung zur Leistung des Schuldendienstes. Hinzu kommt, daß beim Fremdkapital die (implizite) Mittelverwendung nicht selten stark eingeschränkt ist. Dies gilt insbesondere für Expansionen in unbekannte Geschäftsfelder oder für Käufe von Unternehmen mit unsicherem Kapitalfluß. Schließlich nehmen Fremdkapitalgeber bei gestellten Sicherheiten häufig Bewertungsabschläge vor, die in bestimmten Situationen sogar zu einer (signifikanten) Unterdeckung der zugesagten Sicherheitenstellung führen können.

Tabelle 33. Übersicht marktorientierte Fremdkapitalinstrumente

Grundsätzliche Definition
Anleihe allgemein: Spektrum an variabel und festverzinslichen (zinstragenden) Kreditinstrumenten: Eurobond, Global Bond, Globalanleihe, Euroanleihe, Obligation, Schuldverschreibung, Schuldschein etc., Anleihe ist Oberbegriff aller Formen von Schuldverschreibungen.
Anleihe klassischen Typs (Straight Bond): Zins und Rückzahlungszeitpunkt stehen fest, Laufzeiten in der Regel zwischen 3 und 30 Jahren.
Variabel verzinsliche Anleihe (Floating Rate Note): Kupon steigt und fällt mit sich ändernden Kapitalmarktzinsen, festgelegt wird lediglich der Renditeaufschlag (Risikoprämie) gegenüber einem bestimmten Referenzzinssatz.
Commercial Paper: Kurzfristiges Geldmarktpapier mit Laufzeiten bis zu zwei Jahren; Vorbereitung eines Commercial Paper-Programms dauert in der Regel einen Monat, diese Programme haben in der Europäischen Union unterschiedliche Rechtsrahmen.
Anleihe, nachrangig: Anleihen, die bei Insolvenz erst nach allen anderen Gläubigern bedient werden.
Anleihe mit Negativ-Klausel: Emittent verpflichtet sich, keine zukünftigen Anleihen oder andere langfristige Kredite mit einer besonderen Besicherung auszustatten, die die Besitzer ausstehender Papiere schlechter stellen würde.
Schuldschein: Standardisiertes Zahlungsversprechen in schriftlicher Form, fest oder variabel verzinsliches Kreditinstrument, Mischform aus klassischem (Bank-) Darlehen und Kapitalmarktfinanzierung.

Steuerliche Erwägungen beim Fremdkapital

Aus steuerlicher Sicht spricht für eine Aufnahme von Fremdkapital die Abzugsfähigkeit der auf Ebene der Emittenten zu zahlenden Zinsen. Für Gewerbesteuerzwecke gilt dies indes nur eingeschränkt, da Entgelte für sogenannte Dauerschulden insoweit nur zur Hälfte abzugsfähig sind. Andererseits sind die vom Unternehmen gezahlten Zinsen beim Investor im Grundsatz voll steuerpflichtig (anders als steuerbefreite Dividendenerträge aus Aktien oder GmbH-Anteilen). Letztlich ist die Entscheidung deshalb eine Frage des Einzelfalles, die frühzeitig nicht nur mit Rating-Beratern, sondern auch mit Rechts- und Steuerberatern besprochen werden sollte.

6. Mezzanine Finanzierungsinstrumente

In vielen Fällen „paßt" die klassische Fremdkapitalfinanzierung einfach nicht richtig – die Anzuggröße stimmt vielleicht noch, aber der Schnitt wirkt ein wenig ausgefallen. Zufrieden sind dann weder das Unternehmen, weil es sich zu hohen laufenden Kosten ausgesetzt oder in der Bewegungsfreiheit eingeschränkt sieht, noch die Investoren, die ihr Risiko nicht entsprechend kompensiert sehen oder denen ihr Engagement nicht genügend Gewinnpotential aufweist. In diesen Fällen empfiehlt sich die „Beimischung" von Eigenkapitalelementen. Das „Finanzierungsgewebe" wird dadurch elastischer, paßt sich den Finanzierungserfordernissen besser an und ist häufig auch belastbarer.

6.1. Typisierung der Finanzierungsart

Sogenanntes mezzanines Kapital ist seiner Natur nach Fremdkapital mit erhöhter Risikobereitschaft. Mezzanines Kapital nennt zahlreiche Kreditelemente sein Eigen, ist aber zum Ausgleich des erhöhten Risikos zusätzlich mit eigenkapitaltypischen Elementen ausgestattet. So ist in der Regel ein signifikanter Teil der Vergütung vom Erfolg des finanzierten Unternehmens abhängig. Zudem haben mezzanine Kapitalgeber in der Regel deutlich größere Kontroll- und Mitspracherechte als klassische Darlehensgeber. Dafür stärkt diese Finanzierungsart die Bonität eines Unternehmens und erlaubt größere Freiräume zum Wohle der geschäftspolitischen Strategie.

Die Bezeichnung „Mezzanine" ist der Architektur entliehen. Ursprünglich wurden so in Frankreich schon vor Jahrhunderten Zwischengeschosse zwischen Keller und Hochparterre oder zwischen letztem Vollgeschoß und Dach eines Hauses benannt. Ihre Verwendung in der Unternehmensfinanzierung soll bedeuten, daß solcherart titulierte Mittel oder Instrumente zwischen Fremd- und Eigenkapital angesiedelt sind. Demzufolge haben sie einen mehr oder weniger starken fremdkapitaltypischen „Kern" und einen mehr oder weniger dicken eigenkapitaltypischen „Mantel". Meist liegen schuldrechtliche Vereinbarungen zwischen Kapitalnehmer und Kapitalgeber zugrunde. Diese sind dann neben den festen Zinszahlungen („Kern") zum Ausgleich der von den Geldgebern übernommenen Risiken (Zins- und Ausfallrisiko des Engagements) mit zusätzlichen erfolgsabhängigen Renditekomponenten („Mantel") versehen.

Kennzeichen für mezzanine Finanzierungen ist zunächst ihre Nachrangigkeit, das heißt sie werden in der Regel bei Zahlungsausfall beziehungsweise Zahlungsunfähigkeit (Insolvenz) in der Rangfolge der Gläubiger erst nach den klassischen Kreditgebern berücksichtigt. Mezzanines Kapital ist in seiner Ausgestaltung recht flexibel, in der Regel befristet und hat häufig Laufzeiten von drei bis zehn Jahren. Mit der Inanspruchnahme von Mezzanine-Kapital ist normalerweise keine Änderung der Besitz- und Stimmverhältnisse verbunden. Kennzeichnend ist indes vor allem die erhöhte Risikobereitschaft der Kapitalgeber. In steuerlicher Hinsicht werden mezzanine Finanzierungen dahingehend strukturiert, daß sie hinsichtlich Bonität und Rating Eigenkapital-Charakter besitzen, gleichzeitig aber steuerlich der Abzug von Fremdkapitalzinsen möglich bleibt.

Banken bewerten mezzanines Kapital im Rahmen ihrer Risikobeurteilung von Unternehmen (internes Rating) nicht selten als Eigenkapital, da diese Kapitalkategorie in der Haftungsrangordnung unterhalb der klassischen Bankkredite liegt (Subordination). Die internationalen Rating-Agenturen (externes Rating) wählen eine teils andere Vorgehensweise. So werten sie mezzanines (und auch hybrides) Kapital in Abhängigkeit von Konstruktion und Laufzeit bis zu 50 Prozent, in besonderen Fällen sogar bis zu 70 Prozent als Eigenkapital. Pflichtwandelanleihen werden vollständig als Eigenkapital angesetzt, weil diese Finanzierungsart nahezu alle wesentlichen Eigenkapitalkriterien erfüllt: Dies ist zunächst die Nachrangigkeit des zur Verfügung gestellten Kapitals, dann seine gewinnabhängige

Verzinsung und weiterhin seine meist langfristige Laufzeit. Schließlich – und das ist das wesentliche Kriterium – erfolgt die „Rückzahlung" einer Pflichtwandelanleihe durch Ausgabe von Aktien des emittierenden Unternehmens. Der Investor muß also (nicht „kann") sein Fremdkapital in Eigenkapital umtauschen.

An dieser Stelle ist zu betonen: Mezzanines Kapital ist eine interessante Komponente im Rahmen des Finanzierungsinstrumentariums für (mittelständische) Unternehmen. Gleichwohl kann es aber den klassischen (Bank-) Kredit nicht völlig ersetzen. In jedem Falle sollte ein Finanzinstrument ungeachtet des häufig wohlklingenden Namens vor seinem Einsatz erst einmal in seine Bestandteile zerlegt und auf seine Tauglichkeit für den individuellen Verwendungszweck geprüft werden.

Mezzanines Kapital spannt mittlerweile einen breiten Bogen über die Finanzierungslandschaft. Titel mit diesem Etikett erreichten in Deutschland Ende des Jahres 2004 ein jährliches Emissionsvolumen im hohen Milliarden-Euro-Bereich. Dabei ist streng zu unterscheiden zwischen tatsächlich mezzaniner Finanzierung einerseits und Kreditvergabe mit neuem Etikett andererseits. Ausschlaggebend für die Einordnung ist im Ergebnis, ob seitens der Kapitalgeber ein größeres Risiko akzeptiert wird oder nicht.

Bestandteile eines mezzaninen Finanzierungsvertrages

Wesentliche Bestandteile eines Darlehensvertrages mit mezzaninem Kapital sind, abgesehen von der Laufzeit und etwaigen Sicherheiten, besonders die laufende Verzinsung, die auflaufende (gestundete) Verzinsung und die finale Vergütungskomponente. Je höher das von einem Investor übernommene Risiko, desto höher die als Kompensation für dieses Risiko geforderte erfolgsabhängige Verzinsung. Da mezzanine Finanzierungen naturgemäß in eher risikoreicheren Unternehmenssituationen zum Einsatz kommen, muß entsprechend auch die Rendite hier höher liegen als bei den traditionellen Darlehen.

Zunächst einmal ist mezzanines Kapital üblicherweise mit einer laufenden Verzinsung ausgestattet. Diese entspricht allerdings in den häufigsten Fällen nicht dem korrespondierenden Risiko. Vielfach ist die Verzinsung bewußt auf ein recht niedriges Niveau abgesenkt, um den Liquiditätsspielraum des Unternehmens zu schonen. Diese Usance trägt dem Umstand Rechnung, daß Mezzanine-Kapital oftmals in Krisensituationen oder Phasen mit ohnehin starker Inanspruchnahme des Kapitalflusses („Cashflow") zum Einsatz kommt.

Um diese niedrige laufende Verzinsung (zum Teil) auszugleichen, wird häufig eine zusätzliche Zinskomponente vereinbart, die nicht während der Laufzeit, sondern „auflaufend" erst bei Fälligkeit des zur Verfügung gestellten Kapitals zu zahlen ist. Beide Komponenten sind zuvor fest vereinbart, unabhängig davon, ob sich das mit dem zusätzlichen Mittelzufluß finanzierte Unternehmen positiv oder verlustbringend entwickelt.

In der Summe entspricht die Rendite eines solchen Finanzinstrumentes mehr oder weniger (meist weniger) dem von den Kapitalgebern übernommenen Ausfallrisiko. Um nun einem Kapitalgeber einen zusätzlichen oder vielleicht sogar den entscheidenden Anreiz zur Mittelvergabe zu bieten, hat sich bei mezzaninem Kapital die Hinzufügung einer erfolgsabhängigen Vergütungskomponente durchgesetzt. Erst diese, von der Unternehmensentwicklung und dem Erreichen bestimmter Schwellenwerte abhängige Zahlung während und/oder zum Ende der Laufzeit unterstreicht den eigenkapitalähnlichen Charakter.

Die Abschluß- beziehungsweise Anreizzahlung wird üblicherweise als „Kicker" bezeichnet (siehe auch Kapitel 6.5.). Kriterien, nach denen sich diese Komponente bemißt, können beispielsweise das durchschnittliche operative Ergebnis der letzten drei Jahre vor Fälligkeit sein oder die Höhe des freien Kapitalflusses („Free Cashflow") sowie der Unternehmenswert. All dies muß zuvor in den Finanzierungsverträgen minutiös geregelt werden.

▍ Mezzanine Finanzierungsinstrumente

Wesentliche Formen der mezzaninen Finanzierung sind die typische und atypische stille Gesellschaft, der Genußschein, die Wandel- und Optionsanleihe sowie das kreditorientierte (kleinvolumige) Private Equity. Schließlich kann auch noch das ausdrückliche Risikokapital, das sognannte Venture Capital, dieser Finanzierungskategorie zugerechnet werden. Alle diese Formen unterscheiden sich zum einen hinsichtlich des mit der Kapitalbereitstellung übernommenen Risikogrades und der entsprechenden Verzinsung, zum anderen hinsichtlich der Mitsprache- und Kontrollrechte der Kapitalgeber. Weitere mezzanine Finanzierungsinstrumente sind das partiarische Darlehen, dessen Verzinsung ebenfalls allein oder maßgeblich vom Unternehmenserfolg während der Kreditlaufzeit abhängt, und das Gesellschafterdarlehen, das von einem beziehungsweise mehreren Eigentümern dem eigenen Unternehmen gewährt wird. Darüber hinaus können, je nach Gestaltung, das Verkäuferdarlehen oder das einfache Nachrangdarlehen (siehe auch Kapitel 5.2.) zur Kategorie Mezzanine-Kapital gezählt werden.

Das Gesellschafterdarlehen weist die Besonderheit auf, daß es auf Grund gesetzlicher Vorschriften in Krisensituationen eigenkapitalersetzend wirkt (§ 32a GmbHG: „... in einem Zeitpunkt, in dem ihr die Gesellschafter als ordentliche Kaufleute Eigenkapital zugeführt hätten, ...“). Das Darlehen ist dann wie Eigenkapital in dem Unternehmen gebunden. Das gleiche gilt, wenn ein bereits früher gewährtes Darlehen in der Krise „stehengelassen“ wird und der Darlehensgeber bereits mehr als zehn Prozent des Stamm- beziehungsweise Grundkapitals hält oder in absehbarer Zeit halten wird. Außerdem bestehen steuerliche Einschränkungen aufgrund der Regelungen zur Gesellschafterfremdfinanzierung (§ 8a KStG), die im Ergebnis zur Nichtabziehbarkeit der Schuldzinsen führen können.

Typischer Einsatz von mezzaninem Kapital

Mezzanine-Kapital findet immer dann Verwendung, wenn sein Einsatz im Unternehmen einerseits mit einem erhöhten Risiko für die Kapitalgeber verbunden ist und die klassischen Darlehensgeber aus diesem Grunde als Financiers ausfallen. Andererseits spielt mezzanines Kapital auch dann eine besondere Rolle, sollte bei der Finanzierung Eigenkapital wegen des Verwässerungseffektes und des Verlustes an Stimm- und Kontrollrechten nicht in Frage kommen. Die konkrete Gestaltung von Mezzanine-Kapital hängt dabei ab von den wirtschaftlichen Verhältnissen (Mindestbonität) und der Gewinn- sowie Kapitalflußentwicklung des zu finanzierenden Unternehmens. Auch die Unternehmensgröße spielt eine Rolle.

Häufig wird ein jährlicher Umsatz von mindestens 50 Millionen Euro gefordert. Allerdings sind mittlerweile bereits mezzanine Instrumente für deutlich kleinere Gesellschaften am Markt.

Ein Beispiel für den Einsatz von mezzaninem Kapital und die damit in typischer Weise verbundene erfolgsabhängige Vergütung ist das Verkäuferdarlehen in der Übernahmefinanzierung: Je ungewisser die Entwicklung des übernommenen Unternehmens, desto langfristiger und desto gewinnabhängiger ist die Verzinsung des vom Verkäufer gewährten Kredites. Gleiches gilt beim sogenannten Buyout: Ob nun als „Leveraged Buyout" oder „Management Buyout", die Kosten für den Kapitalnehmer hängen von der Qualität des Managements und den Erfolgsaussichten des finanzierten Unternehmens ab. Ebenso richten sich die Konditionen für eine Börsenvorfinanzierung (also die Vorbereitung eines Unternehmens auf einen Börsengang) nicht nur nach dessen wirtschaftlichen Verhältnissen allein, sondern vor allem auch nach den wahrscheinlich zu erzielenden Emissionserlösen.

Die Einsatzmöglichkeiten von Mezzanine-Kapital zeigen ein breites Spektrum – von der Wachstumsfinanzierung über Akquisitionen bis hin zum „Buyout". Kreditorientiertes mezzanines Kapital zielt in diesen Fällen auf eine relative Ausgewogenheit der Bilanzstruktur, eine Begrenzung der Unternehmensverschuldung sowie die Wahrung der Stimmrechte des bisherigen Unternehmenseigners ab („unechtes" mezzanines Eigenkapital).

Auch Mezzanine-Kapital besitzt in der Regel keine unbegrenzte Laufzeit, sondern muß nach Ablauf der vertraglich vereinbarten Frist getilgt werden. Die Rückzahlungsmodalitäten sind allerdings bei dieser Kapitalart vielfältig. Zunächst besteht die Möglichkeit der Tilgung durch Rückzahlung des Kapitals am Laufzeitende, das heißt der aufgenommene Kapital- beziehungsweise Kreditbetrag und etwaige aufgelaufene Zinsen werden am Schluß zurückgezahlt. Hinzukommen kann eine von der Unternehmensentwicklung oder dem Unternehmenswert abhängige Bonuszahlung an den Investor („Kicker").

Bei Aktiengesellschaften kann die Unternehmenswertsteigerung am Aktienkurs abgelesen werden, bei Gesellschaften mit beschränkter Haftung oder Personengesellschaften läßt sich der Wert nach besonderen Ertrags- und Subtanzwertverfahren oder sogenannten Discounted Cash Flow-Methoden ermitteln und vergleichen.

Eine andere Möglichkeit der Erfüllung eines Rückzahlungsanspruches besteht in der Beteiligung des Investors am Unternehmen. Dabei werden ihm Aktien oder Anteile an der Gesellschaft übertragen, die er entweder in sein strategisches Portfolio übernehmen oder am Markt veräußern kann. Typisch ist dies zum Beispiel bei Börsenvorfinanzierungen, bei denen der Investor an Tilgungs statt nach der Emission direkt verkäufliche Aktien erhält.

Exkurs: *Methoden zur Bestimmung des Unternehmenswertes*

Was ist der richtige, das heißt der angemessene, den wirtschaftlichen Werten und Verhältnissen entsprechende Unternehmenswert? Um die Antwort gleich vorwegzunehmen: Es gibt darauf keine allgemeingültige Antwort. Bereits die methodischen Herangehensweisen zur Annäherung an den Unternehmenswert werden höchst unterschiedlich beurteilt. So könnte der Verkehrswert aller Vermögensgegenstände eines Unternehmens ebenso die Richtschnur sein wie die Höhe des Eigenkapitals oder die auf den heutigen Tag abgezinsten zukünftigen Erträge. Aber auch dann ist noch kein für alle Unternehmen gleichermaßen geeignetes Verfahren gefunden. Beispielsweise müssen Unternehmen mit hoher Kapitalintensität (wie die chemische Industrie) mit anderen Maßstäben gemessen werden als Gesellschaften aus dem Dienstleistungssektor, was gerade mit Blick auf die Aktienbewertung wichtig ist, denn kapitalintensive Industrien weisen oftmals eine geringere Volatilität auf.

In den vergangenen Jahren wurde eine Vielzahl von Modellen entwickelt, die den „wahren" Wert eines Unternehmens messen sollen, entweder im Interesse der Aktionäre, bei Firmenübernahmen zur Ermittlung des fairen Kaufpreises oder zur Festlegung der Steuerbasis (zum Beispiel Erbschaftsteuer). Stark vereinfacht sind dies: „Ertrag auf das eingesetzte Kapital" (ROCE, return on capital employed), „Zugewinn an Unternehmenswert" (EVA, economic value added) und „abdiskontierter Kapitalfluß" (DCF, discounted cashflow).

Der „return on capital employed" ist das Verhältnis aus dem Jahresertrag eines Unternehmens abzüglich der Kosten (das heißt dem Betriebsergebnis) einerseits und dem im Unternehmen operativ eingesetzten Kapital andererseits. Je höher dieser Quotient, desto effizienter arbeitet das eingesetzte Kapital. Wird eine Mindestverzinsung für künftige Investments gefordert, so läßt sich nach dieser Methode ermitteln, welcher Preis für ein Unternehmen höchstens gezahlt werden darf. Ungenauigkeiten kann es dabei bei der Abgrenzung der Erträge und der Kosten (was zählt dazu?) sowie bei der Festlegung der Sachanlagen und den immateriellen Vermögensgegenständen geben. Mit anderen Worten: Es ist in der Praxis meist nicht exakt zu ermitteln, wie hoch das „capital employed" tatsächlich ist.

Der Ansatz EVA geht von grundlegend gleichen Überlegungen aus wie ROCE, allerdings übernehmen hier die Kapitalkosten eine tragende Rolle. Dabei wird unterstellt, daß ein Unternehmen mindestens seine Kapitalkosten erwirtschaften muß. Erst darüber hinaus gehende Erträge sind ein Zugewinn an Unternehmenswert. Um die Wertentwicklung des investierten Vermögens zu ermitteln, werden Jahresergebnis (Erlöse abzüglich aller operativen Kosten) einerseits und Kapitalkosten andererseits gegenübergestellt. Nach dieser Methode wurde ein Wertzuwachs erzielt, wenn das Ergebnis die geforderten Eigen- und Fremdkapitalkosten (Verzinsung) übersteigt. Ein Werterhalt fand dann statt, wenn das Ergebnis den Kapitalkosten gleicht. Zu einem Werteverzehr kam es, wenn das Ergebnis unter den Kapitalkosten liegt. Die vom Unternehmen mindestens zu erwirtschaftenden Kapitalkosten aus dem investierten Kapital ergeben die Mindestverzinsung im Verhältnis zu den investierten Mitteln.

Läßt sich das operative Ergebnis nach Steuern vergleichsweise einfach ermitteln und übersieht man die Schwierigkeiten bei der Festlegung des investierten Vermögens, so ist zumindest die Formulierung der Mindestverzinsung des investierten Firmenvermögens unklar. Die Methode bietet viel Spielraum. In der Praxis findet man bei börsennotierten Unternehmen häufig das Konzept, den risikolosen Zins einer (längerfristigen) Staatsanleihe als Basis zu nehmen und darauf einen prozentualen Aufschlag für die Volatilität eines Referenzindexes und/oder für Branchenschwankungen zu addieren.

Der Ansatz des abgezinsten Kapitalflusses unterscheidet sich von ROCE und EVA, weil hier nicht die jährlichen Erträge eines Unternehmens, sondern dessen Geldströme in einem bestimmten Zeitraum als Bewertungsmaßstab herangezogen werden. Der wesentliche Unterschied liegt darin, daß zum Beispiel der Erlös aus einer ausgelieferten, aber vom Kunden noch nicht bezahlten Maschine Teil des Betriebsergebnisses ist, aber noch keinen Eingang in die Kapitalflußrechnung findet. Schließlich kann das Unternehmen über diesen Betrag noch nicht verfügen. Kerngröße sind also die erlösten (Geld-) Mittel abzüglich der abgeflossenen Mittel. Der „Cashflow" drückt somit den tatsächlich realisierten Zahlungsmittel-überschuß eines Unternehmens aus, der den Eigenkapital- und Fremdkapitalgebern zur Verfügung steht (Investitionen, Kredittilgung, Steuern, Ausgleich von drohenden Liquiditätsengpässen). Entscheidend ist danach der Kapitalfluß, nicht der Gewinn.

Für die Berechnung des „Cashflow" gibt es unterschiedliche Vorgehensweisen. Dieser kann der Gewinn- und Verlustrechnung eines Unternehmens entnommen werden als Differenz zwischen operativen Einnahmen und operativen Ausgaben innerhalb eines Jahres. Der Cashflow ist hinsichtlich der Finanzkraft eines Unternehmens insofern aussagekräftiger als der Gewinn, als daß letzterer zum Beispiel allein auf Grund von fiktiven Buchgewinnen entstanden sein kann, sich aber an den wirtschaftlichen Verhältnissen des Unternehmens nichts geändert hat.

Der Kapitalfluß wird mit einem gewogenen, also keinem festen, sondern einem gewerteten Kapitalkostensatz abgezinst, um den Gesamtkapitalwert zu erhalten. Den Unternehmenswert erhält man, indem vom Gesamtkapitalwert der Wert des Fremdkapitals abgezogen wird. Die Renditeforderung des oder der Käufer wird von der Bank auf Grund von Marktdaten, insbesondere aus Aktienkursen ermittelt. Je höher das zu erwartende unternehmerische Risiko, um so höher die vom Käufer erhoffte Unternehmensrendite.

Performance-Messung von mezzaninem Kapital

Im Gegensatz zu Anleihen, Schuldscheinen oder auch syndizierten Krediten besteht bei mezzaniner Finanzierung auf Grund ihrer Individualität, Variabilität und teils geringen Öffentlichkeitswirkung keine repräsentative Erfassung ihrer Performance. Gerade bei stillen Beteiligungen, Private Equity oder Venture Capital ist Diskretion häufig wichtiger Vertragsgegenstand.

Eine Ausnahme bilden naturgemäß börsennotierte Wandel- und Optionsanleihen sowie Genußscheine. Allerdings ist auch in diesen Fällen eine durchschnittliche Wertentwicklung der Investitionen kaum aussagekräftig darstellbar. Zu unterschiedlich sind die Anleihekonditionen und Wandlungsregelungen. Selbst Anleihen mit abtrennbaren Optionsrechten sind häufig wegen ihrer besonderen Kündigungsregeln nicht uneingeschränkt mit „reinen" Anleihen vergleichbar. Lediglich (börsennotierte) Genußscheine lassen sich unter Vorbehalt indexieren.

▌ Bedeutung der Risikoprämie bei mezzaninem Kapital

Typisch für mezzanine Finanzierungen ist die gegenüber Fremdkapital deutlich höhere Rendite beziehungsweise Renditeerwartung. Den entscheidenden Unterschied beispielsweise gegenüber einem klassischen Kredit macht dabei die Prämie aus, die für das erhöhte Ausfallrisiko hinsichtlich Zins- und Tilgungszahlungen an den Kapitalgeber zu zahlen ist. Das kreditsuchende Unternehmen ist dabei – außer es liegt Wettbewerb der Investoren vor – häufig „Preisnehmer", der die geforderte Prämie entweder ablehnen oder akzeptieren muß. Der Verhandlungsspielraum ist bei Vorliegen eines klaren Rendite-Risiko-Profils in der Regel gering.

Die entscheidenden Faktoren bei der Festlegung der einzelnen Zinskomponenten sowie der Sonderzahlungen (Boni) sind zum einen die Risikoeinschätzung seitens des Investors, zum anderen dessen Erwartung hinsichtlich der Unternehmensentwicklung nach Kapitalüberlassung (Renditeerwartung). Beides zusammen bestimmt die Gesamtvergütung.

Üblich sind bei mezzaniner Finanzierung – abhängig vom jeweiligen Instrument und Risiko – 10 (Genußschein) bis 20 Prozent (Private Equity) jährlich als Durchschnitt über die gesamte Laufzeit. Aber auch Renditen von 25 Prozent und mehr sind keine Seltenheit. Zu beachten dabei ist allerdings, daß eine deutlich über 15 Prozent liegende Verzinsung nur dann zu leisten ist, wenn die Unternehmung sich so vorteilhaft entwickelt, daß die Renditeforderungen der Investoren entweder rein monetär über den Kapitalfluß oder durch die Übertragung von (neuen) Anteilen erfüllt werden können.

Bedeutung detaillierter Unternehmensdokumentation

Auf die Bedeutung exakter und aussagefähiger Unternehmensdokumentation wurde bereits mehrfach hingewiesen. Wird durch eine detaillierte, interpretierende und ausführliche Darstellung der Gesellschaft eine klassische Fremdfinanzierung in vielen Fällen überhaupt erst möglich, so bestimmt sie bei mezzaniner Finanzierung sogar maßgeblich die Höhe der Verzinsung und der Prämie.

Unbestritten ist es zutreffend, daß der Verhandlungsspielraum seitens des Unternehmens – gerade bei Private Equity – bei einem gegebenen Rendite-Risiko-Profil in der Regel gering ist, wurde dieses Verhältnis erst einmal „korrekt" ermittelt. Allerdings hat das Unternehmen in Darstellung, Einordnung, Interpretation und Erläuterung des individuellen Geschäftsrisikos durchaus die Möglichkeit, Schwach- und Gefahrenstellen in der operativen Entwicklung angemessen und im Gesamtzusammenhang entsprechend darzustellen. Dadurch läßt sich eventuell das von Investoren empfundene Risiko reduzieren oder lassen sich deren relative Renditeerwartungen steigern.

Exkurs: *Mezzanine Finanzierung für den Mittelstand*

Mezzanines Kapital bezeichnet – wie bereits in vorangegangenen Abschnitten angedeutet – gleich ein ganzes Spektrum an Finanzierungsinstrumenten. „Mezzanine" entzieht sich folglich am Kapitalmarkt einer exakten Definition und einer objektiv detaillierten Darstellung. Somit besteht das Spektrum auch aus einer Vielzahl an individualisierten Instrumenten. Die Vielfalt der sowohl mit Eigen- wie mit Fremdkapitalattributen ausgestatteten Finanzierungsarten wächst ständig, gerade auch für den mittelständischen Unternehmensbereich.

Mezzanines Kapital avancierte spätestens seit dem Jahr 2003 in der Finanz-
landschaft praktisch zur „Heilslehre" bei der Förderung des Mittelstandes. Doch
sind die Einsatzmöglichkeiten nicht grenzenlos. Mezzanines Kapital ist eine jahr-
hundertealte Kategorie der Finanzierung. Neu ist hingegen die deutlich gestiegene
Zahl an Geldgebern, die zur Risikoübernahme bereit sind und Risiko auch ein-
schätzen können. Hinzu kommt die mehr und mehr standardisierte Analyse und
Prüfung bei der Beurteilung potentieller Investitionsobjekte ebenso wie der jüngst
entstandene Sekundärmarkt für diese Art von Investments.

Mezzanines Kapital für den Mittelstand bedeutet – richtig eingesetzt – eine
individualisierte, „paßgenaue" Finanzierungsform. Ihr Zuschnitt differiert stark
nach Unternehmensgröße, nach Risikoprofil, nach Ertragskraft und Schulddienst-
beziehungsweise Zahlungsfähigkeit sowie nach Branche des Unternehmens
(Produktion, Dienstleistung, Handel).

Auf Grund der Tatsache, daß bei mezzaninen Finanzierungen das Risiko im
Mittelpunkt der Betrachtung steht, gewinnt das (interne wie externe) Rating
zunehmend an Bedeutung. Gerade hier sollten mittelständische Unternehmen den
gesamten zulässigen Gestaltungsspielraum in der Darstellung der Gesellschaft
voll ausschöpfen. Dies bedeutet eine möglichst umfassende Dokumentation und
das Aufzeigen aller möglichen Risiken und deren Ausmaßes. Die Risiken und ihre
Entstehung müssen erklärt werden. Außerdem müssen Pläne zur Begrenzung
beziehungsweise Beseitigung der Risiken aufgezeigt werden.

In der Vorbereitung erfordert dies eine vorgeschaltete unternehmensinterne
Analyse, anschließend eine Detailanalyse unter Einbeziehung des Rasters und der
Kennziffern des internen wie externen Rating und schließlich eine simulierte Due
Diligence" (umfangreiche Unternehmensprüfung). Mit den Ergebnissen und
Erkenntnissen aus diesen Analysen läßt sich der Auftritt gegenüber den Investoren
optimieren und somit eine Finanzierung überhaupt erst ermöglichen beziehungs-
weise deutlich günstiger arrangieren.

Allerdings ist bei diesen internen und später externen Analysen nicht außer
acht zu lassen, daß zahlreiche Prüfprozeduren unabhängig sind von der Unter-
nehmensgröße und vom Umsatz der Gesellschaft. Auch das Volumen des beab-

sichtigten Finanzierungsinstrumentes spielt dabei nur eine untergeordnete Rolle. Ihr Einsatz lohnt sich also erst dann, wenn die durch den Einsatz dieser Finanzierungsinstrumente erzielten Einsparungen die mit dem Einsatz verbundenen Kosten überkompensieren. Auf Grund dieser praktischen Einschränkung fallen viele Instrumente – bedauerlicherweise – für kleine und auch mittlere Unternehmen aus. Ihnen bleibt in solchen Fällen die traditionelle Fremdfinanzierung oder die Eigenkapitalfinanzierung durch Hereinnahme neuer Gesellschafter. In Deutschland nehmen allerdings mezzanine Finanzierungsangebote der Banken zu, auch für „kleinvolumige" Kapitalbedürfnisse. Meist wird in diesen Fällen dann allerdings eine vergleichsweise gute Bonität gefordert.

6.2. Stille Beteiligung

Die stille Beteiligung – oder auch stille Gesellschaft – stellt die Beteiligung eines Investors an einem Unternehmen dar, in der Regel durch Einbringung einer Vermögenseinlage in Form barer Geldmittel. Mit seiner Einlage partizipiert der Investor dann regelmäßig an den Gewinnen und Verlusten der finanzierten Gesellschaft. Die Beteiligung führt allerdings nicht zu einer dinglichen Mitberechtigung des Kapitalgebers, er wird also nicht rechtlicher „Miteigentümer" der Gesellschaft, sondern durch seine Einlage entsteht ein schuldrechtlicher Anspruch gegenüber dem Unternehmen. Ziel dieses Investments ist es, bei einem erfolgreichen Geschäftsverlauf von den möglichst hohen Gewinnen zu profitieren.

Eine stille Beteiligung beziehungsweise stille Gesellschaft (§§ 230 ff. HGB) bedeutet die Beteiligung an einem Unternehmen eines anderen mittels Vermögenseinlage des Investors. Das eingezahlte Kapital geht dabei in das Vermögen des bisherigen Unternehmers über, es begründet aber keine „echte" Beteiligung an der Gesellschaft (Eigentumsanspruch). Vielmehr entsteht eine sogenannte Innengesellschaft zwischen Investor und Gesellschaft (bei Aktiengesellschaften kommen Besonderheiten gemäß § 292 Abs. 1 Nr. 2 AktG hinzu).

Bei stillen Gesellschaften wird grundsätzlich unterschieden zwischen „typischen" und „atypischen" Gesellschaften. Eine sogenannte typische stille Gesellschaft hat eine Kapitaleinlage des Investors als Einlage in das Vermögen des zu finanzierenden Unternehmers zum Gegenstand. Mit dieser Einlage wird der Kapitalgeber am laufenden Gewinn (oder auch Verlust) des Unternehmens beteiligt. In der Regel erhält der Investor keinen Einfluß auf die Unternehmensführung, er erlangt auch keine Beteiligung am Vermögen der Gesellschaft.

Eine sogenannte atypische stille Beteiligung bedeutet zunächst ebenso eine Bar- oder Sacheinlage in das Vermögen des Unternehmens. In der atypischen Form erhält der Investor allerdings Mitspracherechte an der Gesellschaft, er übernimmt gleich einem aktiven Unternehmer strategische oder auch operative Initiative und ein entsprechendes unternehmerisches Risiko.

Aus diesem Grunde erhält der atypische stille Gesellschafter auch Einfluß auf die Geschäftsführung, er ist zudem in der Regel zusätzlich an den stillen Reserven des Unternehmens beteiligt. Während der typische stille Gesellschafter lediglich schuldrechtlich am Wert des Unternehmens beteiligt wird, so ist der atypische stille Gesellschafter (über § 233 HGB hinaus) je nach Gestaltung des Vertrages mit mehr oder weniger umfassenden Informations-, Kontroll- und Zustimmungsrechten ausgestattet. Darüber hinaus ist der atypische stille Gesellschafter am Gewinn und Verlust sowie den stillen Reserven und dem Geschäftswert zu beteiligen.

Anders als bei reinem Fremdkapital, bei dessen Aufnahme der Vorstand beziehungsweise die Geschäftsführung nicht die Zustimmung der Eigentümer, Gesellschafter oder Aktionäre einholen muß, erfordert die atypische stille Beteiligung das Einverständnis der Eigentümer. Im Falle von Personengesellschaften (zum Beispiel KG oder OHG) bedeutet dies die Zustimmung aller Gesellschafter. Bei einer Gesellschaft mit beschränkter Haftung ist dies zwar nicht expressis verbis geregelt, als erforderlich gilt aber die Zustimmung von mindestens drei Vierteln der Gesellschafter. Bei Aktiengesellschaften ist wegen der gesetzlichen Regelungen zu Gewinnabführungsverträgen (§292 Abs. 1 AktG) bei atypischen stillen Gesellschaften ohnehin die Zustimmung von mindestens drei Vierteln des auf der Hauptversammlung einer Aktiengesellschaft vertretenen Kapitals notwendig.

Motive des Kapitalgebers

Der Financier einer stillen Gesellschaft sucht bewußt die Diversifikation zu den traditionellen am Kapitalmarkt erhältlichen Anlageprodukten. Private Anleger halten dabei nach attraktiven Renditemöglichkeiten Ausschau, bei institutionellen Investoren kommt der Aspekt der Wertstabilität hinzu, da sie bei (in Grenzen) ungünstigem Geschäftsverlauf zunächst keine Wertberichtigungen auf ihr Investment vornehmen müssen. Fonds – und eingeschränkt – Direktinvestoren bevorzugen nicht selten die atypische stille Gesellschaft, um mittels direkter Kontrolle und Mitsprache die Rendite ihres Investment zu maximieren.

Private Anleger und Vermögensverwalter sind an stabilen Erträgen bei überschaubarem Planungsrisiko interessiert. Die Anleger kommen häufig selbst aus dem unternehmerischen Umfeld und sind mit dem Anlageobjekt oftmals recht schnell vertraut. Sie bevorzugen die typische stille Beteiligung, um zwar die erhöhte Rendite einzustreichen, nicht aber eine zusätzliche operative Mitwirkungsarbeit leisten zu müssen. Im Gegenzug verlangen diese Investoren aber eine verläßliche Beurteilungsgrundlage in Form einer aussagekräftigen Unternehmensdokumentation.

▌Ausprägung des Instrumentes

Stille Beteiligungen sind in einer Vielzahl von Ausprägungen denkbar. Dabei sind der atypischen stillen Gesellschaft in ihrer Gestaltung kaum Grenzen gesetzt, solange Mitunternehmerinitiative und -risiko erhalten bleiben. Informationsrechte behalten sich die Investoren in jedem Falle vor, bei der typischen stillen Beteiligung sind sie in der Regel auf das Minimum reduziert, hier zählt für den Investor in erster Linie der laufende Zinsdienst (Gewinnanteil, Renditezahlung). Die Tilgung erfolgt üblicherweise zum Ende der Laufzeit des zur Verfügung gestellten Kapitals. Zu achten ist bei der Gestaltung des Vertrages aus Sicht des Unternehmens auf die Dauer des zur Verfügung gestellten Kapitals, die Verzinsung (Gewinn- beziehungsweise Verlustbeteiligung) und die Definition der zur Berechnung des eingesetzten Kapitals herangezogenen Größen (Unternehmenswert, Kennziffern).

Meist aufwendiger ist die vertragliche Konzeption der atypischen im Vergleich zur typischen stillen Gesellschaft. Hier nehmen allein die Kontroll- und Mitspracherechte einen wesentlich breiteren Raum ein. Auch die Definition der zur Renditeberechnung herangezogenen Größen gestaltet sich in der Regel deutlich komplizierter. In jedem Falle sollte der vertraglichen Gestaltung der stillen Gesellschaft ein angemessener Zeitbedarf zugebilligt werden, ist sie doch in der überwiegenden Zahl der Fälle stark individualisiert und hängen von ihr eventuell nicht geringe künftige finanzielle Belastungen für das Unternehmen ab.

▌ Konditionen, Strukturen und Volumina

Die stille Gesellschaft wird mittels eines kaum standardisierten, privatrecht-
lichen Vertrages zwischen Kapitalnehmer und Kapitalgeber vereinbart. Die Konditionen sind im wesentlichen frei verhandelbar. Die Strukturen wie Einflußmöglichkeiten sind – innerhalb des oben skizzierten Rahmens – ebenfalls individuell
auszuhandeln. Die investierten Kapitalbeträge sind vom Unternehmen, seiner
Rechtsform, der Branche und dem wirtschaftlichen Risiko sowie dem Verwendungszweck abhängig, sie können zwischen 50 000 Euro und zehn Millionen Euro
liegen. Die Rendite auf das bei einer stillen Beteiligung eingesetzte Kapital
erreicht zehn bis 20 Prozent.

Tabelle 34. Eckwerte einer stillen Beteiligung

Wesentliche Kriterien	
Volumen	Weder Mindest- noch Höchstgrenzen, in der Praxis sind – je nach Branche und Unternehmen – Beträge zwischen 50 000 und 10 Millionen Euro üblich. Wie auch bei anderen Finanzierungen hängt die Wirtschaftlichkeit der Finanzierung vom Prüfungsaufwand ab.
Verzinsung	Eventuell feste Basisverzinsung, variable Komponente abhängig vom Unternehmenserfolg.
Laufzeit	Gewöhnlich Laufzeiten bis zu fünf Jahren, Fristen darüber hinaus nicht unüblich (bis zu zehn Jahren).
Anforderungen	Dokumentation, Erfolgsaussichten der Unternehmensstrategie.
Plazierungsdauer	Abhängig von Geschäftsart und Prüfungsdauer, zwischen drei und sechs Monate.
Investoren	Als Kreditgeber fungieren Vermögensverwalter, spezialisierte Fonds und Direktinvestoren.
Kosten	In der Regel entstehen keine Anbahnungskosten oder explizite laufende Kosten, je nach Prüfungs- und Überwachungsaufwand (Kontrollfunktion) erhöht sich die zu leistende laufende Verzin-sung (Rendite) der Kapitaleinlage.

Der Vorteil der stillen Beteiligung liegt in der Aufnahme von Kapital, das in
der Bewertung der sonstigen Gläubiger entweder nicht als Darlehen wahrgenom-

men oder ähnlich wie Eigenkapital bewertet wird. Gleichzeitig werden die Eigentums- und Stimmrechte nicht verändert, die Gesellschafter behalten die volle Verfügungsgewalt über das Unternehmen, zumindest bei der typischen stillen Beteiligung. Die atypische stille Beteiligung verlangt (teils erhebliche) Kontroll- und Mitspracherechte an der Unternehmung sowie eine in der Regel höhere zu leistende Verzinsung; dafür ist der Investor aber auch bereit, höhere operative Risiken zu übernehmen.

Tabelle 35. Vor- und Nachteile stiller Beteiligungen

Plus	Minus
Typische stille Beteiligung	Typische stille Beteiligung
◆ Aufnahme von eigenkapitalähnlicher Finanzierung. ◆ Keine Veränderung der Eigentumsverhältnisse.	◆ Möglicherweise hohe an den Kapitalgeber zu zahlende Verzinsung. ◆ Rückzahlung der Einlage während der Vertragslaufzeit meist aufwendig. ◆ Aufbau einer „Credit" oder „Equity Story" sowie Erschließung neuer, breit gestreuter Investorenkreise nicht möglich.
Atypische stille Beteiligung	Atypische stille Beteiligung
◆ Aufnahme von Kapital mit hoher Affinität zum Eigenkapital. ◆ Als Kapitalquelle auch bei größeren geschäftlichen Risiken erschließbar. ◆ Kein externes Rating erforderlich.	◆ Eventuell erhebliche Kontroll- und Mitspracherechte der Kapitalgeber. ◆ In Abhängigkeit vom Risiko hoher zu leistender Zins- und Kapitaldienst. ◆ Aufbau einer „Credit" oder „Equity Story" und Erschließung neuer Investorenkreise nicht möglich.

Mittelverwendung

Voraussetzung für ein Unternehmen, Investoren für eine typische oder auch atypische stille Beteiligung gewinnen zu können, ist zunächst ein tragfähiges und überzeugendes unternehmerisches Konzept. Stille Beteiligungen eignen sich nicht für wirkliche Krisenfinanzierungen, es sei denn, ein lediglich vorübergehender (Liquiditäts-) Engpaß ist nur auf Grund eines einzelnen Einflußfaktors aufgetreten, der sich beseitigen läßt. Investoren legen bei dieser Kapitalart Wert auf einen funktionierenden, nicht defizitären Geschäftsbetrieb mit einem positiven operativen Ergebnis. Ihr Interesse besteht darin, diesen Geschäftsbetrieb zu entwickeln, auszubauen und nach Möglichkeit profitabler zu machen. In diesem Sinne sollte auch die Kapitalverwendung stattfinden.

Tabelle 36. Einsatz der stillen Beteiligung

Eignung im Vergleich		
Bilanzfinanzierung	Refinanzierung[1]	
	längere Laufzeit	↘
	gleiche Laufzeit	↘
	kürzere Laufzeit	↘
	Umfinanzierung/Ablösung[2]	
	Anleiheschulden	↓
	Lieferantenkredit	↓
	Pensionsverbindlichkeiten	↓
	Bankschulden	→
	Optimierung Bilanzstruktur	↑
	Aufstockung Betriebsmittel	↗
	Verlustausgleich	↘
	Kapitalausschüttung	↓
	Krisenfinanzierung	→
Geschäftsfinanzierung	Unternehmenskauf	↗
	Investition	↑
	Expansion	
	tradiertes Geschäftsfeld	↑
	fremdes Geschäftsfeld	↗
	Erbschaft/Eignerübergang	↘

[1] Tilgung durch Mittelaufnahme in derselben Kapitalart
[2] Tilgung durch Mittelaufnahme in einer anderen Kapitalart (Auswahl)
↑ sehr gut geeignet, ↗ geeignet, → akzeptable Finanzierung, ↘ weniger gut geeignet,
↓ nicht geeignet

▌ Steuerliche Behandlung der stillen Beteiligung beim Unternehmen

Auch bei der Besteuerung ist zwischen der typischen und der atypischen stillen Gesellschaft zu unterscheiden. Aus steuerlicher Sicht stellt die typische stille Beteiligung eine Fremdkapitalbeteiligung dar. Die zur Auszahlung gelangenden Gewinnanteile sind beim Unternehmen, das heißt dem Emittenten der stillen Gesellschaft, im Jahr ihrer wirtschaftlichen Verursachung als Betriebsausgaben steuerlich abzugsfähig und vermindern dementsprechend den steuerpflichtigen Gewinn. Die stille Gesellschaft selbst ist als sogenannte Innengesellschaft nicht körperschaftsteuer- oder gewerbesteuerpflichtig.

Für gewerbesteuerliche Zwecke sind die Gewinnanteile des stillen Gesellschafters bei der Ermittlung des Gewerbeertrages des emittierenden Unternehmens voll abzugsfähig – dies gilt jedoch nur, wenn die Gewinnanteile bei der Ermittlung des Gewerbeertrages des stillen Gesellschafters anzusetzen sind. Bei einem ausländischen, nicht der Gewerbesteuer unterliegendem Investor führt dies dazu, daß sich beim Unternehmen die Gewinnanteile nicht gewerbesteuermindernd auswirken.

Schließlich ist zu beachten, daß das Unternehmen eine 25-prozentige Kapitalertragsteuer (Quellensteuer) bei Auszahlung des Gewinnanteiles an das zuständige Finanzamt abzuführen und dem stillen Gesellschafter darüber eine Bescheinigung auszustellen hat. Die abgeführte Quellensteuer kann der stille Gesellschafter sich dann im Rahmen seiner eigenen Steuer anrechnen lassen.

Bei der atypischen stillen Gesellschaft wird der stille Gesellschafter ertragsteuerlich als sogenannter Mitunternehmer behandelt und steuerlich einem Kommanditisten gleichgestellt. Dementsprechend wird nicht die atypische stille Gesellschaft als Steuersubjekt angesehen, sondern allein das Unternehmen. Nur dieses wird tatsächlich tätig. Die stille Gesellschaft ist aus ertragsteuerlicher Sicht transparent. Der dem stillen Gesellschafter zuzurechnende Gewinnanteil wird allerdings im Rahmen der bei der atypischen stillen Gesellschaft durchzuführenden Gewinnermittlung (einheitliche und gesonderte Gewinnfeststellung) errechnet und dem stillen Gesellschafter sowie dem Unternehmen dann entsprechend zugewiesen.

▌ Bilanzielle Behandlung stillen Beteiligungskapitals

Das typische stille Beteiligungskapital ist in der nach HGB aufgestellten Handelsbilanz des Emittenten als Fremdkapital zu passivieren. Der Grund liegt darin, daß der stille Gesellschafter seine Einlage bei Insolvenz des Emittenten als Insolvenzforderung geltend machen kann und damit sonstigen Gläubigern gleichgestellt ist. Atypische stille Beteiligungen stehen auf Grund ihrer besonderen Ausgestaltung (insbesondere Verlustbeteiligung, Rangrücktritt) haftendem Eigenkapital häufig gleich. Die atypische stille Beteiligung ist in diesen Fällen auf der Passivseite der nach HGB aufgestellten Bilanz nach dem gezeichneten Kapital auszuweisen.

Im Rahmen der internationalen Rechnungslegungsstandards (IFRS) und unter US-GAAP ist für die Unterscheidung zwischen Eigen- und Fremdkapital nicht die Haftungsqualität des stillen Gesellschaftskapitals, sondern der wirtschaftliche Gehalt der Beteiligung entscheidend. Unter IFRS kommt es für die Zuordnung eines Instrumentes zum Fremdkapital darauf an, ob das Instrument durch den Investor kündbar ist und dementsprechend eine Rückzahlungsverpflichtung des Emittenten bezüglich des Beteiligungskapitales entstehen kann. Dies wird bei einer typischen stillen Gesellschaft regelmäßig der Fall sein.

Bei atypischen stillen Beteiligungen mit entsprechender Verlustteilnahmeabrede erhält der Investor bei Kündigung seine Einlage nicht unbedingt zurück. Daher sollte in bestimmten Fällen der Ausweis unter Eigenkapital in der IFRS-Bilanz möglich sein. Unter US-GAAP werden stille Beteiligungen regelmäßig als Fremdkapital auszuweisen sein, wobei innerhalb der Bilanzgliederung ein gesonderter Ausweis möglich ist.

6.3. Genußschein

Der Genußschein – mitunter auch als Genußrecht bezeichnet – zählt sicherlich zu den interessantesten Instrumenten der mezzaninen Unternehmensfinanzierung. Als Wertpapier verbrieft er zunächst eine Kapitalüberlassung gegen laufende Vergütung. Diese Vergütungen und, je nach Gestaltung, auch die Tilgungssumme sind abhängig von der Gewinnentwicklung des emittierenden Unternehmens. Dabei können Genußscheine in steuerlicher Hinsicht derart gestaltet werden, daß sie aus handelsbilanzieller Sicht und im Rating-Prozeß Eigenkapital darstellen, die vom Emittenten zu zahlenden Vergütungen aber gleichwohl wie beim Fremdkapital als Betriebsausgaben steuerlich abzugsfähig sind.

Ein Genußschein verbrieft einen schuldrechtlichen Anspruch gegen das finanzierte Unternehmen auf Partizipation am Gewinn sowie auch Verlust des Unternehmens und/oder dessen Liquidationserlöses (letzteres wird aus steuerlichen Gründen meist ausgeschlossen). Der Genußscheingläubiger wird allerdings durch sein Investment nicht zum Gesellschafter des finanzierten Unternehmens, er ist vielmehr Erwerber einer Inhaberschuldverschreibung (§ 793 BGB). Der Genußschein selbst ist im Gesetz nicht näher definiert. Es bestehen daher sehr weitgehende Gestaltungsmöglichkeiten bei der Abfassung der Genußrechtbedingungen. Die „Verzinsung" des Genußscheines kann dementsprechend eine feste oder variable Komponente beziehungsweise eine Kombination aus beidem umfassen.

Auf Grund der Teilnahme am Gewinn sowie gegebenenfalls am Liquidationserlös ist in der Regel die Zustimmung der Gesellschafterversammlung zur Emission eines Genußscheines notwendig. Dies bedeutet bei Aktiengesellschaften die Zustimmung von mindestens drei Vierteln des vertretenen Grundkapitals, bei der GmbH wird die Möglichkeit zur Ausgabe von Genußscheinen meist in der Satzung explizit erlaubt (Satzungsermächtigung). Zudem empfiehlt es sich, stets die Zustimmung der Gesellschafter einzuholen.

Der Genußschein ist in seiner grundsätzlichen Natur als Fremdkapital unbesichert und nachrangig. Insbesondere spezielle Nachrangabsprachen sind in der Praxis mittlerweile üblich und keine Ausnahme mehr. Das damit vom Investor wahrgenommene größere Risiko (Ausfall der Zins- und Tilgungszahlungen) wird üblicherweise durch einen vom Unternehmen zu zahlenden höheren Zins abgegolten.

Motive des Kapitalgebers

Der Genußschein bietet dem Investor die Möglichkeit, bei vergleichbarem Risiko eine über den Ertrag einer traditionellen Anleihe hinausgehende Rendite zu erzielen. Anders als bei klassischem Fremdkapital ist der Anleger zwar von Schwäche- oder gar Verlustphasen des finanzierten Unternehmens betroffen. Die aber dafür vorgesehene höhere Verzinsung über die Gesamtlaufzeit des Genußscheines überkompensiert häufig diese zusätzliche Risikokomponente.

Der Genußscheininvestor spekuliert auf eine positive Entwicklung des operativen Geschäftes im finanzierten Unternehmen. Gleichzeitig erzielt er – den Insolvenzfall ausgeblendet – zumindest die fixierte Mindestverzinsung. Ist der Genußschein auch noch börsennotiert, so kann er sein Investment, je nach Liquidität in diesem Titel, während der Laufzeit ohne größere Kursabschläge veräußern. Gleichzeitig erweitert er sein Portfolio eventuell nicht nur um neue Emittenten, sondern investiert auch noch in ein Instrument, das eine geringere Korrelation in der Wertentwicklung zu reinen Fremdkapitalinstrumenten aufweist als diese untereinander. Die verminderte Korrelation beruht auf der gewinnabhängigen Verzinsung.

Ausprägung des Instrumentes

Der Genußschein ist ein Finanzierungsinstrument, das einerseits Kreditelemente in sich birgt, andererseits in seiner Rendite auch abhängig ist von den wirtschaftlichen Verhältnissen des Unternehmens, gewöhnlich der Gewinn- oder Umsatzentwicklung des Emittenten. Genußscheine besitzen sowohl Eigen- als auch Fremdkapitalkomponenten; sie werden handels- und steuerrechtlich unter Umständen unterschiedlich behandelt. So erfüllt der Genußschein eine doppelte Funktion: einerseits aus Sicht des Investors ist er Anleihe (Fremdkapital), andererseits aus Sicht des Rating (Bonität) ist er Aktie (Eigenkapital). Derzeit ist ein externes Rating zur Emission eines Genußscheines allerdings nicht zwingend erforderlich.

Genußscheine sind regelmäßig mit einer sogenannten Nachrangklausel versehen, das heißt der Genußrechtgläubiger hat Anspruch auf Rückzahlung erst nach Befriedigung der normalen Gläubiger des Emittenten. Außerdem sind Genußscheine normalerweise nicht besichert. Genußscheine gewähren kein Stimmrecht, ebenso nicht das Recht zur Teilnahme an Gesellschafter- und Hauptversammlungen. Ebenso gewähren sie keine Kontroll- und Mitspracherechte bei der Unternehmensführung. Allerdings können Informationspflichten des Managements im entsprechenden Genußrechtvertrag vorgesehen werden. Eine vorzeitige ordentliche Kündigung seitens des Investors ist meist ausgeschlossen (das emittierende Unternehmen selbst besitzt dieses Recht allerdings häufig).

Über diese gängigen Regelungen hinaus können Genußscheine besondere, zusätzliche Rechte verbriefen wie zum Beispiel die Option, während oder zum Ende der Laufzeit Anteile am Unternehmen zu erwerben oder die Rückzahlung des zur Verfügung gestellten Kapitalbetrages in Anteilen der Gesellschaft zu verlangen.

Konditionen, Strukturen und Volumina

Der Genußschein hat in der Regel Laufzeiten zwischen fünf und zehn Jahren. Maximal werden in der Praxis 30 Jahre vereinbart, darüber hinaus erkennt der Fiskus nicht mehr ohne weiteres den steuerlichen Fremdkapitalcharakter des Genußscheins an und entzieht den korrespondierenden Genußrechtvergütungen die Berücksichtigung als abzugsfähige Betriebsausgabe. Dem steuerlichen Charakter als Fremdkapital steht häufig aus bilanzieller Sicht Eigenkapitalcharakter gegenüber. So zählt nach den aktuell anwendbaren Bilanzierungsrichtlinien unter bestimmten Umständen der Genußschein zum Eigenkapital. In diesem

Zusammenhang sind verschiedene Schreiben des Instituts der Wirtschaftsprüfer (IDW) zu beachten. Und auch in externen Rating-Verfahren wird das Genußscheinkapital in der Regel bis zu einem Drittel, teilweise bis zur Hälfte als Eigenkapital gewertet.

Tabelle 37. Eckwerte einer Genußscheinfinanzierung

Wesentliche Kriterien	
Volumen	Ab 15 Millionen Euro, neuerdings bei entsprechender Standardisierung auch ab 5 Millionen Euro.
Verzinsung	Zwischen 7 und 25 Prozent Gesamtrendite.
Laufzeit	Laufzeiten von fünf bis zehn Jahren üblich, maximal jedoch 30 Jahre wegen der steuerlichen Abzugsfähigkeit der Zinszahlungen.
Anforderungen	Dokumentation, eingeschränkte Kapitalmarktfähigkeit des Unternehmens, „gesunde" Gesellschaftsstrukturen, in der Regel kein externes Rating erforderlich.
Plazierungsdauer	Abhängig von Prüfungsdauer, zwischen zwei und vier Monate.
Investoren	Darlehensgeber sind (private) Vermögensverwalter, Banken und spezialisierte Fonds sowie Direktinvestoren.
Kosten	Abhängig von Bonität und Prüfungsaufwand; Indikation bei 1,0 bis 2,5 Prozentpunkte einmalig vom Nominalwert, abhängig von Marktlage, Bonität und Zugang des Arrangeurs zum relevanten Anlegerkreis.

Die Verzinsung des Genußscheines kann entweder fest, gewinnabhängig fest oder gewinnabhängig variabel sein; Kombinationen dieser Ausprägungen sind möglich. Zunächst ist für den Genußschein eine feste Zinszahlung (fester Kupon, zum Beispiel drei Prozent) über die gesamte Laufzeit denkbar. Diese kann um eine weitere feste Komponente ergänzt werden, zum Beispiel vier Prozent jährlich, wenn der Unternehmensgewinn in diesen Jahren einen zuvor festgelegten Betrag übersteigt. Schließlich ist auch eine Vergütung des Genußscheinkapitals möglich, die prozentual abhängig ist vom Unternehmensgewinn (variable Verzinsung).

Hinsichtlich der beiden letztgenannten Varianten ist festzulegen, nach welchen Kriterien sich der jährliche Unternehmensgewinn bemißt, so beispielsweise am

operativen Ergebnis (EBIT) oder dem Bilanzgewinn. Die Rendite eines Genußscheines liegt in der Regel - je nach Risiko - zwischen sieben und 25 Prozent. Die
Tilgung des Genußscheines erfolgt üblicherweise zum Ende der Laufzeit, eine
vorzeitige ordentliche Kündigung seitens des Investors ist regelmäßig ausgeschlossen.

Ein Genußschein kann mit oder ohne Beteiligung des Investors am Unterneh-
mensverlust gestaltet werden. Bei Verlustbeteiligung ist dann beispielsweise auch
keine Mindestverzinsung für ein Verlustjahr fällig, jedoch kann eine Nachzah-
lungsverpflichtung im Folgejahr vereinbart werden (Rückkehr in die Gewinnzone
vorausgesetzt). Darüber hinaus kann vereinbart werden, den Rückzahlungsbetrag
des Genußrechtes um eventuelle Verluste zu reduzieren, so daß die nach Endfälligkeit zurückzuzahlende Summe geringer ausfällt.

Tabelle 38. Vor- und Nachteile des Genußscheines

Plus	Minus
♦ Verbesserung der Bilanzstruktur. ♦ Keine Veränderung der Eigentumsver- hältnisse. ♦ Tendenziell besseres Rating (Eigen- kapital) und steuerliche Abzugsfähig- keit der Zinsen (Fremdkapital). ♦ Flexible Gestaltung. ♦ In der Regel kein externes Rating erfor- derlich. ♦ Erschließung neuer Investorenkreise. ♦ Besicherung nicht erforderlich.	♦ Gegebenenfalls hohe zu leistende Ver- zinsung. ♦ Eventuell erhöhter Aufwand durch In- formationsverpflichtungen. ♦ Aufbau einer „Credit & Equity Story" bei fehlender Börsennotiz im Vergleich zu anderen Kapitalmarkttiteln nur ein- geschränkt möglich.

Genußscheine werden in der Regel wegen des damit verbundenen Aufwandes
an Prüfung und Arrangement in Größenordnungen ab 15 Millionen Euro emittiert.
Mittlerweile hat auch in diesem Kapitalmarktsegment die Standardisierung Einzug
gehalten, so daß – entsprechende Flexibilität beim Unternehmen vorausgesetzt –
bereits Volumina ab fünf Millionen Euro wirtschaftlich sinnvoll sind. Diese klei-

neren Emissionen werden dann teilweise in Fonds oder speziellen Investmentvehikeln zusammengefaßt und erreichen so Gesamtvolumina zwischen 50 Millionen und knapp einer Milliarde Euro. Auf diesen Bestand werden dann wiederum kapitalmarktfähige Titel emittiert (Verbriefung/Umverpackung). Genußscheine selbst sind grundsätzlich nicht börsennotiert. Lediglich größere Unternehmen, die auch Zugang zu anderen, kapitalmarktfähigen Finanzierungsformen besitzen, haben ihre Genußscheine bislang öffentlich gelistet.

▌ Mittelverwendung

Genußscheine bieten ein breites Spektrum an Anwendungsmöglichkeiten in der Unternehmensfinanzierung. Gleichwohl ist ihre Verbreitung gerade bei der Kapitalbeschaffung mittelständischer Unternehmen (noch) gering. Zur Jahresmitte 2005 lag das emittierte Genußscheinvolumen im deutschsprachigen Raum bei rund 20 Milliarden Euro. Die emittierenden Unternehmen kommen meist aus dem Finanzsektor, darüber hinaus sind nur wenige größere Industrieadressen am Markt. So entfallen auf Emissionen mit Beträgen unter 50 Millionen nur etwa rund 15 Prozent des gesamten ausstehenden Volumens, auf Emissionen von 50 bis 500 Millionen etwa zwei Drittel und auf Emissionen über 500 Millionen Euro immerhin etwa ein Fünftel.

Wegen der fehlenden rechtlichen Definition und infolge der überaus großen Individualisierungsmöglichkeit können Genußscheine flexibel an die Bedürfnisse des Emittenten angepaßt werden. Dazu gehören die hohe Variabilität bei der Zinsgestaltung und die Wahlmöglichkeiten hinsichtlich einer Verlustbeteiligung und der Ausstattung mit Options- oder Wandlungsrechten.

Gegenwärtig kommt es in der Unternehmensfinanzierung zu einer Renaissance des Genußscheines, dies gilt besonders bei Finanzierungen für mittelständische Unternehmen. Das hohe Maß an Flexibilität, die im Falle eingeschränkten Kapitalflusses niedrige Mindestverzinsung, die Freiheit von Sicherheiten und der hohe Eigenkapitalcharakter prädestinieren den Genußschein geradezu für den Einsatz im Mittelstand. Eine zunehmende Standardisierung schränkt zwar die Variabilität ein, macht aber auch die Aufnahme geringerer Kapitalbeträge wirtschaftlich sinnvoll und eröffnet somit Unternehmen neue Möglichkeiten auf dem Weg an den Kapitalmarkt.

Tabelle 39. Einsatz des Genußscheines

Eignung im Vergleich		
Bilanzfinanzierung	Refinanzierung[1]	
	längere Laufzeit	↘
	gleiche Laufzeit	↘
	kürzere Laufzeit	↘
	Umfinanzierung/Ablösung[2]	
	Anleiheschulden	↘
	Lieferantenkredit	→
	Pensionsverbindlichkeiten	→
	Bankschulden	↗
	Optimierung Bilanzstruktur	↗
	Aufstockung Betriebsmittel	↗
	Verlustausgleich	↘
	Kapitalausschüttung	↓
	Krisenfinanzierung	↘
Geschäftsfinanzierung	Unternehmenskauf	↗
	Investition	↑
	Expansion	
	tradiertes Geschäftsfeld	↑
	fremdes Geschäftsfeld	↗
	Erbschaft/Eignerübergang	→

[1] Tilgung durch Mittelaufnahme in derselben Kapitalart
[2] Tilgung durch Mittelaufnahme in einer anderen Kapitalart (Auswahl)
↑ sehr gut geeignet, ↗ geeignet, →akzeptable Finanzierung, ↘ weniger gut geeignet,
↓ nicht geeignet

▌ Steuerliche Behandlung des Genußscheines beim Unternehmen

Aus steuerlicher Sicht ist entscheidend, ob die auf den Genußschein zu zahlende Vergütung, sei sie fix oder variabel, steuerlich abzugsfähig ist. Diese steuerliche Abzugsfähigkeit hängt davon ab, ob es sich um ein eigenkapitalähnliches oder ein fremdkapitalähnliches Genußrecht handelt. Ein eigenkapitalähnliches Genußrecht liegt vor, wenn der Genußschein neben einer Beteiligung am Gewinn auch eine Beteiligung am Liquidationserlös der Gesellschaft vorsieht. Wenn dies der Fall ist, werden die auf den Genußschein vom Emittenten bezahlten Vergütungen wie Dividendenausschüttungen behandelt. Dividendenausschüttungen mindern das Einkommen des Emittenten nicht, sind also steuerlich nicht abzugsfähig. Ebenso dürfen Ausschüttungen auf eigenkapitalähnliche Genußrechte das Einkommen des Genußrechtemittenten nicht mindern.

Sehen die Genußscheinbedingungen dagegen keine Beteiligung am Gewinn und/oder keine Beteiligung am Liquidationserlös vor, ist der Genußschein also fremdkapitalähnlich, so sind die Genußrechtsvergütungen – vorbehaltlich der besonderen Regeln über die Gesellschafterfremdfinanzierung – grundsätzlich als Betriebsausgaben beim Emittenten abzugsfähig und mindern dessen steuerpflichtigen Gewinn.

Bei der Gewerbesteuer gelten die Genußrechtvergütungen als Entgelte für Dauerschulden und sind dort nur zur Hälfte abzugsfähig. Bei den eigenkapitalähnlichen Genußrechten ist vom Emittenten für Rechnung des Investors eine Kapitalertragsteuer in Höhe von 20 Prozent zuzüglich Solidaritätszuschlag von 5,5 Prozent einzubehalten und abzuführen. Bei den fremdkapitalähnlichen Genußrechten beträgt der Kapitalertragsteuereinbehalt 25 Prozent zuzüglich Solidaritätszuschlag.

▌ Bilanzielle Behandlung von Genußrechtskapital

Auch aus bilanzieller Sicht kommt es darauf an, ob der Genußschein auf Grund der Genußrechtbedingungen als Eigen- oder Fremdkapital zu klassifizieren ist. In der nach HGB aufgestellten Bilanz gehört das Genußrechtkapital im Zweifel zu den Schulden, wobei der Ausweis als gesonderter Posten „Genußkapital" möglich ist. Genußrechtkapital ist dagegen als Eigenkapital zu qualifizieren, wenn die folgenden vier, vom Institut der Wirtschaftsprüfer (IDW) aufgestellten, Voraussetzungen kumulativ erfüllt sind:

* Erfolgabhängigkeit der Genußrechtvergütung.
* Verlustteilnahme in voller Höhe.
* Rangrücktritt hinter die Forderungen der sonstigen Gesellschaftsgläubiger.
* Längerfristigkeit der Kapitalüberlassung.

Liegen die vorgenannten Voraussetzungen vor, ist eine ausreichende Haftungsqualität des Genußrechtskapitals gegeben, so daß ein Ausweis im Eigenkapital als eigener Posten möglich ist.

Unter den IFRS-Regelungen ist für die Qualifikation des Genußscheines als Eigenkapital entscheidend, daß das überlassene Kapital nicht rückzahlbar ist. Besteht dagegen eine Rückzahlungsverpflichtung des Emittenten, kommt nur eine Qualifizierung als Fremdkapital in Betracht. Auch in diesem Falle ist es aber möglich, in der IFRS-Bilanz im Fremdkapital einen eigenen Posten „Genußkapital" auszuweisen.

Unter US-GAAP ist ähnlich wie unter IFRS für die Einordnung des Finanzinstrumentes als Eigen- oder Fremdkapital maßgeblich, ob eine Rückzahlungsverpflichtung des Emittenten in bezug auf das Genußrechtkapital besteht. Nur wenn keine zwingende Rückzahlungsverpflichtung besteht, ist eine Klassifizierung als Eigenkapital möglich. Ansonsten ist der Ausweis in einer gesonderten Position in den Verbindlichkeiten geboten.

6.4. Wandel- und Optionsanleihe

Sowohl die Wandelanleihe als auch die Optionsanleihe sind von ihrem Grundtypus her Anleihen im Sinne festverzinslicher Wertpapiere (Fremd-kapital). Allerdings sind sie derart konstruiert, daß anstelle oder neben der Rückzahlung des von den Investoren einem Unternehmen zur Verfügung gestellten Kapitals Gesellschaftsanteile beziehungsweise Aktien des Emit-tenten geleistet oder verlangt werden können. Durch die Aussicht, an einem im günstigen Falle steigenden Unternehmenswert des Emittenten zu parti-zipieren, verzichten die Kapitalgeber in der Regel auf eine marktübliche Verzinsung und nehmen zunächst Renditeabschläge in Kauf. Den Emitten-ten eröffnen diese Instrumente die Möglichkeit, bei einer positiven Geschäftsentwicklung Zinskosten zu sparen und gleichzeitig ihre Eigen-tümerbasis zukünftig zu verbreitern.

Wandel- und Optionsanleihen sind Schuldverschreibungen (siehe auch § 221 AktG). Eine Wandelanleihe berechtigt den Gläubiger, die Rückzahlung des gewährten Kapitals in Form von Gesellschaftsanteilen des finanzierten Unterneh-mens zu verlangen. Ist der Gläubiger verpflichtet, die Rückzahlung seines Kapitals in Form von Gesellschaftsanteilen zu akzeptieren, spricht man von einer Pflicht-wandelanleihe. Eine Optionsanleihe berechtigt den Gläubiger, bei Fälligkeit der Anleihe (unabhängig von deren Tilgung) auf Grund seines damit verbundenen Optionsrechtes eine bestimmte Anzahl von Gesellschaftsanteilen an dem finan-zierten Unternehmen zu einem vorher vereinbarten Preis zu erwerben.

Aus rechtlicher Sicht unterscheiden sich die beiden Anleihetypen, praktisch sind sie in ihrer Konstruktion (die Pflichtwandelanleihe als Kombination von Anleihe und Termingeschäft einmal ausgenommen) aber nahezu gleich: Die Optionsanleihe besteht aus einer klassischen Anleihe und einer Kaufoption (Aktien des emittierenden Unternehmens zu zuvor festgelegten Konditionen inner-halb eines festgelegten Zeitraumes zu erwerben). Gleiches gilt auch für die Wandelanleihe, nur daß hier auf Wunsch des Gläubigers keine Rückzahlung in Bargeld, sondern in Form von Aktien erfolgt. Schließlich ist aber auch die Wandelanleihe – wirtschaftlich gesehen - eine Kombination aus klassischer Anleihe und Optionsgeschäft.

Wandelanleihen waren in Zeiten prosperierender und auch volatiler Aktienmärkte bei den Investoren recht beliebt. Die Aussicht auf steigende Aktienkurse ließ viele Anleger Wandelanleihen erwerben, um sich zu vergleichsweise günstigen Kursen mit diesen Papieren eindecken zu können und um diese dann zu einem höheren Preis wieder zu veräußern. Optionsanleihen erfreuen sich in Zeiten stark schwankender Kurse großer Nachfrage, lassen sich doch mit der Trennung von Anleihe und (günstig erworbenem) Optionsrecht Unterschiede in der Preisbildung an den jeweiligen Teilmärkten gewinnbringend ausnutzen (Arbitrage). Beispielsweise machten in den Jahren 2001 bis 2004 mit hoher Volatilität der Aktienmärkte internationale Hedge Fonds bis zu einem Drittel der Käufer von Wandel- und Optionsanleihen aus.

Motive des Kapitalgebers

Grundsätzlicher Anreiz für Investoren ist die Kombination aus einerseits (risikoärmerer) Darlehensvergabe in Form von vorrangigen Unternehmensanleihen mit fester Zinszahlung und vollständiger Tilgung sowie andererseits die Wahrung eines Gewinnpotentials durch eventuell steigende Aktienkurse eben dieses Unternehmens. Damit können Anleger bereits heute zu vergleichsweise günstigen Einstandspreisen eine zukünftige „Aktienposition" in diesem Titel eröffnen. Entwickelt sich der Aktienkurs entgegen ihren Erwartungen, so haben sich die Investoren zumindest während der Laufzeit die Verzinsung der Anleihe gesichert.

Darüber hinaus können Investoren in Wandel- und Optionsanleihen auch strategische Ziele verfolgen. Da sowohl Wandel- als auch Optionsanleihen vor Wandlung beziehungsweise Optionsausübung keinerlei Stimmrechte beim Emittenten verleihen, sind Anzeigepflichten, die mit dem Erwerb der Kontrolle über ein Unternehmen verbunden sind, in der Regel entbehrlich. Selbst wenn ein Investor bereits Aktien an dem Emittenten hält, führt der zusätzliche Erwerb von Wandel-

oder Optionsanleihen nicht zum Überschreiten gesetzlicher Schwellen und löst damit auch keine sogenannte Meldepflicht aus.

In der Regel werden Wandel- und Optionsanleihen nur von (börsennotierten) Aktiengesellschaften begeben. Allerdings könnte auch für mittelständische Unternehmer diese Finanzierungsart grundsätzlich interessant sein. Juristische Gründe stehen dem jedenfalls nicht entgegen, eher Kostengründe. Beispielsweise könnten sich Kapitalgeber so neben der laufenden Rendite in interessante Unternehmen einkaufen oder vielleicht sogar an den Erlösen eines mittelfristig geplanten Börsenganges partizipieren. Allerdings setzt dies das Vorhandensein einer entsprechenden Investorengruppe voraus. Bislang dürften die fehlende Ausstiegsmöglichkeit während der Laufzeit und die später nicht zwingend am Kapitalmarkt veräußerbaren Unternehmensanteile ein Engagement durch Kapitalgeber verhindern.

Ausprägung des Instrumentes

Wandel- und Optionsanleihen sind zunächst Fremdkapitaltitel, die innerhalb einer bestimmten Frist gegen Aktien beziehungsweise Anteilsscheine des emittierenden Unternehmens getauscht werden können (Wandelanleihe) oder die dazu berechtigen, neben der Kapitalrückzahlung die Ausgabe neuer Aktien verlangen zu können (Optionsanleihe). Wandelanleihen verbriefen neben dem Zins- und Rückzahlungsanspruch ein Optionsrecht: So kann der Besitzer einer Wandelanleihe anstelle der Rückzahlung die Ausgabe von Anteilscheinen (Aktien) des Unternehmens verlangen.

Auf Grund des der Wandelanleihe innewohnenden Optionsrechtes hat eine Wandelanleihe in der Regel eine niedrigere Verzinsung als vergleichbare Anleihen ohne Wandlungsrecht. Die Hauptversammlung muß der Begebung einer Wandelanleihe mit Dreiviertelmehrheit zustimmen. Durch eine Kapitalerhöhung werden die wegen der Wandlung notwendigen Aktien bereitgestellt. Altaktionäre haben ein Bezugsrecht auf die neuen Aktien. Wandel- und Optionsanleihen zahlen normalerweise einen jährlichen Kupon, Rückzahlungsmodus und Optionsmöglichkeiten werden bereits bei Emission der Anleihe festgelegt.

▌Konditionen, Strukturen und Volumina

Wandel- und Optionsanleihen werden bereits in kleineren Volumina begeben. Beträge um die 15 bis 20 Millionen Euro stellen allerdings die Untergrenze dar. Die für diese Größenordnung recht hohen (relativen) Kosten werden zumindest teilweise ausgeglichen durch den gegenüber traditionellen Anleihen niedrigeren Kupon sowie durch die Aussicht auf Erhöhung des Eigenkapitals zu attraktiven Konditionen.

Tabelle 40. Eckwerte einer Finanzierung über Wandel- und Optionsanleihen

Wesentliche Kriterien	
Volumen	Ab 15 bis 20 Millionen Euro.
Verzinsung	Zwischen 2 und 7 Prozent (Zinsniveau Mitte 2005).
Laufzeit	Laufzeiten von drei bis zehn Jahren üblich.
Anforderungen	Umfangreiche Dokumentation, Kapitalmarktfähigkeit des Unternehmens, Zustimmung der Gesellschafter- beziehungsweise Hauptversammlung, externes Rating von Vorteil.
Plazierungsdauer	Abhängig von Prüfungsdauer, zwischen zwei und vier Monate.
Investoren	Darlehensgeber sind (private) Vermögensverwalter, Banken und spezialisierte Fonds.
Kosten	In der Regel zwei bis fünf Prozent des Emissionsvolumens.

Eine Wandel- oder Optionsanleihe wirkt sich normalerweise positiv auf den externen Rating-Prozeß aus, da die Agenturen davon ausgehen, daß zumindest ein Teil des Anleihebetrages in Eigenkapital umgewandelt wird. Bei Pflichtwandelanleihen wird der Anleihebetrag sogar zu 100 Prozent auf das Eigenkapital angerechnet, hier verschafft sich das emittierende Unternehmen praktisch Eigenkapital „auf Termin".

Das anleihebegebende Unternehmen erhält über die Emission einer Wandel- oder Optionsanleihe Mittel zur Verfügung gestellt, die es im Wege einer traditionellen Fremdkapitalfinanzierung nur zu deutlich höheren Kosten erhalten hätte. Die Aussicht der Investoren auf Gewinne aus dem späteren Aktien- beziehungsweise Anteilsgeschäft senkt die laufende Verzinsung deutlich. Gleichzeitig vergrößert die Anleihe die Investorenbasis und stellt so die Unternehmensfinanzierung langfristig auf eine breitere sowie stabilere Grundlage.

Wandel- und Optionsanleihen verbinden die Finanzierung durch Eigen- und Fremdkapital. So ist beispielsweise die Emission einer solchen Anleihe auch in Situationen denkbar, in denen eine Plazierung von Aktien beziehungsweise Anteilen (Börsengang oder Kapitalerhöhung) nur schwer möglich wäre. Entwickelt sich die Unternehmung positiv, so dürfte dann bereits ein Teil der Gesellschaftsanteile am Markt untergebracht sein. Bei Aktiengesellschaften läßt sich auf diese Art und Weise ein Aktienpaket plazieren ohne dabei eine kursschädigende Wirkung in Kauf nehmen zu müssen.

Die Emission von Wandel- und Optionsanleihen ist meist in Aktienmarktsituationen durchführbar, in denen eine Plazierung von Aktien gegen direkte Bezahlung durch die Käufer nur zu für das Unternehmen unvorteilhaften Preisen möglich wäre. Der „Umweg" über die entsprechende Anleihe verschiebt diese Plazierung in eine möglichst positivere Zukunft.

Tabelle 41. Vor- und Nachteile der Wandel- und Optionsanleihe

Plus	Minus
◆ Reduzierung der Fremdkapitalkosten. ◆ Positiver Rating-Effekt bei Pflichtwandelanleihen. ◆ Tendenziell besseres Rating (besonders bei Pflichtwandelanleihe). ◆ Zahlreiche Gestaltungsformen denkbar. ◆ Erschließung neuer Investorenkreise. ◆ Besicherung nicht erforderlich. ◆ Verbreiterung der Anlegerbasis. ◆ Aufbau einer „Credit & Equity Story" möglich.	◆ Gegenwärtige oder absehbare Kapitalmarktreife erforderlich. ◆ Spätere Verwässerung der bisherigen Eigentümerstruktur. ◆ Externes Rating sinnvoll/erforderlich.

Einflußfaktoren bei der Preisbildung einer Wandelanleihe sind die hinsichtlich Laufzeit risikolose Kapitalmarktverzinsung zuzüglich der individuellen Risikoprämie für den Emittenten (Bonität beziehungsweise Rating) und gegebenenfalls eine besondere Prämie für die besondere Struktur des Papieres. Hinzu kommt der Preis der in der Anleihe „eingebauten" Kaufoption. Der Wert dieses Wandlungsrechtes richtet sich nach der Laufzeit, dem Wandlungspreis und -verhältnis sowie – wenn gegeben – der Kursvolatilität der Anteilscheine und dem aktuellen Zinsniveau am Kapitalmarkt.

Mittelverwendung

Das Einsatzspektrum für die Emissionserlöse von Wandel- oder Optionsanleihen gleicht im wesentlichen dem von traditionellen Anleihen. Gleichwohl läßt die mit ersteren verbundene Eigenkapitalkomponente eine grundsätzlich im Risiko leicht erhöhte Verwendung zu. Nichtsdestotrotz sind seitens des Emittenten ähnliche Verhaltens- und Informationspflichten einzuhalten wie bei der „normalen" Anleihe. Die strategische Entscheidung eines Unternehmens zur Emission einer Wandel- oder Optionsanleihe kann auf dem Gedanken beruhen, sich zunächst über deren Begebung ein zinsgünstiges Darlehen zu sichern, das erst bei Erfolg der Geschäftspolitik eine Veränderung der Eigentümerverhältnisse zur Folge hat.

Tabelle 41. Einsatz der Wandel- und Optionsanleihe

Eignung im Vergleich		
Bilanzfinanzierung	Refinanzierung[1]	
	längere Laufzeit	↘
	gleiche Laufzeit	↘
	kürzere Laufzeit	↘
	Umfinanzierung/Ablösung[2]	
	Anleiheschulden	↗
	Lieferantenkredit	→
	Pensionsverbindlichkeiten	↗
	Bankschulden	↗

Tabelle 41. (Fortsetzung)

Eignung im Vergleich		
Bilanzfinanzierung	Optimierung Bilanzstruktur	↑
	Aufstockung Betriebsmittel	↗
	Verlustausgleich	↘
	Kapitalausschüttung	→
	Krisenfinanzierung	→
Geschäftsfinanzierung	Unternehmenskauf	↗
	Investition	↑
	Expansion	
	tradiertes Geschäftsfeld	↑
	fremdes Geschäftsfeld	→
	Erbschaft/Eignerübergang	↘

[1] Tilgung durch Mittelaufnahme in derselben Kapitalart
[2] Tilgung durch Mittelaufnahme in einer anderen Kapitalart (Auswahl)
↑ sehr gut geeignet, ↗ geeignet, → akzeptable Finanzierung, ↘ weniger gut geeignet,
↓ nicht geeignet

Hinsichtlich der Mittelverwendung ist unstrittig, daß alle Einsatzzwecke – unter Einhaltung des gebotenen Risikorahmens – auch im Sinne der Investoren zulässig sind, die zu einer nachhaltigen Erhöhung des Wertes von Aktien oder Anteilen beziehungsweise des Unternehmenswertes führen.

Steuerliche Behandlung der Wandel- und Optionsanleihe beim Unternehmen

Die während der Laufzeit der Wandel- beziehungsweise Optionsanleihe an den Gläubiger zu leistenden Zinszahlungen sind grundsätzlich steuerlich abzugsfähig, bei der Gewerbesteuer ist allerdings die hälftige Hinzurechnung für Dauerschuldzinsen zu beachten. Derjenige Betrag, den der Emittent für die Gewährung des Wandlungsrechtes beziehungsweise des Optionsrechtes vereinnahmt, ist zunächst steuerneutral zu erfassen. Erst wenn das Wandlungs- beziehungsweise Optionsrecht nicht ausgeübt wird, also verfällt, entsteht ein steuerpflichtiger Ertrag. Weiterhin ist darauf zu hinzuweisen, daß Zinsen auf Wandelanleihen grundsätzlich einer Kapitalertragsteuer in Höhe von 25 Prozent zuzüglich Solidaritäts-zuschlag unterliegen.

| Bilanzielle Behandlung von Wandel- und Optionsrechten

Aus handelsbilanzieller Sicht des emittierenden Unternehmens sind Wandel-und Optionsanleihe jeweils in zwei Positionen aufzuteilen: in die Anleihe und das Aufgeld für das Wandlungs- und Optionsrecht. Die Anleihe selbst ist mit dem Rückzahlungsbetrag zu passivieren, das offene oder verdeckte Aufgeld (in Form niedrigerer Verzinsung) ist in die Kapitalrücklage einzustellen. Dementsprechend wird in gleicher Höhe ein aktiver Rechnungsabgrenzungsposten gebildet, der über die Laufzeit der Anleihe aufwandswirksam aufgelöst wird.

Unter IFRS ist zu untersuchen, ob die Wandel- oder Optionsanleihe komplett als Eigenkapital auszuweisen ist oder ob zwischen einem Eigenkapitalanteil in bezug auf die Wandlungs-/Optionsprämie und einem Fremdkapitalanteil bezüglich der Anleihe selbst zu differenzieren ist. Ein vollständiger Eigenkapitalausweis setzt voraus, daß der Emittent entscheiden kann, ob er die Rückzahlungsverpflich-tung durch Tilgung der Anleihe oder Ausgabe eigener Aktien erfüllen kann oder – im Falle einer Pflichtwandelanleihe – der Investor eine einem Eigenkapitalgeber vergleichbare Risikoposition hat. Für die Bilanzierung unter US-GAAP gilt im Prinzip das Gleiche wie unter IFRS, das heißt es kommt gegebenenfalls zu einer Aufteilung in einen Eigenkapitalanteil und einen Fremdkapitalanteil.

6.5. Kreditorientiertes Private Equity

Das sogenannte Private Equity, wörtlich übersetzt „Privates Anteils- oder Beteiligungskapital", beschreibt Finanzierungsformen, bei denen nicht die klassischen Darlehensgeber wie Banken, nicht die klassischen Investoren wie Aktienkäufer und nicht traditionelle Investmentfonds die Kapitalgeber eines Unternehmens sind. Hinter Private Equity steht vielmehr eine Anlegergruppe, die im Finanzierungsprozeß der vergangenen Jahrzehnte (zumindest im deutschsprachigen Raum) eher eine untergeordnete Rolle gespielt hat, aber nun vor dem Hintergrund eines weltweit wachsenden Anlagebedarfes verstärkt an den Finanzmarkt drängt: und zwar die Gruppe der institutionalisierten Geldsammelstellen meist angelsächsischer Prägung und der spezialisierten Investmentgesellschaften. Bei kleineren Anlagevolumina springen nun zudem mehr und mehr Geschäftsbanken (auch mit entsprechenden Tochtergesellschaften) auf diesen „alternativen" Finanzierungszug auf.

„Private Equity" wird zunehmend zum feststehenden Begriff in der Unternehmensfinanzierung. Doch was beschreibt er eigentlich, was ist „dieses" Private Equity? Meist bleibt die Beschreibung nebulös, entzieht sich einer griffigen Definition, deckt von Nachrangdarlehen bis zum Genußschein namentlich viele Instrumente ab und mutet eher als „schwarze Kiste" denn als klar strukturiertes Konzept an. Doch in seine Zielgruppen aufgeteilt, gewinnt es allmählich an Kontur.

Eines der bevorzugten Finanzierungsobjekte von Private Equity ist das größere oder große Unternehmen, welches häufig an der Börse gegenwärtig unter Wert gehandelt wird, kaum stille Reserven gebildet hat, in seiner Struktur an Effizienz vermissen läßt oder ein schwaches Management besitzt. Hier setzt großvolumiges Private Equity an (siehe auch Kapitel 7.3.). Durch freundliche oder feindliche Übernahme oder zumindest durch eine kapitalmäßig starke Beteiligung wird versucht, entscheidenden Einfluß auf das Zielunternehmen auszuüben, um sodann Schwachstellen und strukturelle Defizite auszumerzen. Diese Vorgehensweise verlangt nach umfangreichen Kontroll-, Mitsprache- und Mitbestimmungsrechten. War Private Equity erfolgreich, hat das Zielunternehmen nach der Phase der Umstrukturierung (deutlich) an Wert gewonnen und läßt sich mit Gewinn wieder veräußern.

Doch es geht auch eine Nummer kleiner. In diesem Falle wird von kreditorientiertem Private Equity gesprochen. Hier treten die Kapitalgeber eher als Darlehensgeber auf, wenngleich sie sich ebenfalls nicht selten umfangreiche Kontroll- und Mitspracherechte einräumen lassen, zunächst einmal aber nicht Miteigentümer werden. Die investierten Geldbeträge sind dann häufig auch erheblich geringer als in dem zuvor skizzierten vorangegangenen Szenario.

▌ Motive des Kapitalgebers

Intension von Private Equity ist die Übernahme von Risiko, zu dem traditionelle Investoren normalerweise nicht bereit sind. Dabei unterstellen die Geldgeber von Private Equity-Finanzierungen, daß sie das Risiko eines Investments beziehungsweise eines Unternehmens besser einschätzen können als viele andere Kapitalgeber und demzufolge auch risikoadäquat „bepreisen". Hinzu kommt ihre unternehmerische Expertise, die sie in die (neue) Geschäftsstrategie des Zielunternehmens einbringen.

Grundsätzlich gilt auch bei Private Equity: Je größer das Risiko, desto stärker der Eigenkapital-Charakter der eingesetzten Finanzmittel und desto höher die (erhoffte) „Verzinsung". Letztere ist in der Regel aber erst zum Ende der Laufzeit, beim sogenannten Exit, fällig. Daher folgt der Finanzierungsprozeß bei Private Equity meist einem vorgegebenen Ablaufplan: Kleinere Private Equity- und auch Venture Capital-Gesellschaften (siehe auch Kapitel 6.6.) führen ihren Auswahlprozeß noch immer nach der „Kreditqualität" durch. So wird zunächst das Risiko einer Unternehmung ermittelt, dann werden die Schwachstellen identifiziert und das Erfolgspotential bestimmt.

Sehen nun Private Equity-Investoren ausreichende Verbesserungsmöglichkeiten für das Unternehmen in bezug auf die wirtschaftlichen Verhältnisse und die

Bonität, so ziehen sie ein Engagement in Erwägung. Das mit diesem Investment verbundene (teils recht hohe) Risiko muß sich dabei aber in der vom Unternehmen zu zahlenden „Verzinsung" auf das eingesetzte Kapital widerspiegeln.

Die Rendite von Private Equity wird allerdings nicht wie bei einem Kredit während der Laufzeit erzielt, sondern erst zum Ende des Investitionszeitraumes. Dabei sind unter anderem zum einen die Variante eines Bonus („Kicker") möglich und zum anderen – bei größeren Engagements – die Übernahme von wesentlichen Teilen des Unternehmens, der eventuelle Börsengang, ein Verkauf der Gesellschaft an strategische Investoren mit anschließender Erlösaufteilung oder sogar die Liquidation. Mittlerweile gibt es in der Praxis eine ganze Reihe unterschiedlicher Honorierungsformen („Exit-Szenarien").

▌ Ausprägung des Instrumentes

Kreditorientiertes Private Equity ist eine zwischen klassischem Darlehen und Eigenkapital (Anteil, Aktie) angesiedelte Spielart der Unternehmensfinanzierung. Private Equity setzt sich zusammen aus einer Kreditkomponente, einer erfolgsabhängigen Verzinsung und einer Abschlußprämie zum Ende der Laufzeit des zur Verfügung gestellten Kapitals. Dabei kommt der finalen Prämie die größte Bedeutung zu. Private Equity-Finanzierungen sind dadurch gekennzeichnet, daß sie durch ihre rechtliche Gestaltung in der Rangfolge der Gläubiger gegenüber vorrangigen Darlehen deutlich „nach hinten rutschen", im Falle der Insolvenz aber noch vor den Eigenkapitalgebern bedient werden.

Der rechtliche Rahmen von Private Equity-Darlehensverträgen basiert auf dem Darlehenvertragsrecht (§§ 488 bis 490 BGB), das weitestgehend dispositiv ist. Auf Grund der Vertragsfreiheit sind der konkreten Ausgestaltung kaum Grenzen gesetzt. Während für den Kapitalgeber vor allem Kontroll-, Mitbestimmungs- und schließlich Eigentumsrechte von Bedeutung sind, kommt es für das Zielunternehmen selbst vor allem auf die steuerliche und handelsrechtliche Konstruktion an: So sollten die zur Verfügung gestellten Mittel aus Haftungsgründen Eigenkapitalcharakter besitzen und sich zwecks Abzugsfähigkeit der Zinsen gleichzeitig steuerlich als Fremdkapital qualifizieren.

▌ Exkurs: *Schwierigkeiten beim Einsatz von Private Equity im Mittelstand*

In mittelständischen Unternehmen hat Private Equity bis zum Jahr 2005 noch nicht diejenige Verbreitung gefunden, die ihren Einsatzmöglichkeiten dort entspricht und die es bereits in größeren Gesellschaften erfahren hat. Dies mag zunächst daran liegen, daß Private Equity auf seiner Anlagesuche Wert auf höchst attraktive Rendite-Risiko-Profile legt, die in der gewünschten Form im Mittelstand nur selten anzutreffen sind. Dabei wirkt sich auch erschwerend die Neigung des Mittelstandes aus, seine wirtschaftlichen Verhältnisse und Perspektiven in einer Form darzulegen und zu präsentieren, welche das Interesse der Private Equity-Investoren nicht zu wecken vermag.

Im Mittelstand sind häufig recht kleine Finanzierungsvolumina gefragt. Hier kommt Private Equity wegen der hohen Fixkosten (Prüfprocedere) und den laufenden Überwachungsprozessen nicht richtig zum Tragen. Besonders kleinere Transaktionen werden unrentabel. Hinzu kommt in diesen Fällen die Frage nach der möglichen abschließenden Honorierung; beispielsweise scheidet bei Mittelständlern häufig ein Börsengang als Einnahmequelle aus.

Schließlich verhindern Mentalitätsunterschiede zwischen Kapitalgebern (Private Equity-Investoren) und Kapitalnehmern (mittelständischer Unternehmer) ein häufigeres Zustandekommen entsprechender Finanzierungen. So verzichtet zum Beispiel der Mittelstand nicht selten auf den von Private Equity-Investoren geforderten Einsatz effizienzfördernder Technologien, die Akzeptanz größerer Einflußnahme auf die operative Geschäftsführung ist äußerst gering und die abschließende Übertragung von Unternehmensanteilen auf die Investoren wirkt häufig prohibitiv; auch eine alternative Ausgleichszahlung wirkt da häufig nicht mehr als hinreichender Anreiz.

| Konditionen, Strukturen und Volumina

Private Equity ist wegen der damit verbundenen Kosten für die Bewertung der Bonität und der geschäftlichen Perspektiven erst ab einer gewissen Größe sinnvoll, unter fünf Millionen Euro dürfte es für keine der beteiligten Parteien rentabel sein. In der konkreten Gestaltung der Verträge zwischen Private Equity-Kapitalgebern und Unternehmen ist die zu finanzierende Gesellschaft meist „Bedingungsnehmer", das heißt in der Regel werden die Konditionen vorgegeben. Je „kreditähnlicher" allerdings das Engagement wird, desto flexibler ist es in der Gestaltung (und um so „unternehmerfreundlicher").

Tabelle 43. Eckwerte einer Finanzierung mit kreditorientiertem Private Equity

Wesentliche Kriterien	
Volumen	Ab 5 Millionen Euro, interessante Konstruktionen ab 25 Millionen Euro.
Verzinsung	Anhängig von Risiko, mindestens 10 Prozent, in der Regel zwischen 15 und 30 Prozent.
Laufzeit	In der Regel fünf bis zehn Jahre, kürzere Laufzeiten nicht selten möglich.
Anforderungen	Mindestmaß an Bonität und gegebenenfalls Sicherheiten, attraktives Geschäftsmodell, umfangreiche Dokumentation und Unternehmensdarstellung.
Plazierungsdauer	Abhängig von Prüfungsdauer und Komplexität der Transaktion zwischen zwei und sechs Monate.
Investoren	Spezialisierte Fonds und entsprechende Tochtergesellschaften von Geschäftsbanken.
Kosten	Abhängig von dem Prüfaufwand und der Gesamtrendite, üblich sind kalkulierte drei bis fünf Prozent.

Ein Unternehmen erleichtert sich die Aufnahme von Private Equity – beziehungsweise bringt sich in eine günstigere Verhandlungsposition –, wenn es über ein möglichst hohes Maß an wahrgenommener Bonität und über hinreichende Sicherheiten verfügt. Fehlt beides, so sollte zumindest ein attraktives Geschäftsmodell mit Perspektiven vorliegen. Fehlt auch dieses, so ist in der Regel der Weg zu (frischem) Kapital versperrt. In diesem Falle hilft lediglich eine grundlegende Restrukturierung des Betriebes mit einer nachhaltigen Verbesserung der wirtschaftlichen Verhältnisse und/oder künftigen Aussichten. Dabei kann es in bestimmten Fällen durchaus sinnvoll sein, schon recht frühzeitig Insolvenz anzumelden, um die operative „Masse" möglichst groß zu halten und so einen Neuanfang zu erleichtern.

Gegenüber großvolumigem Private Equity (siehe auch Kapitel 7.3.) ist das kreditorientierte Private Equity in der Regel zeitlich exakt limitiert. Üblich sind Zeiträume von drei bis fünf Jahren. Aber auch Laufzeiten von bis zu zehn Jahren sind möglich, wenngleich auch nicht in vielen Fällen anzutreffen. Private Equity-Investoren wollen zumindest eine nachhaltig positive Geschäftsentwicklung innerhalb eines einigermaßen überschaubaren Zeithorizontes beim finanzierten Unternehmen erwarten können und schließlich auch eintreten sehen.

Tabelle 44. Vor- und Nachteile von kreditorientiertem Private Equity

Plus	Minus
◆ Finanzierung von Unternehmen mit verminderter Bonität oder von Geschäftsvorhaben mit erhöhtem Risiko.	◆ Hohe, wenngleich dem Risiko entsprechende Kosten.
◆ Verzinsung zum großen Teil abhängig von Unternehmenserfolg.	◆ Starker Einfluß der Kapitalgeber (Kontroll-, Mitsprache- und Zustimmungsrechte).
◆ Flexible Gestaltungsmöglichkeiten.	◆ Spätere Verwässerung der bisherigen Eigentümerstruktur möglich.
◆ Erschließung neuer Investorenkreise.	
◆ Besicherung oftmals nicht erforderlich.	◆ Aufbau einer „Credit & Equity Story" nur sehr eingeschränkt möglich.
	◆ Geringe Öffentlichkeitswirksamkeit.

Die positive Wirkung von Private Equity auf die Bonität und infolge auf das Rating des Unternehmens ergibt sich aus der jeweiligen Vertragsgestaltung. Da die „Rangfolge" in der Haftungs- beziehungsweise Gläubigerhierarchie nicht gesetzlich geregelt ist, sondern privatrechtlich frei vereinbart werden kann, hat ein Private Equity-Investor zum Beispiel gegebenenfalls den Status eines Nachrangdarlehensgebers oder Senior-Darlehensgebers. Aber auch einfache oder qualifizierte Rangrücktrittsvereinbarungen sind denkbar. Zu beachten sind bei der entsprechenden Vertragsformulierung eventuell kollidierende frühere Vereinbarungen mit Dritten („Covenants").

Mittelverwendung

Die Verwendung der durch eine Private Equity-Finanzierung zugeflossenen Mittel ist grundsätzlich zweckgebunden. So werden diese Gelder meist gewährt zur Umstrukturierung eines Unternehmens (Effizienzsteigerung), zur Refinanzierung und Bilanzverbesserung (Optimierung der Unternehmensfinanzen), für investive Vorhaben (Wachstumsfinanzierung) oder zur Finanzierung eines Eigentümerwechsels beziehungsweise einer Konzentration im Gesellschafterkreis. In jedem Falle sollen diese Maßnahmen die Effizienz des Unternehmens verbessern, Potentiale (zum Beispiel stille Reserven) heben sowie seine Ertragskraft nachhaltig stärken und somit den Unternehmenswert mittelfristig deutlich erhöhen.

Tabelle 45. Einsatz von kreditnahem Private Equity

Eignung im Vergleich		
Bilanzfinanzierung	Refinanzierung[1]	
	längere Laufzeit	↓
	gleiche Laufzeit	↓
	kürzere Laufzeit	↓
	Umfinanzierung/Ablösung[2]	
	Anleiheschulden	↘
	Lieferantenkredit	→
	Pensionsverbindlichkeiten	↓
	Bankschulden	↗
	Optimierung Bilanzstruktur	↗
	Aufstockung Betriebsmittel	→
	Verlustausgleich	↓
	Kapitalausschüttung	→
	Krisenfinanzierung	↗

Tabelle 45. (Fortsetzung)

Eignung im Vergleich		
Geschäftsfinanzierung	Unternehmenskauf	↑
	Investition	↑
	Expansion	
	tradiertes Geschäftsfeld	↑
	fremdes Geschäftsfeld	↗
	Erbschaft/Eignerübergang	↑

[1] Tilgung durch Mittelaufnahme in derselben Kapitalart
[2] Tilgung durch Mittelaufnahme in einer anderen Kapitalart (Auswahl)
↑ sehr gut geeignet, ↗ geeignet, → akzeptable Finanzierung, ↘ weniger gut geeignet,
↓ nicht geeignet

▌ Steuerliche Behandlung des kreditnahen Private Equity beim Unternehmen

Wie oben beschrieben können die Ausgestaltungsformen von kreditorientiertem Private Equity sehr vielfältig sein. Basiert die Kapitalüberlassung des Investors auf einem Darlehensverhältnis, so sind die entsprechenden dafür zu zahlenden Vergütungen auch regelmäßig steuerlich abzugsfähig. Für Gewerbesteuerzwecke sind nur die Hälfte der Vergütungsbeträge abzugsfähig. Liegt kein Darlehensverhältnis, sondern eine Beteiligung des Investors am Grund- oder Stammkapital des Unternehmens vor, sind die Dividendenausschüttungen bei der Gesellschaft dagegen nicht steuerlich abzugsfähig.

6.6. Venture Capital

Die Unternehmensfinanzierung mit Venture Capital ist zweifellos die noch immer unkonventionellste Art, einer Gesellschaft Mittel zuzuführen. Dies mag in erster Linie daran liegen, daß die Investoren im Bereich Venture Capital sich in ihrer Anlage- und Vergabestrategie doch recht deutlich von den Kapitalgebern anderer Finanzierungsarten unterscheiden. Hinzu kommt vor allem aber auch der erhöhte Aufwand für die Einschätzung der Perspektiven des zu finanzierenden Unternehmens sowie die Kontrolle der mit einem Investment einhergehenden Auflagen für die operative Geschäftsführung.

Sogenanntes Venture Capital ist bislang der Exot unter den Unternehmensfinanzierungen, zumindest in Deutschland und auch in Kontinentaleuropa insgesamt. Mit dem Niedergang der Börseneuphorie Anfang des Jahrzehntes platzten auch viele Träume auf das schnelle Geld bei Wagnis- und Gründungsfinanzierungen. Davon hat sich der Markt bis heute nicht erholt. Und die vergleichsweise wenigen Transaktionen im Bereich Venture Capital brachten einen aufwendigen Prüfprozeß mit sich, der letztlich nur Objekte mit wirklich hohen Renditeaussichten übrig ließ, die wahrscheinlich auch auf herkömmliche Finanzierungsarten hätten zurückgreifen können.

Venture Capital besitzt ein sehr schmales Einsatzspektrum. Zur Anwendung kommt es meist bei Firmengründungen oder in risikoreichen Expansionsphasen. Der Markt für diese Kapitalart ist im deutschsprachigen Raum recht zerklüftet und intransparent, es stehen kaum repräsentative Statistiken zur Verfügung. Und eine Reihe von Investoren läßt ihre Finanzierungen zwar unter dieser Flagge fahren, bietet aber nicht selten lediglich eine besondere Form der bereits geschilderten Instrumente an. Eine genaue Analyse des Finanzierungsangebotes in diesem Bereich durch den interessierten Kapitalnehmer ist also in jedem Falle geboten.

▌ Motive des Kapitalgebers

Die Financiers von Venture Capital suchen nach Anlagemöglichkeiten mit hohem Risiko, dafür aber auch nahezu „unlimitierten" Gewinnmöglichkeiten. Der entscheidende Faktor ist dabei die Beurteilung der vom kapitalsuchenden Unternehmen vorgelegten Geschäftsstrategie. Ergibt das Konzept Sinn, sind die Prognosen plausibel, erlaubt das zukünftige Marktumfeld die Realisierung der skizzierten Pläne, wird das Management als fähig erachtet, diese Strategie auch umzusetzen, und ist ein hoher operativer Gewinn zu erwarten, dann stellen die Venture Capital-Geber Mittel zur Verfügung (siehe auch Exkurs auf Seite 268).

▌ Ausprägung des Instrumentes

Venture Capital ist frei verhandelbar. In der Regel besitzt es Eigenkapitalcharakter und haftet vollständig im Falle einer Insolvenz. Venture Capital ist kein vorgefertigtes oder gar standardisiertes Instrument, sondern basiert regelmäßig auf einem sehr individualisierten Vertragswerk.

▌ Konditionen, Strukturen und Volumina

Venture Capital ist erst ab einer gewissen Größenordnung sinnvoll. Unternehmen mit Venture Capital-Beteiligung sind in der Regel „Bedingungsnehmer", denen die Konditionen weitestgehend vorgegeben werden. Je „kreditähnlicher" das Engagement wird, desto einfacher und unternehmerfreundlicher ist es in der Gestaltung. Um mühelos Kapital zu erhalten, sollte ein Unternehmen eine nachvollziehbare Managementleistung und ein attraktives Geschäftsmodell mit Perspektiven besitzen. Dies läßt sich auch kaum durch etwaige Sicherheiten ausgleichen.

Venture Capital verlangt in erster Linie nach einer wachstums- und gewinnträchtigen unternehmerischen Idee, gekleidet in ein realisierbares Konzept. In diesen Fällen passen sich die Venture Capital-Financiers meist den Finanzierungserfordernissen des individuellen Falles an. Volumina von 500 000 Euro bis sogar in den zweistelligen Millionenbereich sind möglich. Die Laufzeiten liegen meist zwischen zwei und fünf Jahren.

Tabelle 46. Eckwerte einer Finanzierung mit Venture Capital

Wesentliche Kriterien	
Volumen	Ab 500 000 Euro, selten über 5 Millionen Euro.
Verzinsung	Abhängig von Geschäftsstrategie und Marktumfeld, zwischen 50 und 300 Prozent.
Laufzeit	In der Regel zwei bis fünf Jahre.
Anforderungen	Ausgearbeiteter Business-Plan, detaillierte Marktanalyse, umfassende Planungsrechnungen, kompetentes Management mit hohem Maß an Integrität.
Plazierungsdauer	Abhängig von Prüfungsdauer und Komplexität der Transaktion, zwischen ein und vier Monate.
Investoren	Spezialisierte Fonds und Vermögensverwalter.
Kosten	In Anbetracht der vom Geschäftserfolg abhängigen, gleichwohl sehr hohen Rendite sind die sonstigen Kosten gleichwohl vernachlässigbar.

Tabelle 47. Vor- und Nachteile des Venture Capital

Plus	Minus
◆ Finanzierung von Unternehmen mit hohem Geschäftsrisiko. ◆ Verzinsung allein abhängig vom Unternehmenserfolg. ◆ Flexible Gestaltungsmöglichkeiten. ◆ Erlaubt Beweis der Managementstärke. ◆ Besicherung nicht erforderlich.	◆ Sehr hohe zu zahlende Verzinsung. ◆ Abschlußzahlung (Bonus) meist bei Unternehmensverkauf oder mittels sehr hoher Kreditaufnahme zu leisten. ◆ Maßgeblicher Einfluß der Kapitalgeber (Kontroll-, Mitsprache- und Zustimmungsrechte). ◆ Aufbau einer Credit und Equity Story nicht möglich.

Venture Capital finanziert Unternehmen mit hohem Geschäftsrisiko, gleichwohl aber überdurchschnittlichen Gewinnmöglichkeiten. Die Rendite ist abhängig vom Unternehmenserfolg. Eine Besicherung ist in der Regel nicht erforderlich. Für das Unternehmen hat dies den Nachteil, daß beim „Ausstieg" des Financiers meist eine vergleichsweise hohe zu leistende Zahlung fällig wird, die meist nur durch Unternehmensverkauf oder sehr hohe Kreditaufnahme zu leisten ist. Auch der Aufbau einer Credit und Equity Story ist üblicherweise nicht möglich, da „normale" Finanzierungen fehlen.

▌Mittelverwendung

Venture Capital muß eine Geschäftsidee „vorantreiben", es eignet sich daher nicht zur Bilanz-, sondern vielmehr zur Geschäftsfinanzierung. Und auch hier nicht zum Einsatz in tradierten Geschäftsfeldern mit herkömmlichen Methoden, Verfahren und Prozessen. Venture Capital will oftmals Neuland betreten, um dort sogenannte Pioniergewinne einfahren zu können. So versehen hier die Financiers ihr Engagement meist mit der Auflage, gewährte Mittel strikt im Sinne des vorgelegten Geschäftsplanes zu verwenden, beispielsweise für zielgerichtete Forschungs- und Entwicklungsarbeit. Damit kommt den Geschäftsunterlagen und der Unternehmenspräsentation bei dieser Finanzierungsart herausragende, ja sogar entscheidende Bedeutung zu.

Tabelle 48. Einsatz von Venture Capital

Eignung im Vergleich		
Bilanzfinanzierung	Refinanzierung[1]	
	längere Laufzeit	↓
	gleiche Laufzeit	↓
	kürzere Laufzeit	↓
	Umfinanzierung/Ablösung[2]	
	Anleiheschulden	↓
	Lieferantenkredit	↓
	Pensionsverbindlichkeiten	↓
	Bankschulden	→

Tabelle 48. (Fortsetzung)

Eignung im Vergleich		
Bilanzfinanzierung	Optimierung Bilanzstruktur	↓
	Aufstockung Betriebsmittel	↓
	Verlustausgleich	↓
	Kapitalausschüttung	↓
	Krisenfinanzierung	→
Geschäftsfinanzierung	Unternehmenskauf	↗
	Investition	↗
	Expansion	
	tradiertes Geschäftsfeld	↘
	fremdes Geschäftsfeld	↑
	Erbschaft/Eignerübergang	↓

[1] Tilgung durch Mittelaufnahme in derselben Kapitalart
[2] Tilgung durch Mittelaufnahme in einer anderen Kapitalart (Auswahl)
↑ sehr gut geeignet, ↗ geeignet, → akzeptable Finanzierung, ↘ weniger gut geeignet,
↓ nicht geeignet

| Steuerliche Behandlung von Venture Capital (aus Sicht des Unternehmens)

Da die Ausprägungsformen auch beim Venture Capital sehr vielseitig sein können, verbietet sich eine pauschale Aussage zu den steuerlichen Implikationen. Generell gilt jedoch auch hier, daß Zahlungen auf Fremdkapital im steuerlichen Sinne abzugsfähig sind, während Zahlungen auf eine eigenkapitalmäßige Beteiligung den Gewinn des Unternehmens nicht mindern dürfen.

6.7. Vor- und Nachteile von Mezzanine-Kapital

Mezzanine Finanzierungen haben grundsätzlich Fremdkapital als Basis. Gleichwohl macht gerade die Kombination von unterschiedlichen Fremd- und Eigenkapitalelementen den eigentlichen Reiz aus. Während reine Fremd- oder Eigenkapitalinstrumente sich mit ihren spezifischen Vor- und Nachteilen häufig diametral gegenüberstehen, heben mezzanine Finanzierungsinstrumente dagegen auf Grund ihrer Konstruktion diese Widersprüche größtenteils auf und optimieren das Zusammenspiel der beiden Kapitalarten. Durch die Vielzahl der „Konstruktionsmöglichkeiten" lassen sich recht individuelle, paßgenaue Finanzierungsformen entwickeln. Unternehmen erhalten sich so ein vergleichsweise hohes Maß an Flexibilität bei gleichzeitig vertretbaren Finanzierungskosten.

Mezzanine Finanzierungsformen dienen der Mittelbeschaffung in denjenigen Fällen, in denen eine Zufuhr von Eigenkapital nicht im Interesse der bisherigen Eigentümer liegt und Fremdkapital auf Grund der Bilanzstruktur nicht oder nur zu überdurchschnittlich hohen Risikoprämien erhältlich ist. Mezzanine-Kapital wurde aus der Notwendigkeit entwickelt, Finanzierungslücken zu schließen, die durch die begrenzte Bereitstellung von Eigenkapital und Fremdkapital entstehen.

Grundsätzlich lassen sich mezzanine Produkte unterscheiden in einerseits Kapitalmarktinstrumente (Genußschein, Wandel- und Optionsanleihe) und andererseits in privat plazierte Instrumente wie die stille Beteiligung, Private Equity und Venture Capital. Der Einsatz der eher kapitalmarktorientierten Instrumente setzt ein Emissionsvolumen von mehreren Millionen Euro voraus, auch wenn keine öffentliche Plazierung vorgesehen ist. Dies liegt vor allem an den umfangreichen Vertragswerken und den damit einhergehenden hohen Transaktionskosten. Die Prüfung ist deshalb gegenüber traditionellen Finanzierungen ungleich aufwendiger, weil bei mezzaninen Instrumenten dem Kapitalgeber nur im Ausnahmefall Sicherheiten zur Verfügung gestellt werden und auf Grund von Rangrücktrittsvereinbarungen Haftungsfragen eine besondere Bedeutung erlangen.

▌ Pro mezzanines Kapital

Die Vorteile von Mezzanine-Finanzierungen liegen in erster Linie in der hohen Flexibilität der Parteien bei der Vertragsgestaltung. Der vom Gesetz vorgegebene Rahmen ist recht weit gefaßt, so daß externe Restriktionen kaum eine Rolle spielen. Diese starke Individualität macht allerdings gleichzeitig einen vorzeitigen Ausstieg einer der beiden Finanzierungspartner vor Ende der vereinbarten Laufzeit in den meisten Fällen zumindest schwierig. Mezzanines Kapital bedeutet aber in der Regel keine Einengung des Kreditspielraumes, da nur selten besondere Sicherheiten zu stellen sind. Die Möglichkeit zur weiteren Aufnahme von Fremdkapital bleibt so erhalten.

Tabelle 49. Übliches Laufzeitenspektrum von mezzaninem Kapital

Laufzeit in Jahren	≤ 1	≤ 2	≤3	≤4	≤5	≤ 10	> 10
stille Beteiligung	▓	▓	▓	▓	▓	▓	
Genußschein					▓	▓	
Wandel- und Optionsanleihe			▓	▓	▓	▓	
kreditorient. Private Equity				▓	▓	▓	▓
Venture Capital			▓	▓	▓		

Mezzanines Kapital diversifiziert die Finanzstruktur eines Unternehmens und verbessert mit seiner erweiterten Haftungsübernahme meist die Bilanzrelationen. Gleichzeitig wird die wirtschaftliche Eigenkapitalbasis gestärkt und damit die Bonität sowie das Rating verbessert. Anders als bei der Aufnahme von „reinem" Eigenkapital ist bei Mezzanine-Kapital meist nicht eine aufwendige Unternehmensbewertung notwendig. Dies senkt die mit der Mittelaufnahme verbundenen Kosten. Als weiterer positiver Effekt kommt hinzu, daß mezzanines anders als Eigenkapital nicht unmittelbar – und später eventuell nur eingeschränkt – zu einer Veränderung der bisherigen Struktur der Anteilseigner führt.

▍ Contra mezzanines Kapital

Die Liste der mit dem Einsatz von mezzaninem Kapital verbundenen Nachteile ist kurz, wenngleich auch die wenigen Argumente um so mehr an Gewicht haben können. Zunächst einmal verursacht mezzanines Kapital einen hohen Begutachtungs- und Prüfungsaufwand, um das „Zielobjekt" ausreichend erfassen und beurteilen zu können. Große Bedeutung kommt dabei der Zuverlässigkeit der Entwicklungsprognosen zu, hängt davon doch der maßgebliche Teil der Rendite von Mezzanine-Kapital ab.

Hinzu kommt das mit mezzaninen Konstruktionen verbundene teils recht komplexe Vertragswerk, hier zeigt sich die Kehrseite der Medaille von Flexibilität und Individualität. Schließlich bleibt die im Vergleich zum Fremdkapital relativ hohe Verzinsung. Diese relativiert sich zwar mit Blick auf ihre Abhängigkeit vom Unternehmenserfolg, jedoch sind selbst bei sehr positivem Geschäftsverlauf Gesamtzinssätze von 20 Prozent und mehr kein jederzeit problemlos zu tragender Schulddienst. In diesen Fällen wird die Grundregel der Unternehmensfinanzierung deutlich: Ein anfänglich deutlich erhöhtes Risiko bedeutet eben auch eine deutlich höhere Verzinsung während der Laufzeit und/oder zum Schluß.

Und schließlich bleibt als Wermutstropfen die begriffliche Vielfalt (oder besser: der begriffliche Wirrwarr). Das Spektrum der in der Regel angelsächsischen Begriffsbezeichnungen für mezzanines Kapital reicht von „Unsecured High Yield Bond" und „Senior Unsecured Note" über „Mezzanine Loan" bis hin zu „PIK" (payment in kind). Letztlich sind alle diese Instrumente aber lediglich Kredite mit verschieden ausgeprägten Eigenkapitalkomponenten und unterschiedlicher Besicherung sowie unterschiedlichem Zugriff auf das noch vorhandene Unternehmensvermögen (Rangfolge) im Falle einer Insolvenz.

Gleichwohl mutierten diese Instrumentbezeichnungen zu ergebnisbeitragenden Produkten in der Angebotspalette der (Investment-) Banken, die allerdings auch den kapitalsuchenden Unternehmen in vielen Fällen von Nutzen sein können. Den Banken soll damit allerdings nicht der Vorwurf gemacht werden, sie wollten den klassischen Kredit am liebsten überhaupt nicht mehr und wenn doch, dann nur mit mehrfacher Überbesicherung vergeben.

Dagegen ist folgendes festzustellen: Der klassische Bankkredit ist ein höchst „risikoaverses" Instrument, das in der Regel nicht diejenigen Risikoprämien widerspiegelt, die in Anbetracht des eingegangenen Engagements angebracht wären. Ein „normaler" Bankkredit mit 15 Prozent Verzinsung ist nur schwer verkäuflich, so daß schon allein aus diesem Grunde ein neuer Name für das stärker risikobehaftete Kapital gefunden werden mußte: mezzanines Kapital.

Bilanzielle und steuerliche Erwägungen beim Mezzanine-Kapital

Beim Mezzanine-Kapital sind Eigenkapital- und Fremdkapitalkomponenten in einer einzigen Finanzierungsform beziehungsweise einem einzigen Finanzierungsinstrument vereinigt. Daraus resultiert ein Spielraum, der auch für bilanzielle und steuerliche Aspekte genutzt werden kann. Diese Flexibilität macht Mezzanine-Kapital besonders interessant. Gleichzeitig erfordert es aber auch besondere Sorgfalt bei der Konzeption mezzaniner Instrumente sowie bei der konkreten Ausgestaltung der dem jeweiligen Instrument zu Grunde liegenden Bedingungen. Bei der Suche nach der optimalen Finanzierungsform sind das Steuer- und Bilanzrecht aber nur zwei – wenngleich wichtige – Aspekte unter mehreren.

Bevorzugt wird in der Regel die Kombination aus bilanzieller Behandlung des Finanzierungsinstrumentes als Eigenkapital und steuerlicher Abzugsfähigkeit der auf das Instrument zu zahlenden Vergütungen. Aus bilanzieller und steuerlicher Sicht sind die Vorteile von Mezzanine-Kapital offensichtlich. Die Kehrseite der großen Flexibilität ist ein höherer Grad an individuellen Regelungen und damit ein größerer Beratungsbedarf. Dies gilt insbesondere für die Fälle, in denen das mezzanine Kapital mit sogenannten Equity Kickern versehen wird. Hier können Fragen der Gesellschafterfremdfinanzierung (§ 8a Körperschaftsteuergesetz) besondere Bedeutung erlangen.

Tabelle 50. Übersicht mezzanine Finanzierungsinstrumente

Grundsätzliche Definition

Optionsanleihe (Warrant Bond): Neben Kupon und Rückzahlung des Nominalbetrages erhält der Investor die Option, zum Fälligkeitszeitpunkt eine bestimmte Anzahl Aktien des Emittenten zu einem zuvor festgelegten Preis zu erwerben.

Wandelanleihe (Convertible Bond): Der Investor hat das Wahlrecht, die Rückzahlung der Anleihe entweder zum Nominalbetrag oder in mit einer zuvor festgelegten Anzahl Aktien des Emittenten zu verlangen.

Umtauschanleihe (Exchangeable Bond): Gleiche Struktur wie Wandelanleihe, nur erfolgt die Rückzahlung (Tilgung in Geld in diesem Falle ausgeschlossen) nicht in Aktien des Emittenten, sondern in Aktien eines anderen Unternehmens.

Pflichtwandelanleihe (Mandatory Convertible Bond): Spielart der Wandelanleihe, bei der sich der Investor verpflichtet, die Rückzahlung der Anleihe in Aktien zu akzeptieren.

Aktienanleihe (Reverse Convertible Bond): Spielart der Wandelanleihe, allerdings bestimmt hier der Emittent, ob er den Nominalbetrag in bar tilgt oder eine zuvor festgelegte Anzahl an Aktien liefert.

Null-Kupon-Anleihe (Zerobond): Anleihe, bei der während der Laufzeit keine Zinsen bezahlt werden; Zinsen und Tilgungsbetrag werden erst zum Laufzeitende fällig.

Genußschein: Neben einer Zinskomponente verbrieft dieses Wertpapier einen Anteil am Reinerlös sowie gegebenenfalls am Liquidationserlös des begebenden Unternehmens; sogenannte Mezzanine-Finanzierung (Finanzierung „zwischen" Eigen- und Fremdkapital), ein Genußschein ist kein originäres Eigenkapital, kann aber unter Umständen vom Emittenten unter Eigenkapital „ausgewiesen" werden.

7. Eigenkapital und bilanzentlastende Instrumente

Der Einsatz von Eigenkapital in der Unternehmensfinanzierung bietet einen entscheidenden Vorteil: Eigenkapitalgeber müssen im Grundsatz uneingeschränkt wirtschaftliches Risiko übernehmen. Diesen unschätzbaren Zugewinn an Aktionsspielraum für das Unternehmen lassen sich Eigenkapitalgeber allerdings entsprechend honorieren. Zum einen verlangen sie (teils umfangreiche) Mitspracherechte bei unternehmerischen Entscheidungen, zum anderen eine Rendite, die das Risiko ihres Investments angemessen kompensiert. Dafür kann allerdings bei schlechter Ertragssituation eine Renditezahlung auf einen späteren Zeitpunkt verschoben werden oder auch einmal ganz ausfallen.

7.1. Typisierung der Finanzierungsart

Eigenkapitalgeber sind im wirtschaftlichen Sinne gewissermaßen die Eigentümer eines Unternehmens und haben deshalb alle damit verbundenen Rechte und Pflichten. Eigenkapital bedeutet dabei aber nicht nur anteiligen Anspruch auf den Gewinn des Unternehmens. Eigenkapitalgeber tragen nämlich gleichzeitig auch das Risiko, nicht nur keinen Gewinnanteil zu erhalten oder Werteinbußen der Beteiligung zu erleiden, sondern sogar das Risiko, die gesamte Investition zu verlieren. Hier zeigt sich der Unterschied zu dem im vorangegangenen Kapitel beschriebenen mezzaninen Kapital, das eben kein reines Eigenkapital darstellt. Dort wird ein Teil der Rendite nach einem festen Zahlungsplan geleistet und nur eine weitere Komponente erfolgsabhängig bezahlt.

Im Prinzip ist die Existenz von Eigenkapital der Dreh- und Angelpunkt der gesamten Unternehmensfinanzierung. Denn andere, „fremde" Financiers erwarten, daß Anteilseigner von Unternehmen, die Mittel von Dritten zur Verfügung gestellt zu bekommen wünschen, auch mit ihrem eigenen Vermögen im Unternehmen engagiert sind. Sie sollen damit ein Maß an Verantwortung übernehmen, das bei Mißerfolg auch finanzielle Einbußen bedeutet. Damit sind die Erfolgsanreize im Auge von „fremden" Financiers richtig gesetzt.

An dieser Stelle soll bereits eingangs mit dem Vorurteil aufgeräumt werden, Eigenkapital sei grundsätzlich und immer die teuerste Form der Unternehmensfinanzierung. Dies ist in einer solchen Pauschalität nicht zutreffend. Korrekt ist durchaus, daß Eigenkapitalgeber letztlich die höchste Rendite verlangen. Stellt man aber diesen Renditeerwartungen die dafür gewährten Leistungen gegenüber, so relativiert sich dieses Pauschalurteil schnell.

Eigenkapital übernimmt vollständig das unternehmerische Risiko einer am Markt operativ tätigen Gesellschaft. Eigenkapitalgeber rangieren erst am untersten Ende der Geldgeber, wenn es bei Mißerfolg um die Ansprüche gegen das finanzierte Unternehmen geht. Erst werden nämlich die Ansprüche aller anderen Financiers auf Rückzahlung der investierten Gelder befriedigt, oftmals bleiben dann für die Eigenkapitalinvestoren gar keine Mittel mehr übrig. Darüber hinaus müssen Eigenkapitalgeber in schwierigen finanziellen Unternehmensphasen auch nicht mit Ausschüttungen „bedient" werden. Eigenkapital ist dann für das Unternehmen de facto (zunächst) kostenlos, selbst wenn die Ausschüttung zu einem späteren Zeitpunkt nachgeholt werden sollte.

Werden diese Aspekte in die Gesamtbetrachtung einbezogen, so kann Eigenkapital durchaus sogar zu den günstigsten Finanzierungsformen zählen. Dies gilt um so mehr, als daß auch der Wertgewinn von Unternehmensbeteiligungen eines Investors in die Renditeberechnung einbezogen wird. Der Wert einer Beteiligung steigt mit dem Zustand der wirtschaftlichen und finanziellen Verhältnisse einer Unternehmung sowie den Aussichten auf deren künftige Gewinnerzielung. Je „gesünder" und stabiler das Unternehmen, desto höher der Wert der Anteile. Entsprechend kann das Management einer Gesellschaft die Rendite ihrer Eigner erhöhen, ohne daß es dabei zu einem Mittelabfluß kommt. Diese positiven Eigenschaften besitzt zumindest das „echte" Eigenkapital wie zum Beispiel die Beteiligung eines Aktionärs an einer Aktiengesellschaft oder eines Gesellschafters an einer GmbH.

Der im ersten Moment naheliegende Gedanke, bei sogenanntem Private Equity oder auch Venture Capital-Gestaltungen dann von „unechtem" Eigenkapital zu sprechen, wäre allerdings verfehlt. Eine solche Investorengruppe hat zwar üblicherweise nicht die langfristige Orientierung wie beispielsweise Gesellschafter einer GmbH, doch ist auch das Engagement von Private Equity- und Venture Capital-Financiers mit Übernahme des vollen Risikos im Falle unternehmerischen Mißlingens verbunden. Die zeitliche Ausrichtung dieser Investorengruppe ist dabei eher mittel- als langfristig, ein Ausstieg aus dem Investment fester Bestandteil der Anlagestrategie. Eine Unternehmensbeteiligung zur Erzielung einer fortwährenden langfristigen Rendite gehört aber nicht zum Anlageziel. So spricht man bei solchen Eigenkapitalgebern dann auch von Finanzinvestoren und nicht mehr von strategischen Investoren.

Der Vollständigkeit halber sei hinzugefügt, daß die sogenannte Innenfinanzierung, also die Einbehaltung von Gewinnen, ebenfalls ein Instrument der traditionellen Unternehmensfinanzierung ist. Letztlich handelt es sich dabei um nichts anderes als dem Unternehmen seitens der Anteilseigner zur Verfügung gestelltes Kapital, das nicht ausgeschüttet wurde (Thesaurierung).

Bestandteile eines Finanzierungsvertrages

Wichtige Punkte im Gesellschaftsvertrag zwischen einem (weiteren) Eigenkapitalgeber und dem Unternehmensinhaber betreffen die Regelung der Mitspracherechte sowie – in weitaus geringerem Umfang – der Haftungsfragen und der Gewinn- und Verlustbeteiligung. Weitere Punkte sind gegebenenfalls Einschränkungen bei Unternehmensverkäufen sowie spezielle Grundsätze zur Finanzierungsstrategie. In jedem Falle sollte gerade bei Eigenkapital der Formulierung des Finanzierungsvertrages größte Aufmerksamkeit zukommen, sind doch gerade hier die individuellen Gestaltungsmöglichkeiten abseits der gesetzlichen Regelungen außerordentlich zahlreich.

Sind besondere Vereinbarungen über die Gewinnverwendung oder andere Wertmaßstäbe getroffen, so ist zu beachten, daß sämtliche Verfahrensweisen zur Ermittlung des Gewinnes und des Unternehmenswertes ihre Schwachpunkte besitzen und deshalb eine konkrete vorherige Absprache sinnvoll ist. Dies zum einen, weil nicht wirklich verifizierbar ist, was denn die „korrekten" zu verwendenden Zahlen sind; zum anderen, weil nicht selten zukünftige Größen eingesetzt werden, die eben mit prognostischer Unsicherheit behaftet sind. Die immer wichtigere Rolle des Kapitalflusses („Cashflow") scheint sich aber mehr und mehr durchzusetzen.

Eigenkapitalinstrumente

Klassisches Eigenkapital ist die direkte Übernahme von Anteilsrechten an einem Unternehmen gegen Einlage von Geld oder Sachmitteln. Bei Aktiengesellschaften werden diese Anteilsrechte in einer Aktie auch verbrieft. Die rechtlichen Beziehungen zwischen den Eigenkapitalgebern untereinander sowie gegenüber dem Unternehmen und gegenüber Dritten sind im Aktiengesetz, dem GmbH-Gesetz, dem Handelsgesetzbuch und dem Bürgerlichen Gesetzbuch näher geregelt.

Je nach Rechtsform des Unternehmens ergeben sich unterschiedliche Möglichkeiten, ein Eigenkapitalinvestment individuell zu strukturieren. Während zum Beispiel die Haftung des Gesellschafters einer Kapitalgesellschaft auf die erbrachte Einlage beschränkt ist, haftet der Gesellschafter einer offenen Handelsgesellschaft (OHG) gegenüber den Gläubigern der OHG im Grundsatz für alle Verbindlichkeiten der OHG mit seinem gesamten Vermögen. Zu bedenken ist aber immer, daß die in Frage kommenden Eigenkapitalinstrumente gesetzlich meist sehr genau vorgegeben sind und für größere individuelle Gestaltungen oftmals weniger Spielraum verbleibt als bei Fremdkapitalinstrumenten.

Typischer Einsatz von Eigenkapital

Eigenkapital ist die finanzielle Grundlage eines jeden Unternehmens. Die angemessene Ausstattung mit voll haftendem Kapital, welches das gesamte Risiko einer Gesellschaft übernimmt, ist zwingende Voraussetzung für die Gewinnung weiterer Kapitalgeber. Zwar können Unternehmen durch Verluste ihre Eigenkapitalbasis vollständig aufzehren und dennoch weiter operativ tätig sein. In diesen Fällen sind aber in der Regel nennenswerte (Fremd-) Finanzierungen nur nach Bildung eines neuen Eigenkapitalstocks wieder möglich.

Eigenkapital ist an und für sich für jede Finanzierungsart geeignet. Abgesehen von finanzmathematischen Optimierungsmodellen, die Höchstquoten für Eigenkapital vorsehen und das Eigenkapital „hebeln" möchten (im Englischen „leverage"), sind voll haftende Mittel ideal zur Wachstumsfinanzierung in traditionellen und fremden Geschäftsfeldern, zur Finanzierung von Unternehmensübernahmen sowie zur Ablösung von Fremdkapital im Zuge der Bilanzoptimierung. „Echtes" Eigenkapital besitzt den Vorteil, in Krisensituationen nicht „bedient" und im Grundsatz erst bei Liquidationen des Unternehmens zurückgezahlt werden zu müssen.

Performance-Messung von Eigenkapital

Grundlage der „Leistung" von Eigenkapital ist der Gewinn eines Unternehmens sowie seine Wertentwicklung. Zur Ermittlung beider Größen hat die Wissenschaft besonders bei Aktien eine große Zahl an Methoden entwickelt. In kaum einem Segment des Finanzmarktes dürfte die Performance-Messung so umfangreich und ausgefeilt geworden sein wie bei Aktien. Geradezu ein Füllhorn an Indizes und Bewertungsmethoden wurde hier über die Marktteilnehmer ausgeschüttet - ob nun immer erhellend oder nicht, sei dahingestellt. Gleichwohl sind die marktführenden Indizes das Maß aller Dinge in der Performance-Messung von Aktien.

Um so gravierender erscheint demgegenüber die geringe Verfügbarkeit an entsprechenden Messungen bei den anderen Eigenkapitalformen. Hier existieren gegenwärtig auf Branchen und Sektoren zugeschnittene Kennziffern, die allerdings vergleichsweise große Zeiträume abdecken, wobei sich bemerkbar macht, daß bei nicht börsennotierten Unternehmen ein aktueller Wertansatz nur sehr schwer erhältlich ist. Repräsentative Indikatoren zur Beurteilung der Leistungsfähigkeit von Eigenkapital in diesem Marktsegment gibt es daher kaum.

▌ Bedeutung der Risikoprämie bei Eigenkapital

Eigenkapital übernimmt das volle Unternehmensrisiko, in Phasen mit geringer Ertragskraft wird es nicht verzinst, im Insolvenzfall steht es an unterster Stelle der Hierarchie der Anspruchsberechtigten. Um dieses Risiko mindestens auszugleichen, ist im Regelfall für Eigenkapital eine unbegrenzte Beteiligung an erwirtschafteten Gewinnen vorgesehen. Dies kann entweder in Form einer direkten Ausschüttung erfolgen oder bei Einbehaltung des Gewinnes (Thesaurierung) durch eine Erhöhung des Unternehmenswertes.

Die „Risikoprämie" bei Eigenkapital ist also die Aussicht auf möglichst hohe Gewinne des Unternehmens im Erfolgsfall. Diese Prämie ist schließlich das entscheidende Motiv der Kapitalgeber zur Finanzierung. Der Preis von Eigenkapital spiegelt dabei nicht nur Substanzwerte und gegenwärtige wirtschaftliche Verhältnisse, sondern in hohem Maße auch Illusionen wider, vor allem die Illusion unerwarteten Gewinnwachstums. Diese Tatsache setzen Unternehmen mitunter gezielt bei der Akquise von Eigenkapital ein.

▌ Bedeutung detaillierter Unternehmensdokumentation

Unternehmen können in der heutigen Zeit kaum mehr auf eine umfassende und aussagefähige Darstellung ihrer Geschäftsvorgänge und ihrer Finanzentwicklung verzichten. Dies wird teils durch gesetzliche Regeln vorgegeben (zum Beispiel bei Aktiengesellschaften), teils durch Marktstandards erzwungen (zum Beispiel im Rahmen der Kapitalaufnahme durch Personengesellschaften). In jedem Falle sollte das kapitalsuchende oder das sich um Kapitalgeber bemühende Unternehmen bestrebt sein, ein umfangreiches Bild der wirtschaftlichen Verhältnisse zu liefern, welches es den Investoren erlaubt, das Anlageobjekt exakt zu analysieren und ihren Anlagepräferenzen entsprechend einschätzen zu können (siehe auch Kapitel 5.1.).

Stehen bei einer fremdkapitalorientierten Betrachtungsweise das Rendite-Risiko-Profil und die Bonität eines Unternehmens an erster Stelle, so dominiert in einer eigenkapitalorientierten Perspektive die Erwartung der zukünftigen Gewinnentwicklung einer Gesellschaft. Entsprechend ausführlich sollte daher die Unternehmensdokumentation bei Eigenkapitalgebern in diesem Punkt auch sein. Wichtig sind in diesem Zusammenhang Wachstumspotentiale, etwaige Expansionsstrategien, Kostensenkungsprogramme und vor allem auch das Aufzeigen derjenigen Imponderabilien, welche die ursprünglichen Pläne und Strategien durchkreuzen könnten.

Daten- und Zahlenwerk geben in einem solchen Falle ein exaktes Bild der Situation (Bestandsaufnahme). Sie ermöglichen eine detaillierte Prognose der künftig erwarteten Entwicklung unter realistischen Annahmen und unter Berücksichtigung der bei den Marktteilnehmern akzeptierten Rahmenbedingungen. Daß dabei große börsennotierte Aktiengesellschaften nicht selten in Konflikt mit den gesetzlichen Veröffentlichungsvorschriften geraten und häufig über Investor Relations einen kommunikativen wie präsentativen Spagat versuchen müssen, läßt sich nicht leugnen. Dies sollte aber beispielsweise mittelständische Unternehmen nicht davon abhalten, potentielle Investoren eher mehr als weniger über das Unternehmen zu informieren.

Exkurs: *Eigenkapital im Mittelstand*

Der deutsche Mittelstand verfügt im internationalen Vergleich auf den ersten Blick über eine geringe Eigenkapitalausstattung. Doch der Schein trügt: So haben deutsche Firmen – wenngleich steuerlich bedingt – nicht selten einen Geschäftswert und hohe stille Reserven gebildet, die im Jahresabschluß bei einer Bilanzierung nach HGB nicht entsprechend aktiviert sind. Zudem bürgt häufig privates Vermögen für Firmenkredite. Doch künftig zählt allein der „offizielle" Anschein. So muß – gerade auch mit Blick auf die Rating-Agenturen – der „offizielle" Eigenkapitalanteil erhöht werden, um die nötigen Kennziffern einzuhalten, die beispielsweise neue Kredite möglich machen.

Warum ist der eigenfinanzierte Teil der Bilanz bei Mittelständlern so niedrig? Häufig wird als Argument angeführt, die Fremdkapitalkosten seien in den vergangenen Jahren unter anderem wegen hoher Bankendichte und dem daraus resultierenden Wettbewerb so niedrig gewesen, was Eigenkapital weniger attrak-

tiv gemacht hätte. Dies mag zu der beschriebenen Situation beigetragen haben, erklärt sie aber nicht vollständig. Naheliegender dürfte vielmehr sein, daß vor allem die praktizierte Vermögensoptimierung der Firmeneigner ursächlich ist für eine Eigenkapitalquote im deutschen Mittelstand von durchschnittlich nur zehn bis 20 Prozent. Gerade bei Kapitalgesellschaften ergibt es unter persönlichen Risikogesichtspunkten durchaus Sinn, das haftende Kapital des Unternehmens zu begrenzen und dafür das dem Firmenzugriff entzogene Privatvermögen pari passu aufzustocken.

Das Problem zu geringer Eigenkapitalausstattung könnte sich nun bei einer Reihe von Unternehmen verschärfen, die sich dazu entschlossen haben, auf den „internationalen Zug" aufzuspringen und nach den neuen International Financial Reporting Standards (IFRS), dem „Nachfolger" der International Accounting Standards (IAS), zu bilanzieren. Denn nach dem neuen IFRS-Standard 32 darf als Eigenkapital nur gewertet werden, was als Einlage in das Unternehmen geleistet wurde und grundsätzlich auch nicht kündbar ist. Zwar ist der IFRS-Standard noch nicht final, aber wesentliche Eckwerte dürften wohl kaum noch geändert werden. So kann sich künftig allein auf Grund bewertungstechnischer Regeländerungen die Eigenkapitalquote gravierend verändern.

Doch gerade der Mittelstand dürfte künftig sehr viel mehr Finanzierungsmittel benötigen, die auch nach IFRS-Grundsätzen als Eigenkapital definiert werden. Auf Grund der aktuellen ökonomischen Rahmenbedingungen kann ein Unternehmen kaum davon ausgehen, dieses Ziel allein durch Gewinnthesaurierung erreichen zu können. Die anhaltende Konjunkturschwäche in Deutschland, weiterhin hohe Insolvenzzahlen, Investitionszurückhaltung der Unternehmen, schwacher Konsum privater Haushalte und die Diskussion um Steuer- und Sozialreformen haben das volkswirtschaftliche Klima verschlechtert. Der wachsende Wettbewerbsdruck aus dem Ausland kommt hinzu. Gerade in einem solchen Umfeld ist es für die Unternehmen um so dringlicher, sich in der Konkurrenzsituation um letztlich knappe Investorengelder vorteilhaft zu positionieren.

Die Finanzierungsstrategie für ein mittelständisches Unternehmen kann dabei in Abhängigkeit von der Unternehmensgröße durchaus unterschiedlich ausfallen. Während größere mittelständische Firmen zur Verbesserung ihrer (Eigen-)

Kapitalausstattung zum Beispiel Aktienemissionen einsetzen können, kommt für kleinere und mittlere mittelständische Unternehmen häufig eher mezzanines Kapital in Frage. Eine Finanzierung über die Aufnahme von Eigenkapital erweist sich hier in nicht wenigen Fällen als schwierig, da solche Unternehmen häufig in der Rechtsform einer GmbH errichtet wurden und die stark eingeschränkte Handelbarkeit von GmbH-Anteilen den Kreis potentieller Eigenkapitalinvestoren sehr begrenzt. Als möglicher Ausweg bieten sich hier Leasing-, Factoring- oder ABS-Strukturen an, die in diesem Hauptkapitel näher behandelt werden.

Zumindest das Problembewußtsein in Finanzierungsfragen ist im Mittelstand während der vergangenen Jahre gewachsen. Bereits vier Zehntel der mittelständischen Unternehmen halten auf Nachfrage ihre Eigenkapitalquote, gemessen am Gesellschaftszweck, für nicht ausreichend. Anfang der neunziger Jahre des vergangenen Jahrhunderts lag dieser Anteil um die Hälfte niedriger. Immerhin 50 Prozent der mittelständischen Firmen beabsichtigen grundsätzlich, ihre Eigenkapitaldecke aufzupolstern, wenngleich auch nicht alle Unternehmen ein solches Vorhaben in naher oder mittlerer Zukunft für durchführbar halten. Gerade hier fehlt es in vielen Firmen noch an den geeigneten Konzepten und einer erfolgversprechenden Strategie.

7.2. Aktien

Die Finanzierung von Aktiengesellschaften über die Emission von Anteil-scheinen (Aktien), sei es nun durch Börsengang oder Kapitalerhöhung, war noch bis Anfang des Jahres 2000 der Königsweg in der Unternehmens-finanzierung. Doch mit dem nachlassenden Interesse der Investoren für diese Anlageform infolge drastischer Bewertungsabschläge an den Börsen und kollabierten Kurspotentiales gewannen auch wieder andere Varianten der Kapitalbeschaffung an Bedeutung. Gleichwohl sind Aktien in bestimm-ten Unternehmenssituationen nach wie vor „erste Wahl" bei der Suche nach der geeigneten Finanzierung.

Aktien verkörpern Eigenkapital in seiner ursprünglichen Form. Die Kapital-geber haben das volle unternehmerische Risiko übernommen, ihre Investitions-ziele sind im Grundsatz sehr langfristig angelegt, ihrer operativen Strategie liegen weitgehend gleiche Motive zugrunde. Das ursprünglich zur Verfügung gestellte Kapital, kann seitens der Investoren im Grundsatz nicht gekündigt werden.

Eigenkapital bildet für eine Aktiengesellschaft die Basis für jeglichen finanziel-len Spielraum, es ermöglicht den operativen Betrieb und die Aufnahme von zusätzlichem Fremdkapital. Eigenkapital hat darüber hinaus auch positiven Ein-fluß auf die Bonität des Unternehmens und sein Rating. Der durch Dividenden-zahlungen ausgelöste Kapitalfluß „belastet" das Unternehmen nur in wirtschaftlich erfolgreichen Phasen.

Werden zusätzliche Aktionäre geworben, so muß das Unternehmen entspre-chend attraktiv präsentiert werden, um einen möglichst hohen Betrag an Mitteln am Markt mobilisieren zu können. Die Aufnahme zusätzlicher Aktionäre führt aber im Grundsatz zu einer Veränderung der Stimmrechtsverhältnisse unter den bisherigen Anteilseignern („Verwässerungseffekt").

▌ Motive des Kapitalgebers

Aktionäre können zwei Ziele verfolgen, zum einen die – mehr ideell intendierte
– Teilnahme und Unterstützung einer unternehmerischen und manchmal innovativen Idee, zum anderen die Erzielung eines möglichst hohen Gewinnes aus der
operativen Umsetzung dieser Ideen in einem strategischen Konzept. Die realistische Aussicht auf Gewinn (über-) kompensiert dabei das Risiko des unternehmerischen Scheiterns.

Investoren, die Aktien nach der ersten Emission erwerben, sind meist in erster
Linie an den laufenden Dividenden und Wertsteigerungen ihrer Aktien interessiert. Käufer von Anteilen an anderen Gesellschaftsformen haben ebenfalls Interesse an einer möglichst hohen laufenden Ausschüttung, sind aber emotional nicht
selten erheblich stärker an das Unternehmen gebunden. In jedem Falle steht der
unternehmerische Erfolg an erster Stelle der Prioritätenliste.

Aktionäre müssen wie alle Eigenkapitalgeber bereit sein, ihr Investment vollständig zu riskieren. Entsprechend aussichtsreich muß die Unternehmens- und
Gewinnentwicklung sein. Häufig koppeln Aktionäre ihre Gewinnerwartung an die
Aufnahme von Fremdkapital mit entsprechender Erhöhung der Eigenkapitalrendite („Leverage-Effekt").

▌ Ausprägung des Instrumentes

Aktien verbriefen die Eigentumsrechte eines Aktionärs an einem Unternehmen.
Darin gleichen sich alle Arten von Aktien. Zu den verbrieften grundsätzlichen
Rechten des Aktionärs gehören zum Beispiel das Recht auf Zahlung einer Divi-
dende, das Recht auf Teilnahme an der Hauptversammlung und das Recht auf
Information, das Bezugsrecht bei Kapitalerhöhungen sowie das Recht auf Beteili-
gung am Liquidationserlös.

Unterschiede gibt es aber in der Gestaltung dieser Wertpapiere. Grundsätzlich
lassen sich Aktien in vier Arten, die sogenannten Gattungen, untergliedern. Diese
Gattungen lassen sich unter Umständen auch miteinander verbinden. Den recht-

lichen Rahmen liefert dabei in Deutschland das Aktiengesetz. Individuelle Ergänzungen sind im Gesellschaftsvertrag einer Aktiengesellschaft aber im Grundsatz möglich.

▌ Exkurs: *Aktiengattungen und Aktientypen*

Gemeinhin auch mit dem Begriff „Stämme" abgekürzt, stellen Stammaktien den mit Abstand größten Anteil am Aktienkapita; sie gewähren ihren Inhabern insbesondere das Stimmrecht bei Aktionärsversammlungen. Stämme berechtigen zum Erhalt eines Anteiles am Unternehmensgewinn. Dies kann allerdings in schlechten betriebswirtschaftlichen Phasen bedeuten, daß die Dividendenzahlung in einem oder mehreren Geschäftsjahren ausfällt.

Bei der Berechnung des Anteiles eines Aktionärs am Unternehmen wird unterschieden zwischen sogenannten Nennwertaktien und Stückaktien. Bei Nennwertaktien lautet der Anteilschein auf einen festen Betrag in „vollen" Euro, mindestens auf ein Euro. Die Summe der Nennwerte aller ausgegeben Aktien entspricht dem Grundkapital. Stückaktien weisen hingegen keinen festen Betrag aus. Vielmehr verbriefen Stückaktien einen relativen Beteiligungsanspruch am Unternehmen, so daß sich der Beteiligungsanteil des jeweiligen Aktionärs nach seiner eigenen Aktienzahl im Verhältnis zu der Zahl der insgesamt ausgegeben Aktien richtet.

Im Gegensatz zu den Stammaktien fehlt bei den sogenannte Vorzugsaktien – entgegen ihrem klangvollem Namen – das Stimmrecht. „Im Vorteil" sind die Inhaber von Vorzugsaktien aber üblicherweise dann, wenn es um die Gewinnausschüttung des Unternehmens geht. So erhalten Vorzugsaktionäre meist eine höhere Zahlung als die Inhaber einer Stammaktie oder können auch dann in den Genuß einer Ausschüttung kommen, wenn die Stammaktionäre wegen der schwachen wirtschaftlichen Situation leer ausgehen. Teilweise besteht auch ein „Nachholrecht" der Vorzugsaktionäre nach dividendenlosen Jahren. In diesem Falle wird von „kumulierenden Vorzugsaktien" gesprochen. Vorzugsaktien weisen aber gegenüber Stammaktien trotz des Dividendenvorteils oftmals einen Kursabschlag auf. Dies liegt zum einen am fehlenden Stimmrecht. Zum anderen verfügen Vorzugsaktien auf Grund ihres in der Regel deutlich niedrigeren Anteiles am

Grundkapital in der Regel auch über eine signifikant geringere Liquidität. Darüber hinaus tendieren angelsächsische Investoren dazu, stärker in Stammaktien zu investieren. Auch in der deutschen Unternehmenslandschaft ist die Bedeutung von Stammaktien größer als die von Vorzugsaktien.

Inhaberaktien verleihen ihrem Inhaber sämtliche mit der Aktie verbrieften Rechte. Die Rechtsstellung eines Aktionärs wird bei der Inhaberaktie im Grundsatz übertragen durch die Übereignung der Aktie, die diese Rechtsstellung verbrieft. Diese Eigenschaft erleichtert den Kauf und Verkauf im Rechtsverkehr sehr. Inhaberaktien sind nach geltendem deutschen Recht der Normalfall. Davon abweichende Regelungen müssen ausdrücklich vereinbart werden.

Anders als bei der Inhaberaktie muß bei der Namensaktie der jeweilige Aktionär „namentlich" auf der Aktie vermerkt sein. Gleichzeitig wird der Aktionär in das Aktienbuch der Gesellschaft eingetragen. Der Nachteil dieser Regelung ist der mit dem Kauf und Verkauf verbundene höhere administrative Aufwand, da jeder Eigentümerwechsel erfaßt werden muß. Den Unternehmen bietet dies allerdings den Vorteil, daß sie nun (zumindest im Inland) Kenntnis über ihre Aktionäre haben und diese gezielter ansprechen sowie besser mit Informationen versorgen können. Eine besondere Variante dieser Gattung ist die sogenannte vinkulierte Namensaktie. Hier muß ein Eigentümer bei einem Verkauf der Aktie die Zustimmung der Aktiengesellschaft einholen.

Aktien aus Kapitalerhöhungen werden in der Regel als „junge Aktien" bezeichnet. Da im Normalfall die „jungen" Aktien nicht am Tag der Dividendenzahlung, sondern „unterjährig" emittiert werden, besitzen sie einen geringeren Dividendenanspruch als die bereits zirkulierenden „alten" Aktien. Diese Trennung auch im Börsenhandel bleibt dann bis zur nächsten Ausschüttung bestehen. Werden im Zuge einer Kapitalerhöhung neue Aktien begeben, reduziert sich dadurch im Grundsatz zunächst der relative Anteil eines einzelnen Aktionärs am Unternehmen, weil ja nun die Gesamtzahl der Aktien wächst. Um diesen sogenannten „Verwässerungseffekt" zu kompensieren, erhalten die Altaktionäre ein sogenanntes Bezugsrecht. Dieses Bezugsrecht berechtigt die Altaktionäre zum Kauf der neuen Aktien gemäß ihrem bisherigen Anteil. Bei Ausübung des Bezugsrechtes bleibt ihre Quote unverändert. Wird das Grundkapital hingegen aus Gesell-

schaftsmitteln, zum Beispiel durch Auflösen von stillen Reserven/Rücklagen, aufgestockt (also „ohne externen Kapitalfluß"), verringert sich zunächst ebenso der jeweilige Anteil eines Aktionärs. Um dies zu kompensieren, erhalten Aktionäre in solchen Fällen eine sogenannte Berichtigungsaktie, der ihre bisherige Quote und den Wert ihres Aktienpaketes unverändert gewährleisten soll.

Konditionen, Strukturen und Volumina

Die Finanzierung über Aktien muß zunächst eine Reihe gesetzlicher und marktüblicher Standards erfüllen, um erfolgreich zu sein. Gesetzliche Vorgaben, die zu befolgen sind, ergeben sich zum einen aus den Börsenzulassungsregeln – sofern eine Notierung der emittierten Aktien an einer Börse angestrebt wird –, zum anderen aus dem Wertpapierprospektgesetz und dem Aktiengesetz. „Am Markt" darzulegen ist darüber hinaus, wie das Unternehmen die Erwartungen der Eigenkapitalgeber zu erfüllen gedenkt. Hierzu sind das Unternehmenspotential ausreichend darzustellen, die Strategie darzulegen, die Kompetenz des Management glaubhaft zu machen und ein hohes Niveau in der Kommunikation sicherzustellen.

Wesentliche Voraussetzung für einen erfolgreichen Börsengang ist also nicht nur die Erfüllung von rechtlichen Kriterien. Hinzu kommen weitere Faktoren, wie zum Beispiel die sogenannte innere Börsenreife. Dabei kommt es vor allem auf die Unternehmensplanung an, das Berichtswesen (Reporting), die Managementqualität und die Leistungsfähigkeit der Unternehmenssteuerung. Schließlich ist die Anlegerakzeptanz für den Börsenaspiranten ein Erfolgsfaktor. Die betriebswirtschaftlichen Voraussetzungen für einen Börsengang erfordern ein Mindestmaß an Bonität. Das Emissionsvolumen sollte mindestens 20 bis 30 Millionen Euro betragen, der Umsatz des Unternehmens mindestens 100 Millionen Euro erreichen.

Diese mit einem Börsengang verbundenen Prozesse sowie die Einhaltung der gesetzlichen und marktüblichen Standards sind vergleichsweise aufwendig. Entsprechend kostspielig ist ein klassischer Börsengang. Kalkuliert man mit einem Emissionsvolumen von 25 Millionen Euro, können die Kosten durchaus 1,5 bis 1,7 Millionen Euro erreichen, etwa sieben Prozent des Emissionsvolumens. Dieser Betrag verteilt sich auf Anbahnungskosten, Kosten für Prospekterstellung, Anwäl-

te und Wirtschaftsprüfer sowie die Gebühren der Emissionsbank. Meist unerläßlich sind auch Ausgaben für Werbung und Kommunikation. Dazu kommen noch
die jährlichen Kosten für Unternehmens- und Quartalsberichte nach IFRS-Stan-
dards (zum Beispiel für Unternehmen im sogenannten Prime Standard der Frank-
furter Wertpapierbörse) sowie für die jährliche Analystenkonferenz.

Tabelle 51. Eckwerte einer Finanzierung über Aktien und Anteile

Wesentliche Kriterien	
Volumen	Grundsätzlich keine Mindest- oder Höchstgrenzen. Aktiengesellschaften schreibt das Gesetz eine Mindesteigenkapitalausstattung von 50 000 Euro („Grundkapital") vor, Gesellschaften mit beschränkter Haftung in Höhe von 25 000 Euro ("Stammkapital"). Ein Börsengang ist in der Regel erst ab Emissionsvolumina in Höhe von 25 Millionen Euro sinnvoll.
Verzinsung	Ergebnisabhängige Ausschüttung (Dividende).
Laufzeit	Grundsätzlich unbegrenzt.
Anforderungen	Dokumentation, Erfolgsaussichten der Unternehmensstrategie, Kapitalmarktreife (bei Börsennotierung).
Plazierungsdauer	Abhängig von Geschäftsart und Prüfungsdauer, bei erstmaliger Börsennotierung zwischen zwei und sechs Monate, sonst abhängig von der Aktualität des Börsenprospektes (Gültigkeit: zwölf Monate). Weitere zeitliche Restriktionen ergeben sich eventuell durch Genehmigungspflichten seitens der Hauptversammlung beziehungsweise der Gesellschafterversammlung oder durch andere Satzungsregeln.
Investoren	In der Regel Fonds, Vermögensverwalter und Privatinvestoren.
Kosten	Einmalige Vorbereitungskosten: 50 000 bis 250 000 Euro; Prospekterstellung, rechtliche Prüfung und Wirtschaftsprüfung: 100 000 bis 150 000 Euro; Werbung und Kommunikation: 150 000 bis 250 000 Euro; Gebühren für die Emissionsbank: 3 bis 5 Prozent des Emissionsvolumens (zuzüglich einer Pauschale von bis zu 50 000 Euro); für die Prospekthaftung der Emissionsbank: 1 Prozent des Emissionsvolumens. Laufende Kosten für den von der Börse vorgeschriebenen „Designated Sponsor" (nicht Freiverkehr): 35 000 bis 50 000 Euro, abhängig davon, ob auch regelmäßig Research veröffentlicht wird.

Bei sogenannten Privatplazierungen, das heißt Aktienemissionen ohne Börsennotierung im amtlichen Handel, sind die Hürden für einen Anteilsverkauf erheblich geringer. Hier sind im Grundsatz nur die Regelungen des Aktiengesetzes maßgeblich. Allerdings führt vor allem die eingeschränkte Handelbarkeit der Aktien gleichzeitig auch zu einer signifikanten Verkleinerung des Kreises interessierter institutioneller Kapitalgeber. Dafür liegen die Kosten deutlich niedriger. Obiges Beispiel (Seite 260 f., 25 Millionen Euro Volumen) zugrunde gelegt, summiert sich der Börsengang bei einer Privatplazierung je nach Gestaltung auf lediglich 30 000 bis 150 000 Euro.

Tabelle 52. Vor- und Nachteile von Aktien und Anteilen

Plus	Minus
◆ Kapital ohne Laufzeitbeschränkung verfügbar.	◆ Langfristig erwarten Eigenkapitalgeber wegen des damit verbundenen Risikos, abhängig vom Unternehmensgegenstand, eine (deutlich) höhere Rendite auf ihr Engagement als Fremdkapitalgeber.
◆ Grundlage der gesamten Unternehmensfinanzierung.	
◆ Eigenkapitalausstattung ermöglicht erst die Aufnahme von Fremdkapital.	
◆ In schwierigen Unternehmensphasen muß Eigenkapital nicht „bedient" werden (Dividende).	◆ Zusätzliches Eigenkapital verändert Stimmrechtsverhältnisse.
	◆ Hoher Publizitäts- und Informationsaufwand bei börsennotierten Aktiengesellschaften.

Der Börsengang als Finanzierungsquelle ist mittlerweile nur noch „gesunden" Unternehmen mit guter Bonität möglich, die zudem ein bestimmtes Mindestvolumen an Aktienkapital durch den Börsengang werden aufweisen können (in der Regel mehr als 25 Millionen Euro). Diese Adressen müssen sich nach Erstnotierung festen Börsenregularien unterwerfen und ihre Kommunikation im Sinne der gesetzlichen Vorgaben und marktüblichen Usancen führen. Dafür erhalten sie mit dem Börsengang aber Zugang zu weiteren Finanzierungsquellen, die ihnen in dieser Form zuvor nicht zur Verfügung standen.

Gegenwärtig, das heißt im Herbst des Jahres 2005, zeichnet sich der Trend ab, daß sich Unternehmen bemühen, mehrere Aktiengattungen zu einer einzigen Gattung zusammenzulegen. Gerade bei Vorzugs- und Stammaktien ist dies zu beobachten. Ursprünglich geschätzte Vorteile, wie beispielsweise der „gewichtigere" Dividendenanspruch der Vorzugsaktie, sind heute zurückgefallen hinter unbestreitbare Vorzüge nur einer existierenden Aktiengattung, wie größere Liquidität bei hohen gehandelten Stückzahlen, steigender Anteil in den relevanten Indizes und entsprechend zunehmende Attraktivität für Investoren.

▌Mittelverwendung

Eigenkapital ist im Grundsatz für jegliche Finanzierungsart beziehungsweise Mittelverwendung in Unternehmen einsetzbar. Eigenkapitalgeber sind in erster Linie an einer Gewinnmaximierung interessiert. Insofern wird jeder Einsatzzweck begrüßt, welcher der Erreichung dieses Zieles dient. Dadurch läßt sich durch Anteilverkauf generiertes Eigenkapital praktisch für jede in nachfolgender Mittelverwendung skizzierte Möglichkeit einsetzen.

Tabelle 53. Einsatz der Aktie und des Anteiles

Eignung im Vergleich		
Bilanzfinanzierung	Refinanzierung[1]	
	längere Laufzeit	-
	gleiche Laufzeit	-
	kürzere Laufzeit	-
	Umfinanzierung/Ablösung[2]	
	Anleiheschulden	↗
	Lieferantenkredit	↗
	Pensionsverbindlichkeiten	↑
	Bankschulden	↗
	Optimierung Bilanzstruktur	↑
	Aufstockung Betriebsmittel	↗
	Verlustausgleich	↗

Tabelle 53. (Fortsetzung)

Eignung im Vergleich		
Bilanzfinanzierung	Kapitalausschüttung	↑
	Krisenfinanzierung	↑
Geschäftsfinanzierung	Unternehmenskauf	↗
	Investition	↑
	Expansion	
	tradiertes Geschäftsfeld	↑
	fremdes Geschäftsfeld	↑
	Erbschaft/Eignerübergang	↗

[1] Tilgung durch Mittelaufnahme in derselben Kapitalart
[2] Tilgung durch Mittelaufnahme in einer anderen Kapitalart (Auswahl)
↑ sehr gut geeignet, ↗ geeignet, → akzeptable Finanzierung, ↘ weniger gut geeignet,
↓ nicht geeignet

▌ Steuerliche Behandlung der Aktie beim Unternehmen

Die Aufnahme von Eigenkapital durch die Ausgabe von Aktien ist für das Unternehmen im Grundsatz erfolgsneutral. Dividenden, die eine Aktiengesellschaft an ihre Anteilseigner ausschüttet, sind bei der Aktiengesellschaft für Zwecke der Körperschaft- und Gewerbesteuer nicht abzugsfähig.

Die Aktiengesellschaft behält im Falle einer Dividendenausschüttung an ihre Eigentümer im Grundsatz auf diese Dividenden eine sogenannte Kapitalertragsteuer in Höhe von 20 Prozent ein und führt diese an das Finanzamt ab. Die einbehaltene Kapitalertragsteuer kann der Aktionär dann grundsätzlich auf seine eigene Einkommen- und Körperschaftsteuer anrechnen. Handelt es sich indes um einen ausländischen Aktionär, so ist diese Kapitalertragsteuer meist durch sogenannte Doppelbesteuerungsabkommen erheblich gemindert. In einigen Fällen – so das europäische Recht – fällt keine Kapitalertragsteuer an: Der Aktionär muß unter anderem eine ausländische Kapitalgesellschaft sein und außerdem am Kapital der Aktiengesellschaft, welche die Dividende ausschüttet, zu mindestens 20 Prozent beteiligt sein (sogenannte Mutter-Tochter-Richtlinie).

7.3. Großvolumiges Private Equity

Finanzierungen dieser Kapitalklasse sind in der Regel keine Gelder, die das Management eines Unternehmens aufnimmt, um danach in seinem Sinne mit stärkerer Finanzbasis weiterarbeiten zu können. Mit dem „Einstieg" von Private Equity kommt es häufig zu einem vollständigen Eignerübergang, gleichzeitig zu einem Wechsel an der Führungsspitze. Die Finanzierung bedeutet hier in der Regel gleichzeitig eine Übernahme der unternehmerischen Führung. Somit ist großvolumiges Private Equity keine Unternehmensfinanzierung im engeren Sinne, sondern eher ein „Herauskaufen" der bisherigen Anteilseigner, möglicherweise auch auf deren Betreiben hin. Private Equity bedeutet nachhaltige Änderungen im Unternehmen und meist die Übernahme von (hohen) Schulden, um den eigenen Verkauf zu finanzieren. Eine Sonderform von Private Equity ist das sogenannte Venture Capital.

Zielobjekt für großvolumiges Private Equity sind unterbewertete Unternehmen, Firmen mit Problemen in der Eignernachfolge oder Gesellschaften mit operativen Defiziten, welche die neuen Anteilseigner möglichst rasch abzustellen versuchen, um damit schließlich den Firmenwert zu steigern. Die anschließende Wiederveräußerung bringt dann die erhoffte Rendite. Zu diesem grundsätzlichen Verhaltensmuster gesellt sich noch eine Vielzahl unterschiedlicher Spielarten. Was aber letztlich immer bleibt, ist die Absicht der Geldgeber, durch Restrukturierung der Zielobjekte in einem möglichst kurzen Zeitraum die Differenz zwischen Kauf- und Verkaufpreisen zu maximieren.

Großvolumiges Private Equity, also Beträge von 300 Millionen Euro bis zu mehreren Milliarden Euro, ist ein Finanzinvestment einer Anlegergruppe, die dann die Position am unternehmerischen Ruder übernehmen möchte. Die Rolle als bloßer Finanzierungspartner in Übernahmeprozessen ohne große Mitspracherechte spielen Private Equity-Geber nur in Einzelfällen oder Ausnahmesituationen. Private Equity-Geber handeln grundsätzlich in Eigenregie und refinanzieren sich in der Regel mit Bankkrediten, Einlagen privater Anleger oder Mitteln spezieller

Fonds oder Vermögensverwalter. Als echter „Partner" des bisherigen Management bei Finanzierungen ist Private Equity nur bei sogenannten Management-Buyouts anzutreffen, in denen eine Führungsmannschaft mit Hilfe externer Geldgeber ein Unternehmen übernimmt.

Private Equity-Geber müssen, sofern sie ihr Investment mit Fremdkapital finanzieren, das Risiko übernehmen, letztlich nicht die erhoffte Erhöhung des Unternehmenswertes zu erzielen und ihr Kapital eventuell auf längere Sicht zu binden (im positiven Falle sind dies drei bis fünf Jahre, nicht selten aber auch bis zu zehn Jahre). Typische Investoren in Private Equity sind Pensionsfonds, Banken, Versicherungen, Stiftungen, Industrieunternehmen und sogenannte Family Offices. Mittlerweile existiert sogar ein mehr oder weniger liquider Sekundärmarkt für Private Equity-Beteiligungen in Deutschland.

Jedoch: Große Investments von Private Equity-Gebern bedeuten – in stark pointierter Darstellung – „reine" Finanzbeteiligungen und damit nicht notwendigerweise ein Interesse an der dauerhaften Überlebensfähigkeit des Anlageobjektes. Oftmals wechseln die Firmen mehrfach hintereinander den Anteilseigner, ohne daß sich qualitativ etwas änderte. Es empfiehlt sich deshalb für den Unternehmer, bei der Auswahl seiner Kapitalgeber eine gewisse Vorsicht walten zu lassen, wenn auch andere Aspekte als der Verkaufserlös entscheidend sein sollen.

Eine zutreffende Beschreibung von Private Equity darf allerdings nicht verschweigen, daß diese Finanzierungsart für viele Unternehmen den letzten Rettungsanker bedeutete, ohne den sie unweigerlich hätten untergehen müssen. Zwar setzt die hohe Fremdkapitallastigkeit der Unternehmenskäufe durch Private Equity einen gesunden Kapitalfluß des Zielobjektes voraus, nicht selten erhalten aber Firmen durch den Rückhalt des Private Equity-Financiers überhaupt erst wieder Zugang zu den Kapitalmärkten.

Auch im Zuge von Nachfolgeregelungen kann Private Equity unter Umständen die beste Wahl darstellen, wenn das Ausscheiden der bisherigen Unternehmerpersönlichkeit ein strategisches Vakuum im Management hinterlassen würde, das sich letztlich zum Nachteil der Gesellschaft entwickeln könnte. Die Erfahrung lehrt, daß nicht wenige Unternehmen nach dem Einstieg von Private Equity-Investoren insgesamt einen Gesundungsprozeß durchlaufen haben, der ihnen schließlich die Wettbewerbs- und Überlebensfähigkeit sicherte.

Motive des Kapitalgebers

Bei Private Equity sollen üblicherweise erheblich überdurchschnittliche Renditen erwirtschaftet werden. Zum Beispiel erreichte kleinvolumiges Private Equity in den vergangenen Jahren im Gesamtdurchschnitt eine Rendite von 15 bis 20 Prozent. Im gewinnträchtigen oberen Drittel der Private Equity-Investments lag die Rendite sogar bei rund 30 Prozent.

Großvolumiges Private Equity will also bewußt mit der Übernahme deutlich erhöhter Risiken eine signifikant über dem Marktdurchschnitt liegende Rendite auf das eingesetzte Kapital erzielen. Dazu werden Unternehmen günstig erworben und vorhandene Defizite behoben. Gesellschaften können in diesem Zuge umstrukturiert, fusioniert oder zerschlagen werden. Private Equity-Investoren heben dabei die diesen Unternehmen innewohnenden stillen Reserven, verbessern die Strategie der Firmen und stellen Ineffizienzen ab. Auch die Kapitalmarktkommunikation wird häufig verbessert. Schließlich werden die Unternehmen gewinnmaximierend veräußert.

Ausprägung des Instrumentes

Private Equity ist keine Finanzierung klassischen Typs. Das Interesse der Kapitalgeber geht in der Regel weit über die bloße Zurverfügungstellung von Geldmitteln hinaus. Hinzu kommt das unternehmerische Engagement, welches üblicherweise dem Zielobjekt einen deutlichen Wertzugewinn in der mittleren Zukunft verschaffen soll. Zu diesem Zwecke übernehmen Private Equity-Investoren von den bisherigen Gesellschaftern meist die Mehrheit der Anteile. Der Kaufpreis wird häufig in bar beglichen, nicht selten wird ein Teil der Summe von den Altgesellschaftern als Kredit zur Verfügung gestellt, um diese noch eine Zeitlang an das Unternehmen zu binden.

Private Equity-Geber ihrerseits finanzieren den Unternehmenskauf häufig nur zu einem geringen Teil mit Eigenkapital. Der Großteil des Kaufpreises wird meist mit Fremdkapital beglichen. Die Bedienung dieses Fremdkapitals wird nach der Firmenübernahme dem gekauften Unternehmen angedient. Die Funktionsfähigkeit dieses Modells setzt daher voraus, daß ein ausreichender Kapitalfluß zur Bedienung der zur Kauffinanzierung übernommenen Schulden zur Verfügung steht. Dies muß auch über die Laufzeit des Investments unverändert bleiben. Mit der Höhe des Kapitalflusses steht und fällt deshalb die gesamte Finanzierung. Der „Ausstiegszeitpunkt" ist erreicht, wenn nach Einschätzung der Investoren der Unternehmenswert ein Maximum erreicht hat.

❚ Exkurs: *Venture Capital als Sonderform des Private Equity*

Venture Capital als eine Spielart des Private Equity ist eine Finanzierungsquelle, die besonders Unternehmen in Gründungs- oder Startphasen zugute kommen soll. Dies gilt sowohl für Firmen mit etablierten als auch für solche mit riskanten Geschäftsmodellen. Letztere haben allerdings einen entsprechend erschwerten Zugang zu dieser Finanzierungsquelle.

Die Financiers von Venture Capital stellen Unternehmen Risikokapital ohne besondere Sicherheiten zur Verfügung. Grundlage der Beteiligung sind die Attraktivität und die Erfolgswahrscheinlichkeit des unternehmerischen Konzeptes. Dessen Evaluierung und die Einschätzung des Management sind denn auch die ausschlaggebenden Faktoren, sich an der jeweiligen Gesellschaft zu beteiligen. Darüber hinaus unterstützt der Venture Capital-Geber das Unternehmen in der Entwicklung und Umsetzung der Strategie.

Investoren im Bereich Venture Capital sind spezialisiert nicht nur auf die Beteiligung an Gesellschaften in Gründungs- und Anfangsphasen, sondern vor allem auch an innovativen Unternehmen aus Wachstumsbranchen mit unsicherem Entwicklungspotential. „Wachstum" steht dabei im Vordergrund, ermöglicht es doch erst die hohen Renditechancen. Ihrerseits refinanzieren sich Venture Capital-Geber über Fonds, Vermögensverwalter und Privatanleger.

Zwar ist der Venture Capital-Markt in Deutschland erst schwach entwickelt und hat zudem nach dem Platzen der „New Economy"-Blase einen zusätzlichen Dämpfer erfahren. Nichtsdestotrotz ist der Markt in Deutschland in den vergangenen Jahren deutlich professioneller geworden, was sich auch seit dem Jahre 2003 in wieder konstant steigenden Anlagevolumina widerspiegelt. Dabei steht die erste „Ausstiegswelle" in den kommenden Jahren erst noch an, denn Venture Capital-Investoren halten ihre Beteiligung gewöhnlich über einen Zeitraum von fünf bis acht Jahren. Gleichwohl läßt sich schon jetzt prognostizieren, daß sich die Renditen hier wohl in hohen zweistelligen bis zu dreistelligen Prozentsätzen bewegen dürften.

Konditionen, Strukturen und Volumina

Großvolumige Private Equity-Engagements sind nicht standardisiert und in jedem Falle Gegenstand individueller Vereinbarungen. Aus diesem Grunde lassen sich auch keine allgemein gültigen Konditionen und Abläufe beschreiben. Private Equity in dieser Größenordnung hat häufig Einzelvolumina zwischen 300 Millionen und einer Milliarde Euro, kann aber auch einmal „nur" 100 Millionen Euro betragen oder sogar mehrere Milliarden erreichen. Die Investitionsdauer liegt je nach Unternehmen zwischen drei und fünf Jahren, aber auch Zeiträume von acht bis zehn Jahren sind nicht unüblich. Gleichwohl kommt es nicht selten zu einem früheren „Ausstieg" der Private Equity-Investoren, wenn das Zielobjekt nicht die gewünschte Entwicklung nimmt.

Tabelle 54. Eckwerte einer Private Equity-Finanzierung

Wesentliche Kriterien	
Volumen	Von 100 Millionen Euro bis zu mehreren Milliarden, meist zwischen 300 Millionen und 1 Milliarde Euro.
Verzinsung	Keine repräsentativen Indikationen möglich (langjähriger Durchschnitt 20 Prozent), abhängig von Unternehmensentwicklung, feste Zahlung während des Investitionszeitraumes nur für übernommene Schulden.

Tabelle 54. (Fortsetzung)

Wesentliche Kriterien	
Laufzeit	Die Anlagedauer beträgt üblicherweise drei bis fünf Jahre, sieben bis zehn Jahre sind möglich, aber selten, ebenso wie Laufzeiten unter drei Jahren.
Anforderungen	Umfassende Unternehmensdokumentation. Da Gesellschaften sich selten um großvolumiges Private Equity bewerben müssen, sondern die Investoren Angebot und Anforderungen vorgeben, reagieren Unternehmen in der Regel anstatt zu agieren.
Plazierungsdauer	Abhängig vom Prüfprozeß (Due Diligence) und der Dauer der Verkaufs- beziehungsweise Beteiligungsverhandlungen, vier bis zwölf Monate.
Investoren	Private Equity-Fonds, die sich wiederum über Banken und andere private wie institutionelle Anleger refinanzieren.
Kosten	Mit Abstand größter Kostenblock sind die in der Regel mit der Unternehmenstransaktion zu übernehmenden Kreditfinanzierungen.

Tabelle 55. Vor- und Nachteile von großvolumigem Private Equity

Plus	Minus
◆ Übernahme von Risiko durch Kapitalgeber.	◆ In der Regel hohe Belastung des übernommenen Unternehmens mit Fremdkapital.
◆ Finanzierungen mit hohem Volumen darstellbar.	◆ Belastung des „Cashflow".
◆ Investoren auf Gewinn- und Renditemaximierung ausgerichtet.	◆ Eigentümerwechsel.
◆ Private Equity oftmals letzte Überlebenschance für Unternehmen.	◆ Umstrukturierungen, Fusionen oder (Ab-) Spaltungen wahrscheinlich.
◆ Großvolumiges Private Equity mit Minderheitsbeteiligung häufig im Interessengleichklang mit bisherigen Eigentümern beziehungsweise dem Management.	

Private Equity verbindet Finanzierung mit unternehmerischer Strategie. Grundlage der Transaktion ist das Erreichen der Management-Kontrolle über die erworbene Gesellschaft. Die Konstruktion sieht typischerweise vor, einen Großteil des Investments mit Fremdkapital zu finanzieren (durchschnittlich rund 70 Prozent). Der ausschlaggebende Erfolgsfaktor sind dabei Höhe und Entwicklung des Kapitalflusses (Cashflow).

Mittelverwendung

Private Equity dient – wie bereits angedeutet – weniger der Unternehmensfinanzierung im traditionellen Sinne, wenn sich das Management um Mittel zur Fortsetzung oder Intensivierung des geplanten Geschäftsprozesses bemüht. Private Equity kommt vielmehr dann zum Einsatz, wenn ein (strategischer) Neuanfang versucht werden soll, der in der Regel nicht nur mit einem Paradigmenwechsel, sondern auch einer Veränderung der Eigentümerstruktur einhergeht. Diese Finanzierungsform führt daher üblicherweise zu einer Veränderung der Unternehmensziele.

Tabelle 56. Einsatz des großvolumigen Private Equity

Eignung im Vergleich		
Bilanzfinanzierung	Refinanzierung[1]	
	längere Laufzeit	→
	gleiche Laufzeit	→
	kürzere Laufzeit	↓
	Umfinanzierung/Ablösung[2]	
	Anleiheschulden	↓
	Lieferantenkredit	↓
	Pensionsverbindlichkeiten	↓
	Bankschulden	↓
	Optimierung Bilanzstruktur	→
	Aufstockung Betriebsmittel	→
	Verlustausgleich	↗

Tabelle 56. (Fortsetzung)

Eignung im Vergleich		
Bilanzfinanzierung	Kapitalausschüttung[3]	↗
	Krisenfinanzierung	↗
Geschäftsfinanzierung	Unternehmenskauf	↑
	Investition	↘
	Expansion	
	tradiertes Geschäftsfeld	→
	fremdes Geschäftsfeld	→
	Erbschaft/Eignerübergang	↓

[1] Tilgung durch Mittelaufnahme in derselben Kapitalart
[2] Tilgung durch Mittelaufnahme in einer anderen Kapitalart (Auswahl)
[3] an neue Eigentümer
↑ sehr gut geeignet, ↗ geeignet, → akzeptable Finanzierung, ↘ weniger gut geeignet,
↓ nicht geeignet

▌ Steuerliche Behandlung von Private Equity beim Unternehmen

Auch bei Private Equity gilt, daß Dividendenzahlungen auf Ebene des finanzierten Unternehmens für Zwecke der Körperschaft- und Gewerbesteuer im Grundsatz nicht abzugsfähig sind. Private Equity-Instrumente sind in drei Formen möglich. Zum einen kann sich ein Private Equity-Investor direkt an einem oder mehreren Unternehmen beteiligen. Allerdings, dies ist der Nachteil dabei, fällt dabei meist ein recht hoher Verwaltungsaufwand an.

Als weitere Möglichkeit können sich auch mehrere Investoren in einem Fonds zusammenschließen und sich über diesen Fonds gemeinschaftlich an einem oder mehreren Unternehmen beteiligen. Schließlich können sich Investoren auch gemeinsam an einem Dachfonds (sogenannter Fund of Funds) beteiligen. Dieser Dachfonds beteiligt sich dann wiederum an anderen Fonds, die ihrerseits entsprechende Beteiligungen an anderen Unternehmen eingehen. Letztere Variante bietet sich vor allem zur Diversifizierung und Risikominimierung an.

Letztlich handelt es sich bei einem Private Equity-Investor um einen „Gesellschafter auf Zeit". Trotz dieser kurzen „Verweildauer" (in der Regel drei bis fünf Jahre) kann auch ein Private Equity-Investor die gesellschaftsrechtlichen Rahmenbedingungen eines Unternehmens nicht unerheblich beeinflussen. So kann ein Private Equity-Investor etwa darauf bestehen, kurzfristig die Rechtsform des Unternehmens zu ändern oder ein abweichendes Geschäftsjahr zu bestimmen.

Solche veränderten Rahmenbedingungen können unter Umständen auch steuerliche Implikationen nach sich ziehen. Gerade im Hinblick auf die beschriebenen, teilweise sehr unterschiedlichen Ziele von Private Equity-Investoren muß deshalb eine frühzeitige rechtliche und steuerliche Beratung empfohlen werden.

7.4. Forderungsunterlegte Wertpapiere

Forderungsunterlegte Wertpapiere, in der angelsächsischen Terminologie sogenannte Asset Backed Securities (ABS), sind Wertpapiere („securities"), die aus einer „Umverpackung" von bestimmten Vermögensgegenständen („assets") über eine sogenannte Zweckgesellschaft in eine neue Rechtsform entstehen. Dabei werden Aktiva in neuen geld- oder kapitalmarktfähigen Papieren verbrieft. Typische Wertpapiere sind dabei zum Beispiel kurzfristige Inhaberschuldverschreibungen mit Laufzeiten bis zu zwei Jahren (sogenannte Commercial Papers) oder auch anleiheähnliche Titel (zum Beispiel „Medium Term Notes") mit Laufzeiten bis zu fünf Jahren. ABS stehen in enger Verwandtschaft zu den im folgendem Kapitel dargestellten bilanzentlastenden Instrumenten, werden aber wegen ihrer besonderen Konstruktion (vor allem wegen ihrer Handelbarkeit am Kapitalmarkt) gesondert beschrieben.

Bei einer ABS-Transaktion veräußern (eventuell sogar mehrere) Unternehmen (die sogenannten Originators) bestimmte Vermögensgegenstände, in der Regel Forderungen, an eine entsprechende Zweckgesellschaft (in der Fachterminologie „Special Purpose Vehicle", SPV, „Special Purpose Entity", SPE, oder „Conduit"). Das SPV wiederum emittiert nun anleiheähnliche Titel („Notes") an Investoren. Die auf diese Papiere zu leistenden Zahlungen werden „unterlegt" durch Zahlungsströme, welche aus den unterliegenden Vermögensgegenständen stammen. Wirtschaftlich kommt es somit zu einer „Umverpackung" dieser Aktiva in die neuen Papiere.

Ziele des Originator sind in der Regel die Verringerung der Finanzierungskosten, eine Verkürzung der Bilanz und eine Stärkung der Eigenkapitalbasis sowie eine künftig bessere Verhandlungsposition gegenüber potentiellen Kapitalgebern auf Grund verbesserter Kennziffern. Anlaß für das Unternehmen, seine Aktivseite der Bilanz zu verkürzen und Forderungen zu verkaufen, sind in erster Linie eine Verringerung der Finanzierungskosten und die Stärkung der Eigenkapitalbasis.

ABS können zahlreiche Ausprägungen haben, je nach Bonität, Laufzeit, Emittent oder Ausfallregelung.

Der Verkauf von revolvierenden Forderungen beziehungsweise stetig zu kalkulierenden Zahlungseingängen zum Zwecke der Entlastung der Bilanz eines Unternehmens auf der Passivseite hat in der Europäischen Union während der vergangenen Jahre stark zugenommen. Wurden noch im Jahre 1999 entsprechende Papiere über ein Volumen von rund 55 Milliarden Euro emittiert, so lag der Gesamtwert dieser im Jahre 2004 begebenen Papiere bereits bei etwa 200 Milliarden Euro. Die größten Märkte sind Großbritannien, Italien, Spanien und die Niederlande. Deutschland spielte in Relation zu seiner wirtschaftlichen Größe bislang noch eine untergeordnete Rolle.

Rund zwei Drittel dieser Papiere verfügen auf Grund der diversifizierten Zusammenstellung der unterliegenden Forderungen über ein externes Rating von höchster Bonität ('AAA'), nur etwa fünf Prozent haben ein Rating der Kategorie 'A' und schlechter. Für den Absatzerfolg bei den Investoren ist die (meist gute) Bonität entscheidend. Nur in wenigen Fällen verlangen Anleger nach riskanteren Titeln mit entsprechend höherer Verzinsung.

Oftmals höhere Risikoprämien („Spread") bei ABS-Titel im Vergleich zu Unternehmensanleihen gleicher Bonität lassen sich in der Regel mit Liquiditätsunterschieden im Sekundärmarkt erklären. Kostentreibend wirken sich häufig auch die Kosten für die begleitenden Banken, Arrangeure und Konstrukteure der eingesetzten Zweckgesellschaft aus.

Motive des Kapitalgebers

Anleger investieren einerseits in ABS, um ein in seiner Schuldnerstruktur diversifiziertes Instrument zu erwerben, und andererseits, um bei einem kleinen Renditeaufschlag gerade dieses Rendite-Risiko-Profil strukturoptimierend in ihr Gesamtportfolio integrieren zu können. Hinzu kommt, daß die Käufer der forderungsunterlegten Wertpapiere einzelne Ausfallrisiken in einem strukturierten Portfolio exakt aufeinander abgestimmter Vermögenstitel renditeschonender kompensieren können als das bei dem diese Forderungen veräußernden Unternehmen der Fall ist.

Forderungskäufer sind demzufolge Banken, Fonds oder Spezialinvestoren, die das gesamte aufgekaufte Portfolio oder Teile davon als Anlage auf ihre eigene Bilanz nehmen. Gleichwohl wird in der Regel das Ausfallrisiko trotz des schon strukturoptimierenden Erwerbes des gesamten Forderungspaketes nochmals zu minimieren versucht. So verbleibt meist der tatsächlich zu erwartende, historische Ausfall des Forderungsbestandes (Fachterminus: „first loss piece") beim Originator. Auch die statistisch ermittelte nächste Ausfalltranche („second loss piece") verbleibt häufig beim Originator; dadurch sinkt aber dann auch die zu leistende Zinszahlung auf die „sicheren" Tranchen deutlich.

Aus Kosten- und Vereinfachungsgründen übernimmt der Forderungsverkäufer im Regelfall die technische Abwicklung des Forderungsbestandes (das sogenannte Servicing). Damit fließen korrespondierende Geldströme durch die (dabei getrennte) Unternehmenskasse. Auch verfügt der Originator über die komplette Aufzeichnung des Debitoren-Management. In der Konsequenz trägt der ABS-Investor das Insolvenzrisiko des Forderungsverkäufers. Somit liegt es nahe, daß die Forderungsverkäufer als „Servicer" und Inkassostelle jedenfalls über ein „Investment Grade Rating" verfügen müssen. Zum Teil kann den Bonitätsanforderungen der Forderungskäufer aber auch durch Verbesserungen in der Programmstruktur entsprochen werden. Damit wären Forderungsverkäufer mit „Non Investment Grade Rating" nicht zwangsläufig vom ABS-Markt ausgeschlossen. Auch können durch insolvenzfeste Strukturen der Aufwand und die Kosten für das interne Rating der Forderungsverkäufer verringert werden.

▌ Ausprägung des Instrumentes

Da die zu verkaufenden Forderungen eines Unternehmens zentraler Bestandteil der Besicherung des zu emittierenden Wertpapiers sind, durchlaufen sie einen aufwendigen Prüfprozeß. Forderungsqualität, rechtlicher Hintergrund, Forderungsgegenstand, Forderungsabwicklung und Verkäuferbonität werden umfassend bewertet. Sind die Forderungen unstrittig und der Bestand ausreichend diversifiziert, werden sie in der Zweckgesellschaft zur Verbriefung gebündelt. Da während der Laufzeit des emittierten Wertpapiers über mehrere Jahre die Forderungen mehrfach ausgetauscht werden, werden eingehende Zahlungen mit den jeweils neuen Forderungen verrechnet. Außer den vereinbarten Zinszahlungen kommt es somit zu keinen Tilgungsleistungen während der Laufzeit.

Die Verbriefung von Forderungen mit späterem Verkauf am Kapitalmarkt erfordert einigen administrativen Aufwand, der größtenteils der Ausschaltung rechtlicher Unwägbarkeiten dient. So muß zum Beispiel zweifelsfrei geklärt sein, daß bei einer Insolvenz des Forderungsverkäufers die entsprechenden Forderungen tatsächlich abgetrennt werden können und den Investoren zur Absicherung ihrer Ansprüche zur Verfügung stehen anstatt in die Insolvenzmasse zu fallen. Dieser Aufwand erklärt auch die vergleichsweise hohen Kosten, die erst Volumina ab mindestens 15 Millionen Euro wirtschaftlich machen. Und auch diese „kleineren" Beträge sind erst durch Standardisierung der ABS in Struktur und Dokumentation möglich geworden.

Verbriefungsfähig sind in Deutschland in der Regel Forderungen aus Lieferungen und Leistungen (zum Beispiel in der Handelsfinanzierung), Forderungen aus Lizenz- und Franchise-Verträgen, aus Leasing- und Darlehensverträgen sowie Miet- und Kaufpreisansprüche (zum Beispiel bei Immobilien- oder Kreditkartengeschäften). In seltenen Fällen sind auch Vermögensgegenstände wie Vorräte und Warenbestände mit einer hohen Umschlaggeschwindigkeit verbriefbar.

▌ Exkurs: *Ablauf einer ABS-Plazierung*

Der Arrangeur eines ABS oder die betreuende Bank führt zunächst eine Machbarkeitsanalyse des geplanten Forderungsverkaufes durch. Dieser Prozeßschritt umfaßt zunächst eine Grobanalyse des Forderungsbestandes und dann eine vorläufige Konzeptionserstellung.

Bei positiver Prognose kommt es im Anschluß zur Mandatserteilung seitens des forderungsveräußernden Unternehmens an die weiteren beteiligten Parteien.

Dabei werden ein konkreter Zeitplan und eine explizite Kostenregelung vereinbart und die jeweiligen Projektteams aufgestellt.

Im Anschluß beginnt die exakte Strukturierung der zu veräußernden Forderungen oder Zahlungsströme. Dies setzt eine nunmehr detaillierte Portfolioanalyse voraus. Hinzu kommt die Prüfung des Debitoren-Management auf Unternehmensseite einschließlich des Inkassowesens. Sind alle relevanten Daten und Zahlen bekannt, werden die finalen Konditionen festgelegt und die entsprechenden Verträge erstellt. Gleichfalls wird im Unternehmen die erforderliche EDV-Ausstattung installiert.

Jetzt folgt die Phase der ersten Finanzausstattung der Zweckgesellschaft, das sogenannte Funding. Nach Unterzeichnung der Verträge kommt es zum ersten Forderungsankauf mit korrespondierender Refinanzierung.

Nunmehr werden revolvierend Forderungen angekauft und mit auslaufenden, vom Schuldner zu leistenden Beträgen verrechnet (in der Regel über fünf Jahre). Gleichzeitig ist laufende Berichterstattung seitens des Unternehmens erforderlich ("Reporting"), einmal im Jahr werden die Zahlungsströme überprüft ("Jährliches Asset Audit").

Konditionen, Strukturen und Volumina

Im Grundsatz sind in Deutschland Forderungen aus Lieferungen und Leistungen verbriefbar, wenn diese deutschem Recht und deutschem Gerichtsstand unterliegen. Die Zahlungsziele dieser Forderungen sollten in der Regel zehn Tage bis maximal vier Monate, in Ausnahmefällen auch bis zu einem halben Jahr betragen. Das ständig revolvierende Forderungsvolumen sollte dabei bei mindestens 20 Millionen Euro liegen; ideal sind Beträge ab 30 bis 40 Millionen Euro. Nur in Ausnahmefällen sind auch einmal Volumina von 10 bis 15 Millionen Euro möglich.

Damit kommen vor allem Unternehmen als Forderungsverkäufer in Frage, die einen jährlichen Umsatz aus Forderungen von nicht unter 150 bis 200 Millionen

Euro erzielen. Geringere Beträge sind theoretisch zwar „darstellbar", ökonomisch aber meist nicht sinnvoll. Werden mit den Einnahmen Bankkredite zu einer Verzinsung in Höhe von sechs bis acht Prozent Verzinsung abgelöst, läßt sich bei geringeren ABS-Volumina auf Grund der hohen Transaktionskosten keine sinnvolle Einsparung mehr erreichen.

Üblich sind bei forderungsunterlegten Wertpapieren Laufzeiten zwischen drei und sechs Jahren, wobei nicht selten sowohl seitens der Forderungsverkäufer als auch der Forderungskäufer Priorität für eine Konstruktion mit fünfjähriger Fälligkeit besteht. Voraussetzung für die Verbriefbarkeit ist zunächst die rechtliche Abtretbarkeit der Forderungen. Hinzu kommt die Verfügbarkeit bestimmter Daten beim Unternehmen – in der Regel für die vergangenen drei Jahre – zur Beurteilung der Forderungen hinsichtlich Bestand, Überfälligkeiten und Ausfällen.

Die zu verbriefenden Forderungen sollten hinsichtlich Schuldnerart entweder breit gestreut sein oder von Schuldnern mit einem (kurzfristigen) Rating zwischen ‚AAA' und ‚A-' (A1 beziehungsweise P1) stammen; auch eine Kreditversicherung kann dabei eingebunden sein. Die Diversifikation des Forderungsportfolios soll Konzentrationsrisiken vermeiden. Forderungsunterlegte Wertpapiere stellen schließlich hohe Anforderung an das Servicing, das eine regelmäßige Datenübermittlung zu den verkauften Forderungen an den Käufer sicherstellen muß.

Die Kosten einer ABS-Transaktion für das verbriefende Unternehmen setzen sich primär aus Einmalkosten für Prüfung, Strukturierung und Dokumentation sowie den laufenden Refinanzierungskosten für die Zweckgesellschaft zusammen. Faktoren bei der Festsetzung der Konditionen sind die Portfoliostruktur der Forderungen beziehungsweise Zahlungsströme, das Rating des Forderungsverkäufers sowie das Rating der einzelnen Schuldner. Hinzu kommen die historische Ausfallquote im Forderungsbestand des veräußernden Unternehmens und die durchschnittliche Laufzeit des Portfolios.

Die Risikoprämien werden schließlich beeinflußt von möglichen Sicherheitseinbehalten für überfällige Forderungen durch die Zweckgesellschaft, von Regelungen zum „first loss piece" und „second loss piece", sowie von generellen Zahlungsweisen und etwaigen Garantien. Kostendämpfend kann sich ein standardisiertes Bewertungsverfahren des Forderungsportfolios auswirken. Dies bedeutet schließlich bei einem mittelständischen Unternehmen mittlerer bis guter Bonität und einem durchschnittlich ausgewogenen Forderungsportfolio eine laufende zu leistende Verzinsung in Höhe von 2,5 bis 2,75 Prozentpunkten über Euribor.

Eine einmalige Gebühr zur Gründung der Zweckgesellschaft und erstem Forderungsankauf setzt sich zusammen aus den Kosten für die Unternehmens- und Forderungsprüfung („Due Diligence") sowie die Strukturierung. Kosten fallen an für rechtliche Beratung, ein externes Rating und sonstige Auslagen sowie Honorare. Hier sind insgesamt Beträge um die 50 000 bis 70 000 Euro zu kalkulieren.

Tabelle 57. Eckwerte einer mit Forderungen unterlegten Wertpapierfinanzierung

Wesentliche Kriterien	
Volumen	In der Regel nicht unter 20 Millionen Euro, im günstigen Falle ab 30 Millionen Euro, auch Programme bis zu einer Milliarde Euro oder darüber darstellbar.
Verzinsung	Abhängig vom Rating und den aktuellen Kapitalmarktzinsen, etwa zwischen 4 und 6 Prozent.
Laufzeit	Häufig zwischen drei und fünf Jahren, aus Kostengründen meist fünf Jahre.
Anforderungen	Gleichmäßiger und dauerhafter Einnahmestrom, umfassende Dokumentation, Mindestbonität des Forderungsverkäufers, Homogenität des Portfolios, verbriefungsfähige Forderungen, akzeptables Rating der Forderungen
Plazierungsdauer	Abhängig von Art und Struktur des verkaufenden Forderungsbestandes und der Bonität des Forderungsverkäufers sowie den technischen Voraussetzungen, zwischen drei und sechs Monate.
Investoren	Fonds, Banken, spezialisierte Investoren.
Kosten	Einmalige Gebühr – zwischen 30 000 und 100 000 Euro. Laufende Gebühr – abhängig vom Rating der Forderungen und Bonität des Forderungsverkäufers, in der Regel 0,75 bis 2,75 (auch bis zu 3,50) Prozent über Euribor (Interbankenzinssatz) plus einer Marge von 0,1 bis 0,3 Prozent und einer monatlichen Verwaltungsgebühr von 0,3 bis 0,8 Prozent (alle Prozentsätze pro Jahr).

Wichtige Voraussetzung für das Zustandekommen einer ABS-Finanzierung ist die ausreichende EDV-Ausstattung zum Portfoliomanagement. Es liegt auf der Hand, daß die Forderungsverkäufer angesichts der Vielzahl der zu verwaltenden Forderungen über eine entsprechend leistungsfähige informationstechnische Ausstattung verfügen müssen.

Tabelle 58. Vor- und Nachteile forderungsunterlegter Wertpapiere (ABS)

Plus	Minus
◆ Verringerung der Finanzierungskosten. ◆ Stärkung der Eigenkapitalbasis. ◆ Verkürzung der Bilanz. ◆ Verbesserte Verhandlungsposition gegenüber Fremdkapitalgebern. ◆ Präsenz am Kapitalmarkt.	◆ Bei geringen Volumina (unter 30 Millionen Euro) vergleichsweise teure Finanzierung. ◆ Mindestbonität des Forderungsverkäufers Voraussetzung. ◆ Hoher technischer Aufwand beim Forderungseinzug („Servicing"). ◆ Umfassende Dokumentation der Forderungen. ◆ Banken kündigen möglicherweise die bestehenden Kreditlinien mit dem „Originator", da mit einem ABS auch Sicherheiten veräußert werden.

Durch die Emission von Wertpapieren, die mit Zahlungsströmen (Forderungen) unterlegt sind, nutzen Unternehmen die Vorteile der Kapitalmarktfinanzierung. Dazu gehört vor allem eine planbare Verläßlichkeit anstelle individueller Regelungen wie bei Bankkrediten, die plötzliche Kündigungen nicht ausschließen können. Gleichwohl existieren bei ABS auch Risiken. Dies sind vor allem Steuerrisiken auf Grund fehlender Steuersicherheit. Denn bis jetzt sind noch nicht alle relevanten Fälle im Bereich der Körperschaftsteuer, Gewerbesteuer und Umsatzsteuer zweifelsfrei geklärt.

Fast noch schwerer können aber Risiken auf das Unternehmen wirken, die aus Auswirkungen von ABS auf bestehende Gläubiger resultieren. So verlieren zum

Beispiel Banken mit dem Forderungsverkauf kalkulierte Vermögenswerte, ihre Kreditposition rutscht möglicherweise in den „strukturellen Nachrang". Das könnte die Ausübung des Kündigungsrechtes der Bank wegen wesentlicher Erhöhung des Kreditrisikos zur Folge haben.

Mittelverwendung

Optimal eingesetzt sind aus Forderungsverkäufen mittels ABS erlöste Mittel in allen Einsatzzwecken, die zu einer Verbesserung der Bonität des Unternehmens führen. Dies bedeutet insbesondere eine Erhöhung der Eigenkapitalquote. Grundsätzlich stehen die durch einen Forderungsverkauf erlösten Finanzmittel zur freien Verfügung des Unternehmens. Gleichwohl sollten, um die ursprüngliche Bonität zu halten oder sogar zu verbessern, die in solchen Situationen eingenommenen Gelder nur für wenige Zwecke verwendet werden.

Vorteilhaft beispielsweise ist, diese Gelder zur Rückführung der Lieferantenverbindlichkeiten einzusetzen. Damit reduziert sich die kurzfristige Verschuldung, das Profil der Passivseite verbessert sich und die Inanspruchnahme von Skonti bei den Lieferanten stärkt die wirtschaftlichen Verhältnisse des Unternehmens.

Tabelle 59. Einsatz der forderungsunterlegten Wertpapiere (ABS)

Eignung im Vergleich		
Bilanzfinanzierung	Refinanzierung[1]	
	längere Laufzeit	-
	gleiche Laufzeit	-
	kürzere Laufzeit	-
	Umfinanzierung/Ablösung[2]	
	Anleiheschulden	↓
	Lieferantenkredit	↑
	Pensionsverbindlichkeiten	↘
	Bankschulden	↗
	Optimierung Bilanzstruktur	↑
	Aufstockung Betriebsmittel	↗

Tabelle 59. (Fortsetzung)

Eignung im Vergleich		
Bilanzfinanzierung	Verlustausgleich	⟍
	Kapitalausschüttung	↓
	Krisenfinanzierung	↓
Geschäftsfinanzierung	Unternehmenskauf	⟍
	Investition	⟍
	Expansion	
	tradiertes Geschäftsfeld	→
	fremdes Geschäftsfeld	⟍
	Erbschaft/Eignerübergang	↓

[1] Tilgung durch Mittelaufnahme in derselben Kapitalart
[2] Tilgung durch Mittelaufnahme in einer anderen Kapitalart (Auswahl)
↑ sehr gut geeignet, ↗ geeignet, → akzeptable Finanzierung, ⟍ weniger gut geeignet,
↓ nicht geeignet

Steuerliche Behandlung forderungsunterlegter Wertpapiere beim Unternehmen

ABS-Transaktionen führen auf Ebene des sich finanzierenden Unternehmens steuerlich nicht zur Aufnahme von Eigenkapital. Ziel einer ABS-Finanzierung ist es vielmehr, Aktivposten zu in flüssige Mittel umzusetzen. Je nach Buchwert des jeweiligen Aktivpostens realisiert das Unternehmen dabei einen (grundsätzlich steuerpflichtigen) Gewinn oder erleidet einen (steuerlich grundsätzlich abzugsfähigen) Verlust. Die im einzelnen häufig nicht unerheblichen Transaktionskosten sind im Grundsatz steuerlich abzugsfähig. Steuerbilanziell lassen sich aber unter Umständen entlastende Effekte erreichen, wenn der erzielte Erlös aus der Übertragung der Vermögensgegenstände an das SPV zur Schuldentilgung verwendet wird.

Umsatzsteuerliche Schwierigkeiten ergeben sich dann, wenn das Unternehmen den Einzug der Forderungen für das „Special Purpose Vehicle" des ABS übernimmt (sogenannte Servicing-Fälle). Denn beim Einzug dieser Forderungen kann es sich umsatzsteuerlich um eine Leistung des Unternehmens an das ABS-SPV handeln, die im Grundsatz der Umsatzsteuerpflicht unterliegt. Insgesamt läßt sich

aber dennoch festhalten, daß ABS-Transaktionen zwar teilweise erhebliche steuerliche Probleme mit sich bringen, von denen das sich finanzierende Unternehmen
aber in der Regel weitgehend verschont bleibt.

7.5. Bilanzentlastung: Leasing und Factoring

Der Verkauf von Zahlungsströmen am Kapitalmarkt mittels Wertpapierplazierung führt in der Regel zu einer Entlastung der Bilanz beim Unternehmen und einer Erhöhung der Eigenkapitalquote. Ein vergleichbarer Effekt läßt sich auch mit anderen Gestaltungen erzielen, die Kapital freisetzen (zum Beispiel das Factoring) oder Strukturen, die Kapital gar nicht erst binden (zum Beispiel das Finanzierungsleasing). In jedem Falle sollte das finanzierende Unternehmen prüfen, ob damit verbundene „Bilanztransaktionen" das Verhältnis zu den bereits engagierten Investoren beeinflussen und möglicherweise negative Konsequenzen hervorrufen.

Leasing ist im Grundsatz ein „Mietkauf" von Vermögensgegenständen. Eine Leasing-Gesellschaft, der sogenannte Leasing-Geber, kauft einen Vermögensgegenstand, um diesen dann einem Unternehmen, dem sogenannten Leasing-Nehmer, gegen Zahlung von vereinbarten Raten zur Nutzung zu überlassen. Sowohl im privaten wie auch im Unternehmenssektor ist Leasing mittlerweile ein äußerst aktiv eingesetztes Finanzierungsinstrument. Hierbei gibt es mannigfaltige Spielarten mit einer nahezu unüberschaubaren Zahl an individuellen Varianten. Gerade im gewerblichen, besonders im industriellen Bereich bietet eine Vielzahl an teils stark spezialisierten Leasing-Gesellschaften Finanzierungsmöglichkeiten für nahezu jeden betrieblichen Einsatzzweck an.

Factoring ist im wirtschaftlichen Sinne ein Ankauf von Forderungen. Das Unternehmen überträgt ein Portfolio mit Zahlungsansprüchen gegen Dritte an einen andere Partei, den sogenannten Factor, und erhält dafür eine Gegenleistung (Geld). Der Factor übernimmt dann meist den Zahlungseinzug der Forderungen beim Schuldner, also das gesamte Debitoren-Management. Im rechtlichen Sinne ist nun zwischen „echtem" und „unechtem" Factoring zu unterscheiden.

Handelt es sich um ein echtes Factoring, findet die Forderungsübertragung im Wege einer Abtretung statt. Wirtschaftlich bedeutet dies, daß nur der Factor das sogenannte Delkredere-Risiko des Schuldners trägt, da der Factor nun voller Inhaber der Forderung geworden ist. Im Gegensatz dazu wird beim unechten Factoring die Forderung rechtlich nur „erfüllungshalber" an den Factor übertragen. Wirtschaftlich bedeutet dies, daß das Risiko des Zahlungsausfalles weiterhin beim veräußernden Unternehmen liegt. Wird die Forderung vom Schuldner nicht bezahlt, dann erhält der Unternehmer vom Factor letztlich auch keine Gegenleistung oder muß diese zurückgewähren.

Letztlich ist das Factoring eine Weiterentwicklung der klassischen Forfaitierung. In Deutschland erreichte das Factoring im Jahre 2005 ein Transaktionsvolumen von rund 50 Milliarden Euro. Damit liegt der heimische Markt im Volumen sogar noch weit hinter dem Vereinigten Königreich zurück, wo fast das Vierfache dieses Betrages erreicht wird. Aber auch andere europäische Nachbarn wie Frankreich, Niederlande, Italien oder Spanien sind in diesem Geschäftsfeld aktiver.

Motive des Kapitalgebers bei Leasing und Factoring

Factoring-Gesellschaften versuchen durch Aufbau besonderer Expertise und Erfahrung in bestimmten Marktsegmenten, sich gegenüber den zu finanzierenden Unternehmen einen kostensparenden Wissensvorsprung zu erwerben. Die durch effizienteres Wirtschaften und die bessere Fähigkeit zur Beurteilung von Ausfallrisiken eingesparten Beträge werden zum Teil an die Kunden weitergegeben, so daß beide Vertragspartner profitieren.

Da auch Factoring-Gesellschaften scharf kalkulieren müssen, werden neben den formalen Kriterien zur Forderungsqualität weitere Hürden aufgestellt. So kommen beispielsweise für das Factoring nur Unternehmen mit guter Bonität in Frage, so daß eventuell ein externes Rating erforderlich wird. Damit soll vermieden werden, daß Kunden in Krisensituation möglichst jede Forderung zu verkaufen versuchen, auch diejenigen mit mehr als zweifelhaftem Wert. Zudem werden bei größeren Aufträgen üblicherweise zwischenzeitlich (Teil-) Rechnungen gestellt. Dabei muß für den Factor nahezu sicher sein, daß der Auftrag seitens des verkaufenden Unternehmens tatsächlich zu Ende gebracht wird.

Etwas unterschiedlich verhält es sich mit der Motivlage beim Leasing. Hier profitiert die Gesellschaft entweder davon, daß der Leasing-Nehmer bereit ist, zur Wahrung seines Liquiditätsspielraumes Mietraten zu zahlen, die höher sind als Wertverlust und Finanzierungskosten des Wirtschaftsgutes. Oder die Leasing-Gesellschaft hat bei bestimmten Wirtschaftsgütern eine solche Einkaufsmacht, daß der Hersteller dieser Güter der Leasing-Gesellschaft einen Preisnachlaß zu gewähren bereit ist, den das diese Güter nutzende Unternehmen selbst nicht erhalten würde. Gleiches gilt *mutatis mutandis* auch für die Refinanzierungskonditionen, bei denen das Unternehmen nur schlechtere Sätze erhielte. In diesen Fällen kann die Leasing-Gesellschaft ein attraktives Angebot machen.

▌Ausprägung des Instrumentes

Ein sogenanntes Full-Service-Factoring kann bereits ab Volumina von 750 000 Euro ökonomisch sinnvoll sein. Zum Dienstleistungspaket gehören beim echten Factoring der Ankauf der Forderungen vom Unternehmen (Finanzierung), die Übernahme des Ausfallrisikos (Versicherung) sowie die Betreuung und Abwicklung des Forderungsbestandes einschließlich Mahnwesen (Debitoren-Management). Diese Dienstleistungen können von den Factoring-Gesellschaften auch als einzelne Bausteine abgerufen werden.

Das Inhouse-Factoring, bei größeren Unternehmen in der Regel die gängige Praxis, sieht einen Verkauf der Forderungen und die Übernahme des Ausfallrisikos durch die Factoring-Gesellschaft vor, während das gesamte Forderungsmanagement innerhalb des Unternehmens verbleibt. In allen Varianten ist ein umfassender Datentransfer vom Forderungsverkäufer an die Factoring-Gesellschaft für den Vertragsabschluß Voraussetzung. Dabei kommt es zur Einzelprüfung der Debitoren mit Festlegung der jeweils anzusetzenden Auszahlungsquoten.

Leasing-Gesellschaften überlassen Vermögensgegenstände zur Nutzung an Unternehmen und erhalten dafür bestimmte Leasing-Raten. Dabei sind Zahlungen zu Beginn und zum Ende der Vertragslaufzeit möglich. Gleiches gilt auch für zwischenzeitliche Zahlungen, sofern vertraglich vereinbart und an den Eintritt gewisser Ereignisse geknüpft. Dies kann zum Beispiel ein (drastischer) Bonitätsverlust des Leasing-Nehmers sein oder ein gravierender Marktpreiseinbruch des „geleasten" Objektes mit entsprechendem Wertverlust.

Leasing-Finanzierung ist nicht zuletzt auch zur Entlastung der Unternehmensbilanz konzipiert. Gleichwohl können nicht alle negativen Effekte vermieden werden. So sieht eine Reihe von Financiers und Investoren die Leasing-Verbindlichkeiten wegen der vertraglichen Bindung als Fremdkapital an. Damit verlieren Leasing-finanzierte Transaktionen zum Teil ihre Attraktivität.

❚ Konditionen, Strukturen und Volumina

Im Rahmen des Factoring werden Forderungsvolumina von insgesamt 250 000 bis zu 50 Millionen Euro angekauft. Das Forderungsportfolio sollte dabei ausreichend diversifiziert sein. Der Anteil einzelner Forderungen darf zum Beispiel nicht über fünf Prozent liegen; dies dient der Vermeidung von Klumpenrisiken. Eine einzelne Forderung sollte hierbei den Nennbetrag von 10 000 Euro möglichst nicht unterschreiten. Forderungen gegenüber Schuldnern in bestimmten Branchen werden meistens vom Factor nicht angekauft. Dies betrifft beispielsweise Forderungen eines Bauunternehmers gegenüber seinen Kunden. Denn es besteht in diesen Fällen immer die besondere Gefahr, daß der Kunde dem Factor gegenüber die Zahlung wegen Mängeln verweigern könnte und die Forderung damit potentiell „einredebehaftet" wäre.

Wesentlicher Vertragsgegenstand ist die Vereinbarung der Auszahlungsquote auf die angedienten Forderungen. Dies ist für das Unternehmen einerseits entscheidend, weil davon der Liquiditätseffekt abhängt, andererseits spielen hier Kostengesichtspunkte eine massive Rolle, weil die prozentualen Gebühren in der Regel auf Basis des nominalen Forderungsvolumens kalkuliert werden und nicht nach dem Auszahlungsvolumen. So ist eine hundertprozentige Finanzierungsquote selten. Meist liegt der zunächst ausgezahlte Anteil bei 60 bis 90 Prozent, obgleich die gesamte Forderung an die Factoring-Gesellschaft übergeht. Der restliche Betrag wird an das Unternehmen überwiesen, so bald der Schuldner die Forderung tatsächlich beglichen hat.

Tabelle 60. Eckwerte einer Finanzierung über bilanzentlastende Instrumente

Wesentliche Kriterien	
Volumen	Factoring: 250 000 bis 50 Millionen Euro; bis 100 Millionen Euro ist dann Einzelverbriefung („Securitisation") und Privatplazierung üblich. Leasing: Vertragsvolumina von 10 000 Euro bis zu einstelligen Milliardenbeträgen.
Verzinsung	Factoring: Kosten ergeben sich aus dem Dienstleistungsumfang, der Bonität der Forderungen, dem Refinanzierungssatz des Factor sowie dessen Grundgebühr, Bearbeitungsgebühr und Limitgebühr; in der Regel insgesamt zwischen 5 und 15 Prozent. Leasing: Mietzahlung abhängig von Marktgängigkeit und Wertverlust des Leasing-Objektes sowie der Bonität des Leasing-Nehmers und den Refinanzierungskosten.
Laufzeit	Factoring: Im Regelfall bis 120 Tage, meist kürzer. Leasing: In Abhängigkeit vom Leasing-Objekt bis zu mehreren Jahren.
Anforderungen	Factoring: Ausreichende Bonität des Factoring-Nehmers, umfassende Forderungsdokumentation, technische Voraussetzungen zur Abwicklung. Leasing: Bonität des Leasing-Nehmers, marktgängiges Wirtschaftsgut mit maßvollem Wertverlust.
Plazierungsdauer	Factoring: 2 bis 6 Wochen. Leasing: 4 bis 16 Wochen.
Investoren	Factoring-Gesellschaften, refinanziert durch Banken und Spezialinvestoren, selten nur Banken. Leasing-Gesellschaften, refinanziert durch Banken, Spezialinvestoren und Kapitalmarkt.
Kosten	Factoring: Abhängig vom Leistungsumfang, 3 bis 5 Prozent des Forderungsvolumens beim Full-Service-Factoring, Finanzierung 2 bis 4 Prozent über Referenzzinssatz (zum Beispiel Euribor), 0,5 bis 2,5 Prozent vom Forderungsvolumen als Bearbeitungsgebühr. Leasing: Abhängig von Marktstellung und „Einkaufsmacht" der Leasing-Gesellschaft sowie „Rabatten" der Hersteller, abhängig vom Wirtschaftsgut sowie Bonität des Leasing-Nehmers; in der Regel zwischen fünf und zwanzig Prozent des offiziellen Vertragspreises auf Jahresbasis.

Die Gestaltung von Leasing-Verträgen ist vergleichsweise flexibel. Abhängig vom „verleasten" Wirtschaftsgut und der Bonität des Leasing-Nehmers ist in der Regel ein breites Spektrum an Vertragsvarianten möglich. So ist eine Aufwands-linearisierung – also gleichmäßige Leasing-Raten – ebenso möglich wie eine akti-ve Liquiditätssteuerung, bei der die Höhe der Leasing-Raten von der Ertragslage des Unternehmens abhängt. Auch hundertprozentige Finanzierungen ohne Anzah-lung sind nicht unüblich. Die Finanzierungslaufzeiten im Leasing-Geschäft errei-chen bis zu 15 Jahren bei gleichzeitig langer Festschreibung der zu bezahlenden Leasing-Raten.

Tabelle 61. Vor- und Nachteile bilanzentlastender Instrumente

Plus	Minus
Factoring	Factoring
◆ Schafft Liquidität und verbessert die Eigenkapitalquote.	◆ Bei vergleichbaren Risiken die teuerste Finanzierungsart.
◆ Ermöglicht Effizienzgewinne im Forde-rungs-Management.	◆ Intransparente Konditionengestaltung.
	◆ Niedrige Auszahlungsquote bei Forde-rungen mit schwacher Bonität.
Leasing	Leasing
◆ Hohe Finanzierungsbeträge und lange Laufzeiten möglich.	◆ Wird von dritten Kapitalgebern häufig als Verbindlichkeit bewertet.
◆ Selten Kapitaleinsatz erforderlich.	◆ Teils hohe Leasing-Raten (in Relation zum Marktpreis des gemieteten Wirt-schaftsgutes).
◆ Erhält Liquiditätsspielraum.	

Factoring bietet den Vorteil, Ausfallrisiken durch den Verkauf der Forderung auszuschalten. Dieser Vorteil wiegt besonders im Exportgeschäft, bei Expansion in unbekannte Märkte und Länder mit erhöhtem Transfer- und Adressenrisiko. Die frühzeitige (Teil-) Liquidation erhöht zudem die eigene Kreditwürdigkeit. Gleich-zeitig dient das Factoring ab bestimmten Größenordnungen der Bilanzoptik. Der Verkaufserlös aus der Forderungsveräußerung erhöht zwar Liquidität und Eigenkapitalquote, reduziert aber gleichzeitig das Nettoumlaufvermögen. Da die

Forderungen unter Nennwert an die Factoring-Gesellschaft abgegeben werden, ergibt sich gleichzeitig ein negativer Effekt in der Gewinn- und Verlustrechnung.

Leasing beeinflußt ebenso das operative Geschäft, ermöglicht aber oftmals mangels Kapitalmasse den Erwerb investiver Anschaffungen. Dafür ist dann Leasing teurer als bei guter Bonität des Unternehmens die Finanzierung über die Bank oder den Kapitalmarkt. Attraktiv ist das Leasing von Wirtschaftsgütern vor allem dann, wenn die Finanzierung über die Leasing-Gesellschaft deutlich günstigere Einkaufskonditionen ermöglicht.

▌ Mittelverwendung

Bilanzentlastende Instrumente dienen in erster Linie der Verbesserung der Liquiditätssituation und der Rückführung der kurzfristigen Verschuldung. Daher ist vor allem die Verwendung für Maßnahmen sinnvoll, die diesem Zweck dienen. Das freigesetzte Kapital sollte daher bevorzugt zur Bilanzfinanzierung und Verbesserung der Bonität eingesetzt werden, weniger für expansive Geschäftsstrategien. Dies gilt um so mehr vor dem Hintergrund, als es mit den beschriebenen Instrumenten in der Regel zu einer Verringerung des Nettoumlaufvermögens kommt (Factoring) oder zu einem Aufbau langfristiger Verpflichtungen (Leasing).

Tabelle 62. Einsatz bilanzentlastender Instrumente

Eignung im Vergleich		
Bilanzfinanzierung	Refinanzierung[1]	
	längere Laufzeit	-
	gleiche Laufzeit	-
	kürzere Laufzeit	-
	Umfinanzierung/Ablösung[2]	
	Anleiheschulden	→
	Lieferantenkredit	↑
	Pensionsverbindlichkeiten	↘
	Bankschulden	↑

Tabelle 62. (Fortsetzung)

Eignung im Vergleich		
Bilanzfinanzierung	Optimierung Bilanzstruktur	↗
	Aufstockung Betriebsmittel	↗
	Verlustausgleich	↘
	Kapitalausschüttung	↓
	Krisenfinanzierung	↓
Geschäftsfinanzierung	Unternehmenskauf	→
	Investition	↗
	Expansion	
	tradiertes Geschäftsfeld	→
	fremdes Geschäftsfeld	↘
	Erbschaft/Eignerübergang	↘

[1] Tilgung durch Mittelaufnahme in derselben Kapitalart
[2] Tilgung durch Mittelaufnahme in einer anderen Kapitalart (Auswahl)
↑ sehr gut geeignet, ↗ geeignet, → akzeptable Finanzierung, ↘ weniger gut geeignet,
↓ nicht geeignet

Steuerliche Behandlung bilanzentlastender Instrumente beim Unternehmen

Die steuerbilanzielle Behandlung von Leasing-Transaktionen kann im Einzelfall recht kompliziert sein. Im Kern geht es um die Frage, ob das Leasing-Gut in der Bilanz des Leasing-Gebers oder derjenigen des Leasing-Nehmers zu erfassen ist. In der Unternehmensfinanzierung ist Leasing aus der Sicht der finanzierenden Gesellschaft allerdings nur dann sinnvoll eingesetzt, wenn das Leasing-Gut *nicht* in der Bilanz des Leasing-Nehmers zu erfassen ist und somit die Leasing-Raten beim Leasing-Nehmer als Betriebsausgaben steuerlich abzugsfähig sind.

Die Finanzverwaltung hat zu diesen Fragen in verschiedenen Erlassen Stellung genommen. Im einzelnen unterscheidet die Finanzverwaltung zwischen Voll- und Teilamortisations-Leasing. Für die Frage der Bilanzierung des Leasing-Objektes kommt es entscheidend auf das Verhältnis zwischen Grundmietzeit und betriebsgewöhnlicher Nutzungsdauer an. Beträgt die Grundmietzeit nach Leasing-Vertrag mindestens 40 und höchstens 90 Prozent der betriebsgewöhnlichen Nutzungsdauer, dann ist das Leasing-Objekt im Grundsatz bilanziell beim Leasing-Geber zu erfassen. Im anderen Falle ist der Leasing-Vertrag steuerlich als Ratenkauf zu behandeln: In der Konsequenz muß dann das Leasing-Objekt beim Leasing-Nehmer bilanziert werden.

Insgesamt läßt sich festhalten, daß die steuerbilanziellen Folgen von Leasing-Transaktionen bei Unternehmen stark davon abhängen, wie der Leasing-Vertrag im einzelnen gestaltet ist. Pauschale Aussagen sind dabei schwierig. Einem Unternehmen, das Leasing-Transaktionen zu Finanzierungszwecken einsetzen möchte, kann deshalb nur geraten werden, frühzeitig steuerliche Beratung in Anspruch zu nehmen. Nur dann kann sichergestellt werden, daß die gewünschten steuerbilanziellen Effekte auch tatsächlich eintreten.

Ebenfalls vielschichtig sind die handels- und steuerbilanziellen Auswirkungen des Factoring. Beim echten Factoring scheiden die verkauften und abgetretenen Forderungen endgültig aus dem Vermögen des Unternehmens aus und gehen auf den Factor über. Deshalb sind die verkauften Forderungen auch nicht mehr in der Handels- und Steuerbilanz des Unternehmers, sondern in derjenigen des Factor auszuweisen. Bis zur Gutschrift der Gegenleistung durch den Factor weist das Unternehmen dann noch eine entsprechende Forderung gegen den Factor aus. Ein Differenzbetrag zwischen dem Buchwert der verkauften Forderung und der Gegenleistung ist beim Unternehmer aufwandswirksam zu erfassen und steuerlich abzugsfähig.

Eine Besonderheit kann sich ergeben, wenn das Unternehmen zukünftige Forderungen (zum Beispiel Leasing-Forderungen für künftige Abrechnungsperioden) an den Factor verkauft. Solche Forderungen sind nämlich in der Bilanz des verkaufenden Unternehmens noch gar nicht erfaßt, da es sich insoweit um sogenannte „schwebende Geschäfte" handelt. Das Entgelt, welches das Unternehmen für solche zukünftigen Forderungen vom Factor erhält, wird deshalb im Grundsatz zunächst bilanziell als passiver Rechnungsabgrenzungsposten erfaßt und über die Laufzeit aufgelöst.

Im einzelnen ist unter den Fachleuten nicht ganz unumstritten, ob auch beim unechten Factoring die übertragenen Forderungen im Grundsatz in der Bilanz des Factor zu erfassen sind. Dies könnte zumindest dann gelten, wenn die Übertragung der Forderung offengelegt wird und der Kunde Zahlungen deshalb direkt an den Factor richtet. Allerdings müßte das Unternehmen in diesem Falle darauf achten, das bei ihm wirtschaftlich verbleibende Ausfallsrisiko in der Bilanz „unter dem Strich" zu vermerken.

7.6. Steuerinduzierte Finanzierung und staatliche Förderung

Auch wenn es sich bei Fördermitteln und Steuervergünstigungen nicht notwendigerweise um Eigenkapital handeln muß, so verbessern doch beide Finanzierungsarten die Bonität des Unternehmens nachhaltig. Die hier skizzierten Instrumente dienen in der Regel der Finanzierung einer zuvor exakt vorgegebenen Unternehmensstrategie. Grundgedanke ist in allen Fällen, die Finanzausstattung der Unternehmen zu verbessern und die Voraussetzungen dafür zu schaffen, zuvor definierte Ziele mit einer hohen Wahrscheinlichkeit auch erreichen zu können. Die Unternehmensstrategie wird dabei einer genauen Prüfung hinsichtlich Plausibilität und Erfolgs- wahrscheinlichkeit unterzogen. Steuerliche Förderung knüpft in ihrer Gewährung allerdings meist an das Vorliegen beziehungsweise die Erfül- lung entsprechend formulierter Tatbestände an.

Eine steuerinduzierte Finanzierung reduziert „bestimmungsgemäß" den zu ver- steuernden Gewinn und senkt *pari passu* die Steuerlast. So steht dem Unterneh- men mehr Eigenkapital zur Verfügung. In einigen Fällen werden auch vom Staat direkte Zuschüsse gewährt. Gleiches gilt für öffentliche Beteiligungsfinanzie- rungen mit Förderungshintergrund sowie für staatliche Zuschüsse und Zulagen. Spezielle Kredite und Bürgschaften stärken die Bonität und haben damit einen ähnlichen Effekt wie Eigenkapital.

Steuerliche Hilfen und Vergünstigungen sind typischerweise in die Form von Freibetrag, Freigrenze, Abschreibungsfähigkeit oder Zuschuß gekleidet. Finanzie- rungsförderungen sind Zuschüsse, Zulagen, zinsgünstige Kredite, Bürgschaften oder sogar Beteiligungsfinanzierungen. Ein sehr guter Ansprechpartner ist dabei die staatliche Kreditanstalt für Wiederaufbau (KfW), die eine sich praktisch stän- dig verändernde Palette von Kredit- und Fördermaßnahmen speziell auch für die mittelständische Wirtschaft bereithält.

Sinnvoll ist auch der Kontakt zu den Kreditbürgschaftsprogrammen der Länder oder zu den landeseigenen Beteiligungsgesellschaften, deren Konditionen häufig direkte Förderelemente für den Mittelstand integriert haben. Auch die europäische Union stellt entsprechende Programme zur Verfügung, entsprechende Antragsprozesse sind aber sehr langwierig und bedürfen bis zur Auszahlung teils einer erheblichen Vorlaufzeit.

Ungeachtet der Vielfalt wäre jeder konkrete Hinweis auf Programme und Konditionen bei Drucklegung dieses Buches in der Regel bereits wieder obsolet. Zu häufig und zu schnell ändern sich die jeweiligen Angebote. Eine intensive Auseinandersetzung mit dem breiten Spektrum an aktuellen Instrumenten, Maßnahmen und Programmen ist daher unerläßlich.

Motive des Kapitalgebers

Zentrales Motiv der Gewährung von Steuer- und Finanzhilfen ist die Wirtschaftsförderung. Dies erfolgt auch, aber nicht nur, nach dem „Gießkannenprinzip", so daß die einzelnen Fördermaßnahmen je nach Sektor, Branche, Unternehmensgröße oder Finanzierungsgegenstand sehr unterschiedlich ausfallen können. Die Unterstützung dient vorrangig zur Belebung der wirtschaftlichen Tätigkeit in einem bestimmten Sektor oder einer bestimmten Region. Nicht alle Unternehmen können daher gleichermaßen vom staatlichen Angebot profitieren.

Ausprägung des Instrumentes

Die Finanzierungsinstrumente sind bei staatlicher Förderung so ausgelegt, daß vom Unternehmen bestimmte Kriterien erfüllt werden müssen. Die direkte Hilfe hat dabei in der Regel einen unmittelbaren Liquiditätseffekt, der unanhängig vom gegenwärtigen Ergebnis und der Leistungsfähigkeit des Unternehmens ist. Der steuerliche Effekt ist in seinem Umfang meist abhängig von der aktuellen Leistung der Gesellschaft und führt entsprechend zu einer Erhöhung des Liquiditätsspielraumes.

Neben der traditionellen Unterstützung bieten vor allem steuerliche Regelungen, welche die Finanzierung über ausländische Zweckgesellschaften vorsehen, besondere finanzielle Anreize. Zunehmend nachgefragt werden dabei auch innerhalb Deutschlands die Angebote der landeseigenen Finanzierungsgesellschaften. Diese geben entweder zinsgünstige Kredite oder beteiligen sich direkt am zu fördernden Unternehmen. Dieses muß seinen Sitz allerdings in dem jeweils fördernden Bundesland haben.

Am häufigsten genutztes Finanzierungsinstrument sind sogenannte Förderkredite (Zinsvergünstigung oder Risikoübernahme) und Bürgschaften der KfW. Rund ein Drittel der vom Bund und seinen Institutionen in Deutschland unterstützten Unternehmen bedient sich dieser beiden Instrumente. Erst mit Abstand folgen Zulagen und Zuschüsse der KfW sowie Förderkredite und Bürgschaften der Länder.

Konditionen, Strukturen und Volumina

Die Konditionen für die steuerinduzierte Finanzierung sind vergleichsweise einfach beschrieben. Ist ein bestimmter steuerrechtlicher Tatbestand erfüllt, sind exakt beschriebene Ausgaben oder Abschreibungen steuerlich abzugsfähig. In einer Reihe von Fällen werden auch direkte Zuschüsse gewährt. Bei der direkten staatlichen Förderung durch Zuschüsse sollen mehr oder weniger exakt definierte Ziele finanziell unterstützt werden. Dazu wird beschrieben, welche Voraussetzungen erfüllt sein müssen. Die dann gewährten Mittel sind in der Regel zweckgebunden und dürfen vom Unternehmen nur für diese Verwendungsart eingesetzt werden. Grundgedanke ist dabei, die wirtschaftlichen Verhältnisse des Unternehmens zu stärken, Nachhaltigkeit zu generieren und so die Basis für gesundes Wachstum und neue Arbeitsplätze zu schaffen.

Tabelle 63. Eckwerte staatlicher Förderung

Wesentliche Kriterien	
Volumen	Umfang der Förderung abhängig von der Unternehmensgröße, vom Fördergegenstand sowie dem Förderzweck. Beträge oberhalb einer Million Euro im Einzelfall sind selten (auch bei Bürgschaften).
Verzinsung	Wenn verzinslich, dann unterhalb vergleichbarer Marktsätze; Konditionen auch abhängig von der Unternehmensbonität.

Tabelle 63. (Fortsetzung)

Wesentliche Kriterien	
Laufzeit	Sofort oder von einem bis zu zehn Jahren. Tendenziell längere Laufzeiten als bei Kapitalaufnahme über den Finanzmarkt.
Anforderungen	Erfüllung der Förderkriterien, keine krisenhaften wirtschaftlichen Verhältnisse (Mindestbonität), umfassende Darstellung der Geschäftstätigkeit und geplanten Entwicklung, Erfolgsaussicht der Unternehmensstrategie.
Plazierungsdauer	Prozeßdauer einschließlich Prüfung und Auszahlung zwischen drei Monaten und einem Jahr.
Investoren	Staat beziehungsweise staatliche Institutionen, teilweise auch gemeinsam mit privaten Kapitalgeber (Banken).
Kosten	Nicht quantifizierbar.

Steuerinduzierte Finanzierung sowie staatliche Förderung wird entweder unverzinslich gewährt oder der Zinssatz liegt deutlich unter der vergleichbaren Marktfinanzierung. Damit verbundene Auflagen engen zwar den Aktionsspielraum des Unternehmens ab und an ein, sollen dafür aber auch sicherstellen, daß die zur Verfügung gestellten Mittel ausschließlich für die vorgesehenen Zwecke verwendet werden.

Tabelle 64. Vor- und Nachteile staatlicher Förderung

Plus	Minus
✦ Für jeweiliges Unternehmen günstigste zu erhaltende Finanzierung.	✦ Aufwendiges Procedere.
✦ Langfristige Ausrichtung.	✦ Mittel oder Bürgschaftsgewährung oftmals mit Auflagen zur Mittelverwendung verbunden.
✦ Verbesserung der Kapitalstruktur.	
✦ Deutliche Reduzierung der Finanzierungskosten.	✦ Mindestbonität muß erreicht sein, keine Krisenfinanzierung möglich.
✦ Höhere Kreditwürdigkeit (Bonität).	✦ Umfassendes und zeitnahes Berichtswesen/Dokumentation.

Vor Inanspruchnahme (staatlicher) Fördermittel sollte neben der Evaluierung der Rechte und Ansprüche vor allem auch exakt geprüft werden, welche Auflagen damit im Hinblick auf die Mittelverwendung verbunden sind und mit welchen Konsequenzen bei einer Vertragsverletzung zu rechnen ist. Ebenso ist es sinnvoll, steuerrechtliche Regelungen hinsichtlich ihrer Dauerhaftigkeit und Verläßlichkeit zu bewerten. Dies gilt um so mehr bei extranationaler Finanzierung durch spezielle Gesellschaften, denn hier spielen mindestens zwei Steuergesetzgebungen in die Kalkulation hinein.

Mittelverwendung

Freiwerdende Finanzmittel, die aus der Nutzung bestimmter steuerlicher Regelungen stammen, sind in der Regel „nach Belieben" verwendbar, können unter Umständen aber an die Erfüllung exakt definierter Voraussetzungen geknüpft sein, so zum Beispiel an Investitionen in bestimmten Wirtschaftsbereichen. Auch direkte staatliche (Unternehmens-) Förderung ist meist an feste Auflagen gebunden. Hier möchte der Staat mit diesen Maßnahmen neben der Wirtschaftsförderung im allgemeinen gezielte Strukturpolitik im speziellen betreiben. Öffentliche Förder- und Unterstützungsprogramme begünstigen zweifellos die Finanzierungsbemühungen, entheben allerdings das Unternehmen nicht einer in den vorangegangenen Kapiteln beschriebenen sorgfältigen Planung und Dokumentation.

Tabelle 65. Einsatz staatlicher Förderinstrumente

Eignung im Vergleich		
Bilanzfinanzierung	Refinanzierung[1]	
	längere Laufzeit	-
	gleiche Laufzeit	-
	kürzere Laufzeit	-
	Umfinanzierung/Ablösung[2]	
	Anleiheschulden	↓
	Lieferantenkredit	→
	Pensionsverbindlichkeiten	↘
	Bankschulden	→

Tabelle 65. (Fortsetzung)

Eignung im Vergleich		
Bilanzfinanzierung	Optimierung Bilanzstruktur	→
	Aufstockung Betriebsmittel	↗
	Verlustausgleich	↘
	Kapitalausschüttung	↓
	Krisenfinanzierung	↓
Geschäftsfinanzierung	Unternehmenskauf	→
	Investition	↑
	Expansion	
	tradiertes Geschäftsfeld	↑
	fremdes Geschäftsfeld	→
	Erbschaft/Eignerübergang	↓

[1] Tilgung durch Mittelaufnahme in derselben Kapitalart
[2] Tilgung durch Mittelaufnahme in einer anderen Kapitalart (Auswahl)
↑ sehr gut geeignet, ↗ geeignet, → akzeptable Finanzierung, ↘ weniger gut geeignet,
↓ nicht geeignet

▌ Steuerliche Behandlung der staatlichen Förderung beim Unternehmen

Aus steuerlicher Sicht ist zu unterscheiden: Handelt es sich bei den Förderungs-
instrumenten und Beihilfen um Leistungen in Form von „verlorenen Zuschüssen",
also um Mittel, die nicht zurückgezahlt werden müssen; dann ist die Realisierung
dieser Beihilfe beim Unternehmen im Grundsatz steuerfrei.

Erhält das Unternehmen hingegen lediglich ein zinsgünstiges Darlehen, so
gelten die allgemeinen steuerlichen Grundsätze: Die Darlehenaufnahme selbst ist
erfolgneutral. Zinsen sind im Grundsatz für Zwecke der Körperschaftsteuer voll,
für Zwecke der Gewerbesteuer unter Umständen aber nur zur Hälfte abzugsfähig.
Weitere nennenswerte Besonderheiten ergeben sich nicht.

7.7. Vor- und Nachteile von Eigenkapital

Grundsätzlich bietet Eigenkapital nur Vorteile und kaum Nachteile. Diese Sichtweise berücksichtigt aber nicht, welches Unternehmensziel eine operativ tätige Gesellschaft verfolgt und welche Risiken diese dabei zu akzeptieren bereit ist. Die grundsätzliche Sichtweise berücksichtigt darüber hinaus auch nicht, ob ein Unternehmen in einer frühen Entwicklungsphase steht oder bereits über eine längere Historie verfügt. Alle diese individuellen Aspekte müssen jedoch bedacht werden, wenn es darum geht, in welchem Umfang Eigenkapital in der jeweiligen Unternehmensfinanzierung sinnvoll ist, dem Wunsch der Eigentümer entspricht und den Umständen entsprechend optimal einzusetzen ist.

Bei Fremdkapital und mezzaninem Kapital hängt es im wesentlichen von der individuellen Unternehmenssituation und der konkreten Mittelverwendung ab, ob die Vorteile der jeweiligen Kapitalart die Nachteile überwiegen. Bei Eigenkapital fällt diese Abwägung dagegen wesentlich leichter.

Pro Eigenkapital

Die Finanzierung über Eigenkapital bietet zwei unbestreitbare Vorteile für das Unternehmen: Dauerhaftigkeit und die fehlende Verpflichtung, dieses Kapital in wirtschaftlich schwachen Phasen verzinsen zu müssen. Das Unternehmen ist nicht verpflichtet, die Anteilseigner bei fehlenden Gewinnen zu bedienen. Dies verhindert einen zusätzlichen Kapitalabfluß in wirtschaftlich ohnehin angespannten Zeiten. Die zum Ausgleich zu zahlende etwaige höhere Dividende in nachfolgenden, wieder prosperierenden Phasen läßt sich demgegenüber vergleichsweise problemlos ausschütten.

Tabelle 66. Übliches Laufzeitenspektrum von Eigenkapital

Laufzeit in Jahren	≤ 1	≤ 2	≤3	≤4	≤5	≤ 10	> 10
Aktie/Anteil	▬	▬	▬	▬	▬	▬	▬
großvolumiges Private Equity		▬	▬	▬	▬	▬	
ABS			▬	▬	▬	▬	
bilanzentlastende Instrumente	▬	▬	▬	▬	▬	▬	▬
Steuer- und Direkthilfen	▬	▬	▬	▬	▬	▬	▬

Contra Eigenkapital

In theoretischer Hinsicht mag Eigenkapital zwar überzeugen, in der praktischen Verwendung kann es aber auch nicht unerhebliche Nachteile mit sich bringen. So spielt die Frage der Bewertung des bereits investierten Eigenkapitals eine große Rolle, wenn eine Kapitalerhöhung vorgenommen werden soll. Denn je höher der Wert, desto teurer ist die „junge" Aktie und desto größer die eingenommenen Beträge nach Erhöhung. Zudem besteht bei einem niedrigen Börsenkurs immer eine latente Übernahmegefahr, deshalb sollte der Wert des Eigenkapitals ständig möglichst hoch gehalten werden.

Eigenkapital bedeutet auch, daß unliebsame Anteilseigner grundsätzlich Mitspracherechte haben, über die in gleicher Form Fremdkapitalinvestoren nicht verfügen. Durch „unkontrollierte" Anteilsübertragungen können neue Investoren Mitspracherechte erlangen und die Änderungen der Unternehmensziele anstreben. Somit kann sich in kritischen Fällen ein hoher Aufwand in der Unternehmenskommunikation ergeben.

Die Verpflichtung gegenüber den Gebern von Fremdkapital oder mezzaninem Kapital bringt auch eine gewisse Disziplinierung der Unternehmensführung mit sich. So werden zu riskante Geschäftsstrategien möglicherweise unterlassen, würde doch deren Mißerfolg die Existenz des Unternehmens aufs Spiel setzen. Bei einer reinen Eigenkapitalfinanzierung ziehen gravierende Fehlschläge „nur" den Unmut der Anteilseigner nach sich. Nicht erfüllbare Zahlungsverpflichtungen aus der Finanzierung wären aber nicht die Folge. So birgt unter Umständen die reine Eigenkapitalfinanzierung auch die Gefahr einer zu großen Sorglosigkeit.

Schließlich ist eine Mischfinanzierung zumeist dann vorrangig zu überlegen, wenn die Vermögensmaximierung der Eigenkapitalgeber ganz oben auf der Prioritätenliste steht. Denn in diesem Falle erhöht der ausgewogene Einsatz von Fremdmitteln die Verzinsung des eigenen eingesetzten Kapitals.

Steuerliche Erwägungen

Unmittelbare steuerliche Vorteile aus der Aufnahme von Eigenkapital ergeben sich auf Ebene des Unternehmens nicht. Denn Vergütungen, zum Beispiel Dividenden, welche an die Eigenkapitalgeber bezahlt werden, sind auf Ebene der finanzierten Gesellschaft im Grundsatz steuerlich nicht abzugsfähig.

Mittelbar können sich jedoch durchaus auch steuerliche Vorteile aus einer verstärkten Eigenkapitalbasis ergeben. Teilweise knüpfen die Steuergesetze nämlich negative Folgen an eine zu geringe Eigenkapitalausstattung. Unter anderem kann es passieren, daß unter bestimmten Umständen dann auch Zinsen für Fremdkapital, das ein Gesellschafter der Gesellschaft gewährt, auf Ebene der Gesellschaft steuerlich nicht mehr abzugsfähig sind.

Hinzuweisen ist schließlich noch darauf, daß die Behandlung der Dividenden beim Eigenkapitalgeber unter Umständen sehr günstig ausfallen kann. Handelt es sich nämlich beim Eigenkapitalgeber wiederum um eine Kapitalgesellschaft, sind zum Beispiel Dividenden, die dieser Investor vom Unternehmen erhält, im wirtschaftlichen Ergebnis für Zwecke der Körperschaftsteuer zu 95 Prozent steuerfrei.

Grundsätzlich ist festzuhalten: Unter steuerlichen Gesichtspunkten gereicht eine hohe Eigenkapitalquote dem Unternehmen keinesfalls zum Nachteil. Wirtschaftlich hat allerdings die allgemeingültige Regel Bestand, daß unbestritten aller

Vorteile Eigenkapital letztlich doch höher zu „verzinsen" ist als die meisten Fremdkapitalformen. Ziel einer optimalen Unternehmensfinanzierung sollte es daher sein, ein im jeweiligen Falle individuell ausgewogenes Verhältnis von Eigenkapital und Fremdkapital zu erreichen.

8. Auswahl der Finanzierungsart und des Instrumentes

Die Interessen eines kapitalsuchenden Unternehmens lassen sich nicht in jedem Falle durch ein einziges Finanzinstrument befriedigen. In zweifelhaften Situationen ist entweder ein Kompromiß zu finden – höhere Risikoprämie bei gleichzeitigen Zugeständnissen der Investoren – oder eine Kombination aus sich ergänzenden Instrumenten, welche den Interessen von Unternehmen und Investor besser genügt. In der Regel gibt es aber selbst in schwierigen Situationen Lösungen, welche eine akzeptable Finanzierung sicherstellen. Entscheidend ist die sorgfältige Abwägung von Vor- und Nachteilen der jeweiligen Instrumente. Kriterium für das Unternehmen ist stets die Nachhaltigkeit der gewählten Kapitalmaßnahme: Die jeweilige Finanzstrategie muß sich hinsichtlich des Kapitaldienstes über die gesamte Vertragslaufzeit vom Unternehmen „durchhalten" lassen können. Gleichzeitig sollte sie das zur Diskussion stehende Finanzierungsproblem lösen und die Geschäftsziele unterstützen.

8.1. Das „Rasterschema" als Entscheidungshilfe

Jedes Finanzierungsproblem besitzt eine Lösung, es gibt nur keine Garantie, diese Lösung auch zu finden – zumindest für die exakte Fragestellung. Eine exakte Situationsanalyse und Abwägung der verfügbaren Finanzierungsalternativen erhöhen aber die Chance auf eine Lösungsfindung deutlich. Zentrale Frage bei der Finanzausstattung des Unternehmens ist stets: „Welche" Finanzierung kommt „wann" für „welchen" Zweck zum Einsatz? Welche Finanzierungsart paßt zu welchem Finanzierungsanlaß? Die Beantwortung dieser Fragen erfordert eine umfassende Eruierung des Einsatzspektrums typischer Finanzierungsarten für die jeweilige Mittelverwendung.

Die Zeit ist im Zuge des Analyse- und Evaluierungsprozesses meist der kritische Faktor. Langwierige Finanzierungsverhandlungen und unerwartete Absagen der Kapitalgeber haben nicht selten zu an und für sich vermeidbaren Krisensituationen geführt. Rechtzeitige Vorbereitung, die Sicherstellung rascher Analyse- und Entscheidungsfindungsprozesse sowie die frühzeitige Anbahnung der relevanten Kontakte sind daher für den Erfolg eines Finanzierungsvorhabens unverzichtbare Voraussetzungen.

Bei guter Bonität und guten wirtschaftlichen Verhältnissen ist der Zugang zum gewünschten Finanzierungsinstrument unkritisch. Doch oftmals sind es nur wenige Engpässe oder Schwachstellen, welche die Wahl des gewünschten Instrumentes zunächst erschweren oder sogar ausschließen. Dann schaffen entweder (geringfügige) Modifikationen der Ausgangssituation Abhilfe oder auch eine Kombination oder Ergänzung durch weitere Kapitalarten. Dabei kann ein individuell auf die Unternehmenserfordernisse abgestimmtes Rasterschema bei der Entscheidung hilfreich sein. Dieses Schema wird in den nachstehenden Absätzen skizziert.

In der folgenden Darstellung finden die Kosten für die jeweilige Finanzierungsart zunächst keine Berücksichtigung, weil unterstellt werden kann, daß die besondere Eignung eines Instrumentes für eine bestimmte Verwendung gleichzeitig die niedrigste mögliche Risikoprämie bedeutet und sich damit grundsätzlich auch die Gesamtverzinsung in einem Rahmen hält, der akzeptabel sein sollte.

Systematisierung des Finanzierungsprozesses

In der Unternehmensfinanzierung verhält es sich gegenteilig zum "Sayschen Theorem" in der Volkswirtschaftslehre: Jede Nachfrage schafft sich ihr Angebot. So gibt es für jeden Finanzbedarf auch einen Kapitalgeber, nur müssen eben die Voraussetzungen und Konditionen stimmen. Erstere kann das Unternehmen selbst erfüllen, bei letzteren muß es schließlich zustimmen.

Eigenkapital ist die finanzielle Grundausstattung jedes Unternehmens, es schafft die Voraussetzung für alle weiteren Finanzierungen beziehungsweise Finanzierungsarten. Zahlreiche Finanzierungsvorhaben lassen sich durch ausreichend Eigenkapital überhaupt erst realisieren: zum Beispiel Krisenfinanzierung, Eignerübergang oder Expansion in neue Geschäftsfelder. Dies betrifft weitgehend alle mit erhöhtem Risiko behafteten Verwendungszwecke.

Fremdkapital bietet sich bei relativ großen Investitionsvorhaben zur Finanzierung an, besonders bei Engagements in traditionellen Geschäftsfeldern mit gleichzeitig nachhaltigem Kapitalfluß. Darüber hinaus findet Fremdkapital bevorzugt Einsatz bei Transaktionen, die der Bilanzoptimierung dienen und damit die Bonität des Unternehmens verbessern, so zum Beispiel durch deutliche Streckung der Fälligkeiten zum Zwecke des Abbaus der kurzfristigen Verschuldung.

Mezzanines Kapital verbindet die Vorteile einer fremdfinanzierten Kapitalausstattung (feste Planbarkeit, keine Änderung der Eigentumsverhältnisse und der Mitspracherechte) mit den positiven Merkmalen des Eigenkapitals (Haftung und erfolgsabhängiger Kapitaldienst). Somit eignet sich Mezzanine-Kapital für Expansionsfinanzierung (internes und externes Wachstum), zur Finanzierung von Unternehmenskäufen, zur Kapitalrestrukturierung (zum Beispiel Verbesserung oder Erhaltung von Bilanzrelationen sowie zum Eigenkapitalersatz) und zur Vorbereitung von Kapitalmarkttransaktionen. Schließlich erleichtert diese hybride Kapitalform auch die Umstrukturierung der Beteiligungsverhältnisse.

Auswahl der Finanzierung

Erster Schritt zur optimierten Finanzierung ist die Auswahl des geeigneten Instrumentes für den jeweiligen Finanzierungsanlaß, unabhängig davon, ob die Anforderungen gleich anfangs erfüllt werden können. Im zweiten Schritt wird geprüft, ob die mit dem idealen Instrument verbundenen Anforderungen grundsätzlich erfolgreich erbracht werden können. Falls dies nicht von vornherein der Fall ist, so ist zu sondieren, ob unternehmensinterne Anpassungen in einem akzeptablen Zeitraum realisierbar sind. Falls dies nicht machbar ist, wird im dritten Schritt geprüft, welche Kombinationen und Alternativen zur Verfügung stehen und ob nunmehr die Anforderungen erfüllt werden können. Im positiven Falle erfolgt im vierten Schritt die Umsetzung, im negativen Falle das erneute Durchlaufen des dritten Schrittes.

Tabelle 67. Entscheidungsraster Unternehmensfinanzierung (beispielhafte Darstellung)

Anlaß	Traditionelle Instrumente	Voraussetzung zur Kapitalaufnahme	Alternativen, Ergänzungen
Ablösung Lieferantenkredit	Kredit (klassisch oder nachrangig), Schuldschein.	Dokumentation, ausreichende Finanzmarktreife, Mindestmaß an Bonität.	Aufstockung des Eigenkapitals, Emission forderungsunterlegter Wertpapiere.
Ablösung Bankkredit	Emission eines Schuldscheins oder einer Anleihe, Direktinvestition.	Dokumentation, ausreichende Finanzmarktreife, Mindestmaß an Bonität, stabiler Kapitalfluß.	Bei Kapitalmarktreife: Wandel- oder Optionsanleihe; bei attraktivem Geschäftsmodell: kreditorientiertes Private Equity.
Erhöhung der Betriebsmittel	Klassischer oder nachrangiger Kredit, Schuldscheindarlehen, stille Beteiligung.	Dokumentation, ausreichende Finanzmarktreife, Mindestmaß an Bonität, stabiler Kapitalfluß, gute Erfolgsaussichten der Unternehmensstrategie.	Sogenannte hochverzinsliche Emission („High Yield"), Factoring.
Krisenfinanzierung	Konsortialkredit.	Flankierende Finanzierungsmaßnahmen (zum Beispiel „Hochzinsanleihe"), erfolgversprechende Pläne des Management.	Kreditorientiertes Private Equity, Eigenkapitalaufstockung, Veräußerung von Unternehmensteilen.

Tabelle 67. (Fortsetzung)

Anlaß	Traditionelle Instrumente	Voraussetzung zur Kapitalaufnahme	Alternativen, Ergänzungen
Unternehmens-übernahme	Konsortialkredit.	Aussichtsreiches Geschäfts- oder Sanierungskonzept.	Kreditorientiertes sowie großvolumiges Private Equity, Venture Capital, hochverzinsliche Emission („High Yield").
Investitionen	Kredit, Direkt-investition, Schuld-scheinemission, Anleihe, stille Beteiligung.	Finanz-/Kapital-marktreife, gute Erfolgsaussichten.	Kreditorientiertes Private Equity, Aktie, Wandel-anleihe.
Expansion in angestammtem Geschäftsfeld	Kredit, Direkt-investition, Konsor-tialkredit, Schuld-scheinemission, stille Beteiligung.	Finanz-/Kapital-marktreife, gute Erfolgsaussichten.	Kreditorientiertes Private Equity.
Eignerübergang	Kreditorientiertes Private Equity.	Aussichtsreiches Geschäftskonzept.	Kredit.

Die Präsentation des Unternehmens sowie die Darstellung der wirtschaftlichen Verhältnisse und der (beabsichtigten) Mittelverwendung sind Grundlage aller erfolgreichen Finanzierungen (siehe hierzu auch Kapitel 10.2., „Das Finanzierungsbuch"). Dazu gehört auch die ausdrückliche oder implizite Erklärung der Entscheidungskriterien bei der Wahl der Finanzierungsart (Auswahlprozeß). Ferner sollten die folgenden Aspekte dargestellt, erklärt und bewertet werden: Das Risiko des Geschäftsmodells, die Fristenkongruenz von in den Kapitaldienst einbezogenen Instrumenten und Zahlungsströmen, die Vermeidung von Abhängigkeiten gegenüber Gläubigern, die Minimierung der Kapitalkosten sowie des Währungs- und Zinsänderungsrisikos und die Optimierung der steuerlichen Komponenten.

Tabelle 68. Anforderungsbeispiele bei (Fremdkapital-) Finanzierungen

Kennzahl / Relation	Anforderung	Erläuterung
Eigenkapital-Quote	mindestens 25 %	Berechnung des Fremdkapitals einschließlich der Pensions- und Leasingverpflichtungen.
Nettoverschuldung[1] / EBITDA[2]	maximal 400 %	Obergrenze abhängig von der Unternehmensbranche.
EBITDA[2] / Netto-Zinsdeckung [3]	mindestens 350 %.	Zinslast darf nur einen bestimmten Teil des operativen Ergebnisses beanspruchen.

[1] Die Nettoverschuldung entspricht der Gesamtverschuldung abzüglich der liquiden Mittel. Die Gesamtverschuldung umfaßt sämtliche zinstragenden lang- und kurzfristigen Verbindlichkeiten sowie nicht haftende Gesellschafterdarlehen und mezzanines Kapital.

[2] Das EBITDA (Earnings before Interest, Taxes, Depreciation, and Amortisation) entspricht dem Betriebsergebnis vor Abschreibungen.

[3] Die Netto-Zinsdeckung entspricht dem Zinsaufwand abzüglich der Zinserträge.

Eine optimierte Finanzstrategie ist allerdings kein Allheilmittel. Fehler in der Unternehmensführung können damit zwar teilweise gemildert, aber nicht völlig beseitigt werden. Raffinierte Finanzkonzepte können helfen, auf unangenehme (Krisen-) Situationen vorbereitet zu sein und im Ernstfall aus diesen wieder ohne allzu große Blessuren herauszukommen. Optimierte Konzepte ermöglichen auch Wachstums- und Akquisitionsvorhaben. Unabdingbar sind allerdings das unternehmerische Wissen und seine Stärke in der praktischen operativen Umsetzung sowie die auf die Unternehmensstrategie präzise abgestimmte und vor allem unterstützende Finanzstrategie.

Unternehmen können Finanzierungsstrategien bei Vorhandensein entsprechender Ressourcen fraglos in Eigenregie entwickeln und realisieren oder in direktem Zusammenspiel mit einer Bank durchführen. Es gibt aber eine Reihe von Gründen, warum es in bestimmten Situationen von Vorteil sein kann, einen professionellen Berater hinzuzuziehen. Dafür spricht in erster Linie dessen (Finanz-) Produktübersicht. Zudem verfügt dieser in der Regel über besondere Expertise auf Grund des breiten Spektrums an Erfahrungen aus umgesetzten Finanzierungen.

Darüber hinaus garantiert seine Expertise Kontakte zu den jeweils besten und geeigneten Adressen im Markt. Der Berater wird aufgrund seines Netzwerkes in der Branche schnelle und unkomplizierte Kommunikationswege nutzen können, die beispielsweise anonyme Voranfragen zu speziellen Finanzierungsthemen erlauben.

▌ Wahl der begleitenden Bank beziehungsweise des Financiers

Nach Auswahl des jeweils maßgeschneiderten Instrumentes steht die Festlegung auf den geeigneten Finanzierungspartner beziehungsweise die passende Kapitalmarktadresse an. Ausgangspunkt für die Auswahl einer Bank ist die Größe des Unternehmens. Ein mittelständisches Unternehmen mit fünf bis zehn Millionen Euro Umsatz und einem Kreditvolumen von 100 000 bis 200 000 Euro kann bei einer Sparkasse oder Genossenschaftsbank besser aufgehoben sein als bei einer international tätigen Investmentbank. Erst ab einem Umsatz von zehn bis 20 Millionen Euro kann eines der großen Kreditinstitute die richtige Wahl sein – muß es aber nicht. Gleichwohl: In vielen Fällen „versteht" eine global aktive Geschäftsbank die Unternehmensstrategie weitaus besser als regionale Institute mit dem Charakter einer Geldsammelstelle. Zudem verfügen Großbanken häufig auch bei der Kreditbereitstellung über Risikokapital. So zeigen sich mitunter große Institute bei der Vergabe von Bankkrediten professioneller und meist risikofreudiger. Hier ist also von den Unternehmen Gespür im Umgang mit den jeweiligen Finanzierungspartnern gefragt.

Für eine positive Entscheidung zu Gunsten einer bestimmten Finanzadresse sind auch die konkreten Ansprechpartner maßgeblich. Es stellt sich die Frage, ob die Analysten und Entscheidungsträger (Vertrieb, Prüfung, Investoren) die nötige fachliche und intellektuelle Kompetenz besitzen, das geschäftliche Konzept des kapitalsuchenden Unternehmens nachzuvollziehen und die Notwendigkeit der Finanzierung korrekt einzuschätzen. Dabei spielt die Entwicklung eines ausreichenden Vertrauensverhältnisses ebenso eine wichtige Rolle wie die personelle Konstanz in der Kapitalnehmer-Kapitalgeber-Beziehung.

Ein weiteres Kriterium ist die Breite des Angebotsspektrums des Finanzierungspartners. Gerade bei den traditionellen Financiers, wie den Geschäftsbanken, spielt die Leistungsfähigkeit im nationalen wie weltweiten Kapitalmarktumfeld eine wichtige Rolle. Die Integration des Investors in das internationale Finanzierungsnetzwerk gewährleistet die Herstellung von Kontakten, eventuell ergänzende Maßnahmen und sogar Folgefinanzierungen. Selbstverständlich muß auch hinreichende Kompetenz hinsichtlich der wichtigen Finanzinstrumente und ihres Einsatzfeldes bestehen.

Leitregel für Kapitalnehmer auf der Suche nach dem geeigneten Financier ist die Vermeidung von Abhängigkeiten. Kein einzelner außenstehender Investor sollte in der Unternehmensfinanzierung so dominant werden, daß er in bestimmten Situationen die Entscheidungsgewalt über die Gesellschaft erhalten könnte. Dies beginnt bereits bei einfachen Verhaltensregeln wie der „doppelten Bankverbindung", nach der keine zu enge Bindung an lediglich eine Geschäftsbank aufgebaut werden sollte, die im Krisenfalle nur schaden kann, keinesfalls aber mehr Nutzen stiften wird. Zudem sollte der Anteil einzelner Kapitalgeber am gesamten Finanzierungsvolumen nach Möglichkeit 25 Prozent nicht übersteigen.

Aus diesen Gründen ist in einer Vielzahl von Fällen Privatinvestoren der Vorzug zu geben. Gerade auch größere Unternehmen sollten die Vorteile einer Kapitalaufnahme über private Anleger nutzen. Diese Financiergruppe hat in der Regel großes Interesse an der Überlebensfähigkeit (weniger an der „Verwertbarkeit") und zeigt dementsprechend eine Neigung zu längerfristigen Engagements. Ihr Anlageverhalten ist stabiler und weitaus weniger hektisch bei Verkaufentscheidungen als jenes institutioneller Anleger.

Einfache praktische Beispiele erleichtern das Verständnis der Abläufe „natürlicher" Prozesse in Finanzierungsfragen. Das Kapitalisierungserfordernis eines fiktiven Unternehmens ergibt sich aus der nachstehenden Tabelle 69. Danach dürfte das wahrscheinliche Szenario sein: Das Unternehmen wird selbst bei guter Bonität voraussichtlich keinen Bankkredit von einem einzigen Institut in Anspruch nehmen können, da die Summe für ein einzelnes Institut in Relation zur Bilanzsumme der Firma zu hoch ist.

Direktinvestoren sind bei guter Bonität zwar zur Mittelvergabe bereit, verlangen in diesem Beispiel aber eine höhere Rendite als das Konsortium. Letzteres bietet bei guter Bonität eine attraktive Finanzierung. Der Schuldschein und die typische stille Beteiligung scheiden wegen zu langer Laufzeit oder nur mäßiger Bonität aus. Für das kreditorientierte Private Equity ist zwar die Bonitätsfrage nicht ausschlaggebend, dafür sind die erwarteten Zinssätze aber vergleichsweise hoch. Gegen eine Anleihefinanzierung spricht das zu geringe Volumen oder die mäßige Bonität. Für eine Aktienemission (mit Börsennotierung) ist das Volumen vielleicht gerade ausreichend, allerdings ist eine gewisse Stabilität der wirtschaftlichen Verhältnisse Voraussetzung.

Tabelle 69. Auswahlprozeß bei Finanzinstrumenten (Beispiel)

Eine Gesellschaft mit beschränkter Haftung und einer Eigenkapital-Quote von über 30 Prozent, mit einer Bilanzsumme in Höhe von 120 Millionen Euro und einem Umsatz von über 300 Millionen Euro sucht nach einer Finanzierung mit zehn Jahren Laufzeit, um im tradierten Geschäftsfeld expandieren zu können: Volumen 25 Millionen Euro.

Instrument	Bonität	Volumen	Laufzeit	Kosten	Auswahl
Kredit	gut →	◆			
	mäßig ◆				
Direktinvestition	gut →	→	→	8 %	◆
	mäßig ◆				
Konsortialkredit	gut →	→	→	7,5 %	Finanzierung
	mäßig →	→	◆		
Schuldschein	gut →	→	◆		
	mäßig ◆				
stille Beteiligung	gut →	→	◆		
	mäßig ◆				
kreditorientiertes Private Equity	gut →	→	→	15 %	◆
	mäßig →	→	→	22 %	Finanzierung
Anleihe	gut →	◆			
	mäßig ◆				
Aktie	gut →	→	→	5 %	Finanzierung
	mäßig →	◆			

→ Entscheidungsprozeß dauert an   ◆ Entscheidungsprozeß gestoppt

8.2. Finanzierungsquelle und Investor

Finanzierungsinstrumente weisen unabhängig von der Bonität des Schuldners ein ihnen eigenes spezifisches Rendite-Risiko-Profil auf. Dieses kann innerhalb bestimmter Bandbreiten variieren, behält aber grundsätzlich seine jeweiligen charakteristischen Ausprägungen. Entsprechend dieser Ausprägungen haben sich auf Investorenseite typische Gruppen von Kapitalgebern herausgebildet, die eben jene Rendite-Risiko-Profile nachfragen, welche sie optimal in die jeweils von ihnen maßgeschneiderten Portfolien einbauen können. Gleichzeitig sind mit den Finanzinstrumenten Kosten und Zugeständnisse der Emittenten verbunden. Nun dasjenige zwischen allen zu berücksichtigenden Aspekten und Komponenten angemessene Gleichgewicht zu finden, ist die schwierige Kunst der erfolgreichen Unternehmensfinanzierung.

Dem Kapitalnehmer obliegt die Aufgabe der Herstellung von „Harmonie" zwischen individuellem Instrument und Investor. Aus diesem Grunde sollten für bestimmte Finanzinstrumente auch nur diejenigen Kapitalgeber ausgesucht werden, die Erfahrungen in der Entwicklung, dem Erwerb und im laufenden Umgang mit dem jeweiligen Instrument besitzen. Diese Konstellation kann zu der gewünschten Harmonie führen. Investoren hingegen, die in einem erfolgreichen und etablierten Marktsegment als Nachzügler aktiv werden wollen, laufen Gefahr, in Situationen, die umfangreiche Kompetenz verlangen, zu hektisch und zum Schaden des (kapitalnehmenden) Unternehmens zu agieren.

Gleichwohl, letztere Investoren zeigen wiederum in Momenten, die eine gewisse Flexibilität in der Schulddienstgestaltung erfordern, meist die größere Anpassungsbereitschaft als die „tradierten" Adressen. Hier ist Feinfühligkeit vom Unternehmen gefordert. Und um die daraus resultierenden Vorteile in beiden Fällen dann auch langfristig vollumfänglich nutzen zu können, ist von den Unternehmen ausreichende „Investorenpflege" erforderlich, das heißt besonders die laufende Unterrichtung der Geldgeber ist ein unbedingtes „Muß".

Tabelle 70. Finanzierungsinstrumente nach typischen Investorenkreisen

Finanzierung	Investoren
Fremdkapital	
klassischer Kredit	Geschäftsbanken, Sparkassen, Volksbanken, Vermögensverwalter, große Industrieunternehmen, Pensionskassen
syndizierter Kredit	(international tätige) Geschäftsbanken
nachrangiger Kredit	Vermögensverwalter, Versicherungen, Beteiligungsgesellschaften
Direktinvestition	Versicherungen, spezialisierte Fondsgesellschaften
Schuldschein	Versicherungen, Sparkassen, Volksbanken, Vermögensverwalter große Industrieunternehmen, Pensionskassen
Anleihe	Fondsgesellschaften, Versicherungen, Vermögensverwalter, Privatanleger
Mezzanines Kapital	
typische stille Beteiligung	spezialisierte Fondsgesellschaften, Beteiligungsgesellschaften, Vermögensverwalter, Privatinvestoren
atypische stille Beteiligung	spezialisierte Fondsgesellschaften, Beteiligungsgesellschaften
Genußschein	Fondsgesellschaften, Versicherungen, Vermögensverwalter
kreditorientiertes Private Equity	spezialisierte Fondsgesellschaften, spezialisierte Tochtergesellschaften von Geschäftsbanken oder Sparkassen und Volksbanken
Wandelanleihe und Optionsanleihe	spezialisierte Fondsgesellschaften, Vermögensverwalter, Privatanleger
Venture Capital	Private Equity-/Venture Capital-Gesellschaften
Eigenkapital und Bilanzentlastung	
Aktie	Fondsgesellschaften, Versicherungen, Pensionskassen, Vermögensverwalter, Privatanleger
Eigenkapital-Anteile	Private Equity-Gesellschaften, Privatinvestoren, Vermögensverwalter
großvolumiges Private Equity	Private Equity-Gesellschaften
ABS	Fondsgesellschaften, Geschäftsbanken, Vermögensverwalter großer Industrieunternehmen
Factoring, Leasing	Banken, Factoring-Gesellschaften, Leasing-Gesellschaften

▌ Kosten und Konditionen

Finanzierungsinstrumente unterscheiden sich – in Abhängigkeit von der Haftung des Investors, der Laufzeit und der Volatilität der Kurse – teils erheblich hinsichtlich der Kosten für den Kapitalnehmer. Klassisches Fremdkapital verlangt vergleichsweise geringe Renditen, setzt aber eine recht hohe Bonität voraus. Mezzanines Kapital verlangt dies nicht, entsprechend hoch sind die geforderten Zinssätze. Eigenkapital befindet sich mit Blick auf die Kosten im „Mittelfeld". Dabei darf aber nicht übersehen werden, daß Finanzierungsformen wie Aktie oder Private Equity davon „leben", neben Ausschüttungen vor allem von Veräußerungsgewinnen beim Ausstieg infolge der Wertsteigerung während der Haltedauer zu profitieren.

Tabelle 71. Konditionen einzelner Finanzierungsinstrumente

Kapitalart	Zins[1]	Rendite[2]	Laufzeit in Jahren[3]	Plazierung[4]
Fremdkapital				
klassischer Kredit	fest	5,0 -10,0 %	zw. 1 und 5	bilateral
syndizierter Kredit	fest	5,0 – 10,0 %	zw. 1 und 7	multilateral
nachrangiger Kredit	fest	7,5 – 12,5 %	zw. 1 und 5	bilateral
Direktinvestition	fest/variabel	4,0 – 10,0 %	zw. 1 und 15	bilateral
Schuldschein	fest/variabel	7,5 – 12,5 %	zw. 2 und 5	multilateral
Anleihe[8]	fest/variabel	5,5 – 10,0 %	zw. 3 und 10	Kapitalmarkt
Mezzanines Kapital				
typische stille Beteiligung	fest und gewinnabh.	10,0 – 20,0%	bis zu 5	bilateral
atypische Stille Beteiligung	fest und gewinnabh.	15,0 – 25,0 %	zw. 5 und 10	bilateral
Genußschein	fest und gewinnabh.	7,0 – 25,0 %	zw. 5 und 10	multilateral/ Kapitalmarkt
kreditorientiertes Private Equity	fest und gewinnabh.	15,0 – 30,0 %	zw. 3 und 7	bilateral
Wandelanleihe und Optionsanleihe	fest	2,0 – 7,0 %[5]	zw. 3 und 10	multilateral/ Kapitalmarkt
Venture Capital	gewinnabh.	50 – 300%	zw. 2 und 5	multilateral

Tabelle 71. (Fortsetzung)

Kapitalart	Zins[1]	Rendite[2]	Laufzeit in Jahren[3]	Plazierung[4]
Eigenkapital und Bilanzentlastung				
Aktie	variabel	2,0 – 4,5 %[6]	Unbegrenzt	multilateral/ Kapitalmarkt
großvolumiges Private Equity	variabel	20,0 – 25,0 %[7]	zw. 3 und 5	bilateral
ABS	fest	4,0 – 6,0 %	zw. 3 und 5	multilateral/ Kapitalmarkt
Factoring	fest	5,0 – 15,0 %	bis zu 0,5	bilateral
Leasing	fest	5,0 – 10,0 %	bis zu 10	bilateral

[1] Übliche Form der Zins- beziehungsweise Dividendenzahlung.

[2] Marktübliche Verzinsung des eingesetzten Kapitals in Abhängigkeit von der Bonität und den individuellen Besonderheiten des Kapitalnehmers; bei fremdkapitalorientierten Instrumenten auf Basis der durchschnittlichen Risikoprämien einschließlich risikoloser Zinssätze zur Jahresmitte 2005 in der Eurozone (2 Jahre = 2,0%, 3-5 Jahre = 2,4%, 5 Jahre = 2,5%, 5-8 Jahre = 2,8%, 10 Jahre = 3,0%, 8-15 Jahre = 3,1%).

[3] Am häufigsten registrierte Laufzeiten der entsprechenden Finanzinstrumente.

[4] Bilateral = in der Regel nur ein einzelner Investor, multilateral = mehrere wenige Investoren, Kapitalmarkt = zahlreiche Investoren (über den Kapitalmarkt/Börse mit in der Regel laufendem Handel).

[5] Zuzüglich des eventuellen Wandlungsgewinnes (zwischen 10 und 35%).

[6] Angaben zur durchschnittlichen Dividendenrendite in der Eurozone, Gesamtrendite im Einzelfall abhängig von Gewinnentwicklung und Marktsituation (bis zu 30% einschließlich Unternehmenswertsteigerung).

[7] Durchschnittliche Rendite auf großvolumiges Private Equity in Europa, Schwankungsbreite von minus 20% bis zu plus 70%.

[8] Einschließlich hochverzinslicher Titel („High Yield").

Um Finanzierungsinstrumente in ihren Kosten und Konditionen vergleichbar zu machen, sind sie auf eine „einheitliche Basis" zu stellen. Dazu gehören die Berücksichtigung einmaliger und laufender Vergütung, die Laufzeit, mögliche frühzeitige Ausstiegszeitpunkte (vorzeitige Tilgung/Kündigung) sowie die jeweilige laufende Kapitalflußbelastung.

▌Einfluß des Investors auf die Unternehmensführung

Mit der Hereinnahme von (zusätzlichem) Kapital kann sich auch die Entscheidungsgewalt des (bisherigen) Eigentümers beziehungsweise Management verändern. Diese Veränderung fällt zunächst noch vergleichsweise geringfügig aus bei traditionellen Fremdkapitalinstrumenten wie dem Bankkredit, kann aber deutlich spürbarer werden zum Beispiel bei der Ausgabe neuer Aktien. Grundsätzlich steigt die Einflußnahme des Kapitalgebers in Abhängigkeit vom Grad der Haftung des zur Verfügung gestellten Kapitals.

Mögliche Veränderungen in der Art der Unternehmensführung reichen von mehr oder weniger umfangreichen Informationsverpflichtungen bis hin zu konkreten zustimmungspflichtigen Unternehmensmaßnahmen durch die (neuen) Eigentümer. Auch in Krisensituationen können je nach Vertragsgestaltung den Fremdkapitalgebern Rechte bei der Unternehmensführung zufallen. Das Finanzmanagement muß hier den Ausgleich finden zwischen Kapitalisierungserfordernis einerseits und Unternehmenszielen sowie der Unternehmensphilosophie andererseits.

Tabelle 72. Einfluß des Instrumentes auf Unternehmensfinanzierung und -führung

Kapitalart	Laufende Ergebnis-belastung	Eigenkapital de jure/de facto	Stellung Kapitalgeber	Anspruch des Investors/ Haftung
Fremdkapital				
klassischer Kredit	ja	nein/nein	Gläubiger	vorrangig[1]/nein
syndizierter Kredit	ja	nein/nein	Gläubiger	vorrangig[1]/nein
nachrangiger Kredit	ja	nein/nein[2]	Gläubiger	vorrangig/nein
Direktinvestition	ja	nein/nein	Gläubiger	vorrangig[1]/nein
Schuldschein	ja	nein/nein	Gläubiger	vorrangig/nein
Anleihe	ja	nein/nein	Gläubiger	vor- oder nachrangig/nein

Tabelle 72. (Fortsetzung)

Kapitalart	Laufende Ergebnis-belastung	Eigenkapital de jure/de facto	Stellung Kapitalgeber	Anspruch des Investors/ Haftung
Mezzanines Kapital				
typisch stille Beteiligung	ja	möglich/ja	Gläubiger	nachrangig/nein
atypisch stille Beteiligung	ja und ergeb-nisabhängig	ja/ja	Gesellschafter	nein/ja
Genußschein	ja und ergeb-nisabhängig	möglich/ja	Gläubiger	nachrangig/nein
kreditorientiertes Private Equity	ja und ergeb-nisabhängig	nein/möglich	Gläubiger	nachrangig/nein
Wandelanleihe und Optionsanleihe	ja	nein/nein[3]	Gläubiger[4]	vorrangig[5]/nein
Venture Capital	nein[7]	ja/ja	Gesellschafter	nein/ja
Eigenkapital und Bilanzentlastung				
Aktie	nein[7]	ja/ja	Gesellschafter	nein/ja
großvolumiges Private Equity	ja[6]	ja/ja[8]	Gesellschafter	nein[9]/ja
ABS	ja	nein/nein	Gläubiger	ja[10]/nein
Factoring	ja	nein/nein	Gläubiger	ja[10]/nein

[1] Oftmals noch zusätzlich mit spezieller Besicherung.

[2] In bankinternen Rating-Verfahren oftmals als Quasi-Eigenkapital behandelt, da in Haftungsfragen hinter klassischen (Bank-) Krediten angesiedelt.

[3] De facto Eigenkapital, wenn Rangrücktritt erklärt, Eigenkapital nach Wandlung.

[4] Bis zum Wandlungszeitpunkt.

[5] Eventuell nachrangige Ansprüche, wenn Rangrücktritt erklärt, voll haftend bei Pflicht-wandelanleihe.

[6] Hinsichtlich des Schulddienstes auf den Kredit, durch welchen der Kaufpreis finanziert wird.

[7] Nur Wirkung auf Kapitalfluß bei Ausschüttung, Dividende steuerlich nicht abzugsfähig.

[8] Ohne Berücksichtigung des fremdfinanzierten Teiles.

[9] Anspruch eventuell durch Kreditgewährung an übernommenes Unternehmen.

[10] Besicherung durch Verkauf von Aktiva.

Bei Eigenkapital steigen üblicherweise die tatsächlichen (Mitsprache-) Rechte mit zunehmender Anteilsquote. Den bisherigen Eigentümern ist daher daran gelegen, den Kapitalzufluß bei möglichst geringer Beteiligungsquote durch Dritte zu maximieren. Je höher der Unternehmenswert bereits ist, desto geringer muß ceteris paribus die dem Investor zu gewährende Beteiligungsquote sein und desto geringer fallen dessen Mitspracherechte aus. Bei Beteiligungen ist also die Festlegung des Wertes des Unternehmens von besonderer Bedeutung, positive Faktoren sind dabei ein hoher Kapitalfluß und der Ausweis einer geringen Nettoverschuldung.

Der Einsatz eines bestimmten Finanzinstrumentes verlangt also auch immer – neben möglichen künftigen Informations- und Zustimmungspflichten – die Abwägung der Bewahrung der unternehmerischen Selbständigkeit einerseits mit den Nachteilen für das Unternehmen aus einer nicht zustande gekommenen Finanzierung andererseits. Beispielsweise gehen „fremde" Mitspracherechte im Unternehmen in der Regel einher mit Haftung im Insolvenzfall.

Dies wiederum bedeutet eine höhere Bonität und ein besseres Rating. Daraus kann sich seinerseits der Zugang zu weiteren, günstigeren Finanzinstrumenten ergeben. Diese Vorteile sind gegen den (vermeintlichen) Vorzug, den Altgesellschafterkreis unverändert zu lassen, abzuwägen. Im Vorfeld ist jedoch ebenso zu klären, ob die mit Auswahl und Einsatz eines bestimmten Finanzierungsinstrumentes verbundenen Informations- und Offenlegungspflichten nicht unzumutbar kollidieren mit der Informationsbereitschaft des Management.

Die unternehmerische Entscheidung, welches Finanzierungsinstrument genutzt werden sollte, ist letztlich individuell zu treffen. Neben der reinen Verfügbarkeit und der Erfüllung der formalen wie notwendigen Bedingungen ist das Instrument auf seine Kapitalflußwirkung zu untersuchen (einmalige und laufende Auswirkungen). Ein weiteres wichtiges Kriterium bei der Auswahl der Instrumente ist deren steuerliche Behandlung beziehungsweise die steuerliche Optimierung der Unternehmensfinanzen insgesamt. Hiernach können sich völlig andere Fragestellungen ergeben als bei alleiniger Betrachtung einer einzelnen Finanztransaktion. Gleichzeitig gilt es, das Besicherungserfordernis in bezug auf ein bestimmtes Instrument der Unternehmensfinanzierung insgesamt gegenüberzustellen. So kann die bei einigen Finanzinstrumenten notwendige Besicherung mit Unternehmensaktiva oder Bürgschaften in der Folge die Entscheidungsfreiheit des Management und die unternehmerische Flexibilität (deutlich) einschränken. Dies gilt im übrigen auch für Kreditklauseln, sogenannte Covenants.

Abschließend stellt sich die Frage, ob mit Realisierung des ausgewählten Instrumentes auch das Volumen an tatsächlichen Mitteln erzielt wird oder ob eventuell eine weitere Finanzierung nötig ist, die sich auf Grund der geänderten Finanzstruktur aber nun nicht mehr wie gewünscht durchführen läßt. Ein Beispiel: Ein Unternehmen benötigt zehn Millionen Euro und nimmt zunächst fünf Millionen Euro über einen besicherten Bankkredit auf, in der Hoffnung, weitere fünf Millionen mit einer Schuldscheinemissionen erlösen zu können. Das Management muß jedoch nach Kreditaufnahme feststellen, infolge der gestiegenen Verschuldung und damit den verschlechterten Kennziffern ein Schuldscheindarlehen nicht mehr realisieren zu können. Hingegen wäre zu Beginn des Prozesses ein Schuldscheindarlehen über zehn Millionen Euro möglich gewesen. Solche Interdependenzen gilt es zu beachten.

Tabelle 73. Wichtige gesetzliche Regelungen zu einzelnen Finanzierungsinstrumenten

Kapitalart	Anmerkungen
Fremdkapital	
klassischer Kredit	§ 488 ff. BGB (wesentliche Rechtsgrundlagen für Kreditverträge); § 314 BGB (Kündigung aus wichtigem Grund); § 1 Abs. 1 Nr. 2 KWG (Kreditgeschäft); § 13 KWG (Großkredite)
syndizierter Kredit	wie klassischer Kredit; § 1 GWB (Kartellverbot), § 14 GWB (Preisgestaltungsverbot), § 29 Abs. 2 GWB (Befeiungen für die Kreditwirtschaft)
nachrangiger Kredit	wie klassischer Kredit; § 39 Abs. 2 InsO (Rangfolge der Insolvenzgläubiger)
Schuldscheindarlehen	wie klassischer Kredit; § 371 BGB (Rückgabe), §§ 398 ff. BGB (Abtretung), § 1 Abs. 11 Nr. 2 S. 3 KWG (Geldmarktinstrumente)
Anleihe	§§ 793 ff. BGB (Inhaberschuldverschreibungen); § 43 Abs. 1 Nr. 7 EStG (Kapitalertragsteuer); § 1 Abs. 11 S. 2 Nr. 1 KWG (Wertpapierbegriff)

Tabelle 73. (Fortsetzung)

Kapitalart	Anmerkungen
Mezzanines Kapital	
typisch stille Beteiligung	§§ 230-236 HGB; §§ 705-740 BGB; § 20 Abs. 1 Nr. 4 EStG; § 43 Abs. 1 Nr. 3 EStG (Kapitalertragsteuer)
atypisch stille Beteiligung	§ 15 Abs. 1 Nr. 2 EStG (Mitunternehmerschaft); H 138 Abs. 1 EStR („stiller Gesellschafter")
Genußschein	§ 221 Abs. 3 AktG; § 20 Abs. 1 Nr. 1 EStG; § 8 Abs. 3 S. 2 KStG; § 43 Abs. 1 Nr. 1 oder 2 EStG (Kapitalertragsteuer); § 1 Abs. 11 S. 2 Nr. 1 KWG (Wertpapierbegriff)
kreditorientiertes Private Equity	grundsätzlich wie klassischer Kredit
Wandelanleihe und Optionsanleihe	§ 221 Abs. 1 AktG; § 43 Abs. 1 Nr. 2 EStG (Kapitalertragsteuer)
Venture Capital	§§ 17, 23 EStG, § 8b KStG (Veräußerungsgewinne); BMF-Schreiben vom 16.12.2003, IV A 6 - S 2240 - 153/03 (einkommensteuerliche Behandlung)
Eigenkapital und Bilanzentlastung	
Aktie	§§ 8 ff. AktG (allgemeine Vorschriften); §§ 182 ff. AktG (Kapitalbeschaffung); § 3 Nr. 40 EStG; § 8b KStG (Halbeinkünfteverfahren); § 43 Abs. 1 Nr. 1 EStG (Kapitalertragsteuer); § 1 Abs. 11 S. 2 Nr. 1 KWG (Wertpapierbegriff)
großvolumiges Private Equity	§§ 17, 23 EStG, § 8b KStG (Veräußerungsgewinne); BMF-Schreiben vom 16.12.2003, IV A 6 - S 2240 - 153/03 (einkommensteuerliche Behandlung)
Asset Backed Securities (ABS)	IDW ERS HFA 8; § 453 BGB (Rechtskauf); §§ 398 ff. BGB (Abtretung); § 39 Abs. 1 AO (wirtschaftliche Zurechnung); Abschn. 18 Abs. 8 und 9 UStR; § 13c UStG (Umsatzsteuerhaftung)
Factoring	§ 453 BGB (Rechtskauf); §§ 398 ff. BGB (Abtretung); § 39 Abs. 1 AO (wirtschaftliche Zurechnung); Abschn. 18 Abs. 8 und 9 UStR; § 13c UStG (Umsatzsteuerhaftung); BFH-Urteil vom 04.09.2003, V-R-34/99 (Vorsteuerabzug beim Factoring); EuGH-Urteil vom 26.06.2003, C 305/01 (MKG-Entscheidung)

Wichtiger Punkt zur Vermeidung von Krisensituationen während der Finanzierungslaufzeit ist die zeitnahe und umfassende Information der Kapitalgeber über die Entwicklung der wirtschaftlichen Verhältnisse des Unternehmens. Informationspflichten ergeben sich in der Regel bereits aus den vertraglichen Vereinbarungen, zum Beispiel besonderen Kreditklauseln oder „Covenants". Solche Klauseln dienen beispielsweise bei Anleihen, Schuldscheindarlehen und Krediten der Interessenwahrung der Gläubiger. Auch gesetzliche Regelungen und die Usancen für börsennotierte Unternehmen und Instrumente schreiben gewisse Informationspflichten gegenüber den Kapitalgebern vor. Gleichwohl kann es in vielen Fällen für den Kapitalnehmer sogar von Vorteil sein, einen noch darüber hinaus gehenden Informationstransfer an die Kapitalgeber sicherzustellen.

8.3. Debt Advisory

Die zunehmende Komplexität von Finanzierungsbeziehungen verlangt auf Seiten der Unternehmen immer umfangreichere Expertise, um die Vorteile neuer Instrumente auch vollumfänglich nutzen zu können. Nicht immer hält ein Unternehmen diese Ressourcen selbst vor; in vielen Fällen ist es nicht einmal sinnvoll, stünde doch die vergleichsweise geringe Zahl der Finanzierungstransaktionen in keinem vernünftigen wirtschaftlichen Verhältnis zu den damit verbundenen Kosten. Denn das Vorhalten angemessener Kompetenz ist in der Regel mit erheblichem (Personal-) Aufwand verbunden. Dann eben kann es sinnvoll sein, zur grundsätzlichen Lösung von Finanzierungsproblemen sogenanntes externes Debt Advisory in Anspruch zu nehmen.

Die Beantwortung von Finanzierungsfragen und die Lösung von Finanzierungsproblemen kann ein Unternehmen in vielen Fällen aus eigener Kraft, mit direkter Ansprache einer verläßlichen Hausbank oder eines kompetenten Finanzierungspartners vornehmen. Doch in besonderen Situationen, in denen nicht einmal die zu verwendende Kapitalart feststeht, kann – in Analogie zur externen Finanzierung anstatt zur Innenfinanzierung – die Zuhilfenahme von externem Debt Advisory die Lösungsfindung erheblich beschleunigen, wenn überhaupt erst möglich machen, sowie Kosten sparen. Debt Advisory ist in diesem Zusammenhang die unternehmensinterne oder unternehmensexterne Beratung des Management mit Finanzfokus. Es geht um die kostengünstige und sachgerechte Strukturierung der Passivseite der Unternehmensbilanz.

Debt Advisory erfaßt Arbeitsinhalte, die jenen der Finanz- und Investor Relations-Abteilung sowie des Treasury entsprechen und teils noch darüber hinausgehen. Obgleich die Bezeichnung Debt Advisory („Schuldenberatung") zunächst den Verdacht auf einen starken Fremdkapitalbezug hervorruft, so beschäftigt sich diese Disziplin dennoch mit der gesamten Breite der Unternehmensfinanzierung. Und dafür eigenes Personal bereitzuhalten, lohnt sich meist nur bei Gesellschaften mit einem Umsatz von mehreren Milliarden Euro. Gerade bei kleineren Unternehmen oder Adressen, die beispielsweise gerade erst den Kapitalmarkt betreten, ist der Aufbau entsprechender Expertise aus Kostengründen nicht sinnvoll. Allerdings sollte das professionelle Wissen bei Finanzierungstransaktionen auch diesen Gesellschaften nicht fehlen. Dafür bieten sich spezielle Abteilungen bei Geschäfts- und Investmentbanken, Wirtschaftsprüfungsgesellschaften oder spezialisierte Beratungsunternehmen an. Vor deren Inanspruchnahme sollten aber in jedem Falle die jeweils entstehenden Honorarkosten sowie die jeweilige Beratungsqualität verglichen werden.

▌ Abgleich von Geschäftsstrategie und Finanzierungserfordernis

Debt Advisory bedeutet die Bündelung der Finanzierungskompetenz in einem Ansprechpartner. Diese Disziplin stellt einen Zusammenhang und Ausgleich her zwischen allen finanzierungsrelevanten Vorgängen, intern wie extern. Debt Advisory hat zum Ziel die Reduzierung der Finanzierungskosten, die Liquiditätssicherung und Flexibilität am Finanzmarkt, eine geringere Abhängigkeit von (einzelnen) Investoren sowie kontinuierliche Verbesserung der Bonität.

Debt Advisory umfaßt sämtliche Disziplinen der Unternehmensfinanzierung, bringt sie in Verbindung mit der erforderlichen Darstellung und Kommunikation und zeichnet sich vor allem durch praktische Erfahrung auf diesen Gebieten aus. So intensiviert Debt Advisory die Beziehungspflege zu den Kapitalgebern (Gläubigern wie Investoren) und optimiert den Informationsfluß zu den Kapitalgebern (Einsatz der aufgenommenen Mittel sowie Entwicklung der wirtschaftlichen Verhältnisse).

Bei Debt Advisory geht es um die Unternehmensanalyse, die inhaltliche Beratung, das Herstellen relevanter externer Kontakte, Testgespräche mit Investoren, die offizielle Investorenansprache sowie Hinweise auf die Beachtung von steuerlichen und rechtlichen Aspekten. Debt Advisory bedeutet auch die Initiierung neuer Finanzinstrumente, also die Optimierung der Bilanzstruktur (nachhaltige und effiziente Verbesserung der Finanzierungsrelationen) bis hin zur Realisierung konkreter Kapitalmaßnahmen wie zum Beispiel Kapitalerhöhung und Anleiheemissionen bei gleichzeitiger Festlegung der optimalen Emissionszeitpunkte.

Debt Advisory beschäftigt sich also mit der Optimierung der Bilanzstruktur, der Entwicklung der geeigneten „Credit Story" und „Equity Story", der fortlaufenden Verbesserung der Bonität, der Effizienzsteigerung der (Unternehmens-) Kommunikation sowie der Außendarstellung besonders gegenüber Investoren. Debt Advisory in der praktischen Arbeit ist die Perfektionierung der Finanz- und Bilanzkennzahlen: Die Zahl allein kann irreführend sein, die Darstellung und Erklärung im Gesamtzusammenhang ist wichtig.

Einsatz analytischer Instrumente

Debt Advisory umfaßt außerdem die Erstellung einer Unternehmensanalyse. Dabei werden mittels Investoren-Research eine Standortbestimmung des Unternehmens am Kapitalmarkt vorgenommen und eine Anlegerlandkarte (Eruierung potentieller Anlegerkreise für konkrete Finanzierungsvorhaben) gezeichnet. Zudem werden das Kapitalmarktumfeld (Emissionszeitpunkte, Nachfrage nach bestimmten Instrumenten) sondiert und Machbarkeitsstudien (Prüfung von Finanzierungsvorhaben auf ihre Realisierbarkeit) erstellt. Debt Advisory ist Wegweiser bei (Erst-) Emissionen und Berater bei (Privat-) Plazierungen (Beobachtung konkurrierender Emissionsprogramme). Es beeinflußt das Sentiment am Markt (Verbesserung des Kapitalmarktauftrittes und der Wahrnehmung unter Analysten und Investoren/Marktteilnehmern).

Debt Advisory hat den Fokus auf der Aktiv- und Passivseite der Bilanz, prüft, ob die Finanzierung optimal die Unternehmensstrategie unterstützt hinsichtlich Finanzierungssicherheit, Flexibilität und Kosten. Debt Advisory überprüft die Finanzierung von Akquisitionen, den Aufbau neuer Geschäftssparten, das Wachstum, die Veränderung des Marktumfeldes. Debt Advisory dient zur Handhabung und Abwicklung von Restrukturierungen, führt Verhandlungen mit Gläubigern (in Krisensituationen) und übernimmt die Kommunikation mit allen Kapitalgebern. Debt Advisory steuert den Kommunikationsprozeß mit Kapitalgebern (einschließlich Präsentationen und Frage-Antwort-Sektionen).

Debt Advisory stützt sich auf die Analyse des Kapitalflusses (dieser bestimmt die Schuldendienstfähigkeit), paßt Finanzkennzahlen an und erarbeitet gegebenenfalls neue Tilgungspläne (als Ergebnis der Bestandsaufnahme). Debt Advisory kann helfen, syndizierte Bankkredite zu organisieren, die Begebung von Kapitalmarktanleihen zu unterstützen sowie bei der „Securitization" (Verbriefung) von Vermögensgegenständen und bei Mezzanine-Finanzierungen gewinnbringende Beiträge zu liefern. Debt Advisory empfiehlt häufig maßgeschneiderte Produktlösungen und steht dem Unternehmen bei der Erfüllung von Publizitätserfordernissen und Rating-Prozessen zur Seite. Debt Advisory hilft, unwillkommene Einschränkungen zu vermeiden (zum Beispiel durch hohe Rückzahlungsverpflichtungen, zu enge Finanzkennzahlen, zu starke Beschränkung des Investitionsbudgets) und letztlich die Finanzierungskosten zu reduzieren.

8.4. Legal Advisory und Tax Advisory

Finanzierungsvorhaben sind nicht zuletzt auch aus rechtlicher und steuerrechtlicher Sicht äußerst komplex und kompliziert. Aber diese Feststellung gleicht schon fast einer Tautologie, gehört doch gerade das deutsche Steuerrecht zu den umfangreichsten Steuersystemen der Welt. Bis auf wenige Großunternehmen, die sich auch in Finanzierungsfragen eine hoch spezialisierte Rechts- und Steuerabteilung leisten können, ist für die Mehrzahl der deutschen Unternehmen die Zusammenarbeit mit externen Rechts- und Steuerberatern unumgänglich. Wegen der Komplexität der rechtlichen Materie wird kaum eine Gesellschaft schon alleine aus Haftungsgründen auf einen externen Rechts- und Steuerberater verzichten.

Der Fülle der Kapitalmarktprodukte steht ein entsprechend breites Angebot an Beratern in Rechts- und Steuerrechtsangelegenheiten zur Seite. Die Auswahl des richtigen Beraters ist jedoch keinesfalls eine leichte Angelegenheit. Wie auch sonst in Rechtsfragen ist es aus diesem Grunde besonders wichtig, daß Mandant und Berater ein besonderes Vertrauensverhältnis aufbauen und beide „dieselbe Sprache" sprechen.

▌ Bündelung der Kompetenz

Finanzierungsgeschäfte werfen nicht nur zivil- und bankrechtliche Fragen auf, sondern gleichzeitig auch bilanzielle und steuerrechtliche. Nicht selten sind Probleme eines Bereiches mit Problemen eines anderen Bereiches „verwoben". So ergibt es für das kapitalsuchende Unternehmen in der Regel Sinn, sich einen Berater oder ein Beraterteam zu suchen, das möglichst alle mit dem Finanzierungsvorhaben zusammenhängenden rechtlichen Fragestellungen aus einer Hand bearbeiten kann. Sowohl Wirtschaftsprüfungs- und Steuerberatungsgesellschaften als auch größere Anwaltskanzleien dürften in diesen Fällen der richtige Ansprechpartner bei (anspruchsvollen) Kapitalmarktprodukten sein.

Insbesondere Wirtschaftsprüfungsgesellschaften zeichnen sich in der Regel durch ein entsprechendes „Branchen-Know-how", besondere Kenntnis in Bilanzierungs- und Bewertungsfragen sowie steuerrechtliche Expertise aus. Auf Grund ihres multidisziplinären Ansatzes, der auch Steuerplanungsrechnungen und Kapitalflußvorhersagen erlaubt, dürften große Wirtschaftsprüfungsgesellschaften in der Regel die erste Wahl für ein kapitalsuchendes Unternehmen sein.

Wegen der Fülle der von diesen Gesellschaften betreuten Mandate dürfte bei den sogenannten „Großen" am ehesten von der „best practice" in Finanzierungsfragen zu profitieren sein. Idealerweise besitzt der jeweilige Berater in der Begleitung und Umsetzung von Finanzierungstransaktionen auch noch einen repräsentativen „track record". Denn Erfahrung ist die Voraussetzung dafür, beispielsweise beurteilen zu können, ob konkrete Finanzierungsvorschläge seitens einer Bank oder bestimmte Vertragsklauseln vorteilhaft auch für den Kapitalnehmer sind.

Rechtzeitiger Einkauf von Beratungsdienstleistung

Die erfolgreiche Durchführung eines Finanzierungsvorhabens hängt sehr stark von der Vorbereitung und Herangehensweise der verantwortlichen Personen ab. Die frühzeitige Mandatierung eines Rechts- und Steuerberaters beziehungsweise einer Wirtschaftsprüfungs- und Steuerberatungsgesellschaft kann in vielen Fällen erfolgsentscheidend sein. In der Praxis zeigt sich immer wieder, daß die zu späte Hinzuziehung des rechtlichen Beraters häufig zu ungewollten Überraschungen führt. Ein kurzes Beratungs- und Informationsgespräch mit einem Steuerberater bei der Initiierung des Finanzierungsvorhabens zum Beispiel kann viele Aspekte gleich im Vorfeld richtig einordnen und damit im Ergebnis Zeit und Geld sparen.

Denn insbesondere die steuerliche Komponente darf in Finanzierungsfragen nicht unterschätzt werden. Die umfassende Analyse aus steuerlicher Sicht muß am Anfang, nicht am Ende stehen. Bei der Auswahl des richtigen Beraters sollte weiterhin Wert gelegt werden auf dessen Verfügbarkeit und Unabhängigkeit. Denn gute und sinnvolle Beratung zeichnet sich in der Regel durch Unabhängigkeit von Finanzierungsadressen aus. Nur so wird der jeweilige Berater beispielsweise den Kreditvergabeprozeß positiv beeinflussen können.

8.5. Rating Advisory

Das sogenannte Rating, also die Beurteilung der Bonität, wird auch für kleine und mittlere Unternehmen immer wichtiger. Der Einfluß des Rating auf Finanzierungs- und Investitionsentscheidungen ist kaum zu überschätzen. Gleichzeitig erfordern aber die Zusammenhänge rund um das Rating mittlerweile eine umfangreiche Expertise. Ähnlich wie im Bereich Debt Advisory werden sich nur wenige Unternehmen Rating-Spezialisten im eigenen Hause leisten wollen. In diesen Fällen kann es nicht nur sinnvoll sein, Rating Advisory (von Banken, Agenturen oder speziellen Dienstleistern) in Anspruch zu nehmen, sondern ist oftmals sogar unbedingte Voraussetzung zur Realisierung von Finanzierungsvorhaben, zur Senkung der Zinskosten und zur Verbesserung der Bonität.

Das zunehmende Angebot am Kapitalmarkt intensiviert den Wettbewerb um Investorengelder. Damit gewinnt eine möglichst gute Bewertung der wirtschaftlichen Verhältnisse (Rating) im Finanzierungsgeschäft erheblich an Bedeutung. Diese Risikobewertungen werden künftig bei Anlageentscheidungen im Fremdkapitalbereich viel wichtiger sein als die klassischen Kriterien wie beispielsweise Laufzeit oder Emissionsgröße.

Rating als Attraktivitätsmerkmal am Kapitalmarkt

Im Umfeld einer anhaltend hohen privaten sowie staatlichen Kapitalnachfrage werden die Emissionsrenditen bei einer Finanzierung über den Kapitalmarkt weiter kräftig schwanken. Diese Schwankungen beruhen zum einen auf dem Zinsumfeld, zum anderen vor allem auf der jeweiligen Bonitätseinschätzung und der Stimmungslage gegenüber dem Emittenten seitens der (institutionellen) Investoren. Dieses „Market Sentiment" ist allerdings durch ein adäquates Schuldenmanagement beeinfluß- beziehungsweise steuerbar.

Darüber hinaus haben einige Emittenten heute mehr als in der Vergangenheit die Möglichkeit, sich durch geschicktes Schulden-Management von der allgemeinen Marktentwicklung abzukoppeln. Papiere solcher Emittenten herauszufinden wird künftig die Herausforderung für Investoren sein. Dem richtigen Rating wird in diesem Zusammenhang als Auswahlkriterium beziehungsweise -hilfe eine wichtige Rolle zufallen.

Doch welche Möglichkeiten bieten sich denjenigen Unternehmen, die nur ein vergleichsweise schlechtes Rating haben oder erhalten würden? Ohne Frage sind deren Handlungsspielräume eingeschränkt; mit der richtigen Strategie bleibt aber auch ihnen der Weg zum Kapitalmarkt nicht verschlossen.

Um entsprechend vorbereitet zu sein, gilt es zunächst, im Vorfeld zu prüfen, welches Rating ein Emittent oder eine geplante Emission voraussichtlich erhalten könnte. Sofern noch aktive Schritte zur Bewertungsverbesserung möglich sind, sollten diese unverzüglich eingeleitet werden. Erlauben hingegen Unternehmens- und Finanzstruktur keine kurzfristig ausreichenden Veränderungen, sollten statt dessen kompensierende Marketing- und Kommunikationsstrategien initiiert werden.

Zentrale Nachricht einer solchen Kommunikationskampagne muß die ausführliche Erklärung des Rating sein, die Entstehung und die vollständige Darlegung der Gründe, die zu der schlechten Einstufung führten. Diese Faktoren sind im einzelnen mit Entwicklungsgeschichte und aktuellem Zustand darzustellen. Gleichzeitig gilt es aufzuzeigen, welche konkreten Maßnahmen das Management zur Verbesserung der Situation umsetzen will oder bereits begonnen hat umzusetzen. Abschließend ist eine gebührende Würdigung aller positiven Aspekte vorzunehmen.

Grundsätzlich sollten einzelne Emissionen nicht schlechter bewertet werden als der Emittent selbst. Dies wird wesentlich dadurch erreicht, daß diese Anleihen nicht auf bestimmte Sicherheiten verzichten müssen, also zum Beispiel nicht mit einer sogenannten Nachrangklausel versehen werden. Gerade bei Emittenten mit geringer Bonität kann eine solche Klausel zur signifikanten Erhöhung der Risikoprämie führen.

Letztlich entscheidend ist nicht nur in diesen speziellen, sondern grundsätzlich in allen Fällen neben der Zahlungsfähigkeit besonders auch die „Zahlungswilligkeit" der Emittenten, das heißt, welche Mühen und Lasten das Management und die Aktionäre auf sich zu nehmen bereit sind, um die Liquidität und den Schuldendienst des Unternehmens zu gewährleisten.

9. Fallbeispiele

Jede Unternehmensfinanzierung und jeder Finanzierungsanlaß ist einzigartig. Daher ist es nahezu unmöglich, mit nur wenigen Beispielen gleich eine ganze Vielzahl an denkbaren Frage- und Problemstellungen abzudecken. Exemplarische Fälle können darüber hinaus in der Regel nur Hinweise geben, wie die grundsätzliche Vorgehensweise in der Unternehmensfinanzierung aussieht, welche wichtigen Aspekte es zu beachten gilt und welche Optionen einem Kapitalnehmer zur Verfügung stehen. Üblicherweise gleichen sich jedoch gewisse Strukturen innerhalb der jeweiligen Finanzierungskategorien. Somit lassen sich zumindest wichtige und häufiger auftretende Kapitalbeschaffungsmaßnahmen mit ihren wiederkehrenden Mustern im wesentlichen skizzieren.

9.1. Typische Finanzierungsmuster

Unternehmen mit soliden wirtschaftlichen Verhältnissen und guter Bonität erhalten im Regelfall jede zur Unternehmensstrategie passende Finanzierung. Gleichwohl gibt es eine zahlenmäßig weitaus größere Gruppe an Unternehmen, denen durch das eine oder andere Hindernis der Weg zum gewünschten zusätzlichen Kapital versperrt ist. Doch diese Hindernisse können häufig überwunden werden. Darüber hinaus gibt es immer eine Möglichkeit, zum Ziel zu gelangen. Voraussetzung ist allerdings, die Ausgangssituation präzise und klar zu analysieren und im Anschluß die richtige Strategie zu wählen sowie Schwachpunkte in der Unternehmensfinanzierung so weit zu eliminieren oder zu reduzieren, daß Investoren (wieder) nachhaltiges Interesse an einem Engagement in eben jener Adresse gewinnen.

In der Regel scheitert eine Finanzierung nicht an einem unternehmensspezifischen Schwachpunkt. Vielmehr sind es immer wieder die gleichen Unzulänglichkeiten, die bei einer Vielzahl von Kapitalnehmern bei der Finanzierung zum Stolperstein werden können. Dazu gehört zum Beispiel eine ungenügende Eigenkapitaldecke. Diese läßt sich zunächst durch die Einbehaltung von Gewinnen oder durch die direkte Zufuhr von Eigenkapital aufbessern (Kapitalerhöhung, Hereinnahme neuer Gesellschafter). Allerdings gibt es weitere Instrumente, deren Einsatz in der Unternehmensfinanzierung ähnliche Effekte erzielt. So führt beispielsweise die Emission eines eigenkapitalähnlichen Genußscheines oder die Aufnahme von nachrangigem Fremdkapital ebenfalls zu einer Stärkung der Eigenkapitalbasis aus der Sicht eines externen Rating. Zumindest in der Tendenz wird damit eine der „echten" Eigenmittelaufnahme vergleichbare Wirkung erzielt.

Negative Auswirkung auf die Bonitätsbeurteilung von Unternehmen haben ungleichgewichtige Bilanzstrukturen. So sollten die Aktiv- und Passivseite sowohl „in sich" als auch „gegeneinander" ausgewogene Relationen aufweisen. Dazu gehört zum Beispiel die Finanzierung der Anlagegüter mit langfristig zur Verfügung gestelltem Kapital. Als ungünstig erweisen sich dagegen große Rückstellungspositionen sowie ein hoher Anteil an kurzfristigen Verbindlichkeiten. Hier läßt sich durch das Ergreifen der richtigen Maßnahmen – etwa einem kapitalfreisetzenden Forderungsverkauf – in den meisten Fällen eine Verbesserung der Strukturen und Relationen erreichen.

Gleichwohl gibt es Situationen, in denen selbst der Einsatz von „Reparaturmaßnahmen" nicht ausreicht, die zur Aufnahme von traditionellem Fremdkapital erforderliche Bonität zu erreichen. Bei diesen Konstellationen bleiben oftmals nur die Umstrukturierung des Unternehmens und die Neuordnung der Geschäftstätigkeit einschließlich der Veräußerung von Unternehmensteilen als letztes Mittel. Dabei zeigt sich immer wieder, daß neben der reinen Finanzkraft der operative Zustand und die strategische Entwicklung von erheblicher Bedeutung für die Unternehmensfinanzierung sind. Kern aller Finanzierungen ist und bleibt aber, daß die solide Analyse Basis und Ausgangspunkt erfolgreicher Kapitalbeschaffung ist. Ohne umfassende Bestandsaufnahme lassen sich die zur Verfügung stehenden Möglichkeiten nicht umfassend sondieren. Nur das präzise Durchleuchten des

Unternehmens ermöglicht es, das zur Verfügung stehende Instrumentenspektrum im Einzelfall zu prüfen.

Eine Hürde auf dem Weg zur optimalen Finanzierung ist daher auch die Unternehmensdokumentation. Bei allen Kapitalmaßnahmen sind neben der Analyse und Auswertung zudem die Qualität der Darstellung und Präsentation entscheidender Faktor auf dem Weg zur erfolgreichen Kapitalbeschaffung. Klarheit, Ausgewogenheit und Nachvollziehbarkeit sind die wichtigsten Leitlinien bei der Entwicklung der Unternehmensdokumentation. An diesbezüglichen Versäumnissen sind schon Finanzierungen namhafter Adressen gescheitert. Dabei sollte die Dokumentation sowohl intern als tragende Säule der Unternehmensstrategie gesehen werden als auch extern als „das" Aushängeschild der Gesellschaft.

Ein unausgewogenes Geschäftskonzept verhindert beides: Eigenkapital- wie Fremdkapitalaufnahme. Nur eine konzeptionelle Ausrichtung, die Investoren nachhaltig überzeugt, kann Kapital anziehen. Ein solches Konzept stellt zunächst dar, warum die gewählte Strategie nicht nur gegenüber anderen vergleichbaren Strategien im Vorteil ist, sondern auch, weshalb der eingeschlagene Weg mit hoher Wahrscheinlichkeit zum Erfolg führen wird. Darüber hinaus umfaßt ein solches Konzept Maßnahmen, die ergriffen werden, sollte sich der Geschäftsverlauf anders als prognostiziert entwickeln (Alternativszenarien). Schließlich gehört hierzu vor allem die Darstellung der Qualität des Management.

Gerade mittelständische Betriebe arbeiten immer noch mit einer vergleichsweise hohen Kostenbelastung. Dazu gehören sowohl die festen Kosten als auch unverhältnismäßige variable Kosten, welche durch Ineffizienzen in innerbetrieblichen Abläufen verursacht sein können. Gerade diese „Reibungsverluste" lassen sich durch manchmal recht einfache Maßnahmen vermeiden. Ein funktionierendes Risikomanagement kann unerwartet entstehenden Kosten vorbeugen. Gerade die Effizienz eines Unternehmens ermöglicht einerseits die rasche Reaktion auf Marktveränderungen und ruft andererseits Interesse bei potentiellen Kapitalgebern hervor.

9.2. Xenon: Wandelanleihe und syndizierter Kredit

Xenon, ein Chemiehersteller mit europaweiter Präsenz, hat schwere Zeiten durchgemacht. Ein drastischer Nachfragerückgang nach den von Xenon angebotenen Produkten hat das Unternehmen tief in die roten Zahlen abgleiten lassen. Die Börsenbaisse macht die Aufnahme von Eigenkapital zum gegenwärtigen Zeitpunkt nahezu unmöglich. Also sollen mit zusätzlichem Fremdkapital die Mittel für dringend benötigte Investitionen beschafft werden. Bereits vor einigen Jahren wurde mit einer Anleiheemission Fremdkapital mobilisiert. Die Banken sind nun bereit, Xenon neue Kredite zur Verfügung zu stellen, machen dies aber von einer erfolgreichen Plazierung am Kapitalmarkt abhängig.

Die Analyse der Unternehmensfinanzen führte zu dem Ergebnis, daß die Begebung einer Wandelanleihe (Kapitel 6.4.) die attraktivste Möglichkeit bietet, dem Unternehmen Mittel zuzuführen. Neben der Chance, ein relativ großes Volumen plazieren zu können, hat dies den begünstigenden Effekt, daß – sofern das Papier als sogenannte Pflichtwandelanleihe gestaltet ist – die Rating-Agenturen das neue Kapital in der Bonitätsbewertung dem Eigenkapital zurechnen. Dies stärkt die Eigenkapitalbasis; das Rating und die Bonität verbessern sich. So fallen auch die Konditionen des zusätzlich arrangierten Konsortialkredites günstiger aus.

Das Management von Xenon beauftragt seine Finanzabteilung mit einer Machbarkeitsstudie und überträgt ihr die Verhandlungsführung mit den (Konsortial-) Banken. Ein Blick auf die Finanzgeschichte liefert nur wenige positive Signale. Der Kurs der vor rund sechs Jahren emittierten Anleihe war gleich zu Beginn um über fünf Prozent gefallen und hatte sich bis kurz vor Fälligkeit nicht erholen können. Auch der vor zehn Jahren begebene Schuldschein ließ sich nur schwer bei Investoren „unterbringen" und wurde während der gesamten Laufzeit nicht umplaziert. Die Finanzabteilung beginnt mit der Erstellung der Strategie. Wie ist eine erfolgreiche Emission zu erreichen und wie wird ein Debakel verhindert, das irreparablen Schaden anrichten könnte?

▌ Vermeidung von Schwachpunkten bei der Emissionsvorbereitung

Die Untersuchung erstreckt sich sowohl auf frühere Emissionsprozesse als auch auf die aktuelle Anlegerbasis. Das Ergebnis ist, daß Xenon damals zwar die richtige, wenngleich auch schmale Investorengruppe avisiert hatte, sie aber letztlich nicht vollumfänglich erreichen konnte. Die ehemals beauftragte Konsortialbank „Silverman Stanley Fisher" hatte zu wenige Kunden im entsprechenden Marktsegment, um die Anleihe über 100 Millionen Euro plazieren zu können. Da sie sich als „Underwriter" aber zur vollständigen Übernahme des Papiers verpflichtet hatte, war sie nun Investor bei Xenon mit rund 40 Millionen Euro. Diese Position wollte die Bank jedoch nicht halten, nahm kurz nach dem „Launch" der Anleihe den verbliebenen Eigenbestand vom Buch und warf sie auf den Markt. Das erklärte den anfänglichen Kursrutsch.

Darüber hinaus zeigt die Analyse, daß zwar mit dem zum damaligen Zeitpunkt recht hohen Kupon eine Investorenbasis angesprochen werden konnte, die auf der Suche nach hoher laufender Rendite von Risikopapieren war, aber an eventuellen Bonitätsverbesserungen im Zeitablauf nicht interessiert war. Letztlich zeigte sich diese Anlegergruppe als doch zu schmal, um während der Laufzeit der Anleihe eine rege Nachfrage garantieren zu können. So hätte gleich zu Beginn ein anderes Verkaufs- und Marketingkonzept für das Papier gewählt werden müssen.

Insgesamt war die Emission zu schlecht vorbereitet. Als Fazit bleibt allerdings auch, daß Xenon die Abhängigkeit der Kursentwicklung von Veränderungen der Unternehmensdaten unterschätzt hatte. So wurde die damals unvorteilhafte Geschäftssituation nicht entsprechend kommunikativ begleitet: Die Gründe wurden nicht ausreichend dargestellt und vor allem Lösungskonzepte nicht präsentiert. Infolge dessen mußte sich das Anlegerinteresse in Grenzen halten.

▌ Systematische Vorbereitung einer Anleiheemission

Dies soll nun anders werden. Wegen der geplanten Kombination aus Bankkredit und Anleihe wählt Xenon als Emissionshaus die „Global Bond Bank" (GBB), die über ausreichend Distributionskraft im Anleihemarkt verfügt. Neben der Verhandlung der Emissionskonditionen und des -procedere ist die Wahl der Konsortialbank entscheidend, da sich viele, vor allem kleinere Häuser auf einzelne Marktsegmente spezialisiert haben. Im nächsten Schritt gilt es, die Rahmenbedingungen des zu begebenden Papiers festzulegen. So besteht GBB auf einer nachrangigen Anleihe, damit der von ihr gleichzeitig vergebene Kredit eine höhere Besicherungsqualität besitzt.

Nun ist das geplante Papier mit einem Rating auszustatten. Xenon wurde auf Grund der Verschlechterung des operativen Geschäftes und der Bilanzrelationen jüngst mit der Einstufung ‚B+' bewertet. Da die Anleihe jedoch als nachrangiger Titel begeben wird, fällt ihre Bewertung mit ‚B–' zwei Stufen niedriger aus. In der Regel hat dies, gerade bei ohnehin recht niedrigem Rating, einen stark negativen Effekt auf den Absatz der Anleihe. Doch GBB hat bereits an der Investorenbasis vorgefühlt und erwartet keine nennenswerte Kaufzurückhaltung. Gleichwohl fungiert die Bank nicht als „Underwriter". Zwar ist Xenon einerseits auf die frischen Mittel dringend in voller Höhe angewiesen, andererseits reduziert das fehlende „Underwriting" die Finanzierungskosten spürbar.

Die Emission verläuft diesmal erfolgreich. Xenon und GBB hatten die Gruppe der in Frage kommenden Investoren richtig eingeschätzt und konnten diese Gruppe auch erreichen. Dank ausführlicher Gespräche im Vorfeld und dank Durchführung zahlreicher „One-on-ones" wurden die beabsichtigten 500 Millionen Euro fast vollständig plaziert. Nur noch ein geringer Betrag von rund zwei Prozent des Nominalwertes verblieb – zur Marktpflege – auf den Büchern der Bank. Offenbar waren auch die Konditionen wie Risikoprämie und Laufzeit ausreichend attraktiv gewählt.

Die Finanzabteilung von Xenon begleitet die Emission – in Absprache mit der konsortialführenden Bank – mittels einer entsprechenden Presseerklärung (auch Privatanleger sollen erreicht werden). Darin werden die Konditionen, die Käufergruppe und die Mittelverwendung genannt. Die Presseerklärung wird dann an die Nachrichtenagenturen und Zeitungsredaktionen versandt und enthält trotz knapper Darstellung alle wesentlichen Informationen, beispielsweise auch zur Höhe der Nachfrage nach diesem Papier am Primärmarkt. Diese ist allerdings – nicht zuletzt im Interesse des Emittenten – interpretationsbedürftig. So muß eine massive

Überzeichnung einer Anleihe nicht zwangsläufig einen Erfolg bedeuten. Eine Überzeichnung kann darauf beruhen, daß der Emittent das Papier zu billig herausbringt oder darauf, daß überproportional viele Kaufinteressenten auf rasche Kursgewinne spekulieren, das heißt beabsichtigen, das Papier kurz nach Emission wieder zu verkaufen.

Tabelle 74. Inhalt von Presseerklärungen zu Anleiheemissionen

Konditionen	Mittelverwendung	Investoren und Plazierungsverlauf
• Emittent und Begünstigter • Volumen • Währung • Laufzeit • Kupon und Spread • Konsortialführer • Besondere Regelungen	• Anlaß der Begebung • Einsatz der aufgenommenen Gelder • Bestandteil eines umfangreichen Finanzierungspaketes	• Zielgruppe • Aufnahme am Markt • Zeichnungspotential • Teilnahme an einem speziellen Emissionsprogramm (zum Beispiel Commercial Paper)

Die „Betreuung" des Marktes durch das Unternehmen selbst beginnt bereits mit flankierenden Maßnahmen in kleinem Stil. Dem folgen regelmäßige Informationen zu kursrelevanten Entwicklungen und Ergebnissen beim Emittenten. Schließlich präsentiert das Unternehmen auch speziell auf die eigenen Instrumente zugeschnittene Anlagekonzepte, um in die Investmentstrategien der Kreditgeber eingebunden zu werden.

Mit erfolgreicher Emission ist also für die Finanzabteilung die Arbeit nicht getan. Nun folgen Aktivitäten, die hinsichtlich ihrer Bedeutung für den langfristigen Erfolg der Anleihe ebenso bedeutsam sind wie die Emission selbst. Denn trotz risikofreudigem Investment sind die Anleger vorsichtig und wollen „auf dem laufenden" gehalten werden.

Dies gilt um so mehr, als sie wegen der Nachrangigkeit der Papiere gegenüber anderen Fremdkapitalgebern eine schwächere Position beziehen. Jetzt steht also die aktuelle, ausführliche und kontinuierliche Information auf dem Programm. Xenon setzt die Investoren regelmäßig über die Entwicklung der operativen Geschäfte und vor allem des Kapitalflusses in Kenntnis, eine möglicherweise drohende Rating-Verschlechterung wird bereits im weiten Vorfeld kommuniziert.

Syndizierter Kredit

Der Kredit zur Abrundung der Finanzierung ist nach der erfolgreichen Plazierung der Wandelanleihe nun kein Problem mehr. Die GBB hat noch drei weitere Institute dafür interessieren können, sich an dem beabsichtigten Konsortialkredit über 150 Millionen Euro zu beteiligen. Die dafür notwendige Dokumentation wird von der Anleiheemission übernommen. Zwar stellt der syndizierte Kredit größere Anforderungen an Xenon als die bislang von der Hausbank aufgenommenen Kredite. Jedoch ist der Anleiheprospekt und die ergänzende Dokumentation so umfangreich, daß die beteiligten Kreditinstitute damit vollauf zufrieden sind. Vor allem die über den Prospekt hinausgehende Finanzplanung mit ihren prognostischen Elementen war ausschlaggebend für die Mittelgewährung. Dabei aufkommende rechtliche Fragen (über den Prospekt hinausgehende Informationen) hatte Xenon zuvor mit Hilfe der Bank und einer Anwaltskanzlei ausgeräumt.

Die am Kredit beteiligten Banken rangieren nun als erstrangige Gläubiger, zudem werden ihnen ergänzende „Covenants" (siehe auch Kapitel 5.6.) mit Einhaltung bestimmter Kennziffern und Verhaltensweisen zugesichert. So verpflichtet sich Xenon, während der kommenden drei Jahre keine wichtigen Unternehmensteile zu veräußern. Zudem sehen die Vertragsklauseln unter anderem vor, daß die Risikoprämie des Konsortialkredites mit zunehmender Bonität im internen Rating der Banken während der Laufzeit abnimmt. Xenon kann diese Regelung bei positiver Geschäfts- und Bonitätsentwicklung gleichzeitig für den weiteren Aufbau seiner Credit Story verwenden.

9.3. Kran-Müller: ABS und kreditorientiertes Private Equity

Die Firma Kran-Müller ist führender Baumaschinenhändler im deutschsprachigen Raum. Nun soll auch in den südeuropäischen Raum expandiert werden. Traditionell arbeitet das Unternehmen mit einem geringen Anteil an Eigenkapital, um die entsprechende Marge hoch zu halten. Um aber im Zuge der Expansion die Bonität zu stabilisieren und gegebenenfalls zu verbessern, soll die Fremdkapitalquote reduziert werden. Dazu bietet sich zunächst der Verkauf von Forderungen gegenüber Baufirmen an in Höhe von rund 15 Millionen Euro. In einem zweiten Schritt soll dann Kapital gesucht werden, um ein geeignetes Unternehmen in Südeuropa zu übernehmen und zur Niederlassung von Kran-Müller auszubauen. Dabei sind insgesamt Beträge in einer Höhe von etwa 25 bis 30 Millionen Euro im Gespräch.

Eine erste Prüfung hat ergeben, daß das Forderungsportfolio des Unternehmens in seiner Struktur für eine besicherte Wertpapieremission geeignet ist. Die Eigenkapitalbasis würde in der Folge deutlich steigen. Das darüber hinaus zur Expansion erforderliche Kapital könnte durch einen risikofreudigen Investor am sinnvollsten bereitgestellt werden. Das avisierte Volumen wäre ausreichend und die mit dem Neugeschäft erwartete Rendite würde die vergleichsweise hohen Refinanzierungskosten decken. Die Finanzabteilung arbeitet nun an einer entsprechenden Strategie. Für beide Finanzierungsvorhaben hat sich das Unternehmen einen spezialisierten Berater an die Seite geholt, der die nötigen Kontakte herstellen und den Prozeß überwachend begleiten soll.

ABS mit flexiblen Konstruktionen

Für Kran-Müller bedeutet die Emission eines Asset Backed Security (ABS) eine kapitalschonende Finanzierung durch Verkauf ihrer Forderungen. Die frei werdenden Aktiva lassen sich künftig gewinnbringend im Südeuropageschäft einsetzen. Gerade für größere Unternehmen aus dem mittelständischen Bereich ist der Verkauf von Forderungen ein probates Mittel, die Kapitalkosten spürbar zu reduzieren. Oftmals wird aber nicht die „kritische Masse" erreicht, dann müssen mehrere Emittenten gemeinsam ein entsprechendes Wertpapier begeben. Kran-Müller beispielsweise könnte nur Forderungen über 15 Millionen Euro verbriefen, wirtschaftlich lukrativer wären aber mindestens 20 Millionen Euro. Daher nimmt das Management Kontakt zu Drillmaster auf, einem auf den Vertrieb von Bohr-köpfen spezialisierten Unternehmen, das ein ständig revolvierendes Forderungs-volumen von fünf bis sieben Millionen Euro aufweist.

Beide Unternehmen planen nun die gemeinsame Emission von ABS, um ihre Forderungen gemeinsam zu verbriefen, dann am Kapitalmarkt zu plazieren und mit dem Erlös teure Bankkredite abzulösen. Entscheidend für die Umsetzung eines solchen Programms ist unter anderem ein erfolgreiches Pooling der jeweili-gen Teilportfolios in einem für diese Transaktionen sowohl quantitativ als auch qualitativ geeignetem Gesamtportfolio. In der Regel kann all dies eine traditionel-le Finanzabteilung nicht in Eigenregie leisten, sondern sie sollte sich dabei der Unterstützung von Banken, Wirtschaftsprüfungs- und Steuerberatungsgesellschaf-ten sowie besonders auf diese Transaktionen spezialisierten Consultants ver-sichern. Dies hat Kran-Müller bereits getan.

Voraussetzungen zur Emission von ABS

Grundsätzlich sollten die mit der Begebung von ABS entstehenden Kosten in Grenzen gehalten werden. Dies geschieht zunächst durch Standardisierung, das heißt die Forderungen werden hinsichtlich Fälligkeitsstruktur und Ausfallwahr-scheinlichkeit zu homogenen Gruppen zusammengefaßt. Darüber hinaus müssen sich diese Einzelportfolios der Mittelständler nach den von den Rating-Agenturen (insbesondere Standard & Poor's) für sogenannte Trade Receivables entwickelten Kriterien für eine Verbriefungs-Transaktion eignen (Portfolioqualität).

Im Idealfall sind sich auch die einzelnen Teilportfolios ähnlich, das heißt sie sollten ausschließlich aus Lieferungen und Leistung resultieren und hinsichtlich Fälligkeitsstruktur, Ausfallwahrscheinlichkeit, rechtlicher Bewertung, Schuldner-struktur, Schuldnergruppen und Marktgepflogenheiten keine nennenswerten

Unterschiede aufweisen. So können die Ankaufprozesse für alle Teilportfolios nach einem allgemeinverbindlichen Programmstandard zu vertretbaren Transaktionskosten realisiert werden (Kostendegression durch Standardisierung).

Es ist eine gängige Forderung von Forderungskäufern, daß die Forderungsverkäufer als Servicer und Inkassostelle über ein „Investment Grade"-Rating (nach interner Systematik des jeweiligen Forderungskäufers) verfügen müssen. Oftmals kann den Bonitätsanforderungen der Forderungskäufer auch durch Verbesserungen in der Programmstruktur entsprochen werden. Damit wären Forderungsverkäufer mit „Non-Investment Grade"-Rating nicht zwangsläufig von einer Teilnahme am Portfolio-Pooling-Programm ausgeschlossen. Auch können durch insolvenzfeste Strukturen der Aufwand und die Kosten für das interne Rating der Forderungsverkäufer verringert werden (Insolvenzrisiko des Forderungsverkäufers).

Hinsichtlich sowohl der Informationstechnologie (IT) als auch der Datendichte verfügen die Forderungsverkäufer in der Regel über einen ausreichenden Standard in der Verwaltung ihrer jeweiligen Teilportfolios. Dies ist notwendig, um die historische Performance der Teilportfolios beurteilen und um revolvierende Ankäufe standardisiert und ohne übermäßige Arbeitsbeanspruchung durchführen zu können (Portfoliomanagement). Schließlich muß es zu einer rechtsverbindlichen Regelung der Beziehungen der Forderungsverkäufer Kran-Müller und Drillmaster mit dem beigezogenen Consultant über Verantwortlichkeiten, Zuständigkeiten und Ziele kommen.

Das Arrangement und seine Zielsetzung

Kran-Müller und Drillmaster als Gemeinschaft entscheiden sich nun für einen revolvierenden Verkauf von kurzfristigen Forderungen aus Lieferung und Leistung nach entsprechendem Programm entweder an ein Asset Backed Commercial Paper Conduit, einen Spezialinvestor oder einen sogenannten Warehouser („Forderungskäufer"). Federführend bei der Konzeption, der finanziellen und rechtlichen Strukturierung sowie bei der Verhandlung dieses Programms ist die Finanzabteilung von Kran-Müller. Sie führt sämtliche Gespräche sowohl mit dem anderen Forderungsverkäufer Drillmaster als auch den Forderungskäufern, den

Rechtsanwälten, den Sicherheitentreuhändern und, sofern notwendig, den Rating-Agenturen.

Das zu erreichende Ziel – die Verbesserung der Finanzstruktur – setzt sich aus mehreren Komponenten zusammen. So wird zunächst mit einem geringeren zu zahlenden Zins auf das ABS eine Verringerung der Finanzierungskosten angestrebt. Der Verkauf von Forderungen und die Rückführung von Verbindlichkeiten führen zu einer Verkürzung der Bilanz und einer Stärkung der Eigenkapitalbasis. Zudem wird eine verbesserte Verhandlungsposition gegenüber Forderungskäufern erreicht.

Struktur und Volumina von ABS-Programmen

In der Diskussion sind Laufzeiten zwischen drei und sechs Jahren, wobei sowohl seitens Kran-Müller und Drillmaster als auch seitens der Forderungskäufer eine Priorität für eine Konstruktion mit fünfjähriger Fälligkeit besteht. Die abschließende Konstruktion läßt sich wegen der Besonderheiten der mit dieser vergleichsweise innovativen, für den ABS-Markt neuen Forderungsverkäufergruppe verbundenen rechtlichen Fragen und wegen möglicher Partikularinteressen noch nicht endgültig festlegen. Grundsätzlich wird es ein individualisiertes Asset-Backed-Programm klassischer Prägung sein, bei dem das „Pooling" von Teilportfolios bei gleichzeitiger Risikoabgrenzung zwischen den einzelnen Forderungsverkäufern als besonderes Charakteristikum hinzukommt.

Ökonomische Untergrenze dieser Programme sind in der Regel 20 Millionen Euro. Bei geringeren Beträgen läßt sich gegenüber den herkömmlichen Finanzierungsarten – in der Regel Bankkredite mit einer Verzinsung zwischen sieben und zehn Prozent – keine sinnvolle Einsparung erreichen, da ein größerer Teil der Transaktionskosten unabhängig vom Nennwert anfällt. Im Idealfall liegt das Emissionsvolumen sogar bei mindestens 50 Millionen Euro.

▌ Typisierung der Forderungskäufer

Für die Portfolien der beiden Unternehmen interessieren sich nun nach Suche des Consultants zwei Investoren. Der erste potentielle Forderungskäufer, mit dem die Finanzabteilung von Kran-Müller verhandelt, ist ein Spezialinvestor (allerdings keine Bank) und nähme die Teilportfolios auf die eigene Bilanz, da er keine Vorteile durch eine Off-Balance-Sheet-Lösung hat. Der Ankauf der Forderungen würde durch starke IT-Unterstützung erfolgen. Dieser Investor will das Ausfallrisiko allerdings in nur sehr begrenztem Maße übernehmen. So verbleibt der tatsächlich zu erwartende historische Ausfall („first loss") beim Forderungsverkäufer.

Würde darüber hinaus der Forderungskäufer auch das nach einer Rating-Methode zu ermittelnde zusätzliche wahrscheinliche Ausfallrisiko („second loss") übernehmen, so würde dies aller Voraussicht nach die Konditionen (Zinszahlungen) signifikant erhöhen. Eine besondere Anforderung wird an das „Servicing" seitens Kran-Müller und Drillmaster gestellt, das heißt an die Abwicklung der Forderungen und die Verwaltung des entsprechenden Geldeinganges. Eine „Due Diligence-Prüfung" erfolgt bei jedem Forderungsverkäufer. Die Überprüfung der rechtlichen Konstruktion des ABS erfolgt durch die Rechtsabteilung des Investors.

Der zweite potentielle Forderungskäufer ist eine Geschäftsbank, welche die Teilportfolios über ihr Commercial Paper Conduit ankauft. Inwieweit dieser Forderungskäufer auch den Ankauf von „Second-Loss-Positionen" darstellen kann, hängt davon ab, ob der „second loss" nachfolgend bei einem Spezialanbieter plaziert werden kann. Bei diesem Investor werden außerdem besonders hohe Anforderungen an die Bonität des Servicers („Investment Grade") gestellt. Es werden die Einschaltung eines Master Servicers vorgeschlagen und die Mandatierung von externen Rechtsanwälten. Damit sind die Transaktionskosten bei dieser Plazierungslösung erheblich.

▌ Mögliche Problembereiche

Beide Lösungsalternativen setzen eine befriedigende Lösung des Problems einer potentiellen Insolvenz des Forderungsverkäufers voraus. Neben bank- und IT-technischen Fragen beinhaltet dies auch die Klärung verschiedener rechtlicher Aspekte sowie eine Mindestbonität der Forderungsverkäufer (Sicherstellung des „Servicing").

Für alle einzubringenden Forderungen muß versichert werden, daß sie auch tatsächlich entstanden sind und derzeit nicht bestritten werden. Die alleinige Vorlage einer Rechnungskopie reicht dafür nicht (Plausibilität der verkauften Forderungen). Dieser Punkt hat erhebliche Bedeutung und kann zeitintensive Vorbereitungen mit sich bringen. Auf ihn legen aber die Forderungskäufer spätestens seit dem Zusammenbruch der deutschen Firma Flowtex besonderen Wert.

Hinsichtlich des „Pooling" der Forderungen und der individuellen Verteilung der Ausfallrisiken sieht der erste mögliche Investor größeren Regelungsbedarf, erachtet eine kostenintensive rechtliche Prüfung für unumgehbar und bevorzugt eine aufwendige Lösung. Die Consultants sehen in diesem Punkt allerdings keine größeren Probleme und favorisieren ein „Pooling" auf Basis von „standardisierter Einzeleinspeisung mit Risikoabgrenzung".

Ein möglicher Fortgang des Transaktionsprozesses könnte nach folgendem Schema erfolgen: Kran-Müller und Drillmaster formieren sich bis zu einem bestimmten Zeitpunkt. Dann wird der (externe) Arrangeur des ABS offiziell beauftragt. Nun erfolgt innerhalb von zwei Wochen die Klärung aller technischen und rechtlichen Anforderungen. Die Begebung ist dann für einen Zeitpunkt acht Wochen nach Formierung der Käufergruppe geplant.

▌ Indikation der Kosten und Zinsbelastung

Ein nennenswerter Teil der anfallenden Kosten ist unabhängig von der Emission und größtenteils unabhängig von der Anzahl der Forderungsverkäufer. Aufwendungen fallen vor allem an durch den „Due Diligence-Prozeß", die Strukturierung des ABS, die rechtliche Beratung und ein – soweit notwendig – externes Rating. Kosten verursachen auch die mehrfach stattfindenden Treffen der beteiligten Parteien mit den entsprechend notwendigen Abstimmungsprozessen; sehr aufwendig kann gegebenenfalls die Herstellung der technischen Voraussetzungen in den Unternehmen sein. Hinzu kommen noch sonstige Gebühren und Honorare.

Die laufenden Finanzierungskosten („Kupon") sind zum Teil volumenabhängig; die Kosten für Liquidität, Risikoübernahme „Investment Grade" und laufende Programm-Administration (Forderungskäufer und Consultant oder Treuhänder) können sich beispielsweise auf 1-Monats-EURIBOR plus etwa 3,5 Prozent jährlich belaufen. Eine Indikation für die Übernahme des „second loss piece" ist vom Einzelfall abhängig.

Gewöhnlich übernehmen Anleger das „second loss piece" nur gegen einen spürbaren Risikoaufschlag. Das Second-Loss-Risiko kann alternativ beim Forderungsverkäufer verbleiben oder bei Spezialanbietern plaziert werden. Die Kosten für die Übernahme des Second-Loss-Risikos durch Investoren oder Spezialanbieter lassen sich deshalb nicht abstrakt (das heißt ohne genaue Kreditanalyse) vorhersagen, weil es entscheidend auf den konkreten Risikogehalt der Second-Loss-Position ankommt (zum Beispiel Schuldnerkonzentration).

Ergebnis

Den genauen Zinsvorteil aus der Transaktion im Vorfeld ohne exakte Prüfung der Details zu bestimmen, ist schwerlich möglich. Im geschilderten Beispiel hätte er bei rund 200 Basispunkten gelegen, bei einem Volumen von 20 Millionen Euro, also eine laufende Zinsersparnis von 400 000 Euro jährlich bedeutet. Sind Aufwendungen für die Stellung der technischen Erfordernisse nicht zu hoch und fällt an Kosten nur der volumenabhängige Vorbereitungsaufwand an, wäre diese Transaktion für Kran-Müller und Drillmaster also vorteilhaft gewesen. Das Beispiel kann indes keine allgemeine Anleitung für die Emission von ABS sein, zu umfangreich, zu komplex und zu individuell sind die jeweiligen Einzelfälle. Es zeigt jedoch, welche Themenfelder in die Überlegungen und die Analyse einzubeziehen sind.

▌ Private Equity

Der Consultant hat in der Zwischenzeit Kontakt zu einer erfahrenen Private Equity-Gesellschaft, einem ausgegliederten Bereich einer großen Geschäftsbank, aufgenommen. Diese hat bereits Interesse signalisiert, sich mit 25 Millionen Euro beziehungsweise zu 50 Prozent an einer neuen Tochtergesellschaft von Kran-Müller fiktiv zu beteiligen (nachrangiger Kredit). Die Gesellschaft ist bereit, das mit einer Expansion in Südeuropa verbundene erhöhte Geschäftsrisiko im Baumaschinenbereich zu übernehmen. Der Financier hat bereits ähnliche Investments in Skandinavien und Rußland erfolgreich durchgeführt und weist daher in diesem Bereich bereits entsprechende Expertise auf.

Kran-Müller obliegt es nun, das Risikoprofil der Geschäftsausweitung in Südeuropa umfassend aufzuzeigen und den betreffenden Gewinnmöglichkeiten gegenüberzustellen. Szenarien für unterschiedliche Marktentwicklungen sind darin enthalten. Nach dem konservativen Ansatz von Kran-Müller wird eine Expansion ungeachtet der hohen Anlaufkosten gleich zu Beginn einen konstanten Einnahmestrom generieren, so daß dem Kapitalgeber vom ersten Jahr an ein vergleichsweise hoher Zins in Höhe von acht Prozent gezahlt werden kann. Dafür fällt der abschließende Bonus zum Ende der vierjährigen Vertragslaufzeit mit sieben Prozent vergleichsweise gering aus. Die fiktive Beteiligung des Private Equity-Gebers soll schließlich zum Preis von 35 Millionen Euro an Kran-Müller verkauft werden. Damit erreicht die jährliche Rendite des Financiers auf das eingesetzte Kapital nach Abschluß aller Teiltransaktionen rund 17 Prozent. Mit zunehmender Bonität von Kran-Müller soll das Engagement der Private Equity-Gesellschaft nach vier Jahren durch eine Schuldscheinemission abgelöst werden.

Im vorliegenden Falle konnte die geforderte Verzinsung noch vergleichsweise niedrig gehalten werden. Hätte die fiktive Kaufpreisforderung – und damit die Tilgung des Kredites – letztlich bei 40 Millionen Euro gelegen, wäre der durchschnittliche jährliche Zins auf über 20 Prozent gestiegen. Doch das Risiko der Expansion von Kran-Müller für die Schulddienstfähigkeit wurde vom Investor nur als durchschnittlich eingestuft. Um die Anlaufbelastung gering zu halten, fiel die laufende Zahlung mit zwei Millionen Euro jährlich moderat aus. Dies ermöglichte Kran-Müller ein Vordringen in neue Märkte.

9.4. Park & Schlaf: Finanzierungsbuch und Börsengang

Die Hotelkette „Park & Schlaf" ist ein deutschlandweit aktives Unternehmen mit elf Häusern in verkehrsgünstiger Lage. Im mittleren Qualitäts-, Service- und Preisbereich soll Reisenden ein Übernachtungsangebot mit sehr kurzen „Ein- und Aus-Check-Zeiten" gemacht werden. Die einzelnen Häuser werden in Form selbständiger Gesellschaften geführt und sind allesamt profitabel arbeitende Einheiten. Zur Sicherung der Erlössituation werden nun Modernisierungsarbeiten durchgeführt. Zudem sieht das Geschäftskonzept den Zukauf von zwei Häusern an neuen Standorten vor. Für beide Maßnahmen benötigt „Park & Schlaf" einen einmaligen Investitionsbetrag in Höhe von 15 Millionen Euro.

„Park & Schlaf" (P&S) ist eine Holdinggesellschaft in der rechtlichen Form einer GmbH. Auch die Hoteltöchter sind jeweils Gesellschaften mit beschränkter Haftung. Die einzelnen Beteiligungen gehören P&S in jedem Falle zu 100 Prozent, Gewinnabführungsverträge mit der Holding liegen vor. Die Finanzbeziehungen der Töchter bestehen ausschließlich mit der Muttergesellschaft, die das gesamte Finanzmanagement der Gruppe übernommen hat. Bislang ist P&S überwiegend mit Eigenkapital finanziert, die Fremdkapitalquote liegt unter zehn Prozent. Dies soll nach den Vorstellungen der Unternehmensführung auch so bleiben, wenngleich eine mögliche Expansion ins deutschsprachige Ausland möglicherweise mit Fremdkapital finanziert werden könnte.

P&S entschließt sich zum jetzigen Zeitpunkt für folgende Strategie: Der Kapitalbedarf für die anstehende Modernisierung und für den Gebäudezukauf soll durch einen Börsengang gedeckt werden. Darüber hinaus gehende Erlöse will das Management in die Liquiditätsreserven einstellen. Um auch eine eventuelle Kreditaufnahme zum gegebenen Zeitpunkt schnell über die Bühne bringen zu können, wird bereits jetzt die Dokumentation über die Darstellung der Eigenkapitalsituation hinaus zum umfassenden Finanzierungsbuch entwickelt.

▌ Unternehmensdarstellung als Finanzierungsgrundlage

P&S stellt zunächst das Unternehmen und dessen Strategie vor. Dazu gehören Aspekte wie Geschäftsbereiche, Erlösfelder (zum Beispiel Übernachtung, Gastronomie, Konferenzdienstleistungen oder allgemeiner Büroservice) und wesentliche Umsatzträger in der Gruppe. Der strategische Teil beschreibt das Geschäftskonzept sowie die Art und Weise der (zukünftigen) Umsetzung.

Diesem Teil folgt eine umfassende Marktübersicht mit einer detaillierten Schilderung des gesamtwirtschaftlichen sowie branchentypischen Umfeldes. Dazu gehören ebenso eine Darstellung der Wettbewerber und der Konkurrenzsituation in den einzelnen Geschäftsfeldern. Hinzu kommt die exakte Schilderung des Dienstleistungsproduktportfolios. Die Darstellung enthält ebenso Aussagen zum Vertrieb und Marketing von P&S. Der zweite Teil schließt mit einem Ausblick auf die hier geschilderten Aspekte.

Im dritten Teil wird die Organisation von P&S geschildert. Diese umfaßt einerseits sämtliche in der Unternehmensgruppe ablaufenden Prozesse (zum Beispiel Hol-und-Bring-Service, Wäscherei, Einkauf) sowie andererseits die Darstellung der Risikobereiche und des Risiko-Management. Hier wird unter anderem aufgelistet, welche Abhängigkeiten von einzelnen Kunden (-gruppen) bestehen, ob Zulieferer oder andere Vertragspartner durch Fehlverhalten maßgeblichen Einfluß auf das Geschäftsergebnis von P&S nehmen können und ob weitere nennenswerte Risiken für den operativen Prozeß oder die Finanzlage bestehen. Schließlich werden die Mitarbeiter vorgestellt hinsichtlich Zahl, Gehaltsgefüge, Fluktuation und Qualifikation.

Dem schließt sich im vierten Teil die Aktien- oder Kreditgeschichte an. Als GmbH ohne nennenswertes Fremdkapital fällt bei P&S die Darstellung zunächst positiv aus und ist erst im Zusammenhang mit der Finanzhistorie sowie Finanzplanung zu beurteilen. Zumindest sollten an dieser Stelle Aussagen zu Eigentümern und Eigentümerstruktur gemacht werden.

Im finalen fünften Teil stellt sich das Unternehmen in Zahlen und Prognosen vor. Dazu gehören auch bei P&S die Gewinn- und Verlustrechnungen, die Bilanzen, die Kapitalflußrechnungen sowie Simulationen künftig erwarteter Zahlen. Der maßgebliche Rückblickzeitraum hängt in der Regel von den erwähnenswerten Ereignissen der Vergangenheit und dem Bestehen des Unternehmens ab, sollte aber den Zeitraum von drei Jahren nicht unterschreiten. Der Zeitraum für die Vorausschau wiederum ist abhängig von der Laufzeit der angestrebten Finanzierung und der Vorhersagbarkeit der Entwicklung im jeweiligen Geschäftsfeld. Hier sind Prognose- und Simulationszeiträume zwischen drei und acht Jahren üblich.

Vereinfachter Börsengang

P&S beabsichtigt eine breit gestreute Finanzierung mit Eigenkapital, daher bietet sich ein Börsengang an. Um die Kosten möglichst niedrig zu halten, entscheidet sich das Management schließlich für ein vereinfachtes Emissionsverfahren. Durch die Eigenkapitalaufnahme soll die Unabhängigkeit des Unternehmens weitgehend erhalten werden. Zudem lassen sich mit Eigenkapital die saisonalen Ertragsschwankungen und die in Folge recht hohe Volatilität des Kapitalflusses leichter abfedern. So soll P&S im sogenannten Freiverkehr an die Börse gebracht werden.

Das Management beauftragt das in diesem Marktsegment renommierte kleine Bankhaus „Aktienkontor" mit der Plazierung der Anteilscheine, nachdem die GmbH in eine Aktiengesellschaft formgewechselt wurde. Da es sich nicht um ein öffentliches Angebot (IPO), sondern eher um eine Privatplazierung handelt, entfallen zahlreiche und kostentreibende gesetzliche und börsentechnische Anforderungen. Hier sind allein die Regelungen des Aktiengesetzes maßgeblich. Damit liegen die Kosten deutlich niedriger. Der gewählte Rahmen des Börsenganges erfordert ein niedriges Regulierungs- und so auch ein in der Emissionsfolge niedriges Kostenniveau. Aktienkontor kalkuliert die Gesamtkosten für die Aktienemission von P&S auf 75 000 bis 90 000 Euro. Danach werden jährliche Beträge von 25 000 bis 35 000 Euro veranschlagt.

Aktienkontor verpflichtet sich zur „geräuschlosen" Plazierung der Aktienpakete, das heißt die Distribution der neuen Aktien an die Käufer erfolgt zunächst ohne große Öffentlichkeitswirkung. Da Aktienkontor über einen großen Kundenkreis für Emissionen solch kleiner Unternehmen wie P&S verfügt, lassen sich insgesamt Stücke über 25 Millionen Euro plazieren.

Zwar führt die Herabsetzung der Standards und im vorliegenden Fall auch der Handelbarkeit der Anteilscheine (Freiverkehr) tendenziell zu einer Verkleinerung des Kreises interessierter (institutioneller) Investoren. Dies will P&S aber kompensieren und plant, ungeachtet der gegenüber den üblichen Börsenregeln verringerten Anforderungen aktiv zu kommunizieren, um so mittel- bis langfristig die Aufmerksamkeit der Anleger zu gewinnen. Dafür wird das Unternehmen Investorenpräsentationen im Internet einstellen, sogenannte Ad-hoc-Mitteilungen auf freiwilliger Basis abgeben und über die obligatorischen Jahresberichte hinaus zumindest halbjährliche Berichte erstellen. Zugleich ist die rege Teilnahme an relevanten Investorenkonferenzen vorgesehen.

9.5. Druck + Wasser: Bankkredit und Genußschein

Die Gesellschaft mit beschränkter Haftung „Druck + Wasser", ein führender Anbieter von Gartenschlauch- und Bewässerungssystemen, ist auf Grund der schlechten Geschäftsentwicklung in eine Krisensituation geraten. Das Management hatte versäumt, rechtzeitig den Einsatz von Steuerungselektronik in den Produkten zu forcieren und zu lange auf rein mechanische Lösungen gesetzt. Die Produkte von „Druck + Wasser" sind qualitativ recht hochwertig und genießen unter Experten einen guten Ruf. Daher ist das Vorhaben, nun verstärkt Elektronik einzusetzen, erfolgversprechend. Die technischen Voraussetzungen (Entwicklungsstand) sind bereits nachprüfbar gegeben. Um diese Trendwende aber letztlich bewerkstelligen zu können (Umstellung der Produktionsanlagen, Marketing und Vertrieb), sind zusätzliche Mittel in Höhe von rund 14 Millionen Euro notwendig.

Bereits über viele Jahre pflegte „Druck + Wasser" (D+W) einen exzellenten Kontakt zu seinen Geldgebern. Dies drückte sich in einem hohen Maß an Transparenz gegenüber den Banken aus. Die finanzierenden Institute waren stets umfassend und zeitnah über die aktuelle Entwicklung bei D+W informiert. Diese Offenheit ermöglicht dem Unternehmen nun die Verhandlung über eine von der Bank bereitgestellte kurzfristige Krisenfinanzierung bis eine längerfristige Mittelbereitstellung oder sogar ein strategischer Investor gefunden wird.

Offenheit als Erfolgskomponente

D+W kann die Hausbank überzeugen, zunächst einen Überbrückungskredit in Höhe von zehn Millionen Euro bereitzustellen. Dieser soll dann mit den Erlösen eines Genußscheines abgelöst werden. Eventuell wird in den kommenden Wochen und Monaten auch ein strategischer Investor (Industrieunternehmen) gefunden, der sich an D+W beteiligt oder sogar wesentliche Produktionsteile übernimmt. Der Bankkredit jedenfalls sichert das Überleben von D+W, das sich anderenfalls in die Insolvenz hätte begeben müssen. Damit hat die aktive Kommunikation von D+W sowie die Darstellung auch von Schwachpunkten und Fehlentwicklungen eine Vertrauensbasis aufbauen können, die es der Bank ermöglichte, trotz der zum gegenwärtigen Zeitpunkt hohen Risiken ein weiteres Engagement einzugehen. Daß der neue Kredit sich zu einem bereits ausstehenden Verbindlichkeitenvolumen von über 35 Millionen Euro gesellte, sei nur am Rande erwähnt.

Exkurs: *Betriebliche Liquidation und Insolvenz*

Die Liquidation ist die Auflösung und anschließende Abwicklung eines Unternehmens. Dabei werden die laufenden Geschäfte beendet, die Forderungen eingezogen und das übrige Vermögen in Geld umgesetzt. Anschließend werden aus den Unternehmensmitteln die Gläubiger befriedigt. Das nach der Berichtigung der Verbindlichkeiten verbleibende Vermögen des Unternehmens wird unter den Anteilseignern verteilt. In Abhängigkeit von der Rechtsform ergeben sich bei der Liquidation weitere Besonderheiten.

Die Insolvenz bezeichnet die Überschuldung oder Zahlungsunfähigkeit eines Unternehmens. Davon kann auszugehen sein, wenn entweder das Eigenkapital aufgebraucht ist oder wenn zwar noch ausreichend Vermögenswerte zur Verfügung stehen, aber die (flüssigen) Mittel fehlen, eine Forderung zum Zeitpunkt der Fälligkeit vollständig zu bedienen. In diesen Fällen wird vom Unternehmen selbst oder von Gläubigern die Eröffnung eines Insolvenzverfahrens beim Amtsgericht am Sitz des Unternehmens beantragt. Dieser Antrag wird vom Gericht in der Regel nur dann abgelehnt, wenn die im Unternehmen noch vorhandene Vermögensmasse nicht ausreicht, die Kosten des Verfahrens und des obligatorischen Insolvenzverwalters zu decken. Die rechtlichen Regelungen ergeben sich aus der Insolvenzordnung (InsO).

Das Insolvenzverfahren kann eröffnet werden über natürliche und juristische Personen einschließlich Unternehmen ohne Rechtspersönlichkeit und des nicht rechtsfähigen Vereines (§ 11 InsO). Wichtiger Bestandteil im durch die Insolvenzeröffnung ausgelösten Prozeß ist aus Sicht des insolventen Unternehmens der Insolvenzplan (§§ 217 bis 269 InsO), weil hier noch aktiv gestaltend in das

Procedere eingegriffen werden kann. Dieser Plan kann vom Insolvenzverwalter und dem betroffenen Unternehmen (Schuldner) dem Amtsgericht vorgelegt werden (§ 218 InsO). Der Insolvenzplan (siehe auch Kapitel 10.2., „Das Finanzierungsbuch") gliedert sich in einen darstellenden und einen gestaltenden Teil (§§ 219 bis 221 InsO). Zentrale Bedeutung kommt dabei den Vorschlägen hinsichtlich Zugeständnissen der Gläubiger zu, um den (möglicherweise veränderten) Geschäftsbetrieb im Interesse aller fortzusetzen.

Die möglichst interessewahrende Befriedigung der Gläubiger ist Grundlage eines Insolvenzplans. Anders als im anglo-amerikanischen Recht („Chapter 11") mit einer Präferenz für den Erhalt und Fortbestand eines Unternehmens steht in Deutschland die Gläubigerbefriedigung im Vordergrund. So schildert der darstellende Teil des Insolvenzplans zu treffende Maßnahmen, um die Voraussetzung für die geplante Gestaltung der Rechte der Beteiligten zu schaffen.

Dieser Teil enthält Angaben über Grundlagen und Auswirkungen des Plans. Dazu gehören eine Ursachenanalyse in Bezug auf den Insolvenzfall, ein Ausblick auf die Sanierungsfähigkeit und Sanierungswürdigkeit des Unternehmens sowie Aussagen dazu, wie diese im konkreten Fall zu erreichen sind und schließlich der Fortbestand des Unternehmens gesichert werden kann (Nachhaltigkeit). Im gestaltenden Teil wird dargestellt, wie die Rechtsstellung der Beteiligten durch den Plan geändert werden soll und wie dabei ihre Ansprüche befriedigt werden können. Dazu gehören neben der Vermögensübersicht vor allem auch der Ergebnis- und Finanzplan.

Der Insolvenzplan durchläuft nach seiner Erstellung mehrere Phasen. Zunächst wird der Plan nach Prüfung des Amtsgerichtes auf inhaltliche Vollständigkeit und Aussicht auf Annahme durch die Gläubiger dem Insolvenzverwalter und den Gläubigern zur Stellungnahme vorgelegt. Findet der Vorschlag nach dem Erörterungs- und Abstimmungstermin (mit eventuellen Änderungen) mehrheitlich sein „Placet" (§§ 244 bis 246 InsO), bedarf er noch der gerichtlichen Bestätigung, damit das bislang insolvente Unternehmen nach Maßgabe dieses Planes wieder aktiv werden kann. Mit der rechtskräftigen Bestätigung des Insolvenzplanes beschließt das Gericht die Aufhebung des Insolvenzverfahrens. Damit endet die Tätigkeit des Insolvenzverwalters, das Unternehmen erhält seine volle

Handlungsfähigkeit zurück; allerdings kann der Insolvenzplan Auflagen vorsehen. Dies betrifft nicht selten auch die Aufnahme neuer Kredite.

Eine Überwachung der Einhaltung des Insolvenzplanes kann vom Gericht angeordnet werden, was in der Regel bei komplexen Verfahren mit nennenswerten Volumina auch oft der Fall ist. Die Überwachung ist Aufgabe des Insolvenzverwalters. Sollten die Geschäftstätigkeit und vor allem die Entwicklung der Finanzen nicht dem Insolvenzplan entsprechen, leben die früheren Forderungen der Gläubiger wieder auf (Wiederauflebensklausel, § 255 InsO). Die Überwachung endet nach Gerichtsbeschluß, sobald die im Insolvenzplan genannten Ansprüche erfüllt sind beziehungsweise die Erfüllung gewährleistet ist oder drei Jahre seit Aufhebung des Insolvenzverfahrens vergangen sind und kein neuer Insolvenzantrag gestellt wurde. Die Überwachungskosten trägt der Schuldner.

Emission eines Genußscheines

Der Einstieg eines strategischen Investors bei D+W scheint zum gegenwärtigen Zeitpunkt und zu lukrativen Konditionen wenig wahrscheinlich. Daher wird die Begebung eines Genußscheines vorangetrieben. Das Bankhaus hat vor der Kreditvergabe unter den möglichen Käufern eines Genußscheines bereits „vorgefühlt" und ist auf reges Interesse gestoßen. Dazu trägt nicht unerheblich bei, daß D+W bei günstigem Geschäftsverlauf bereit ist, einen Kupon in Höhe von zehn Prozent jährlich zu bezahlen.

Die Genußscheininvestoren spekulieren auf die schnelle technische Weiterentwicklung der D+W-Produkte und rechnen mit einer positiven Entwicklung des operativen Geschäftes schon in der nahen Zukunft. Viele der Anleger erweitern damit ihr Portfolio um eine neue Adresse aus dem Mittelstand. Sollte die Trendwende gelingen, beschert das Unternehmen den Investoren einen regelmäßigen Ertrag aus einem stetigen Kapitalfluß mit vergleichsweise geringer Volatilität.

Auf ein externes Rating verzichtet D+W, zum einen, weil es gegenwärtig ohnehin nur sehr schwach ausfallen würde, zum anderen, weil die avisierte Investorenbasis – nicht zuletzt wegen des renommierten Namens von D+W – nach einer expliziten Bewertung gar nicht verlangte. Ein Rating ist zur Emission eines Genußscheines in der Praxis auch nur selten erforderlich, obgleich dieses Finanzinstrument in der Regel in der Hierarchie der Gläubiger nachrangig ist und üblicherweise nicht besichert wird. D+W verpflichtet sich allerdings in den Genußrechtsbedingungen explizit zu umfassenden Informationsmaßnahmen. Auf ein vorzeitiges Kündigungsrecht verzichtet das Unternehmen. Darüber hinaus räumt D+W den Investoren mit dem Kauf des Genußscheines die zusätzliche Option ein, zum Ende der Laufzeit Anteile am Unternehmen zu erwerben.

Der emittierte Schuldschein hat schließlich eine Laufzeit von acht Jahren. Die Verzinsung beträgt im günstigen Falle zehn Prozent (positive Geschäftsentwicklung), was in einem Niedrigzinsumfeld eine attraktive Anlagemöglichkeit für Investoren darstellt. Das Bankhaus stellt beim Schließen der Orderbücher fest, daß der geplante D+W-Genußschein über 15 Millionen Euro etwa 1,5-fach überzeichnet ist. Gleichwohl wird das Papier zu den ursprünglich angekündigten Konditionen an den Markt gebracht. Mit dem richtigen Hintergrund, den richtigen Finanzierungspartnern und den richtigen Konditionen lassen sich also auch in Krisenzeiten Mittel mobilisieren.

10. Realisierung der Finanzierungsmaßnahmen

Die Herstellung der Finanzierungs- oder Kapitalmarktreife, die Auswahl der passenden Instrumente und die Einbettung des Finanzkonzeptes in die Unternehmensstrategie sind notwendige, aber noch keine hinreichenden Bedingungen für eine erfolgreiche Mittelbeschaffung. Erst die tatsächliche Realisierung der Finanzierungspläne führt dem Unternehmen die benötigten Gelder zu. Erfolgreiche Kapitalmaßnahmen beschränken sich dabei nicht nur auf „technische Komponenten", Bonität und Kapitaldienstfähigkeit, sondern beschäftigen sich auch mit der konkreten Vermarktung und Umsetzung der Finanzierungsvorhaben. Hierzu gehört das Marketing des Finanzmanagement ebenso wie die optimierte Darstellung und Präsentation des Unternehmens nebst angemessener Kommunikation.

10.1. Aufbau der Finanzierungsgeschichte

Ähnlich den Lebensläufen von Berufstätigen müssen sich auch Unternehmen in der Geschäftswelt ein Leistungs- und Kompetenzprofil geben, mit Hilfe dessen Investoren die Finanzierungsreife und die Erfolgsperspektiven der Gesellschaft bewerten und nachvollziehen können. Diese Historie/ Entwicklung ist Teil des Finanzmanagement und Marketinginstrument zugleich. Die Darstellung setzt sich zusammen aus der Geschäfts- und Bonitätsentwicklung einerseits sowie aus den im Zeitablauf vereinbarten Finanzierungskonditionen andererseits. Die Finanzierungsgeschichte dient dabei gleich mehreren Zwecken: Basis zur Unternehmensbeurteilung seitens der Investoren, Entwicklung von Profilierungsstrategien, Erstellung langfristiger Imagekonzepte und zielgerichtete Ansprache und Betreuung der Investoren.

Die Analyse der jeweiligen Situation, die Erfassung des Finanzierungsanlasses, die Darstellung der wirtschaftlichen Verhältnisse, die Auswahl des geeigneten Instrumentes und schließlich die Einbettung der konkreten Kapitalbeschaffungsmaßnahme in den unternehmerischen Gesamtzusammenhang erleichtern den Geldgebern bei Kenntnis dieser Faktoren die Investitionsentscheidung. „Technische Komponenten" sind also lediglich die Hälfte des Weges zur Mittelbeschaffung. Erst das entsprechende „Werben" um das benötigte Kapital mit gleichzeitigem Aufzeigen der Unternehmenserfolge und der entsprechenden Managementqualitäten sichert günstige Konditionen und den nachhaltigen Finanzierungserfolg.

So ist es unter anderem erklärtes Ziel eines erfolgreichen Finanzmanagement, bei Investoren die Resonanz zu erreichen, welche die Investoren denken lässt: „Ich mag den Emittenten." Dies bedeutet in der Folge eine günstige Risikobewertung durch die Marktteilnehmer und eine vorteilhafte Gesamteinschätzung seitens der Anleger. Auch Rating-Agenturen registrieren eine positive Entwicklung der Marktmeinung.

Zweifellos bestimmen Zahlen und Fakten die finanzielle Historie eines Unternehmens, und die tatsächlichen Zustände lassen zunächst wenig Interpretationsspielraum. Doch die Art der Darstellung und vor allem die Möglichkeit zur Verknüpfung mit künftigen Perspektiven bieten zahlreiche Gelegenheiten, den Tenor der Finanzdarstellung positiv zu färben. Gleiches gilt auch für das bei Kapitalbeschaffungsmaßnahmen wichtige Market Sentiment. Dies ist durch ein adäquates Schulden- und Kommunikationsmanagement in gewissem Rahmen durchaus beeinfluß- und steuerbar. Dabei kommt dem Kontakt zu den Investoren höchste Relevanz zu.

Zu guter Letzt erlauben besonders die Schuldenvergangenheit und/oder Wertentwicklung des Eigenkapitals eines Unternehmens den Investoren, sich ein Bild von der Qualität der Unternehmensführung zu machen. Daraus resultieren die Wertschätzung für den Emittenten und letztlich die Finanzierungskosten für das Unternehmen. Die Beachtung des Market Sentiment erlangt daher auch aus diesem Grunde eine außerordentliche Bedeutung.

▌ Market Sentiment

Die Stimmung an Kapitalmarkt und Börse, das Market Sentiment oder auch die Marktmeinung gegenüber einem Emittenten ist entscheidend für die Performance seiner ausstehenden Titel und damit für künftige Finanzierungsbemühungen. Hier ansetzende Steuerungsmechanismen müssen aus diesem Grunde besonders differenziert und wirkungsvoll sein. Der Effekt und die Wahl der Struktur der bislang emittierten Instrumente entscheiden letztlich über den Marktzugang des Unternehmens, das heißt in welchem Umfang ein Emittent Mittel aufnehmen kann.

Das kapitalsuchende Unternehmen hat die Möglichkeit, über verschiedene Kanäle den Meinungsbildungsprozeß im Zusammenhang mit der Finanzierungsgeschichte zu beeinflussen. Dies geschieht zum einen durch direkten Informationsfluß zu den Investoren, zum anderen durch den Informationsfluß zu den sogenannten Meinungsintermediären, so zum Beispiel die Analysten oder Rating-Agenturen, aber auch die Wirtschafts- und Finanzpresse.

Je aktiver das Unternehmen in der Kommunikation gegenüber den Finanzmarktteilnehmern ist, desto positiver fällt tendenziell die Wahrnehmung am Markt aus. So gilt es, daran zu arbeiten, die Einstufung in der „Bewertungs- und Wertschätzungsskala" zu erhöhen. Außerdem besteht die Möglichkeit, durch intensive Kooperation und den Austausch einer großen Zahl an Daten – was eine größere Prognosequalität erlaubt – die ausführliche Kommentierung der Rating-Agenturen positiv zu färben. Darüber hinaus könnte sich dies ebenfalls günstig auswirken auf die Erstellung von Ausblick und Tendenz.

In diesem Prozeß gereicht dem Unternehmen bereits das Aufnehmen von Kommunikation zum Vorteil, signalisiert dies doch Bereitschaft, sich mit den Kapitalgebern aktiv auseinanderzusetzen. In einem weiteren Schritt sollte versucht werden, mit vorteilhaften Elementen der Unternehmensgeschichte den Finanzmarkt „positiv zu stimmen". Dazu gehören beispielsweise auch die Kooperation mit Rating-Agenturen und das Initiieren von aussagekräftigem Research; dies bedeutet, Analysten davon zu überzeugen, sich ausführlich mit dem Unternehmen und seinen Emissionen zu beschäftigen.

So steigt die Zahl der Einflußfaktoren auf die Finanzierungsgeschichte und macht das entsprechende Meinungsbild nachhaltiger. Gleichzeitig erhöhen sich die Zahl regelmäßiger Analysen und die Menge an ausführlichem Informationsmaterial. Letztlich ergibt sich aus dieser Entwicklung der Anlaß zu häufigerer Ansprache der Investoren. Schließlich sind damit die beiden Hauptziele – Reduzierung der Finanzierungskosten und größere Flexibilität am Markt – erreicht.

Eine diesbezüglich positive Entwicklung ermöglicht die Emission attraktiver, auf die Unternehmensfinanzierung individuell zugeschnittener Eigen- und Fremdkapitalinstrumente. Gleichzeitig steigt die sogenannte Krisenfestigkeit, das heißt der Emittent hat jederzeit und mit jeden vernünftigen Volumina Zugang zum Kapitalmarkt; dies sichert ihm dauerhaft die Liquiditätsversorgung. Dieser Zustand wird um so nachhaltiger erreicht, je größer die Zahl der Endinvestoren ist und infolge die Volatilität sinkt. Insgesamt führen diese Faktoren wiederum zu einer Erhöhung des Kurspotentials.

Akteure am Finanzmarkt und ihre Meinungsbildung

Die Geschwindigkeit, mit der sich Veränderungen am internationalen Finanzmarkt vollziehen, nimmt ständig zu. Damit verlieren auch bisher gültige Zusammenhänge, Korrelationen, Schemata und analytische Usancen an Bedeutung. Die Marktteilnehmer verlangen daher verstärkt Informationen, um diesen Orientierungsverlust ausgleichen zu können. Kapitalnehmer müssen nunmehr selbst aktiver an der Versorgung der Kapitalgeber mit relevanten Informationen teilnehmen und dies nicht mehr allein den Meinungsintermediären überlassen. Kredit- und Aktienanalysten werden heute mit regelmäßigen Untersuchungen der Unternehmen zum Marktsegment ausgestattet, mehr als dies noch Anfang der neunziger Jahre der Fall war. Hinzu kommt häufig ein persönlicher Kontakt. Rating-Agenturen erhalten mittlerweile ausführliche Kommentare zu bestimmten Sachverhalten sowie die jeweiligen Tendenzprognosen. All dies beeinflußt die Wahrnehmung am Kapitalmarkt.

Tabelle 75. Informationsbereiche und Informationspflichten von Emittenten

Unternehmenssektor	Themenbereich
Operatives Geschäft	◆ Unternehmensstruktur (welcher Unternehmensteil „hält" die Verschuldung?). ◆ Planungen zu Zusammenschlüssen und Akquisitionen (M&A). ◆ Geschäftsschwerpunkte und Strategien. ◆ Ergebnisse. ◆ Kapitalfluß (Cashflow) und seine Quellen.
Strategie	◆ Auswirkung strategischer Prozesse auf die Konzerndaten. ◆ Einfluß regulatorischer Änderungen auf die Unternehmensstrategie, Maßnahmen zur Abwehr unerwünschter externer Einflüsse.
Rating	◆ Rating und Bewertungsrelationen (Ziele, Systeme).
Finanzgeschäft	◆ Forderungen und Verbindlichkeiten (regionale Außenstände, Interdependenz mit Drittschuldnern). ◆ Liquiditätslage. ◆ Verschuldung nach Art und Struktur.
Rechtsfragen	◆ Rechtliche Gestaltung der Verschuldung und damit zusammenhängender Fragen.

Zu jeder Unternehmensdarstellung gehören im Finanzmarktbereich eine sogenannte Kredithistorie („Credit Story") und/oder Leistungsgeschichte („Equity Story"). Diese Darstellungen sind essentiell zur Einschätzung von Bonität und Kurspotential eines Unternehmens. Mit dem richtigen Entwurf der Historie und des Ausblicks sorgt die Gesellschaft am Finanzmarkt für Unverwechselbarkeit, sie gibt sich ein Profil; was auch die Skizzierung eines Szenarios bedeutet, welches steigende Bonitäten wahrscheinlich macht oder bei Investoren Anlagephantasie weckt. Dies verdeutlicht die Bedeutung des Informationsflusses, den ein Unternehmen zu generieren hat. Denn je professioneller der öffentliche Auftritt, desto besser das Market Sentiment, die Marktmeinung gegenüber den Emittenten. Dazu gehört über die Betreuung der Investoren hinaus die nötige „Coverage" des Unternehmens durch die Kredit- und Aktienanalysten zu initiieren. Zielgruppe sind Banken und Research-Häuser.

| Unternehmensdarstellung als Markenzeichen

Ein Baustein der Finanzierungsarchitektur einer Gesellschaft ist die Profilierung am Finanzmarkt über Art, Offenheit und Ausführlichkeit der Unternehmenspräsentation. Emittenten von Eigen- und Fremdkapitaltiteln sollten sich rechtzeitig am Finanzmarkt positionieren, um ihre Papiere für die Portfolien der Anleger attraktiv zu machen. Im Zuge des Auswahlverfahrens hat sich dann der Anleger mit einer ganzen Reihe zusätzlicher Fragen auseinanderzusetzen, zu deren Beantwortung der Kreditnehmer wichtige Informationen zur Verfügung stellen kann. Dies macht ihn besser einschätzbar und fördert das Vertrauen künftiger Anleger. Die erkennbare Entwicklung hin zu alternativen Finanzierungsquellen und das Erfordernis von aktiv zu führender Kommunikation zwischen Kapitalnehmern und Kapitalgebern werden zu einem Wandel in einer ganzen Reihe von wichtigen Themenfeldern führen. Die Zusammenfassung all dieser Überlegungen wird im sogenannten Finanzierungsbuch konzentriert (siehe auch Kapitel 10.2.).

Die Zunahme an komplexen, aber gleichzeitig individualisierbaren Finanzierungsformen und -erfordernissen wird es einem größeren Kreis an Kapitalsuchenden ermöglichen, Zugang zu Finanzmitteln zu erhalten. Dieser Trend wird Adressen neu an den Markt bringen, die sich bislang gar nicht oder nur kaum über Beteiligungen, Aktien oder anleiheähnliche Instrumente finanziert haben. Die Debütanten und Quasi-Debütanten müssen sich aber ihr Profil erst noch erarbeiten und treten damit in Konkurrenz zu vergleichbaren Unternehmen ihrer Branche, ihrer „Peer Group". Und gerade als Novize muß – soll die Mittelaufnahme erfolgreich sein – doppelt vorgearbeitet werden. Zum einen gilt es, die Verwendung der bislang eingesetzten Gelder zu rechtfertigen und zu erklären, zum anderen ist das Unternehmen selbst in einem solchen Maße darzustellen, daß der potentielle Investor sich überhaupt erst mit Details beschäftigt.

Eine wichtige Aufgabe ist schließlich auch die fortlaufende Ermittlung des Market Sentiment, um Kenntnis darüber zu besitzen, wie die eigene Unternehmensdarstellung am Markt ankommt und von den Marktteilnehmern aufgenommen wird. Wird dieses Meinungsbild über einen längeren Zeitraum festgestellt, so lassen sich die Entwicklung analysieren und die Ergebnisse wiederum in der Finanzierungsgeschichte verarbeiten.

Bei der Aufbereitung der entsprechenden Darstellungen muß sichergestellt sein, daß die einzelnen Komponenten (Eigenkapital und Fremdkapital) kompatibel und konsistent sind, das heißt sich Fakten oder Signale nicht widersprechen. Die Imageprofile müssen einheitlich sein. Zwar wird der jeweilige Fokus unterschiedlich gesetzt, gleichwohl gilt für Eigen- wie Fremdkapitalseite gleichermaßen, daß Datenbasis, Informationshintergrund und Perspektiven sauber aufbereitet sein müssen. Ansonsten besteht die Gefahr, daß es zu einer nachhaltigen Störung des Market Sentiment kommt und infolge dessen zu einer deutlichen Erhöhung der Finanzierungskosten.

Darstellung aussagekräftiger Indikatoren

Die Finanzierungs- und Unternehmensgeschichte muß sich schließlich – ungeachtet der Notwendigkeit einer umfassenden Darstellung – auf wenige Indikatoren fokusieren lassen, um Vergleichbarkeit zwischen den jeweiligen Kapitalnehmern herzustellen. Bei Unternehmen mit börsennotierter Fremdverschuldung ist dies die Entwicklung der Risikoprämie beziehungsweise das externe Rating. Die Finanzierungskonditionen können so im Zeitablauf systematisch erfaßt und eventuell um die Entwicklung eines internen Rating angereichert werden. Potentielle Investoren erhalten somit einen guten Überblick zur Risikoentwicklung im Unternehmen.

Ähnliches gilt für Eigenkapital. Zunächst einmal liefern der Aktienkurs (absolut und relativ) und seine Volatilität ein objektives Bild zur Einschätzung des Unternehmens durch die Marktteilnehmer. Beides findet gegebenenfalls Ergänzung durch Hinzuziehung der Bewertungen seitens der Analysten. Diese im Entscheidungsfindungsprozeß der Investoren wichtigen Größen geben den kapitalsuchenden Unternehmen zumindest mittel- bis langfristig die Möglichkeit, durch entsprechende Einflußnahme ihre Finanzierungskonditionen zumindest teilweise selbst im Rahmen der Finanzierungsgeschichte mit zu bestimmen.

▌ Exkurs: *Steuerung von Renditeerwartung und Risikoprämie*

Risiko und Gewinne werden unter anderem bestimmt von den Veränderungen auf den Absatzmärkten des kapitalsuchenden Unternehmens. Ein Umsatzeinbruch auf dem Halbleitermarkt beispielsweise dürfte in aller Regel die Erlöse der Chiphersteller beeinträchtigen, so daß zumindest mittelfristig mit einer Verschlechterung des Kapitalflusses und der Gewinnsituation zu rechnen sein dürfte. Das erhöht tendenziell die Risikoprämie („Spread") auf ausstehende Schuldtitel und senkt die Bewertung für Eigenkapitalpapiere. Die Unternehmensfinanzierung hat nun die Aufgabe darzustellen, wie die mittelfristige Marktentwicklung einzuschätzen ist, welche unterschiedlichen Szenarien denkbar sind und vor allem welche strategischen operativen Maßnahmen das Management ergriffen hat, um die negativen Auswirkungen während dieser Phase (teilweise) zu kompensieren.

Technologische Änderungen zählen ebenso zu den Einflußfaktoren auf Bonität und Ertragskraft. Wird von einem Produzenten eine völlig neue, weitaus leistungsfähigere Chipgeneration entwickelt, so drückt dies augenblicklich die Gewinnaussichten der konkurrierenden Unternehmen mit den bereits geschilderten Auswirkungen zum Beispiel auf begebene Anleihen. Das Finanzmanagement kann hier aufzeigen, wie stark dieser Effekt auf die Bonität des eigenen Unternehmens ist oder wie weit bereits die Entwicklung vergleichbarer Produkte im eigenen Hause vorangeschritten ist und wie sich das Management auf diese Aufgabe vorbereitet hat.

Auch eine sich wandelnde Konkurrenzsituation hat in der Regel Auswirkungen auf die Unternehmensfinanzen. Scheiden beispielsweise auf Grund der geschilderten technologischen Entwicklung Hersteller aus dem Markt aus, so konzentriert sich fortan das Geschäft auf einen (deutlich) kleineren Kreis von Produzenten. Deren Bonität und Gewinnpotential verbessern sich dann durch diese Entwicklung, die Risikoprämie beginnt zu sinken, die Aktien-Ratings erhöhen sich. All diese Faktoren lassen das Profil einer Gesellschaft variieren und unterziehen das Bonitäts- und Risikopotential eines Emittenten einem ständigen Wandel. Diesen Prozeß kommunikativ optimal im Sinne des Unternehmens zu begleiten, ist Aufgabe besonders auch des Finanzmanagement.

▌ Unternehmensfinanzierung im Spannungsfeld von Rendite und Risiko

Erfolgreiches Finanzmanagement bedeutet immer auch die Optimierung der Rendite-Risiko-Relation aus Unternehmenssicht. Hinsichtlich Fremdkapital besteht daher die Aufgabe, über die Angleichung von empfundenem und tatsächlichem Risiko eine Optimierung der Risiko-Ertrag-Relation zu erreichen. Hinsichtlich Eigenkapital gilt, bei einem gegebenen Risiko die Aussicht auf einen künftigen Renditeanstieg in den Vordergrund zu stellen.

Tabelle 76. Informationsbedarf der Investoren in Abhängigkeit von der Unternehmenslage

Anlagezeitpunkt	Informationsschwerpunkt des Emittenten
Debütant am Kapitalmarkt	Bei neuem Rating: Erklärung des Rating, ansonsten Bericht zum Stand der Rating-Vorbereitung beziehungsweise „Als-ob-Rating"; Verwendung der Mittel; Geschäftsstrategie.
Eingeführte Adresse mit neuer Emission	Finanzlage; Verwendung der Mittel.
Werbung/Promotion für bereits umlaufende Titel	Refinanzierungsbedarf für auslaufende Titel; Credit Story; Bonitätspotential und Rating-Potential.
Nettoneuverschuldung	Erklärung des zusätzlichen Verschuldungsbedarfes; modifizierte Geschäftsstrategie.
Krisenfinanzierung	Detaillierte Geschäftsstrategie mit Alternativszenarien; minutiöse Liquiditätsrechnung; Nennung möglicher Stolpersteine.
Teil eines vielschichtigen Finanzierungspaketes	„Aufschnüren" des Gesamtpaketes, Darstellung, Erklärung der Sinnhaftigkeit und des Erfordernisses der einzelnen Komponenten und Tranchen.

Die analytische Basis liefern Markt- und Sentiment-Studien, sogenanntes Perception Research. Dies ermittelt die aktuelle Marktmeinung, identifiziert Trends und Hintergründe, zeigt Optimierungsmöglichkeiten bei Aktien- und Kreditgeschichte auf und legt die Grundlage für zielorientierte Empfehlungen von Steuerungsmaßnahmen. Vor diesem Hintergrund beschäftigt sich die moderne Unternehmensfinanzierung mit unterschiedlichen zusätzlichen Themenfeldern.

Dazu gehören die Frage nach dem Umgang mit Fremd- und Eigenkapital im Unternehmen, die Herstellung von Kontakten, das Führen von (Test-) Gesprächen mit Investoren, die Pflege der Beziehungen zu den Anlegern und Gläubigern sowie deren kontinuierliche Versorgung mit Informationen. Bei Debütanten kommt hinzu, daß sie sich erst einmal angemessen auf den Finanzmarkt vorbereiten müssen. Zahlen allein können irreführend sein, die Darstellung und Erklärung im Gesamtzusammenhang ist wichtig. Unternehmensdarstellung bedeutet daher auch: „Erklären – nicht verstecken!"

▌ Die drei Bausteine der Unternehmensfinanzierung

Erfolgreiches Finanzmanagement setzt sich im wesentlichen aus drei Säulen oder Bausteinen zusammen. Dies ist zunächst die „Analyse", das heißt die Bestandsaufnahme aller relevanten Daten und Faktoren sowie der Möglichkeiten und Ziele des Unternehmens. Entscheidend für das Niveau der wirtschaftlichen Verhältnisse sind in diesem Zusammenhang zum einen das Gleichgewicht der Finanzpositionen und zum anderen eine ausreichende Liquiditätsposition. Zu dieser Bestandsaufnahme gehören weiterhin die Risikoerfassung und die Risikosteuerung. Abgerundet wird die Analyse durch die Erfassung der Wettbewerbssituation und des Marktumfeldes.

Die zweite Säule sind die „Investoren". Ihnen kommt bei der Unternehmensfinanzierung die zentrale Rolle zu. So hat das Finanzmanagement nicht nur die relevante Zielgruppe an Anlegern für das Unternehmen im allgemeinen und für die konkrete Finanzierungssituation im speziellen zu eruieren, sondern auch die optimierte Form der Ansprache der potentiellen Kapitalgeber zu finden. Erfolgsentscheidend ist dabei die „Treffergenauigkeit" bei der Suche und Kontaktaufnahme geeigneter Investoren.

Die dritte Säule schließlich bilden die „Dokumentation und Darstellung". Sie sind quasi der Brückenpfeiler, auf dem die Verbindung zwischen Analyse und Investor ruht. Zur Präsentation des Unternehmens zählen Darstellung und Erklärung des Rendite-Risiko-Profils, die Erläuterung der Planungen und Prognosen und die Vermittlung von Kompetenz und Managementqualitäten. Die gesamte

Dokumentation sollte dabei Transparenz und Offenheit ausstrahlen, um ihr ein hohes Maß an Glaubwürdigkeit zu geben. Unternehmensfinanzierung besteht aus zwei Gleichungen mit drei Variablen, daher kann es keinen mathematischen Lösungsweg für den Erfolg geben. Neben den theoretischen Grundlagen zählen vor allem Erfahrung, Kontakte und das richtige Gespür.

10.2. Das Finanzierungsbuch

Die Dokumentation der wirtschaftlichen Verhältnisse eines Unternehmens, seiner Bonität und der Entwicklungsperspektiven mit all ihren Facetten wird im sogenannten Finanzierungsbuch zusammengeführt. Dieses ist das „Logbuch" des Unternehmens, es beschreibt die Historie und aktuelle Situation einer Gesellschaft. Gleichzeitig gibt es Hinweise darauf, welcher Kurs künftig genommen werden soll. Je nach Einsatzzweck finden sich auch andere Bezeichnungen: Investorenhandbuch, Fact Book, Investmentreport, Bank Financing Report, Credit Book oder Finanzbericht. In jedem Falle aber erlaubt die Darstellung einen umfassenden Einblick in die Unternehmung und ermöglicht durch ihre klare Gliederung rasche Finanzierungsverhandlungen auch zeitgleich mit mehreren potentiellen Kapitalgebern.

Das Finanzierungsbuch dient als ausführliche Visitenkarte und erschöpfende Informationsbasis bei der Realisierung von Finanzierungsvorhaben. Wesentliche Inhalte sind die Analyse des Unternehmenszustandes und die zielgerichtete Verarbeitung beziehungsweise Interpretation der zur Verfügung stehenden Informationen. Hinzu kommen Aussagen zu Bonität und Rating des Unternehmens einschließlich Aussagen zu den Konditionen der bisher zur Verfügung gestellten Finanzmittel.

Dies findet Ergänzung in einer Aufstellung möglicher Sicherheiten für Eigen- und Fremdkapitalgeber gleichermaßen und einer Präsentation der Kapitaldienstfähigkeit. Leitlinie bei der Erstellung des Finanzierungsbuches sind Vollständigkeit und Aktualität der Angaben. Ideales Ergebnis ist die vielseitige Einsatzmöglichkeit dieses „Buches" bei Finanzierungsverhandlungen unabhängig von der Kapitalart. Das Finanzierungsbuch stellt letztlich eine vom kapitalsuchenden Unternehmen selbst vorgenommene „Due Diligence" dar, die es Geldgebern erheblich erleichtert, (rasch) Entscheidungen zu möglichen Mittelvergaben zu treffen.

Im wesentlichen besteht das Finanzierungsbuch aus einem qualitativen und einem quantitativen Teil. In der qualitativen Darstellung finden beispielsweise Erläuterung die Eigentümerstruktur, die Unternehmensentwicklung der vergangenen drei Geschäftsjahre sowie des laufenden Geschäftsjahres, die Planungsszenarien (inhaltlich), die Produkt- und Innovationskraft, die Produktionsmöglichkeiten, das Markt-, Wettbewerbs- und Distributionsumfeld, die Organisation und das Management sowie die Unternehmensfinanzierung und der eventuell konkrete Finanzierungsanlaß. Die quantitative Darstellung umfaßt die Gewinn- und Verlustrechnung, die Bilanz, die Kapitalflußrechnung sowie wichtige Kennziffern; hinzu kommen die bisherigen Finanzierungsmaßnahmen, die Kapitalstruktur, die Konditionen und Fristigkeiten.

Tabelle 77. Gliederung eines Finanzierungsbuches

Thema	Inhalte
Unternehmen, Struktur und Strategie	◆ Unternehmensvorstellung. ◆ Charakteristika des Unternehmens. ◆ Geschäftsbereiche. ◆ Konzerngesellschaften und Beteiligungen. ◆ aktuelle Entwicklung und Geschäftsstrategie.
Marktumfeld und Wettbewerb	◆ Marktübersicht und Konkurrenten. ◆ Produkte, Produktportfolio: Produkt- und Dienstleistungsprogramm, Umsatzentwicklung nach Hauptproduktgruppen in den vergangenen drei Jahren, Alleinstellungsmerkmale, Wettbewerbsvorteile, Neuentwicklungen, Präsentationsmaterial. ◆ Kapazitäten für die nächsten Jahre. ◆ Distribution, Absatz und Absatzmärkte: Marketing, Kundenstruktur, Regionen und Marktanteile, Zwischenhändler. ◆ Dominanz einzelner Produkte und einzelner Kunden. ◆ Marktstudien von Dritten (zum Beispiel Forschungsinstituten oder Banken). ◆ Produkteinführungen: Forschung und Entwicklung, Investitionen, Plausibilitätsrechnung, Planungsrechnung.

Tabelle 77. (Fortsetzung)

Thema	Inhalte
Organisation	◆ Prozesse: Produktionsabläufe, Lieferantenverhältnisse, Abhängigkeiten, Qualitätsmanagement. ◆ Distributionsketten. ◆ Risikomanagement (inkl. Versicherungen). ◆ Mitarbeiter: Qualifikationen und Strukturen, Fluktuation, Angaben zu Geschäftsführern und zum Management, bei Personengesellschaften auch zu den Vermögensverhältnissen persönlich haftender Gesellschafter.
Aktien- und Kreditgeschichte	◆ Eigentümer. ◆ Unternehmensentwicklung und Expansion. ◆ Aktienhistorie und Kreditentwicklung. ◆ Sicherheiten: Immobilien (Aufstellung nach Art, Wert, Größe und Beleihungsgrad), Finanzvermögen, Patente, sonstige (verwertbare) Aktiva. ◆ Recht (anhängige Verfahren).
Unternehmen in Zahlen und Prognosen Rückblick drei bis fünf Jahre, Vorschau bis zu acht Jahren	◆ ausführliche Aktiva- und Passivaübersicht. ◆ Gewinn- und Verlustrechnung sowie Bilanz. ◆ Kapitalfluß („Cashflow"). ◆ Simulationen: mit und ohne Finanzierungsvorhaben bei positiver/negativer/durchschnittlicher Marktentwicklung. ◆ eventueller Auftragsbestand (mit Angaben zum Fertigstellungsgrad) nach Produktgruppe und Kundensegment.
Anhang	◆ formale Nachweise zu Rechtsverhältnissen (sofern erforderlich). ◆ Handelsregisterauszug, Grundbuchauszug, Gesellschaftsvertrag, wichtige Liefer- und Lizenzverträge, Aufstellung zu sämtlichen Finanzbeziehungen, Ergebnis der letzten Steuerprüfungen. ◆ Geschäftsführerverträge. ◆ Miet- und Pachtverträge. ◆ andere Unternehmensverträge: zum Beispiel Beherrschungs-, Gewinnabführungs- oder Kooperationsvertrag.

Gewichtung obenstehender Punkte nach Unternehmenstypus und Unternehmensgröße

Banken und andere Kapitalgeber fordern höhere Bonität, bessere Sicherheiten und die Erfüllung bestimmter Kennzahlen. Im Zuge optimierter (interner) Rating-Verfahren wird außerdem eine bessere Unternehmenstransparenz verlangt. Allerdings gilt hier auch die Devise: Aus dem anscheinenden Nachteil einen Vorteil machen, das heißt Wert zu legen auf das Herausarbeiten der positiven Eigenschaften und Stärken des Unternehmens. Gutes Marketing bedeutet vielfach auch die Darstellung der Schwächen, zum Beispiel dann, wenn dadurch Transparenz dokumentiert wird, vor allem aber dann, wenn unter den Investoren die Schwächen weitaus gravierender vermutet werden als sie tatsächlich vorhanden sind. Schließlich sind Nutzung alternativer Finanzierungsinstrumente und die Vorbereitung auf die internen Rating-Verfahren der Banken nicht selten Auslöser für unternehmensinterne Optimierungsprozesse, die sich auf mittlere bis lange Sicht sehr positiv auf die Ertrags- und Finanzierungskraft des Unternehmens auswirken.

Zu den wichtigen Punkten des Finanzierungsbuches zählen die Darstellung der Wettbewerbssituation sowie der Marktlage und das Aufzeigen der Produktvorteile sowie der Ausgewogenheit des Produktportfolios. Besondere Bedeutung kommt nicht nur im Fremdkapital-, sondern gerade auch im Eigenkapitalbereich der Qualität des Management zu. Diesbezüglich hohe Kompetenz glaubhaft zu machen und eine gute Reputation am Markt zu vermitteln sind wichtige Aspekte. Bei mittelständischen Betrieben können in bestimmten Fällen die Regelung der Unternehmensnachfolge sowie insgesamt eine nachvollziehbare sinnvolle Unternehmensführung als wichtige Punkte hinzukommen.

Qualität im Finanzmanagement zeichnet sich unter anderem aus durch eine realistische und verläßliche Planung, vergleichsweise geringe Verschuldung, hohe Ertragskraft und einen stabilen Kapitalfluß. Dies findet Ergänzung in einem anspruchsvollen Kontrollwesen und einer aktuellen Berichterstattung einschließlich eines aktuellen Berichtswesens, das auch den modernen Rechnungslegungsstandards genügt, sowie eines hohen Maßes an Transparenz. Hohe Transparenz drückt sich aus durch Vermeidung grober Fehler in der (Risiko-) Berichterstattung, durch Vermeidung von Differenzen in der Darstellung publizierter Berichte einerseits und interner Berichte andererseits. Umfassende Transparenz bedeutet ebenso die ausreichende Unterrichtung von Aufsichtsrat, Vorstand, Controlling und Revision sowie Offenheit gegenüber Mitarbeitern.

Das Finanzierungsbuch enthält darüber hinaus beispielsweise Aussagen zum entsprechenden Marktumfeld und der Branche, es gibt einen Überblick zu eventuellen Markteintrittsbarrieren, zu Wettbewerbsintensitäten und Wachstumsaussichten. Aus dem Finanzierungsbuch lassen sich ableiten Musterpräsentationen für die Unternehmensdarstellung, Dokumente wie zum Beispiel Börsenzulassungsprospekte, Geschäfts- und Quartalsberichte, Prognosen und Vorschau. Gerade im Mittelstand sehen viele Unternehmen in der Verbesserung ihrer Dokumentation den wichtigsten Schritt in Finanzierungsfragen und damit eine Verbesserung der Transparenz und Einschätzbarkeit insgesamt. Dies darf auch nicht weiter erstaunen, läßt sich doch mit diesen Maßnahmen in jedem Falle – also auch ohne Eingriffe in das operative Geschäft – eine Verbesserung der Finanzierungssituation erreichen. Wird dies noch ergänzt um die Optimierung wichtiger Kennziffern – so zum Beispiel die Eigenkapitalquote, den Abbau traditioneller Fremdverschuldung und ähnliches –, so lassen sich die Refinanzierungskosten meist deutlich senken und die Geschäftsstrategie wird durch das Finanzmanagement nachhaltig unterstützt.

10.3. Marketing- und Kommunikationskonzepte

Darstellung ist zwar nicht alles, aber ohne Darstellung ist alles nichts! Und so ist auch die Unternehmensfinanzierung trotz aller Präzision und Faktenlage gezwungen, sich mit kommunikativen und „verkaufsfördernden" Aspekten auseinanderzusetzen. Konkret sind dies der ansehensbildende Auftritt am Kapitalmarkt sowie die Vermarktung und Umsetzung der geplanten Finanzierungsmaßnahmen: Dazu gehört auch die Wahl der richtigen Kommunikationswege und Informationskanäle sowie der geeigneten Informationsinhalte. Auf die Realisierung der Kapitalmaßnahmen folgen dann eine aktive Informationspolitik und die Sicherstellung ausreichender Aktualität.

Erfolgreiche Unternehmensfinanzierung erfordert mittlerweile die ständige und umfassende Berücksichtigung und Einbeziehung der Rahmenbedingungen am Finanzmarkt. Entscheidend für die künftigen Konditionen und das Abschneiden am Markt ist die Attraktivität der Adresse bei den Investoren insgesamt, das heißt unabhängig von der jeweiligen Kapitalart. Beispielsweise sollte ein überwiegend mit Eigenkapital finanziertes Unternehmen auch Kontakt zu Fremdkapitalgebern aufbauen (und umgekehrt), selbst wenn in der nahen Zukunft keine Emission eines festverzinslichen Titels geplant sein sollte.

Das Unternehmen kann dann aber im Bedarfsfall auf entwickelte Kommunikationskanäle zurückgreifen, sein Image nutzen und rasch auf sich verändernde Situationen reagieren. Auch international agierende Investmentbanken haben die Erfahrung gemacht, je früher sich Emittenten den Zugang zum Kapitalmarkt oder zur Börse sichern, desto niedriger die anfallenden Kosten. Außerdem erhöht sich dadurch die Flexibilität der Unternehmen, das heißt die aufzunehmenden Gelder können in vergleichsweise hohem Maße nach den Wünschen des Unternehmens konditioniert werden.

Der Erstellung geeigneter Marketing- und Kommunikationskonzepte auf Basis des im vorangegangenen Kapitel beschriebenen Finanzierungsbuches kommt eine zentrale Rolle zu. Dabei werden die Kernelemente der sogenannten Investment Story herausgestellt und dem Investor die Vorzüge eines Engagements verdeutlicht. Die Inhalte sind dabei der erste wesentliche Bereich, der zweite ist die Art der „Übertragung" zu den Adressaten. Der Informationsfluß kann entweder direkt an die Kapitalgeber oder über Informationsintermediäre wie Analysten oder Rating-Agenturen laufen.

Tabelle 78. Optimierung des kommunikativen Finanzmanagement

Unternehmensfinanzierung	Darstellung der individuellen Attraktivität
◆ Strategien	◆ günstigere Bonitätseinschätzung
◆ Konzepte	◆ höhere Flexibilität am Primärmarkt
◆ Umsetzung	◆ Zugang zu allen Marktsegmenten
◆ Kontrolle des Erfolges	◆ geringere Risikoprämie
▼	▼

Kostenersparnis

Der „Betreuung" der Finanzintermediäre kommt in denjenigen Fällen besondere Bedeutung zu, in denen die Voten dieser Meinungsintermediäre entscheidenden Einfluß auf die Mittelvergabeentscheidungen der Investoren haben. Hier gilt es, erste Überzeugungserfolge zu erzielen. So sind zum Beispiel Hinweise seitens des Unternehmens sinnvoll in Bereichen, in denen die Gesellschaft auf Grund ihrer Aktivitäten einen Informationsvorsprung gegenüber den Finanzintermediären besitzt, wie zum Beispiel bei Aussagen zu den Marktchancen. Unterstützende Informationen kann es geben hinsichtlich der Bewertung der Produkte. Aktive Promotion ist angebracht mit Blick auf die Bewertung der Managementqualitäten.

Zunächst ist die Zielgruppe der Investoren/Informationsintermediäre in Abhängigkeit von den durchzuführenden Finanzierungsmaßnahmen zu definieren. Anschließend muß geklärt werden, was die „Gegenseite" an Informationen tatsächlich erwartet und welche konkreten Gesprächspartner in den Finanzierungsverhandlungen getroffen werden. Die Informationsinhalte determinieren dann die

Wahl der Kommunikationswege und der Präsentationsformen. Schließlich gilt es, rechtliche Vorgaben bei Dokumentation und Informationsbereitstellung zu beachten (börsennotierte Unternehmen).

Tabelle 79. Grundsätze der Kommunikationspolitik

Kriterium	Bedeutung	Beispiel
Konsistenz	• Vermeidung der Kollision von vergangenen und künftigen Informationen. • Festlegung auf eine einheitliche inhaltliche Linie. • Gleichklang in der Kommunikation mit Aktionären und Anleiheinvestoren.	• Optimistischen Prognosen zur Entwicklung des Kapitalflusses gestern darf nicht eine Gewinnwarnung heute folgen. • Fortgesetzte Meldungen zur Konsolidierung des operativen Geschäftes heute sollten nicht von der plötzlichen Ankündigung einer expansiven Strategie morgen abgelöst werden. • Präsentationen bei Hauptversammlung und Konferenz für Kreditgeber dürfen sich inhaltlich nicht wesentlich unterscheiden.
Ange-messenheit	• Inhalt und Form der Nachricht beziehungsweise der Kommunikationsmaßnahme spiegeln den tatsächlichen Sachverhalt wider. • Vollständigkeit und Realitätsnähe sind gewährleistet.	• Nachhaltiger Einbruch der Ertragskraft wird nicht als saisonale Komponente propagiert. • (Zutreffende) Gerüchte um einen Verzug im Schuldendienst werden nicht bagatellisiert.
Ausge-wogenheit	• Meldung reiht sich in Art und Darstellung in die sonstige Kommunikationspolitik ein. • Auftritt und Wortwahl entsprechen dem sonstigen Informationsfluß.	• Signifikanten Änderungen des Kapitalflusses mit den entsprechenden Erläuterungen wird breiter Raum eingeräumt. • Allgemeine Kommentare des Management zu globalen Entwicklungstendenzen werden in einem routinemäßigen Pressegespräch erwähnt.

Tabelle 79. (Fortsetzung)

Kriterium	Bedeutung	Beispiel
Verständlichkeit	◆ Klare Aussagen. ◆ Eingängige Darstellung. ◆ Verwendung gebräuchlicher Begriffe. ◆ Nutzung der üblichen Rating-Terminologie.	◆ Falsche Formulierung: „Trotz eines Umsatzanstieges reduzierte sich der Cashflow, die Gewinnprognose kann aber auf Grund von Sondereinflüssen gehalten werden." ◆ Rating: Vermeidung von blumigen Ausdrücken, die keinen Rückschluß auf die eigentliche Aussageabsicht erlauben.
Akzeptanz	◆ Gewährleistung von Aufmerksamkeitswert und hohem Akzeptanzgrad seitens der Investoren. ◆ Erreichung des Adressatenkreises mittels Form und Stil der Nachricht. ◆ Zuverlässigkeit der Inhalte.	◆ Meldungen eines Emittenten werden von den Anlegern nicht mehr zur Kenntnis genommen, weil deren grundsätzliche Verläßlichkeit angezweifelt wird. ◆ Nachrichten werden ohne Rücksicht auf die Zielgruppe breit gestreut.
Wirkung	◆ Nachhaltigkeit der Information. ◆ Permanente Optimierung des Informationsflusses durch Kontrolle der Wirkung der Kommunikationspolitik. ◆ Wissen um die spezielle Aufnahmefähigkeit der jeweiligen Investorengruppe. ◆ Berücksichtigung der Resonanz in der Presse (Kontrolle).	◆ Marktteilnehmer werden anläßlich von Veranstaltungen auf ihre Resonanz zu zurückliegenden Meldungen angesprochen. ◆ Stichprobenartige Analyse bei ausgewählten Adressen. ◆ Privatanleger reagieren auf Meldungen (zum Beispiel Zeitungsartikel) anders als institutionelle Investoren. ◆ Beauftragung Dritter mit entsprechender Untersuchung.

▌ Exkus: *Unveränderte Nachfrage nach optimierten Instrumenten im Mittelstand*

Trotz zahlreicher neuer Finanzprodukte besteht gerade bei mittelständischen Unternehmen nach wie vor Bedarf an individuell angepaßten Kapitalinstrumenten. Selbst mezzanine Finanzierungen gehen nicht selten an den Wünschen des „breiten" Mittelstandes vorbei. So stellt sich die Frage, warum denn das bestehende Angebot die Nachfrage nicht exakt deckt. Ungeachtet der zahlreichen Finanzierungsformen und -wege äußern mittelständische Unternehmer häufig ihren Unmut über die ihnen zur Verfügung stehenden Möglichkeiten zur Mittelbeschaffung. Dies hat im wesentlichen drei Gründe.

Zunächst einmal fehlen dem Mittelstand häufig die Voraussetzungen, überhaupt Kapital von externen Geldgebern zu erhalten. Vielfach erfüllen mittelständische Unternehmen nicht die mit den neuen Finanzprodukten verbundenen Anforderungen. So müssen die Kapitalsucher erst noch „fit" gemacht werden für die modernen Finanzierungsformen. Nicht selten ist die Eigenkapitalausstattung unzureichend oder die Eigenkapitalrendite für Beteiligungskapitalgeber zu niedrig. Diese Investorengruppe schreckt oftmals ab, daß ein zu geringes Wertsteigerungspotential im breiten Mittelstand besteht und somit die Erlösaussichten unvorteilhaft sind. Gleiches gilt für sogenannte „Ausstiegsprobleme" (kein schneller Weiterverkauf oder Börsengang möglich). Außerdem ist es häufig die fehlende Übereinstimmung von Beteiligungsstrategie und Unternehmensausprägung (Technologieintensität, Beteiligungsform, Einflußmöglichkeiten auf die Geschäftsführung), die ein Engagement verhindern kann.

Sodann sind eine sinnvolle Beurteilung der wirtschaftlichen Sachverhalte und der Zukunftsperspektiven des Mittelständlers in einer ganzen Reihe von Fällen nicht möglich, weil entsprechende Unterlagen fehlen oder unvollständig sind. Hier sind es schlicht und ergreifend Schwächen in der Dokumentation, die eine Mittelvergabe verhindern. Diese Probleme würden nicht auftreten, hätte das Unternehmen ein im vorangegangenen Kapitel skizziertes Finanzierungshandbuch erstellt.

Schließlich ist der Einsatz zahlreicher Instrumente mit volumenunabhängigen Kosten verbunden, die im Hinblick auf kleinere Engagements unwirtschaftlich sind. Ein hoher Aufwand in der Konzeption und hohe Kosten für Prüfung und

Betreuung der Beteiligungsnehmer schließen bei geringen Transaktionsvolumina eine Realisierung aus. Hinzu kommen häufig zu schlechte Risikoeinstufungen (Ratings). Abhilfe kann hier die Bündelung („Pooling") von Finanzierungswünschen mehrerer Mittelständler schaffen. Dabei kauft zum Beispiel eine Einzweckgesellschaft Papiere unterschiedlicher Mittelständler auf, verbrieft dieses Bündel dann ihrerseits und plaziert es am Kapitalmarkt („Umverpackung"). Weisen die Finanzinstrumente einen hohen Standardisierungsgrad auf, senkt das die Kosten und ist zudem mit vereinfachten Überwachungs- und Prüfverfahren verbunden.

Tabelle 80. Veränderung der Anlegerstruktur

Strategie	Operatives Konzept
◆ Erstellung eines Investorenkatalogs nach Anlagemotivation.	◆ Gliederung der Käufer der Unternehmensanleihen nach Typus, Wertpapierart, Investmentmotiv und Investmenthorizont.
◆ Definition sowie Konkretisierung der optimalen Zielgruppe.	◆ Festlegung der Zielinvestoren nach Maßgabe der geplanten Unternehmensfinanzierung und der zu begebenden Titel.
◆ Entwicklung geeigneter Ansprachekonzepte.	◆ Formulierung von Investmentideen, Anlagekonzepten und korrespondierenden Kapitalmarktszenarien.
◆ Koordination mit verbundenen Konsortialbanken, um die avisierten Anleger optimal abzudecken.	◆ Absprache beziehungsweise Abstimmung mit den betreuenden Banken, um die Effizienz und Nachhaltigkeit der gewählten Maßnahmen zu erhöhen.
◆ Diskussion von Nachhaltigkeitsszenarien, um die Zielgruppe als Endinvestoren zu erhalten.	◆ Berücksichtigung von laufenden Maßnahmen, konzeptionelle Einbindung künftiger Vorhaben in die aktuelle Kampagne, inhaltliche und stringente Verbindung der jeweiligen Betreuungs- und Anspracheschritte.
◆ Ständige Betreuung der relevanten Investorenkreise.	◆ Konzeptionelle Erfassung der Folgeschritte in der Betreuung, vollständige Erfassung aller Phasen, Verteilung der personellen Zuständigkeiten, um Konstanz in der Betreuung zu gewährleisten.

Verzeichnis der Abbildungen und Tabellen

Abbildungen

Tabellen

Die Autoren

Dr. Hans-Werner G. Grunow

Managing Partner bei CAPMARCON Eurocapital Market Consulting, verfügt nach Stationen in Frankfurt, London und New York über langjährige Erfahrung in der Entwicklung und Umsetzung von Investmentstrategien, eine aktive Zeit im Anleihehandel und über Expertise in der Betreuung institutioneller Investoren.

Dr. Stefanus Figgener

Tax Partner bei KPMG, Frankfurt am Main, im Bereich Financial Services Tax, berät seit vielen Jahren Unternehmen und Banken in Finanzierungsfragen. Sein Spezialgebiet sind strukturierte Finanzierungen. Dr. Figgener ist zugelassen als Rechtsanwalt, Steuerberater und als Fachanwalt für Steuerrecht.

Hubert O. Eisenack

Mitarbeiter bei KPMG, Frankfurt am Main, im Bereich Financial Services Tax mit Schwerpunkt auf der Beratung strukturierter Finanzierungen. Hubert Eisenack ist zugelassen als Rechtsanwalt und Attorney-at-Law (New York).

Stichwortverzeichnis